万物运转的
秘密

刘天然 编著

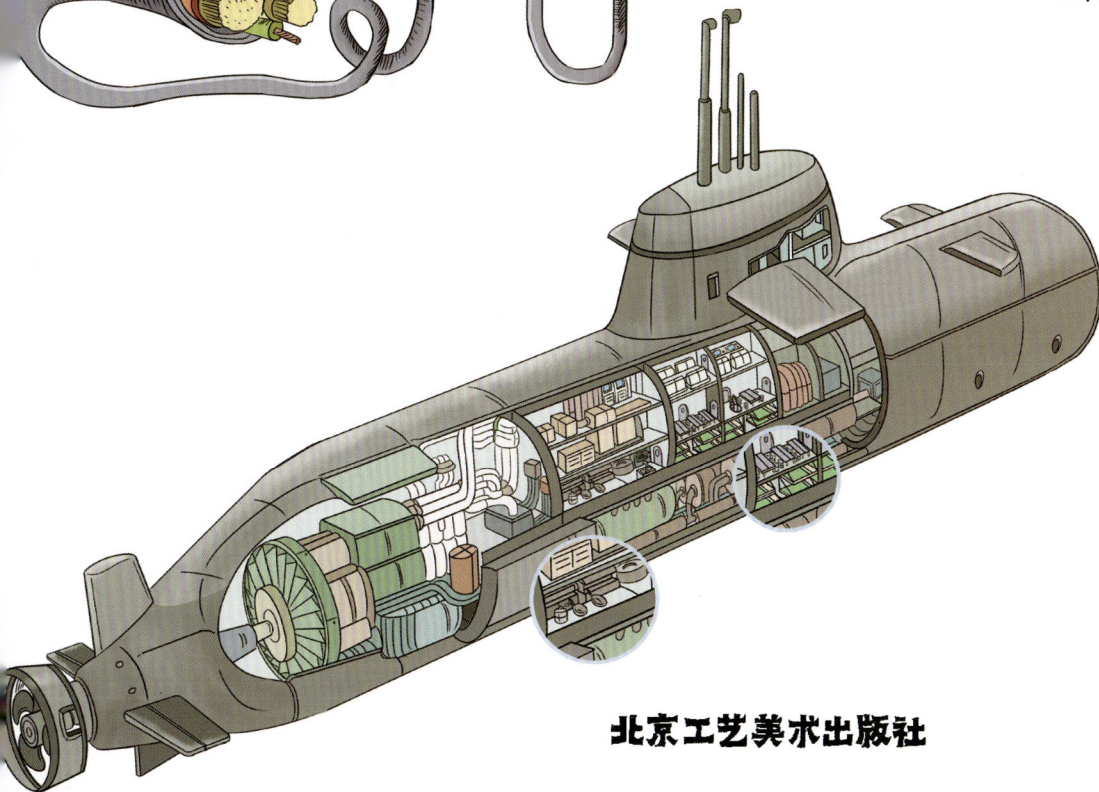

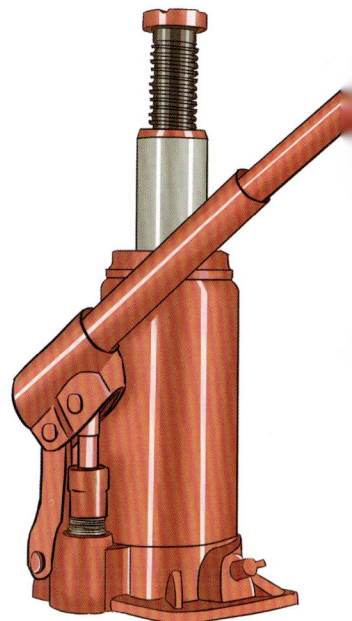

北京工艺美术出版社

图书在版编目（CIP）数据

万物运转的秘密 / 刘天然编著 . -- 北京 ：北京工
艺美术出版社，2023.5
ISBN 978-7-5140-2570-5

Ⅰ．①万… Ⅱ．①刘… Ⅲ．①物理学－儿童读物
Ⅳ．① O4-49

中国版本图书馆 CIP 数据核字 (2022) 第 241290 号

出 版 人：陈高潮
责任编辑：赵震环
装帧设计：史树新
责任印制：王 卓

法律顾问：北京恒理律师事务所 丁 玲 张馨瑜

万物运转的秘密
WANWU YUNZHUAN DE MIMI

刘天然 编著

出 版	北京工艺美术出版社	
发 行	北京美联京工图书有限公司	
地 址	北京市西城区北三环中路6号 京版大厦B座702室	
邮 编	100120	
电 话	(010) 58572763 （总编室）	
	(010) 58572586 （编辑室）	
	(010) 64280045 （发 行）	
传 真	(010) 64280045/58572763	
网 址	www.gmcbs.cn	
经 销	全国新华书店	
印 刷	晟德（天津）印刷有限公司	
开 本	889 毫米×1194 毫米 1/16	
印 张	20	
字 数	100千字	
版 次	2023年5月第1版	
印 次	2023年5月第1次印刷	
印 数	1~5000	
定 价	198.00元	

目录

有趣的力

热的奥秘

奇妙的光与波

神奇的电与磁

数字的秘密

前言

你知道"除尘大师"吸尘器是怎么工作的吗？你知道热气球是如何不靠动力装置，而漫游天际的吗？当你拿到一个万花筒，边转动边惊叹里面多变的图案时，是否想过，什么魔力让构造简单的万花筒拥有如此丰富的图案！

炎热的夏季，从冰箱里拿出冰棒咬一口，那感觉简直太爽了！可周围环境异常闷热，为何冰箱内部却能保持"冷冰冰"的状态呢？想念远方的朋友时，只要在网络畅通的情况下，打开手机视频通话，就能随时随地亲切交谈，无线网络竟然能够连通世界，这其中的原理是什么呢？

带着这些问题，让我们一起进入《万物运转的秘密》(以下简称《秘密》)！

《秘密》是一本有趣的儿童物理启蒙书，它以身边万物为研究对象，通过对物品工作原理的分析，对物品基本构造的分解，让孩子们从内而外认识这个物品。

以前的你，可能只使用电梯，读过本书后，你会知道，电梯之所以能够载着很多人轻松升降，是靠滑轮帮它省力。

本书共分为五部分，分别是"有趣的力""热的奥秘""奇妙的光与波""神奇的电与磁"和"数字的秘密"，这五个部分分别对应了物理学领域的力、热、光、声、电、磁、数字等基本板块。也就是说，读完《秘密》，孩子将对物理世界产生一个初步认识，我们的书，既是一本探索万物运转原理的科普读物，也是一本孩子们的物理启蒙书，为他们将来踏入物理学殿堂打下坚实基础。

以浅显的文字讲解复杂的原理与构造，用精致的手绘图呈现物品的整体模样和剖面结构，是本书的主要特色。针对儿童爱看图，更愿意从图片中了解世界的认知特点，本书配备了大量精致手绘图，从这些图中，孩子们不仅能看到物品原本的模样，还能通过剖面图看到物品的内部结构，让孩子们仅从图片中，就能对某个物品了解一二。

简单易懂的文字、精致有趣的图片，搭建起孩子与物理学之间的桥梁。《秘密》正是这样一座"桥梁"，当孩子被图文吸引，走进《秘密》中时，接触物理学，深度认知万物的大门便被打开了。希望所有孩子在这趟探索之旅中有所知、有所获，激发出对科学的好奇心和探索万物的兴趣。

有趣的力

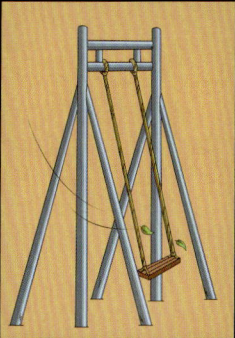

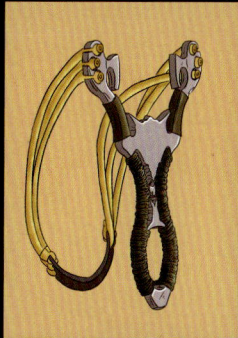

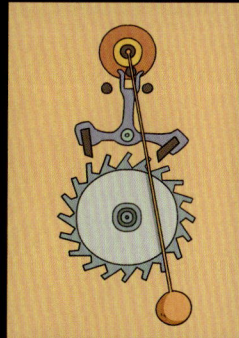

力是个无处不在的家伙，它特别黏人，我们走到哪里，它就会跟到哪里，像影子一样"如影随形"！

电 梯

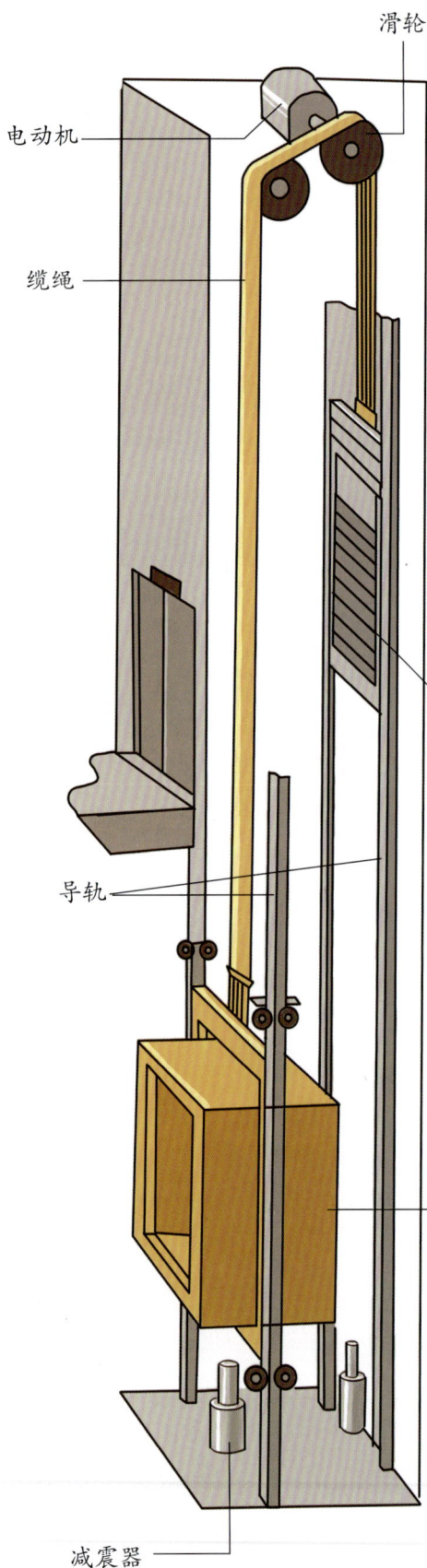

滑轮

电动机

缆绳

导轨

减震器

平衡物

电梯厢

电梯分为直梯和扶梯，它们都是通过力学原理帮助人们节省体力和时间的公用设施。直梯更快，如果中间楼层不停，那么从一层到二十层可能只是分分钟的事儿。搭乘扶梯相对慢一些，但全程都能看到风景，熙攘的人群和商场的货品尽收眼底。

配重系统

配重系统就是电梯的平衡物，当电梯厢上升时，它下降；当电梯厢下降时，它上升。配重系统的存在能减少电动机的能源消耗。

电梯厢

电梯厢是直梯重要的组成部分，是用来承载人或货物的轿厢。

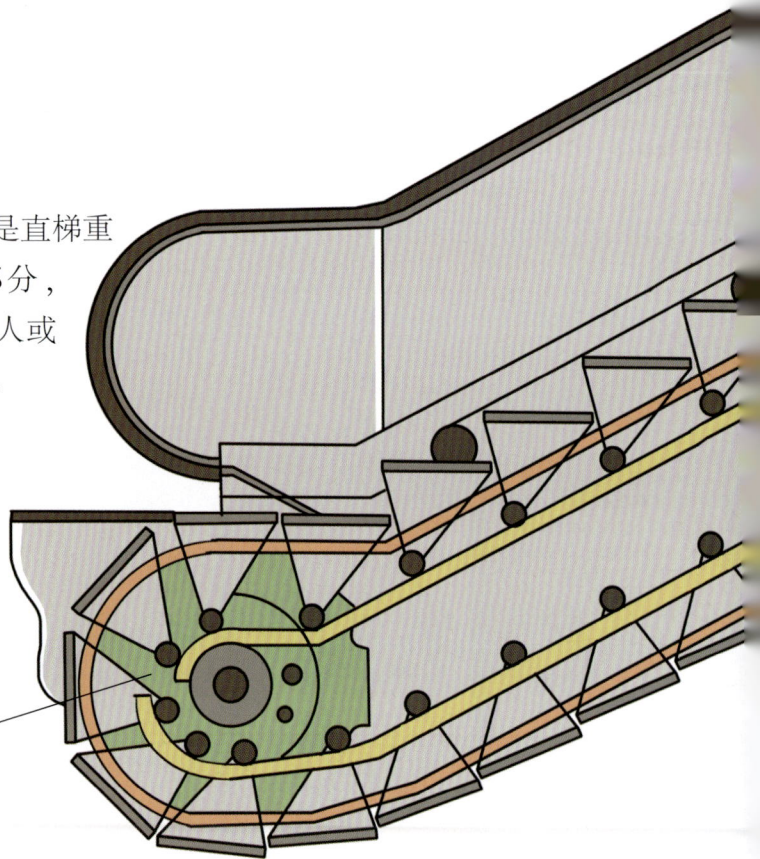

托带轮

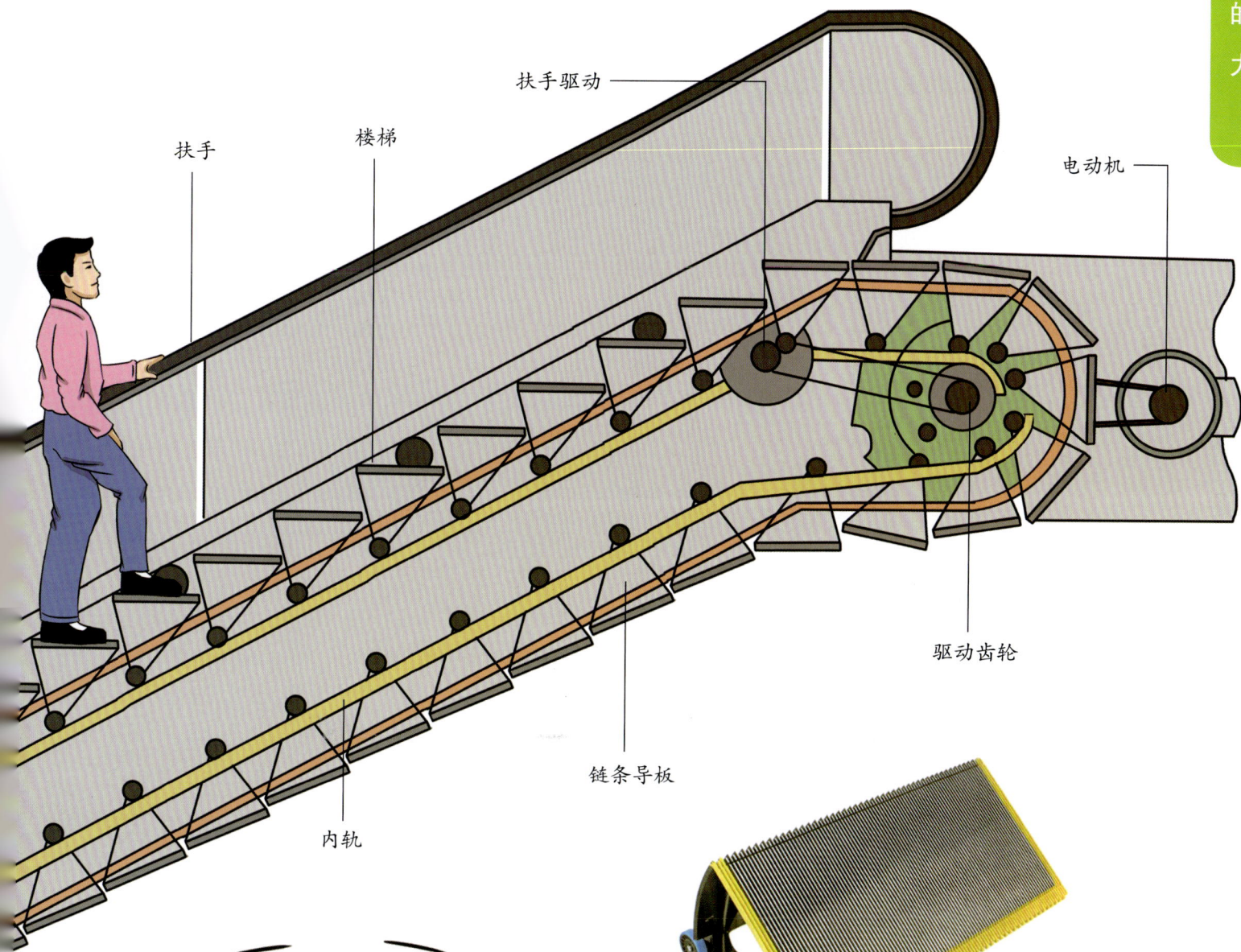

扶梯

扶梯的核心部件是两头的巨大齿轮和覆盖在上面的履带，履带两边有一排滚轮，能够更好地进行滑动。齿轮上的链条起到让小齿轮带动大齿轮转动起来的作用。随着齿轮的转动，履带也随之循环运动。

扶手

扶梯的扶手多是橡胶材质的，它像传送带一样，与运转的履带配合工作。

扶手驱动

扶手

楼梯

电动机

驱动齿轮

链条导板

内轨

这样工作

直梯是靠滑轮的作用上升或下降的。一根结实的缆绳将电梯厢和平衡物连接起来，电梯厢和平衡物都在滚柱和导轨上上升或者下降。

金属阶梯

扶梯上的金属阶梯不是实心的，而是由一个个三角形的金属壳组成的。阶梯上有整齐的凹槽，它既能起到防滑的作用，也可以和梳齿板相互契合。

飞去来器

　　飞去来器是一种澳大利亚土著使用的回旋飞镖，它的独特之处在于投出去后还能回到原处。从外形上看，飞去来器超级简单，有V形、香蕉形、三叶形、十字形等多种形状。虽然它跟飞盘的飞行原理类似，但比起远远飞走，又远远落下的飞盘，能自动飞回来的飞去来器是不是更加省劲儿呢！

前缘

　　飞去来器的前缘较厚，当它逆时针旋转时，前缘始终在前面，后缘尾随其后。

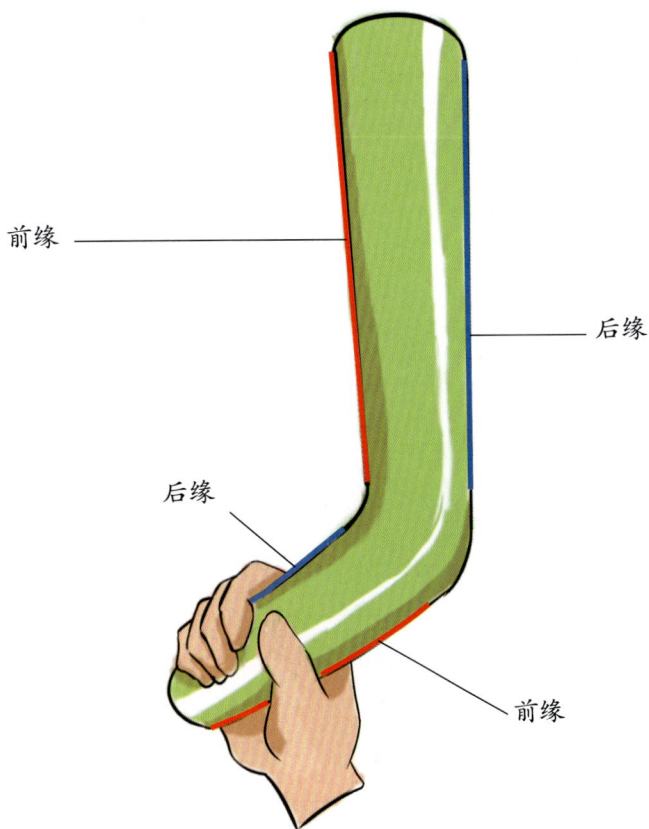

万物运转的秘密

前缘

后缘

后缘

前缘

上升

后缘

　　相比较前缘，后缘要薄很多，很像一把刀的刀刃部分。

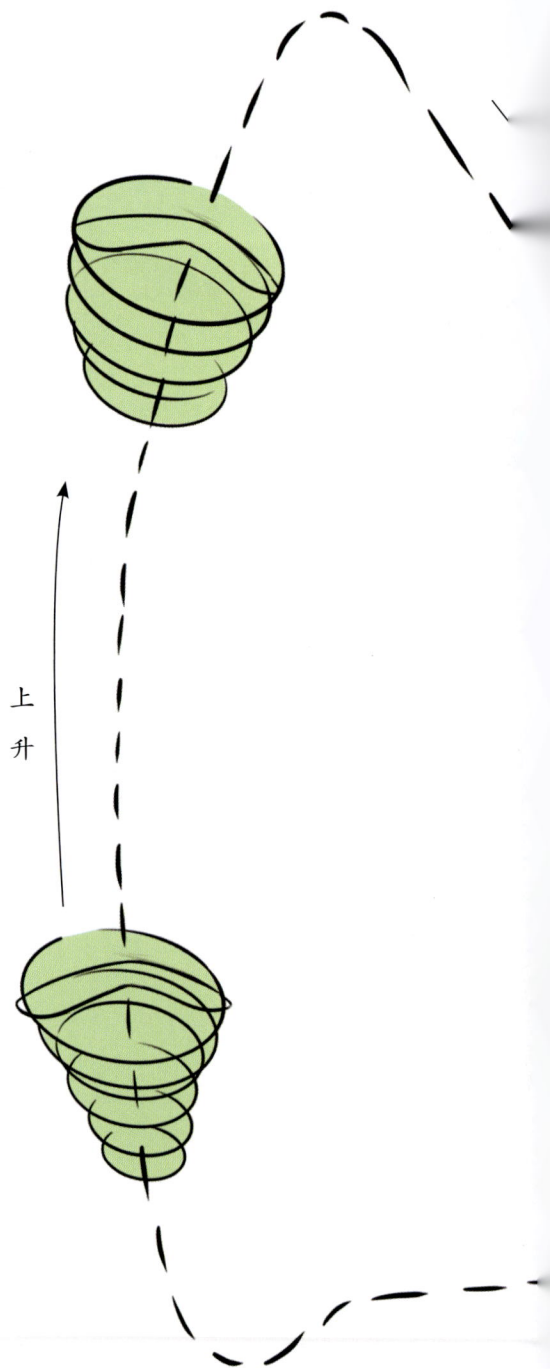

悉尼奥运会会徽

2000年悉尼奥运会的会徽非常特别，它的图案是由飞去来器组成的一个运动员的形象，这个人手举火炬正在奔跑，看起来既简单，又有动感。

这样工作

飞去来器之所以能够在空中飞行，是因为它沿着倾斜的角度在空中围绕自己的质心做旋转运动，同时通过旋翼切割空气而获得向上攀升的力。想让它顺利回到投掷者手中，这不仅跟飞去来器的形状有关，还跟投掷的力度、角度、风向和风力都有关系。

跟谁玩儿

飞去来器这种古老的武器，成了现代人的玩具。在空旷的场地勤加练习，当它飞回手中的时候会特别有成就感。相比较可以自己玩的飞去来器，跟它同样简单的飞盘可以跟小伙伴对着站一抛一接，也可以自己练习花样抛法，甚至小狗也能当你的好搭档。

下降返回

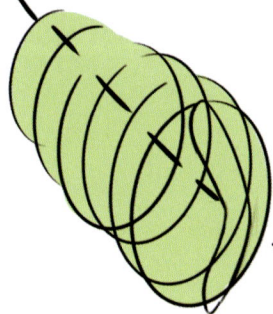

飞去来器能够顺利回到你手中，跟气流有很大关系。

出发点

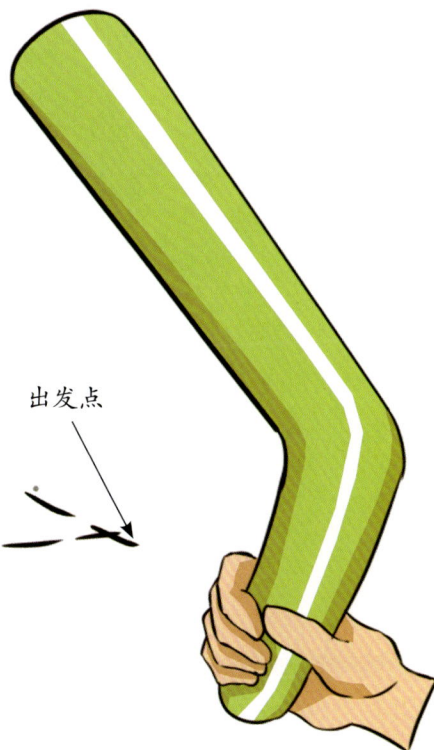

左转

火　车

火车在我们的生活中扮演着特别重要的角色。如果你想从一个地方前往另一个比较遥远的地方，乘坐火车是很好的选择。火车跑得快与慢，完全靠火车头控制。有些火车拖着十几节车厢奔跑，而有些火车则拖着更多的车厢在缓缓行驶。

这样工作

"火车跑得快，全靠车头带"，除了火车头上安装着动力系统，后面的车厢完全不提供动力，全靠火车头的拖拽和惯性在前进。此外，承载着几千吨货物及乘客的火车之所以能够快速行驶，是因为火车的车轮与铁轨间的摩擦力很小，使它容易提速。

车头

车头为整列火车提供动力，以前的蒸汽机车是将蒸汽的热能转变为机械能，现在的电力机车是将电能转变为机械能。

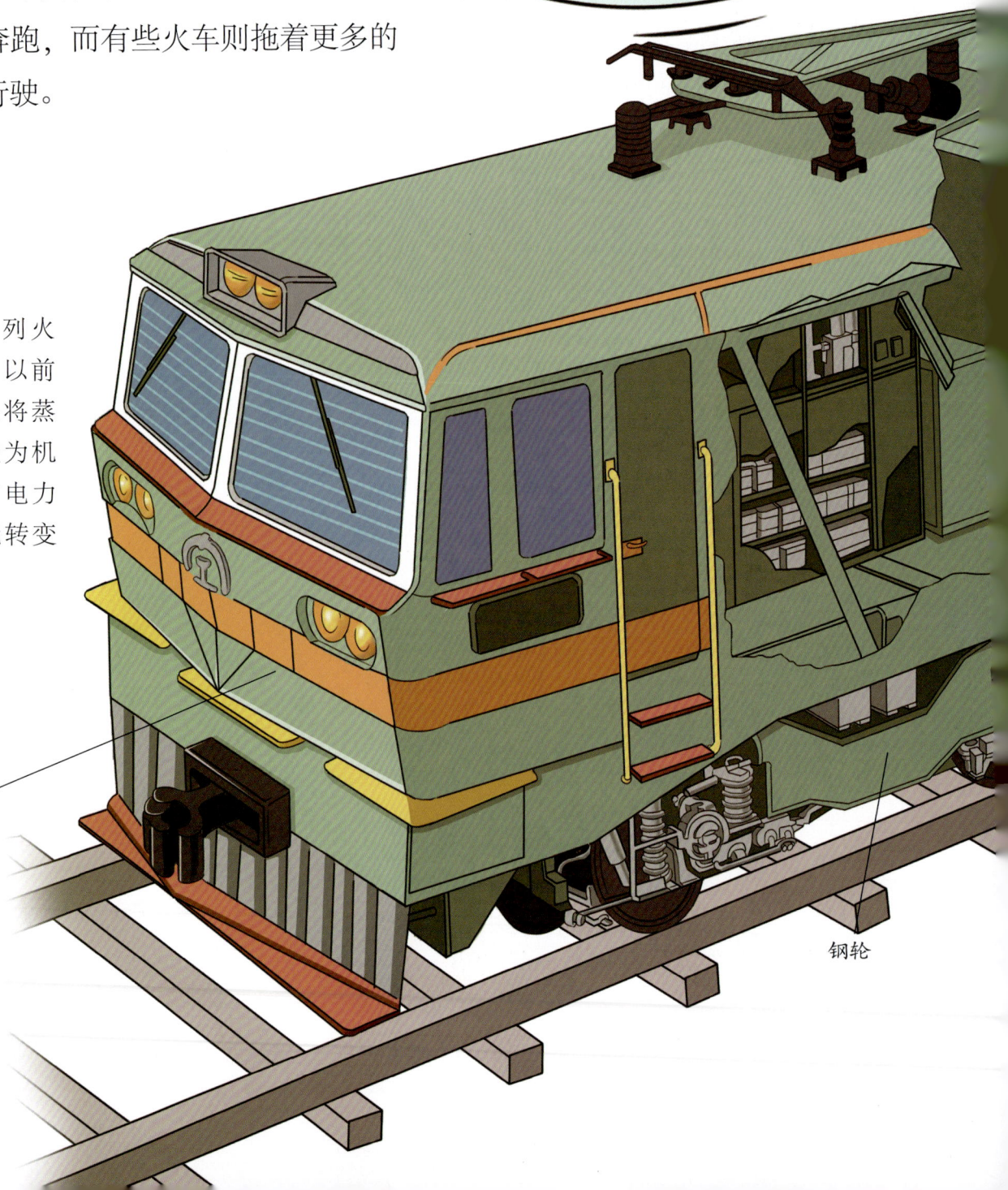

车头

钢轮

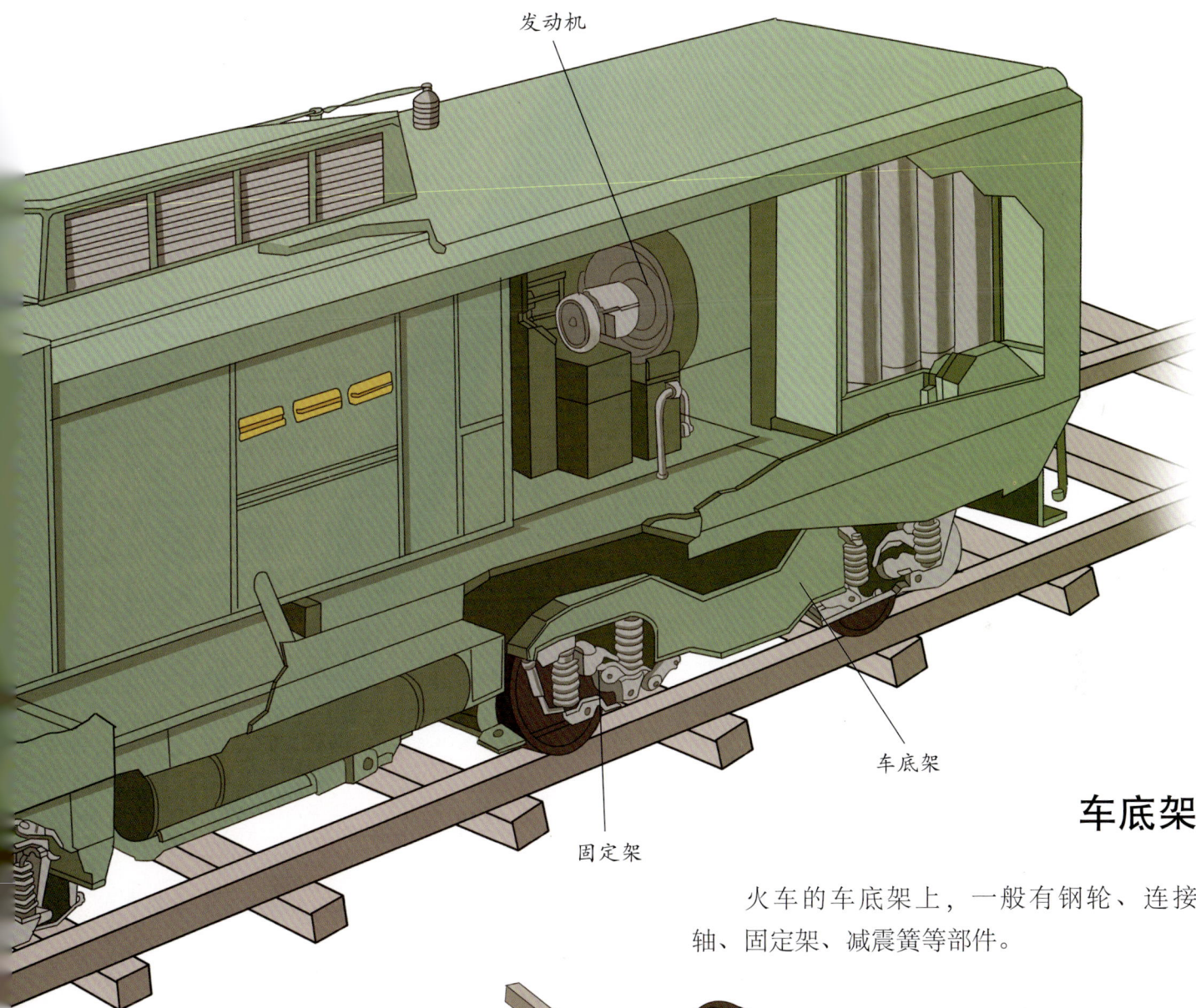

车厢

车厢是由火车头牵引的部分，分为硬座车厢、硬卧车厢、软卧车厢、餐车车厢及行李车厢等。

走行部

火车的走行部由轮对、侧架、摇枕、弹簧、轴箱、基础制动装置等部件构成的。它们能保证火车灵活、安全地在铁轨上运行。

发动机

车底架

固定架

车底架

火车的车底架上，一般有钢轮、连接轴、固定架、减震簧等部件。

光滑的车轮和铁轨 ▶
可以减小摩擦力

翻斗车

翻斗车是货车的一种，车身上安装的车斗能够自动翻转，从而免去了人们卸车的辛苦。当然，并不是所有物品都能用翻斗车自动卸载，必须是不怕挤压和碰撞的东西，如砂石、泥土等。由于能够自动翻转车斗卸货，所以翻斗车也被叫作自卸车。

这样工作

翻斗车是利用杠杆原理来工作的，当需要卸货时，经过几个部件的配合，液压杆慢慢向上抬升，使车厢向后倾翻卸货。货物卸完后，车厢利用自身重力及液压控制完成复位。

驾驶室

管端接头

活塞杆

充气压力管

液压油

特殊的密封导向系统

杆径

杆端接头

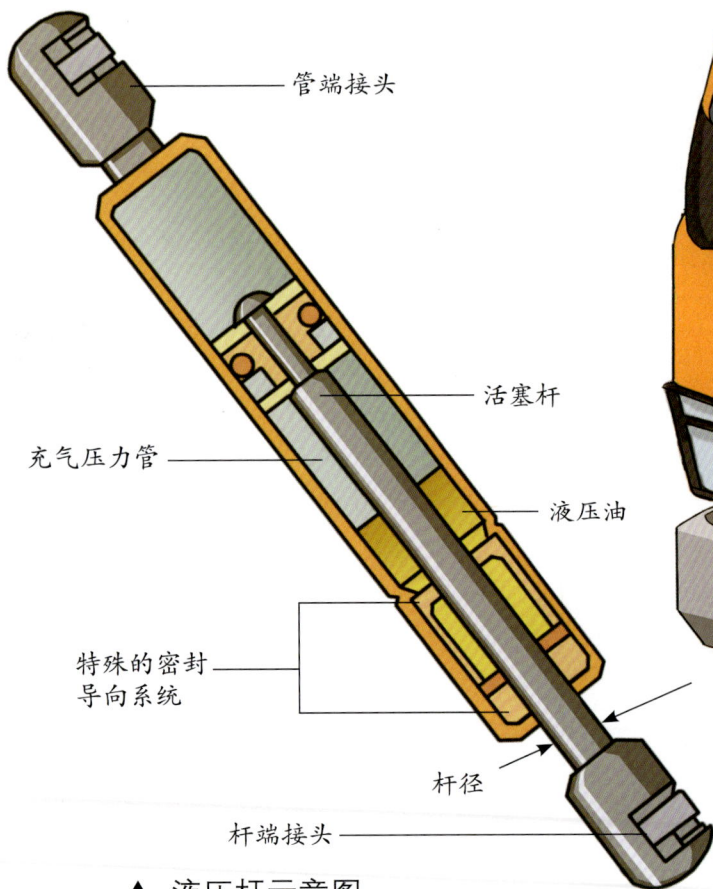

▲ 液压杆示意图

料斗

料斗是翻斗车的车厢，是装运货物的部件，根据装载量的多少，料斗有大有小。

料斗

液压杆

底盘

车轮

底盘

翻斗车的底盘跟普通货车几乎一样，料斗安装在底盘上面，底盘下是车轮、发动机等装置。

倾翻机构

车厢的倾翻机构由油箱、液压泵、分配阀、举升液压缸、油管等组成。它的功用就是将料斗举升起来或放下。

多变的角度

翻斗车车斗翻转的角度并不是固定的，随着液压杆上升或降低，车斗后翻的角度能够调整。有些翻斗车更厉害，车斗不仅能后翻，还能向两侧翻转。

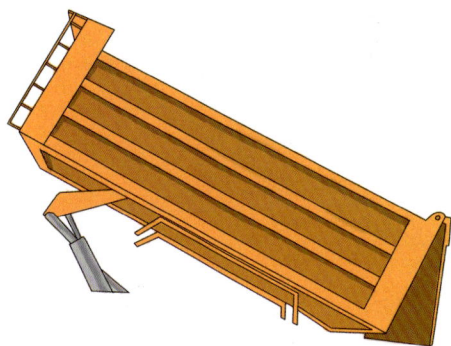

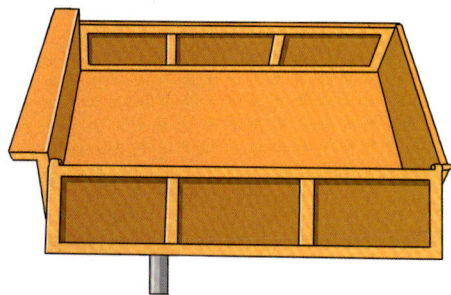

气垫船

虽然叫船，但气垫船跟普通的船有很大区别。它既能在水中航行，也能在陆地上行驶，是一种水陆两用的设备。当航行在水上时，由于船体基本漂浮在水面之上，受到水的阻力很小，因此速度极快。当在陆地上行驶时，由于船底部有一圈橡胶围裙，在相对平整的路面上，它也能疾驰如飞。

船首推进器

推进器的作用是操控船体和掌舵，它能将发动机产生的动力转变为气垫船前进的推力。

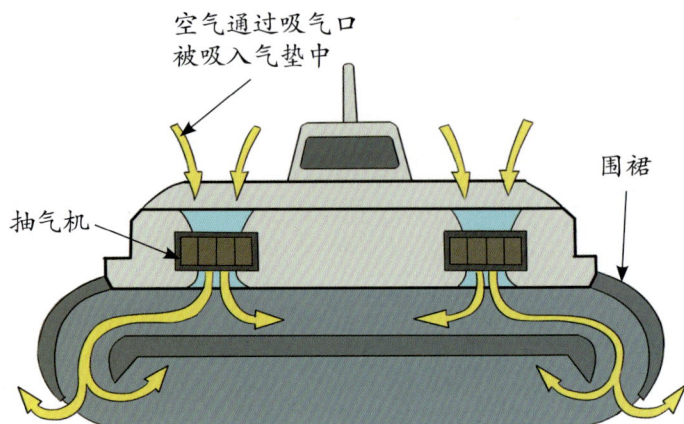

空气通过吸气口被吸入气垫中

围裙

抽气机

▲ 推进器示意图

船底围裙

船底围裙就是气垫，它是用柔韧的橡胶制成的。里面充满高压空气，使船体完全漂浮于水面上。

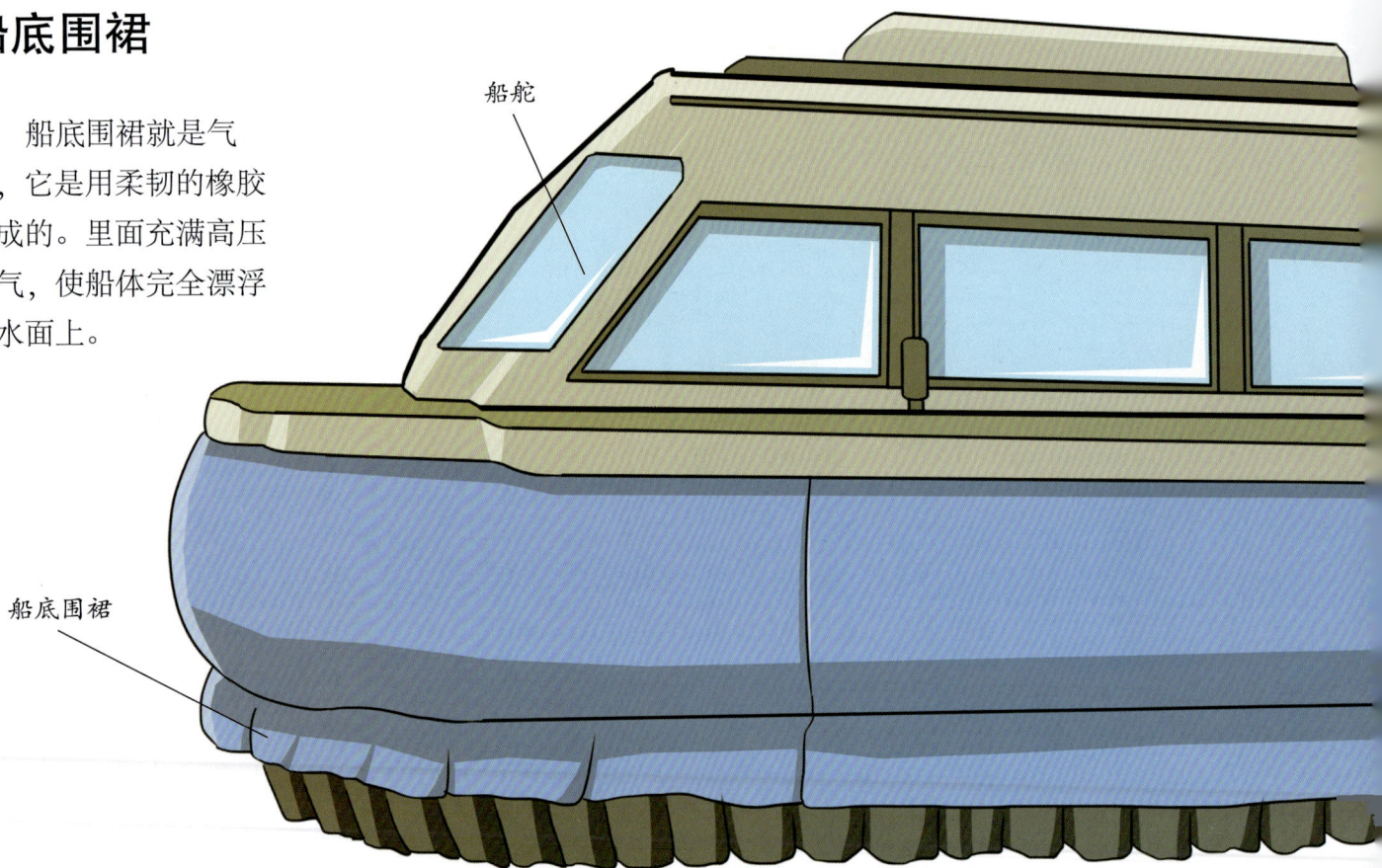

船舵

船底围裙

两种类型

气垫船分为全垫升气垫船和侧壁式气垫船。全垫升气垫船的船体能够完全离开水面，快速行驶时甚至感觉它是在空中飞行。侧壁式气垫船的航速要慢一些，而且无法在陆地上行驶。

螺旋桨

螺旋桨被封装在气垫船的防护罩里，它的正前方是船舱。

第一艘气垫船

1959年，英国的船舶设计师克里斯托弗·柯克莱尔建造了世界上第一艘气垫船，并开着它成功横渡了英吉利海峡。

这样工作

在航行前，先用鼓风机将高压空气充入船底的气垫中，使船体完全离开水面，这样能够大大减小船体航行时的阻力，另外再用动力推进器推动气垫船前进，这就是气垫船能够高速行驶的奥秘。

螺旋桨

推进器

滑行台

弓箭

弓箭是弓和箭的合称，它是一种远程射击的武器，不仅用于民间的狩猎、表演等，还被广泛用于军事领域，在火器被发明之前，弓箭是威力巨大的冷兵器之一。

弓

弓是弓箭的主体部分，由弓臂和弓弦构成，弓臂要具有弹性，材质多为木质、竹质或碳纤维。弓弦要具有韧性，古代多用动物筋制成。

这样工作

弓箭与弹弓的发射原理基本相同，全都利用弹力来进行发射，不同点是弹弓发射的是弹丸，而弓箭发射的是箭。

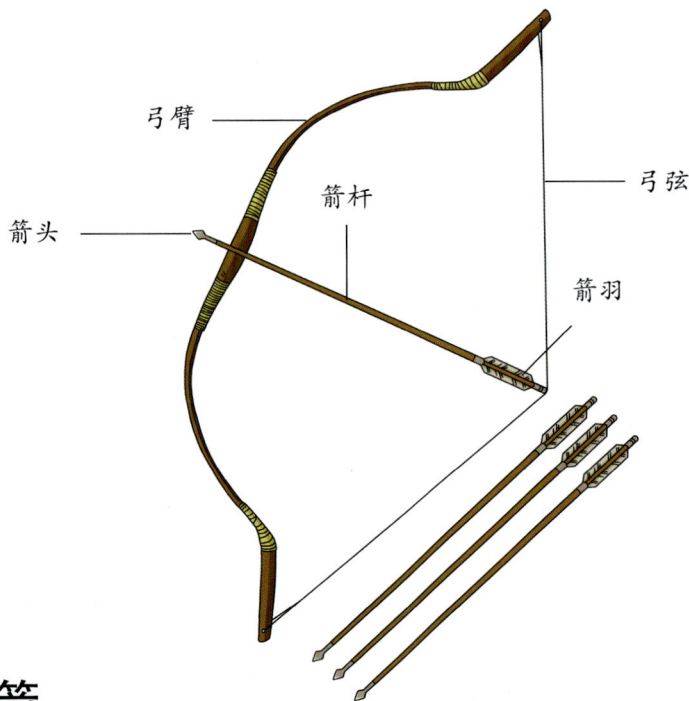

弓臂

箭杆

弓弦

箭头

箭羽

力拔山兮气盖世

箭

箭是由箭头、箭杆和箭羽组成的，木、竹、铝合金和碳纤维都能制成箭杆，箭头位于箭杆前端，多是铜制或铁制，箭羽位于箭的后端，一般是由禽类羽毛制成。

霸王弓

西楚霸王项羽力大无穷，它所使用的弓由玄铁制成，重达100多斤，旁人举起都难，更别提张弓搭箭了，项羽的弓被称做"霸王弓"。

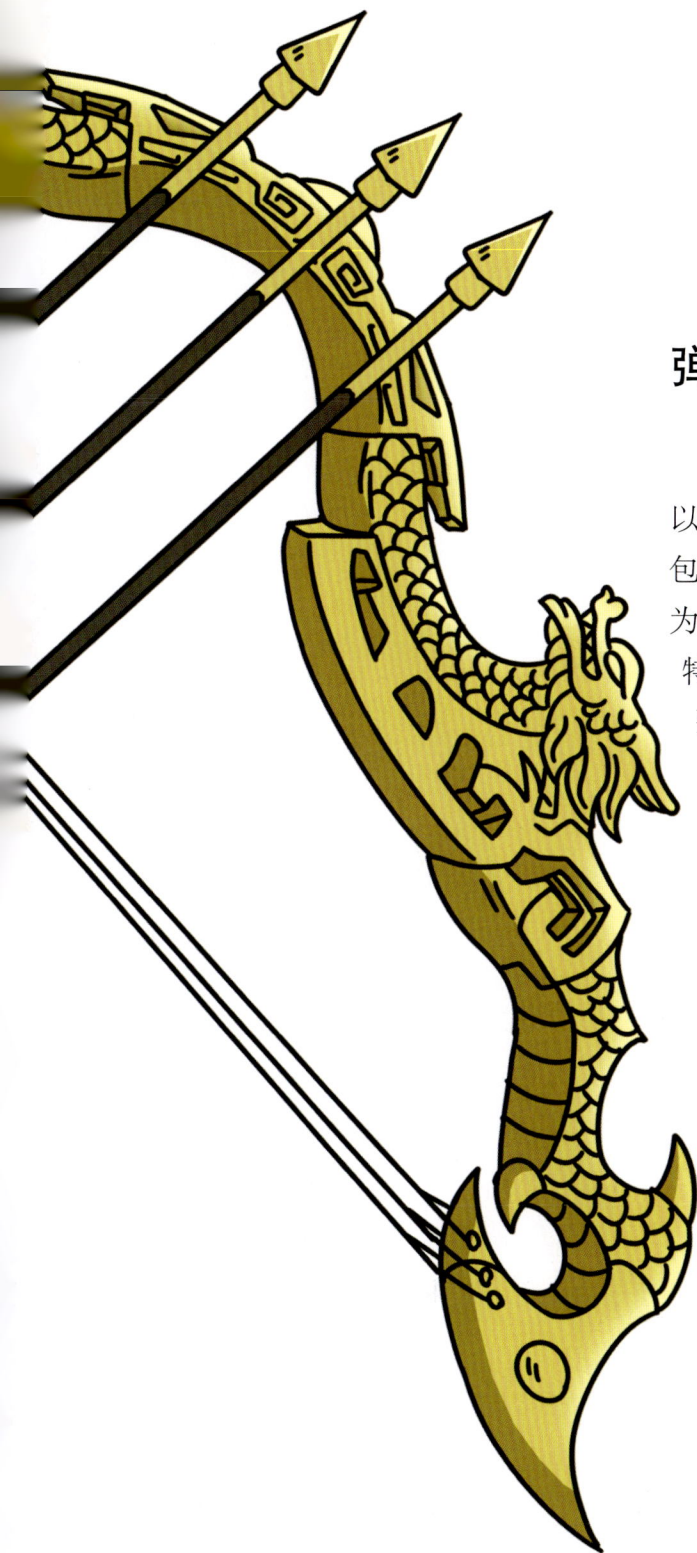

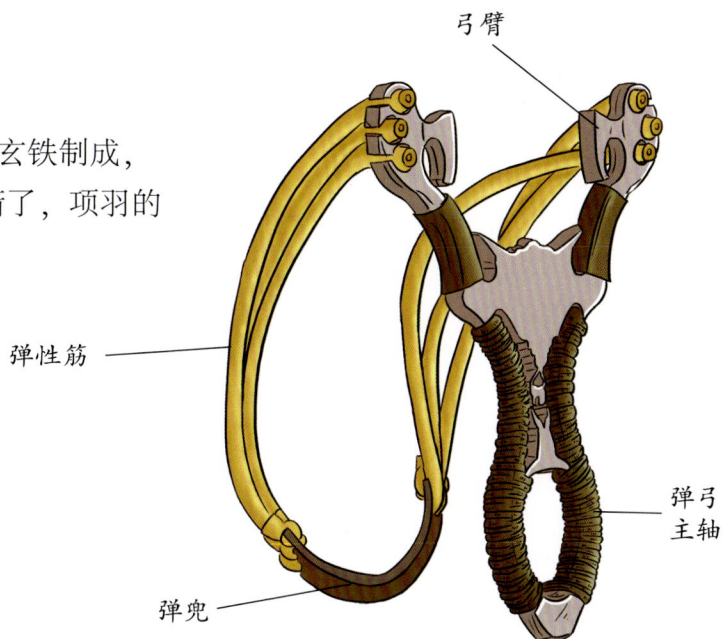

弓臂

弹性筋

弹弓主轴

弹兜

弹弓

在古代，弹弓是一种小巧的暗器，它容易隐藏，可以偷袭敌人。现代，弹弓则变成了一种玩具。一架弹弓包括三部分：弹弓主体、弹性筋和弹兜。弹弓主体一般为"Y"形，材质多为木质、树脂材料等；弹性筋是一种特别有韧性的橡胶皮筋，它们连接在两条弓臂的末端；弹兜被安装在弹性筋的中间位置，它通常是一块平整的皮革，既柔软又结实。

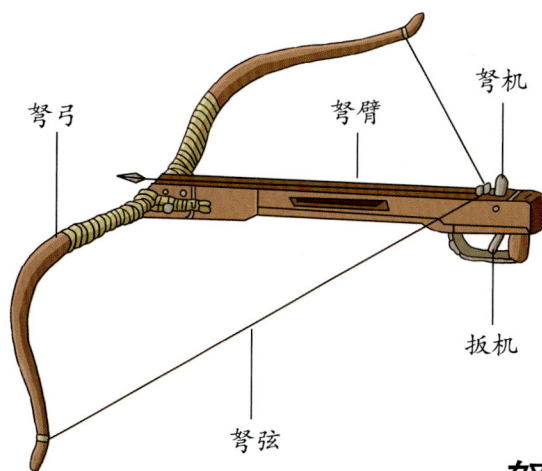

弩机

弩弓

弩臂

扳机

弩弦

弩弓

弩弓与弓箭相似，它也是一种远程攻击武器，但比弓箭要小，更易操作。弩弓主要由弩臂、弩弓、弩弦和弩机构成，射程由弩弦和弩弓的质量好坏决定。

秋 千

古时的秋千非常简单，一般是在大树上找一根结实的树枝，将彩带系在上面，人坐在彩带上便可以荡来荡去了。现在的秋千是两根绳索加上踏板，不仅结实很多，舒适性也提高不少。

这样工作

秋千是一个简单的力学系统，当人坐在秋千踏板上时，会受到一个向下的重力，想让重力做功的前提是必须有外力的输入。这个外力当然就是推动秋千的人所产生的，当受到外力推动时，秋千才能一直维持在一定的摆动高度或越荡越高。

秋千支架

在两棵树之间搭一个横架，就组成了最简易的秋千支架。也就是说，两组竖架，一组横架，这是秋千支架不可少的组成部分。

支架

比赛项目

荡秋千是某些运动会正式的比赛项目，如果你想体验，那就好好练习技艺去参加全国少数民族传统体育运动会吧，但只允许女选手参与这个项目哦。

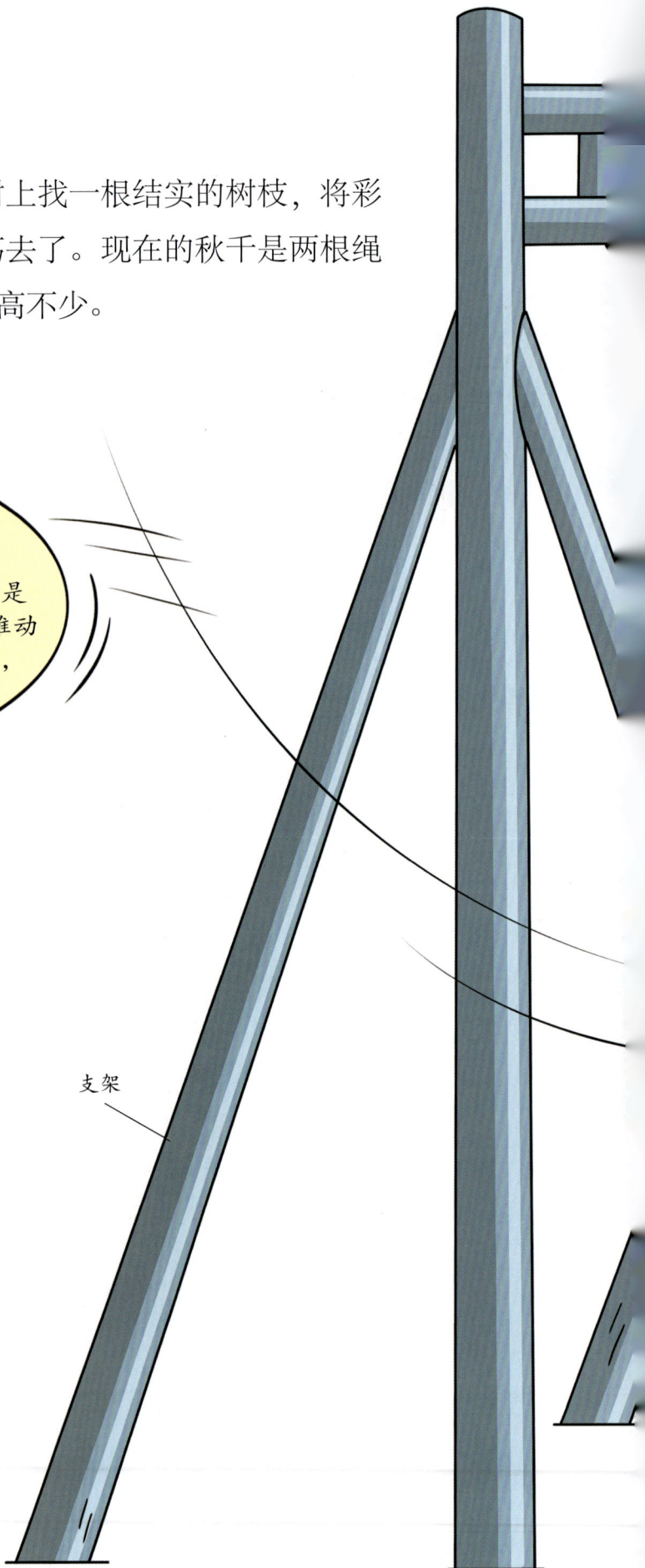

我像风一样自由！

秋千的起源

原始社会早期，当我们的祖先仍在树上生活时，他们抓着藤蔓，在树林中荡来荡去，穿梭游走，他们手抓的藤蔓，可能就是秋千的雏形。

绳子

绳子

秋千绳要选用耐磨结实的材质，如粗的尼龙绳或钢丝绳。

踏板

踏板

秋千踏板有金属材质、藤质和木质等，其中金属的最结实，藤编的比较柔软舒适。

风 车

风车是一种能把风能变成机械能的装置，古代时就已经被应用了。如用风车提水、拉磨、榨油等，现代的风车多用于风力发电。

这样工作

当风吹过叶片时，叶轮转动带给风车的轴以巨大驱动力，通过齿轮运动将驱动力传递出去，传递出去的力可以提水，可以拉动磨盘。一般情况下，叶轮面积的大小和风速的强弱决定风车动力的大小。

齿轮

齿轮

一架风车至少有正齿轮和锥齿轮，它们与立轴和叶轮等组成回旋运动机构。

立轴

立轴

立轴像支架一样将风车竖立起来，它是风车主体的重要部分。

叶轮

这是风车的主要部件，它与风的接触面积越大，驱动力越强，最早的叶片跟帆船的三角帆很相像，后来改良成弹簧帆。

叶轮

风车之国

荷兰是一个低地国家，风力资源丰沛，安装了很多风车，被誉为"风车之国"。最多时，有上万个风车，直至今日，仍有几百个作为历史遗迹供人参观。

风力发电机

风力发电机也叫大风车，是一种现代的风力发电设备。它像巨人一样矗立在沿海地区或广阔的草原上。

▼ 在中国平均每小时就能竖立起一台风力发电机。

辘轳

辘轳是一种古老的提水装置，人们从井中提水非常费劲儿，所以发明了辘轳。把它安装在井口，把人们从井中打水轻松了许多。

这样工作

辘轳由三个腿的支架牢牢架在井口上，井绳的一端系在辘轳头上，另一端系水桶。当放入井中的水桶装满水后，转动轮轴上的手柄，利用轮轴省力的原理将水桶提上来。

辘轳头

辘轳头是一块圆硬木，中间有孔，可以穿绕绳索。

支架

辘轳支架有三条腿，三点所构成的平面，非常稳当。

支架

轴承

　　自行车使用的是滚珠轴承，在脚踏板、飞轮、底架等处均有滚珠轴承。要想轴承保持正常运转，要定时清理和添加润滑油。

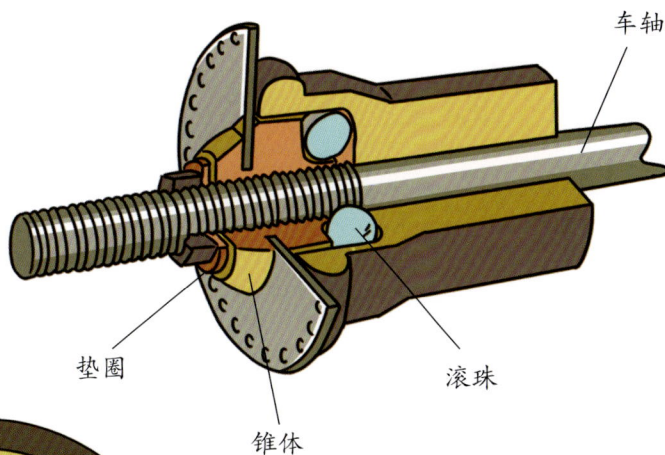

车轴

垫圈

锥体

滚珠

▲ 自行车轴承示意图

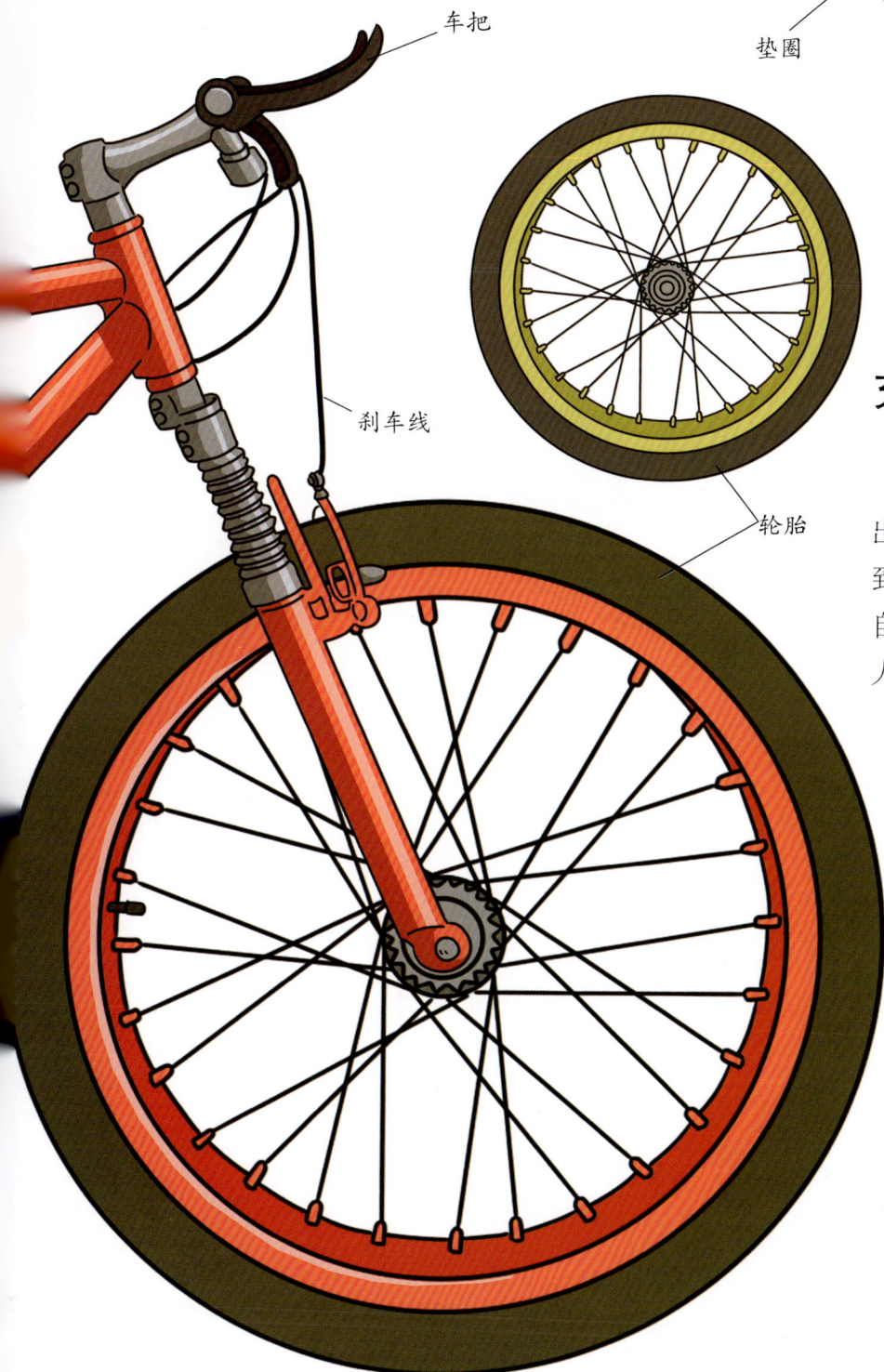

车把

刹车线

轮胎

充气轮胎

　　1887年，英国人邓禄普研制出第一条充气轮胎，并把它安装到自行车车轮上，这不仅解决了自行车震动问题，还节省了骑车人的力气。

这样工作

　　自行车是一个传动式的机械，当它前进时，主要利用的是轮轴原理。当你脚蹬踏板向前骑行时，地面会给转动的后轮一个向前的推力，同样，前轮也会受到一定的阻力，如果没有前轮的阻力，你可能会因速度太快而发生事故了。

拉 链

很多衣服上都有拉链，它能轻松地闭合或打开外套，比起一个一个地扣扣子，拉链要省时多了。但这样简单的一拉一开中，你知道有着什么神奇的原理吗？

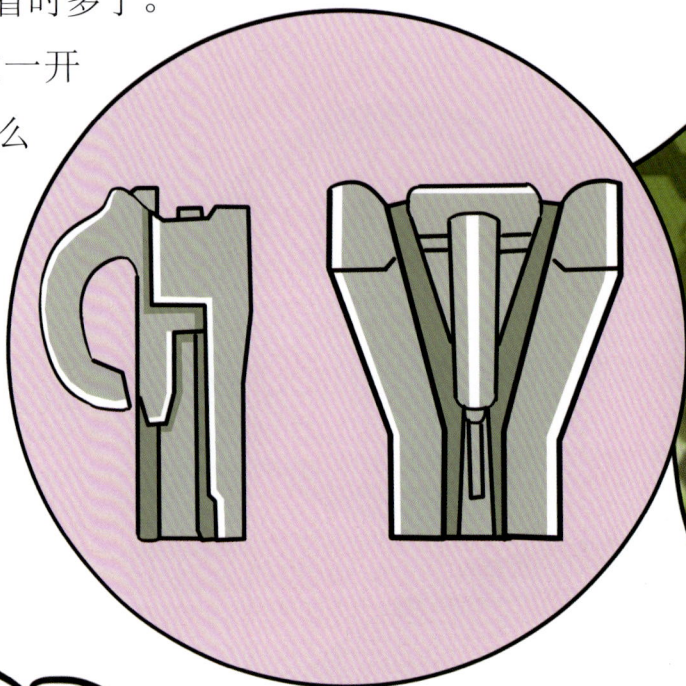

报告长官，穿拉链上衣节省5秒钟。

用于军装

一战中，美军采购了很多拉链用于缝制军装，结果效果超出想象。所以说，拉链最早使用在军装上，民间使用则要迟很久。

拉头

通过拉头上拉或下拉的作用，能够使链牙相互咬紧或脱开。

拉头

这样工作

拉链是利用斜面的原理来工作的。拉开时，拉链头上的三角形楔子会将紧闭的链牙分开，而拉上时，楔子会促使原本分开的两个链牙逐个咬合在一起。

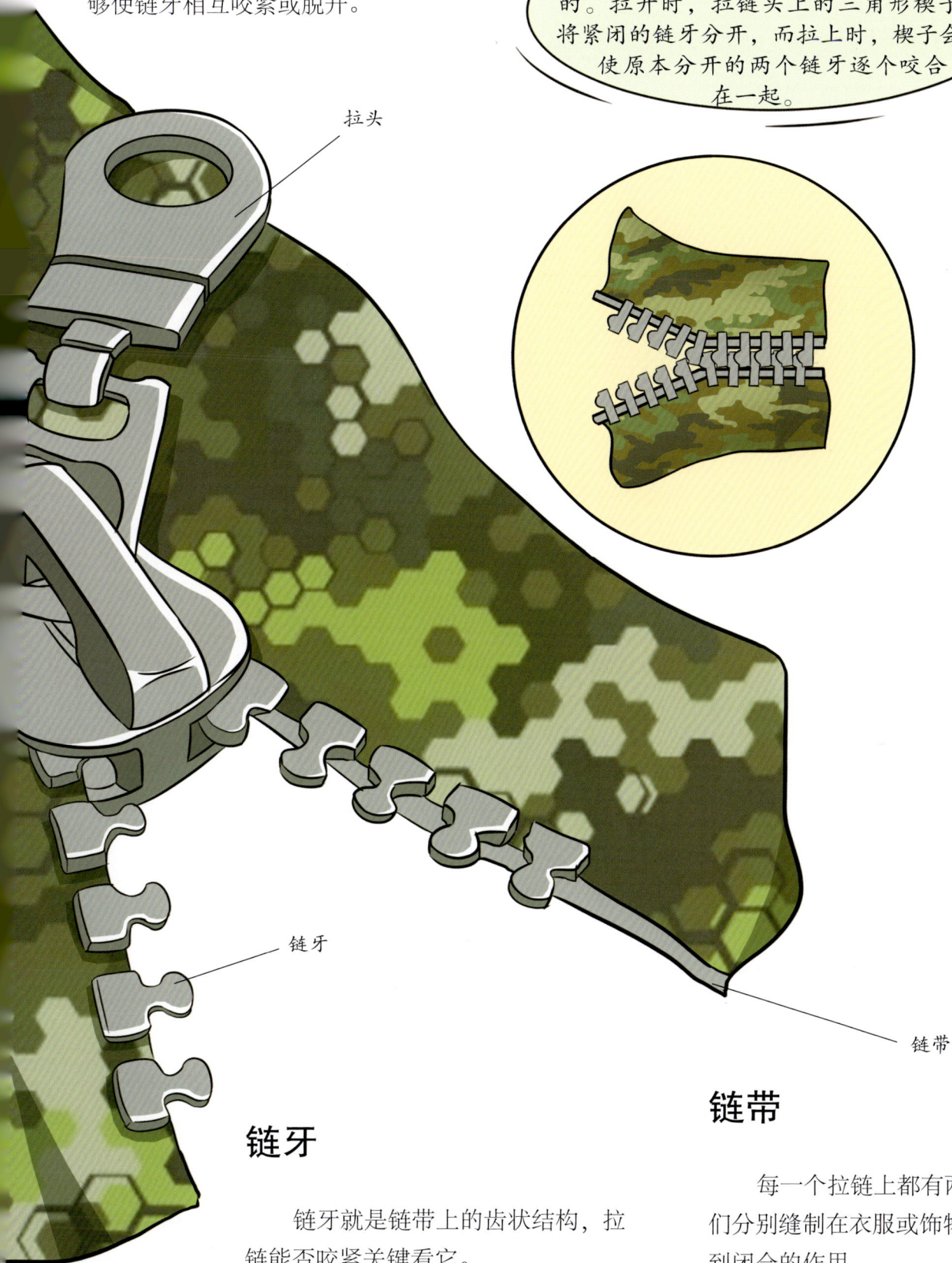

链牙

链带

链牙

链牙就是链带上的齿状结构，拉链能否咬紧关键看它。

链带

每一个拉链上都有两片链带，它们分别缝制在衣服或饰物的两侧，起到闭合的作用。

25

水 表

内芯 ── 指针
刻度盘

每个家里都有水表，只要使用水，它就会自动计量。如果你看不到它，可以问问妈妈，它隐藏在哪里，当妈妈拧开水龙头洗衣服时，你仔细看看，它出现了哪些变化。

叶轮

这样工作

当水流经过水表时，水流产生的压力推动叶轮旋转，叶轮每旋转一圈，所经过的水流体积是恒定的。查表数时，用叶轮旋转的圈数乘以水的恒定体积就可以了。

壳体

壳体是水表的主要结构之一，材质多为铁制、铜制、不锈钢制或尼龙塑料制。水从进水口流入，经过环形空间，从出水口流出。

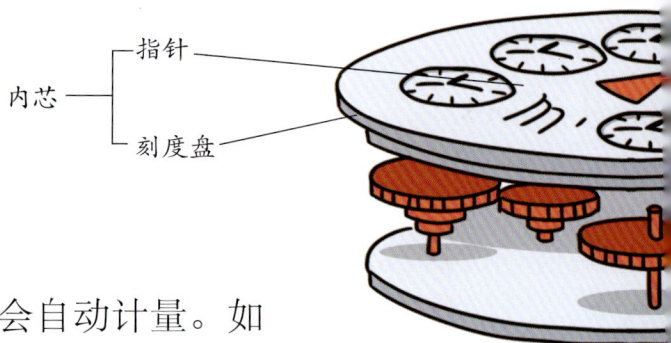

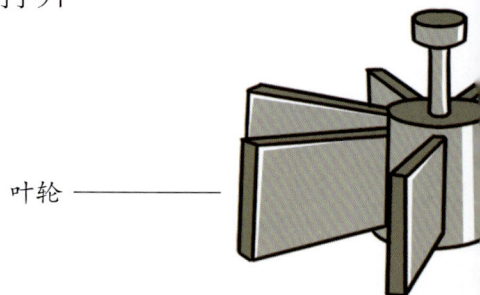

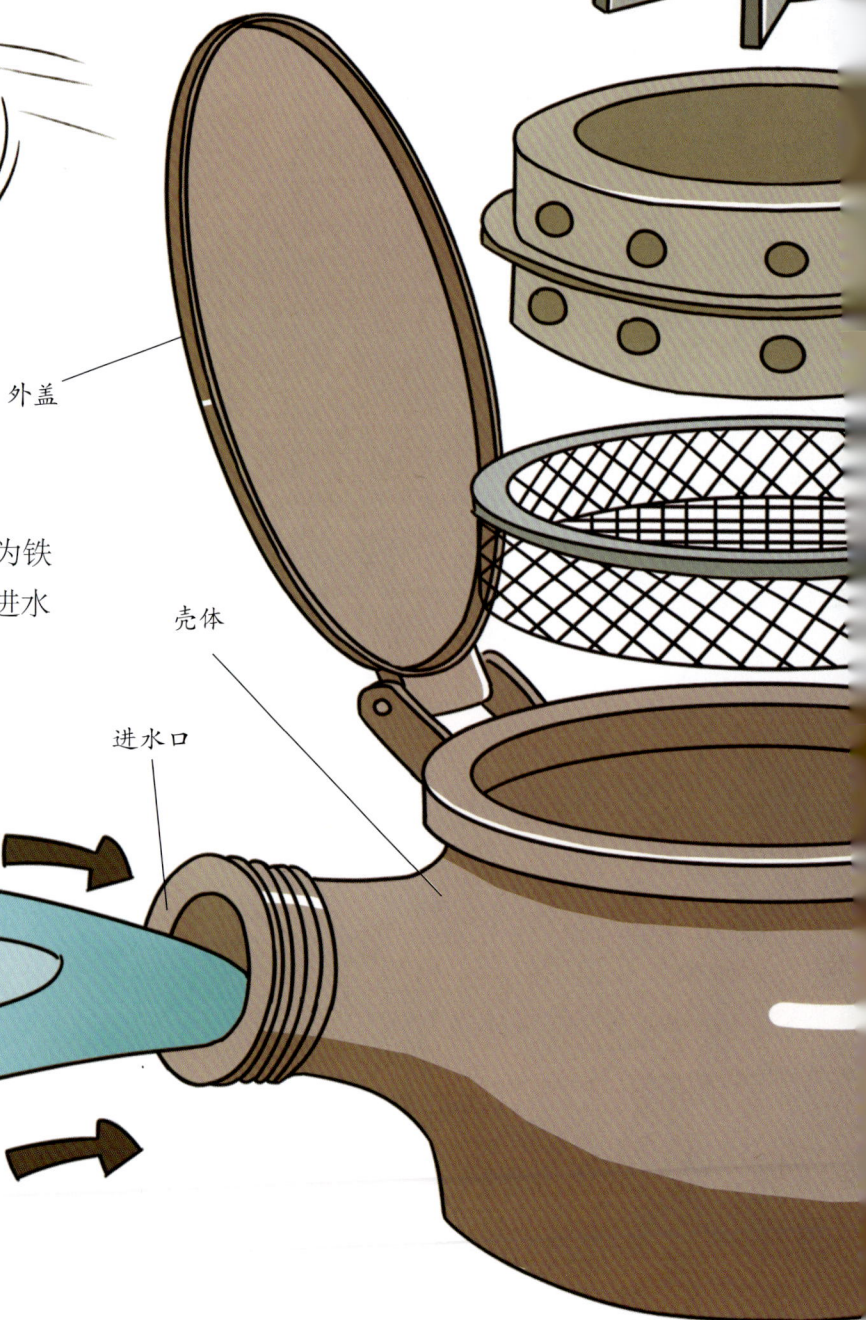

外盖

壳体

进水口

万物运转的秘密

内芯

内芯的最上层是指针和刻度盘，观察用水量时从这里看。下层最重要的部件叫叶轮，通过的水流冲击它会旋转起来，水流越大、越急，叶轮旋转得越快。

套筒

套筒主要由滤网和套筒主体构成，套筒的四周有很多小孔，上排孔对着壳体的上环室，下排孔对着下环室。滤网的作用则是过滤水中杂质。

套筒

滤网

出水口

200年

1825年，英国人克鲁斯发明了最早的水表，至今已有近200年的历史了。

小身材有大容量哦！

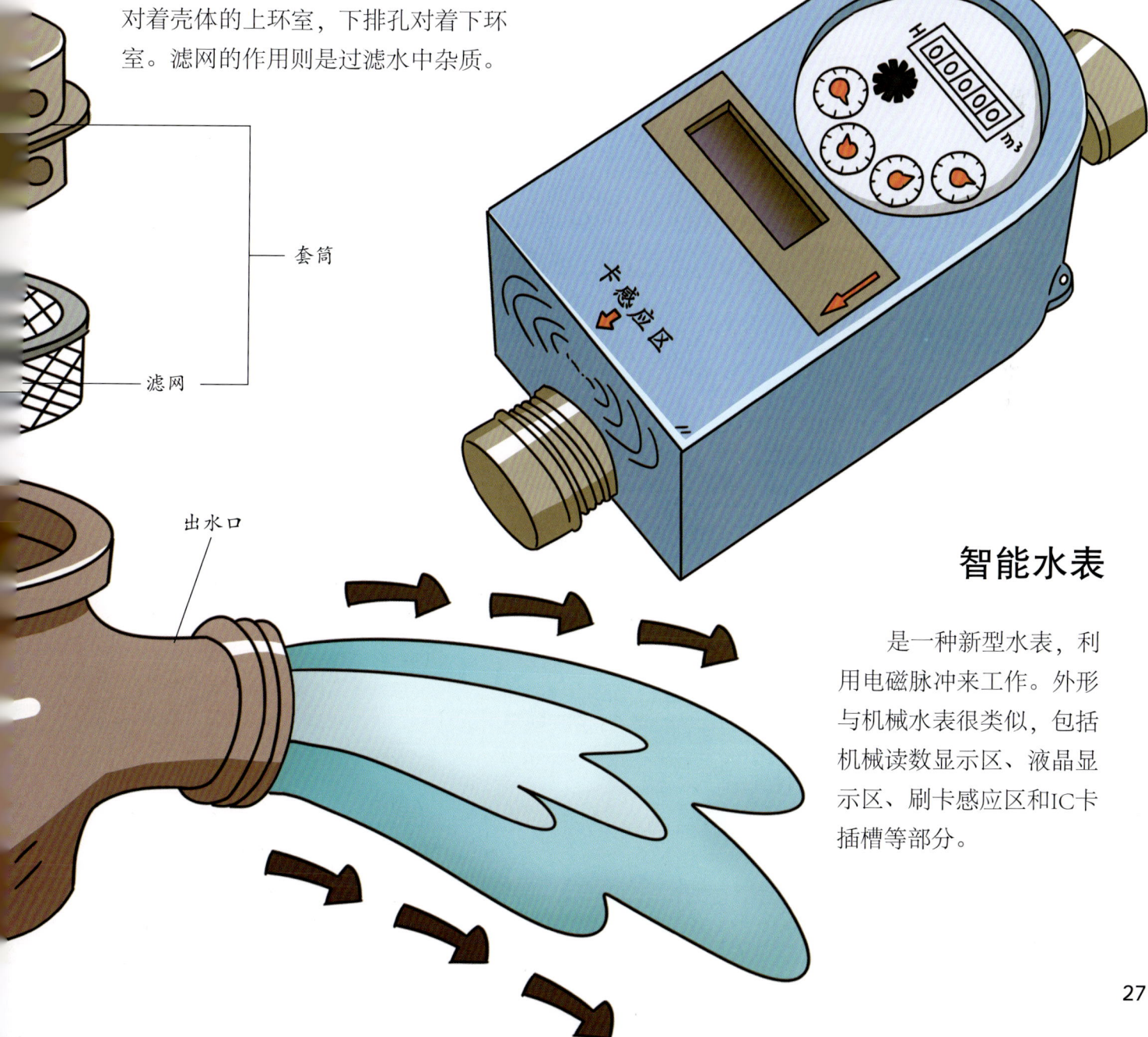

卡感应区

m3

智能水表

是一种新型水表，利用电磁脉冲来工作。外形与机械水表很类似，包括机械读数显示区、液晶显示区、刷卡感应区和IC卡插槽等部分。

天 平

天平是一种古老的量具，左右各有一个托盘，静置时左右两侧几乎是平衡的。称量物品时，一边放砝码，一边放物品，以砝码相加的重量来计量物品的重量。

横梁

横梁是架在支架上的，它起到的是等臂杠杆的作用，左臂和右臂相等。

这样工作

天平是利用杠杆原理制成的，支架上的横梁就是等臂杠杆，当左边托盘和右边托盘上物品的重量一致时，天平就能保持平衡。

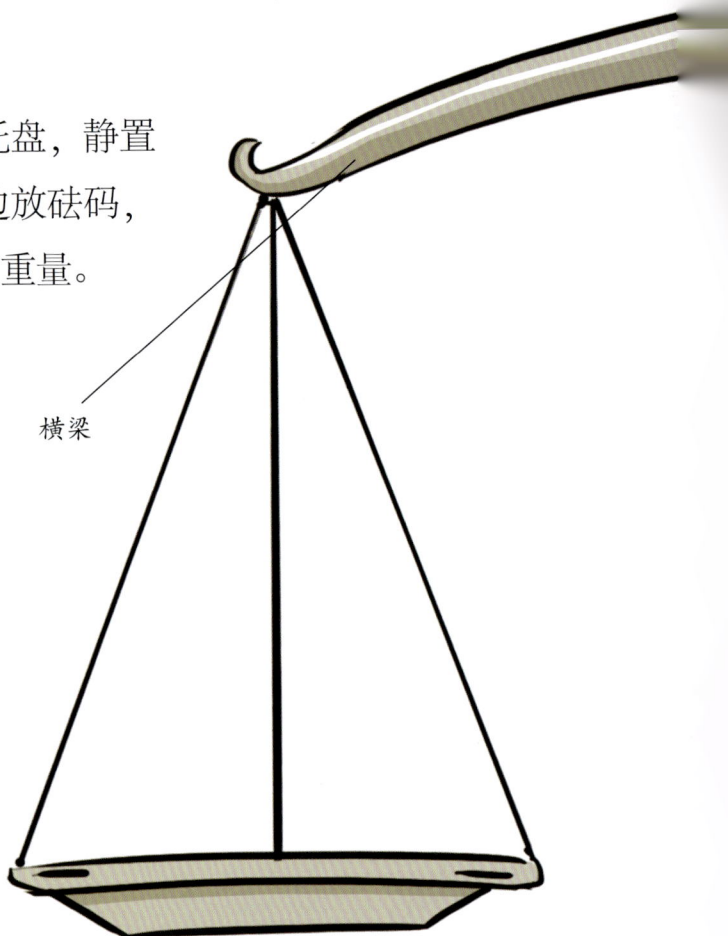

横梁

哇哦，我太胖啦！

托盘天平

实验室常用托盘天平，它的中间位置是指针，指针居中时，说明两边物品重量相等。

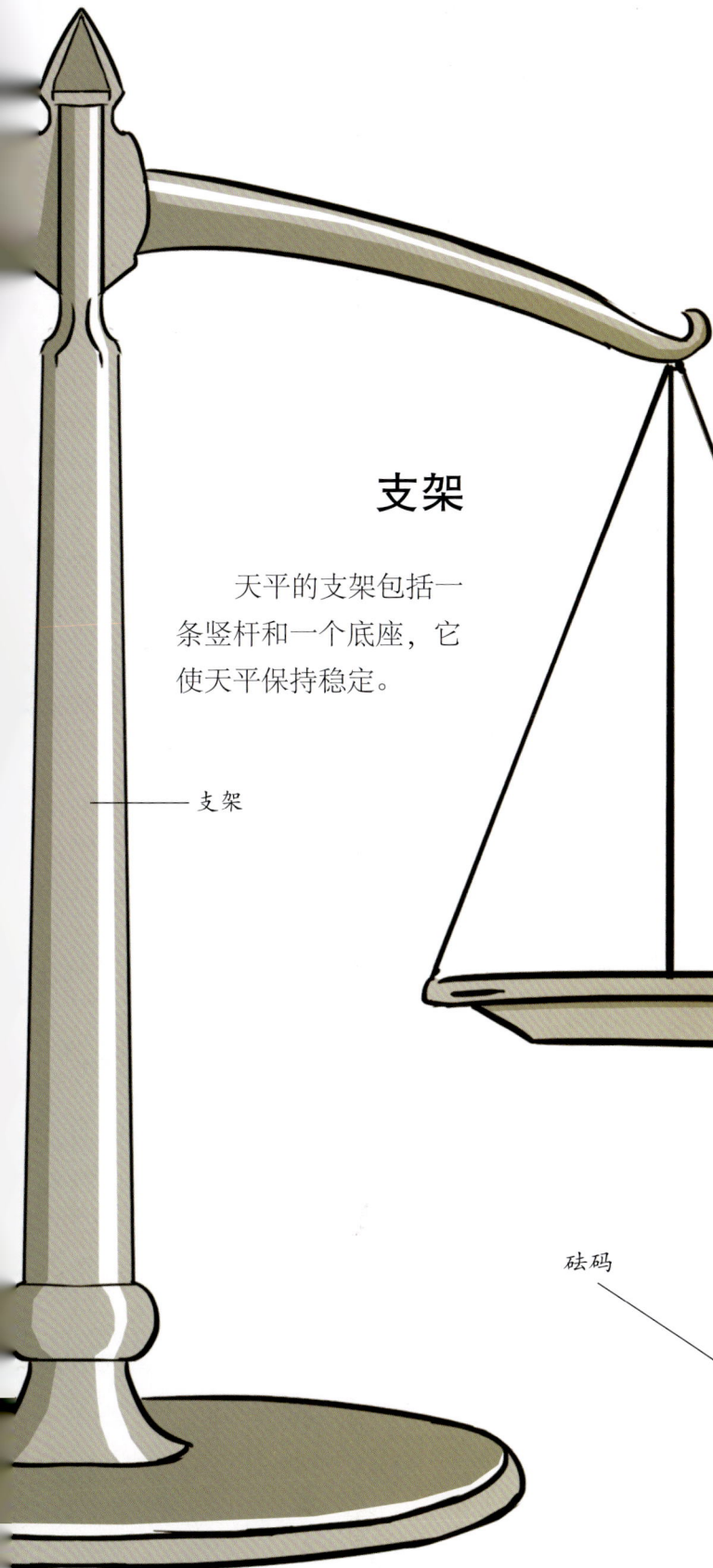

托盘

托盘用于盛装部件，要称量的物品和砝码分别放在左、右托盘上。

托盘

支架

天平的支架包括一条竖杆和一个底座，它使天平保持稳定。

支架

砝码

砝码一般分为千克组、克组和毫克组，有铜制砝码、不锈钢砝码等。

砝码

镊子

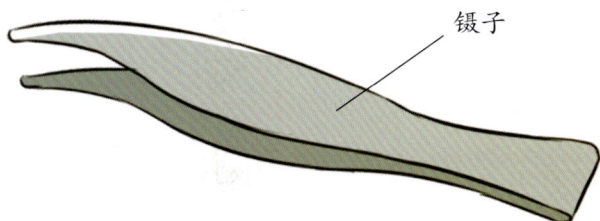

镊子

砝码不能用手拿，要用镊子夹取。

千斤顶

千斤顶分为机械千斤顶、液压千斤顶等，其中最为常见的螺纹千斤顶是机械千斤顶中的一种。

螺母套筒

螺纹千斤顶

螺纹千斤顶是通过杠杆原理来抬升重物的。它小巧轻便，方便存放和拿取，很多修理工叔叔都会使用这种千斤顶。

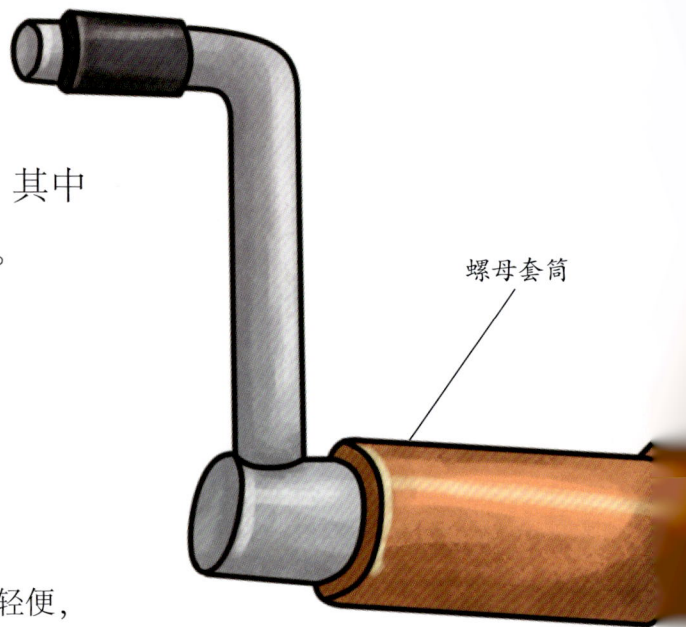

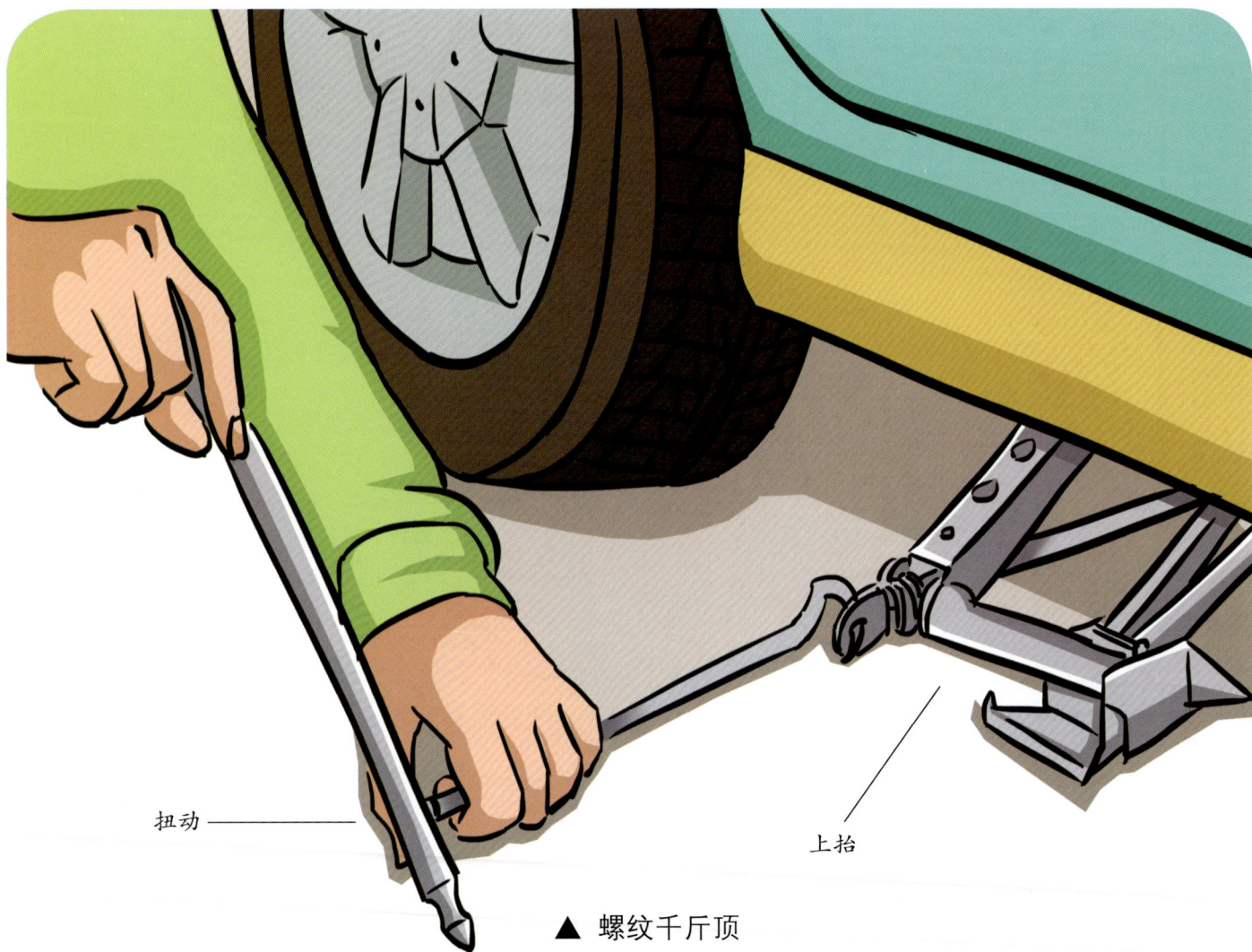

扭动

上抬

▲ 螺纹千斤顶

螺杆

螺杆是千斤顶上的顶举件，它通过旋转后升起，达到延长螺母套筒的目的。

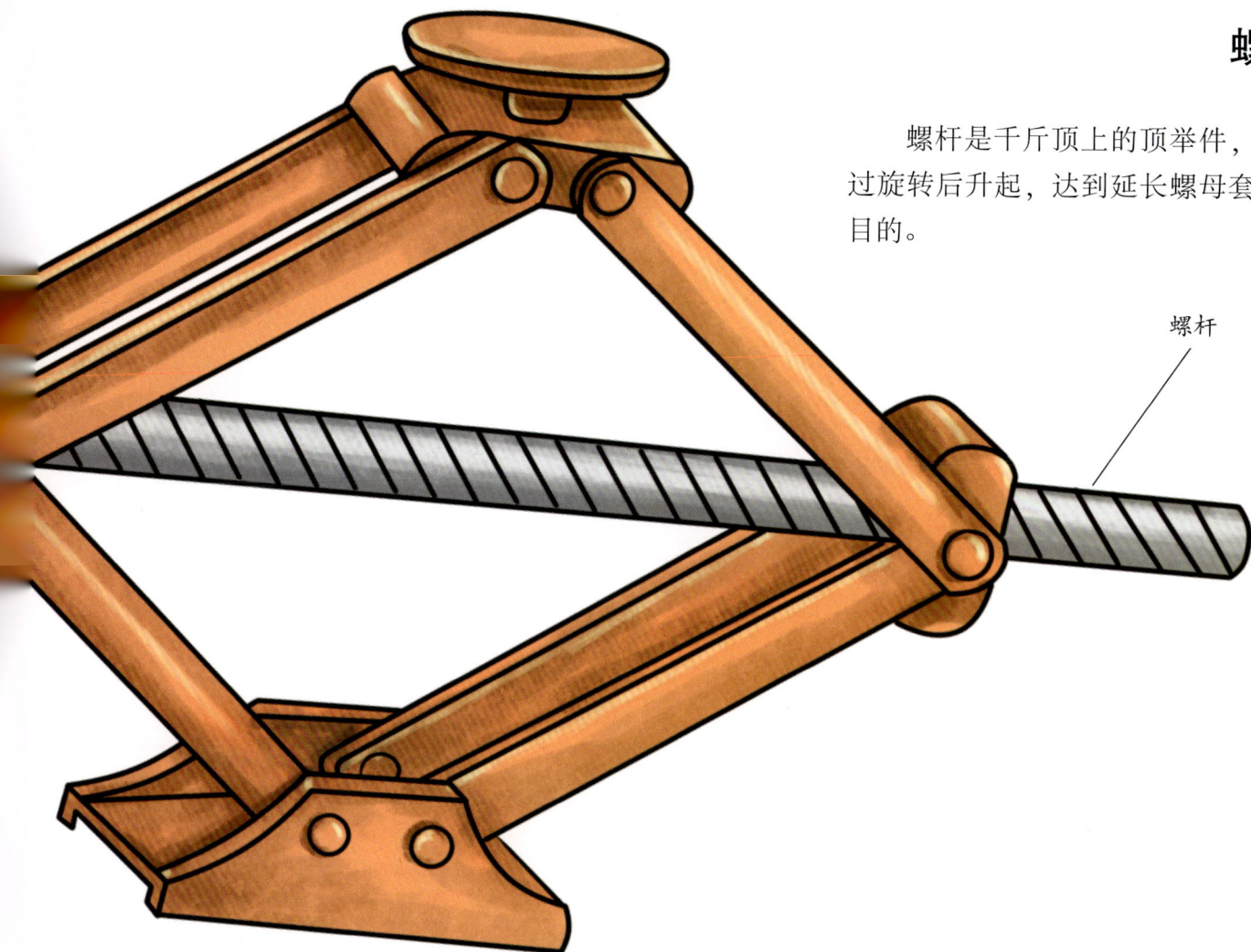

螺杆

这样工作

螺纹千斤顶利用手柄的摆动，使小齿轮和一对圆锥齿轮合作运转，带动螺杆旋转，进而推动升降套筒，使重物上升或下降。

螺母套筒

螺母套筒和螺杆一样，都是液压千斤顶的顶举件。螺母和套筒是配套的，多大的螺母配多大的套筒是固定的。

大力士

小小的千斤顶是机械中的大力士，一个就能顶起100吨的重物，如果说每辆小轿车都是2吨的话，一个千斤顶可以顶起50辆小轿车。

百叶窗

相比较常见的遮盖式窗帘，百叶窗更方便人们选择"光线"。当你想要完全黑暗时，将叶片闭合，而想选择散射光时，只需将叶片设定成一定的开合角度即可。

放下

放下百叶窗时，拉动窗绳，向下的拉力使百叶窗的轴转动起来，棘爪脱离棘齿，锁闭圆盘可以自由移动，窗帘便放下来了。

万物运转的秘密

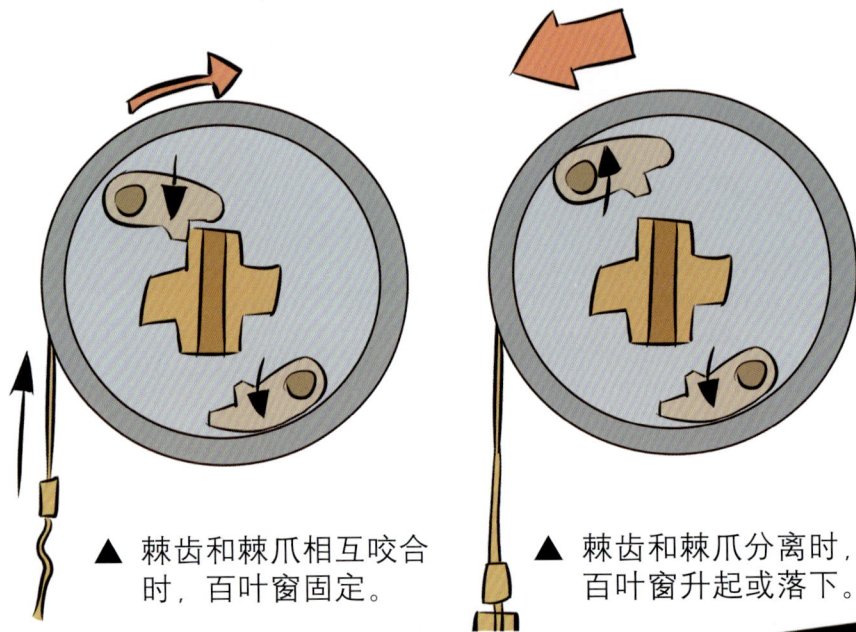

▲ 棘齿和棘爪相互咬合时，百叶窗固定。

▲ 棘齿和棘爪分离时，百叶窗升起或落下。

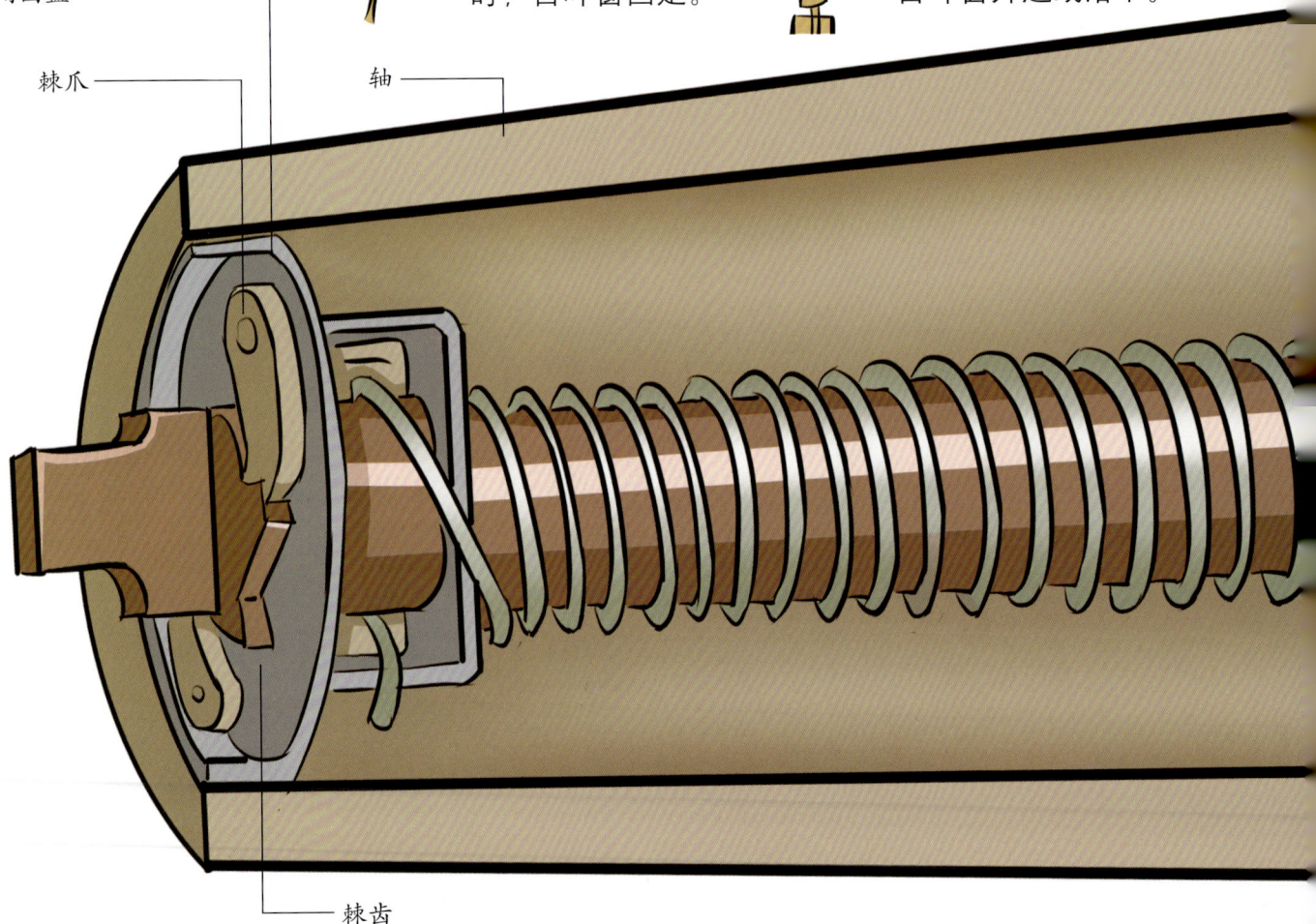

锁闭圆盘

棘爪

轴

棘齿

拉起

要拉起百叶窗时，拉绳的拉力使弹簧拉伸，棘爪与棘齿分离，闭锁圆盘快速转动，百叶窗就会上升。当然，如果拉到一半停下，使棘爪搭在棘齿上，百叶窗就被稳稳地固定了。

起源

百叶窗到底起源于哪儿不太确定，有可能是波斯，然后由意大利的威尼斯商人带到欧洲地区，因为法国人把百叶窗叫作"波斯百叶窗"，而欧洲其他地方，则管它叫"威尼斯百叶窗"。

光影魔术手

由于对光线的处理和美化有独到之处，所以百叶窗被誉为"光影魔术手"。

这样工作

在滚轮百叶窗的轴上有一根弹簧和一个棘齿装置，当快速拉动拉绳时，百叶窗会利用滚轮原理升上去，若想把百叶窗拉下来，只需缓慢地拉动拉绳，滚轮就会基于离心力的原理自动落下来。

固定的中心杆

弹簧

抽水马桶

抽水马桶是一项伟大的发明，它不仅方便了人们的生活，还使环境更清洁、空气更清新。如果没有它，简直让人无法想象。

进水阀

浮球

水管

这样工作

按下水箱按钮，按钮会拉起水塞开始放水，下冲的水将重力转化为动力，从而把马桶里的污物冲进下水道。

水箱

出水阀

万物运转的秘密

水箱

水箱是储水的地方，包括进水阀和出水阀，进水阀由水管和浮球开关组成。

桶身

桶身

桶身包括马桶和马桶盖，马桶的大小与高低各有不同，马桶盖能起到防尘和防异味散发的作用

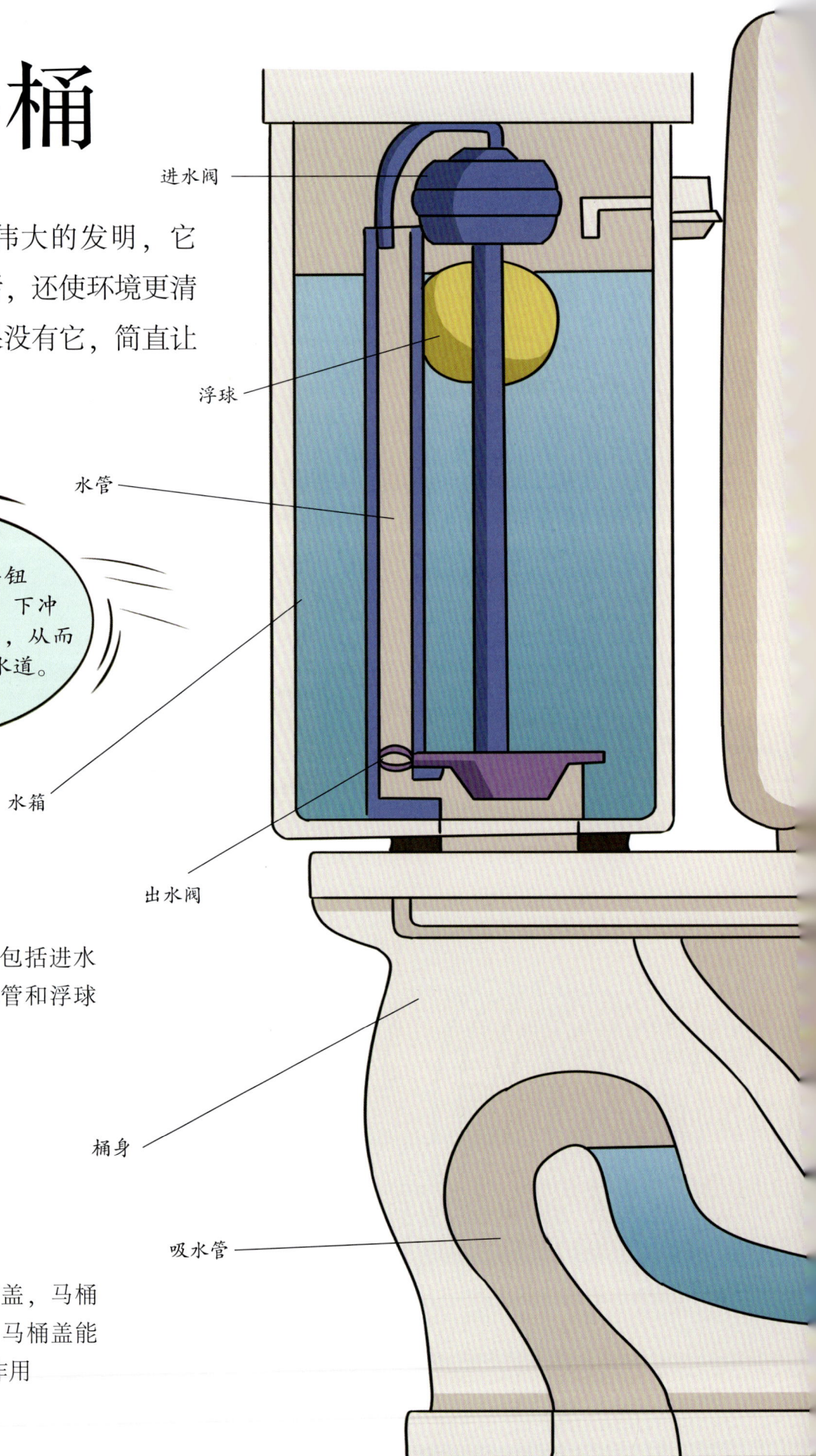

吸水管

古老的厕所

最古老的厕所出现在罗马，它在化粪池上安装了一排排石凳，人们通过石凳上钥匙孔一样的缺口排便。

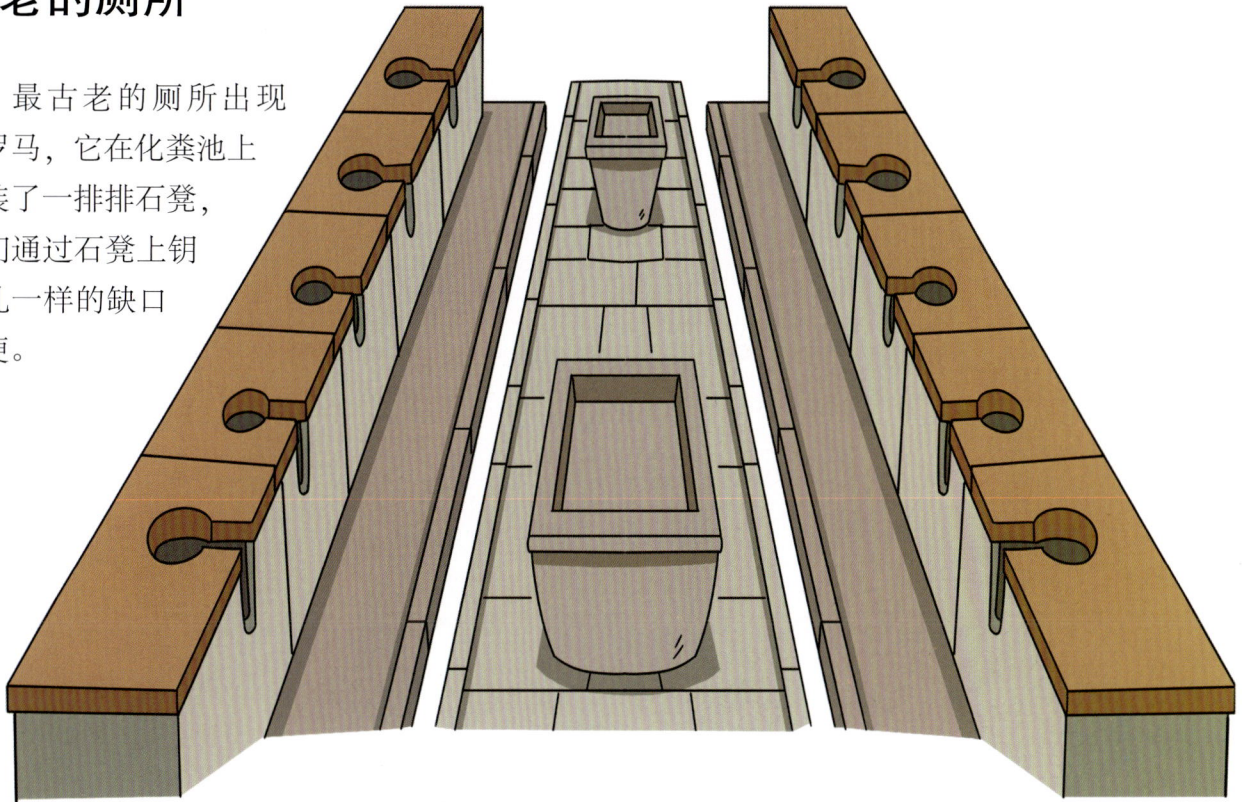

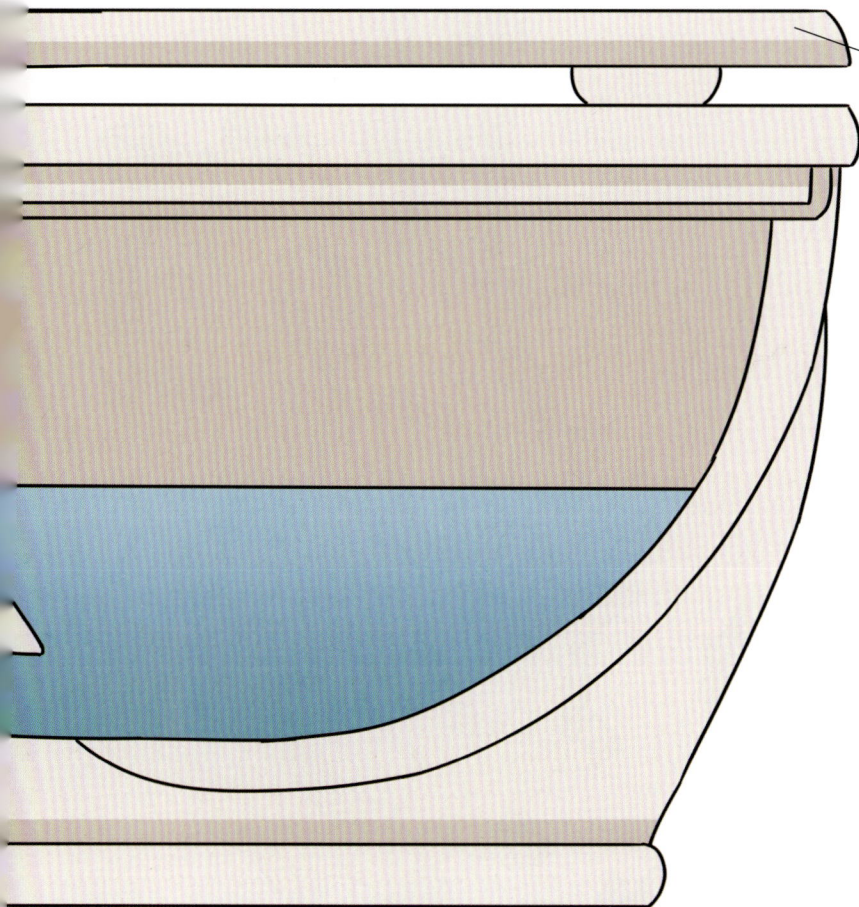

马桶盖

冲水与贮水

当马桶冲水时，水箱中的水会用3秒左右的时间倾泻下来，而重新贮满水则需要30～60秒的时间。

机械钟表

机械钟表是一种古老的计时器，它靠壳内的一套擒纵装置来运行。当上紧发条，指针便会"嗒、嗒、嗒"前进，整点一到，还会发出不同的声响来报时。

这样工作

擒纵系统是由一套相互制约与合作的齿轮构成的，它们通过向下的重力和拉伸的弹簧产生能量，来带动分针和时针精确转动。

杠杆式擒纵机构

杠杆式擒纵机构主要由擒纵轮、擒纵叉和双圆盘等构成。它通过一连串的动作达到稳定均等地输送动力进而规律化计时的目的。

敲钟人

最早的机械钟是以砝码来带动的，欧洲的很多修道院里最先使用它，但它并不能自己报时，所以需要一个敲钟人专职看守，每到一小时便来敲钟报时。

锚形擒纵机构

锚形擒纵机构由擒纵轮、擒纵叉、摆锤等构成。在发条的驱动下，擒纵轮做旋转运动，但在擒纵叉的限制下，每次只能释放一个轮齿，一点一点地运动，这就是秒针只能缓慢有规律地行进的原因。

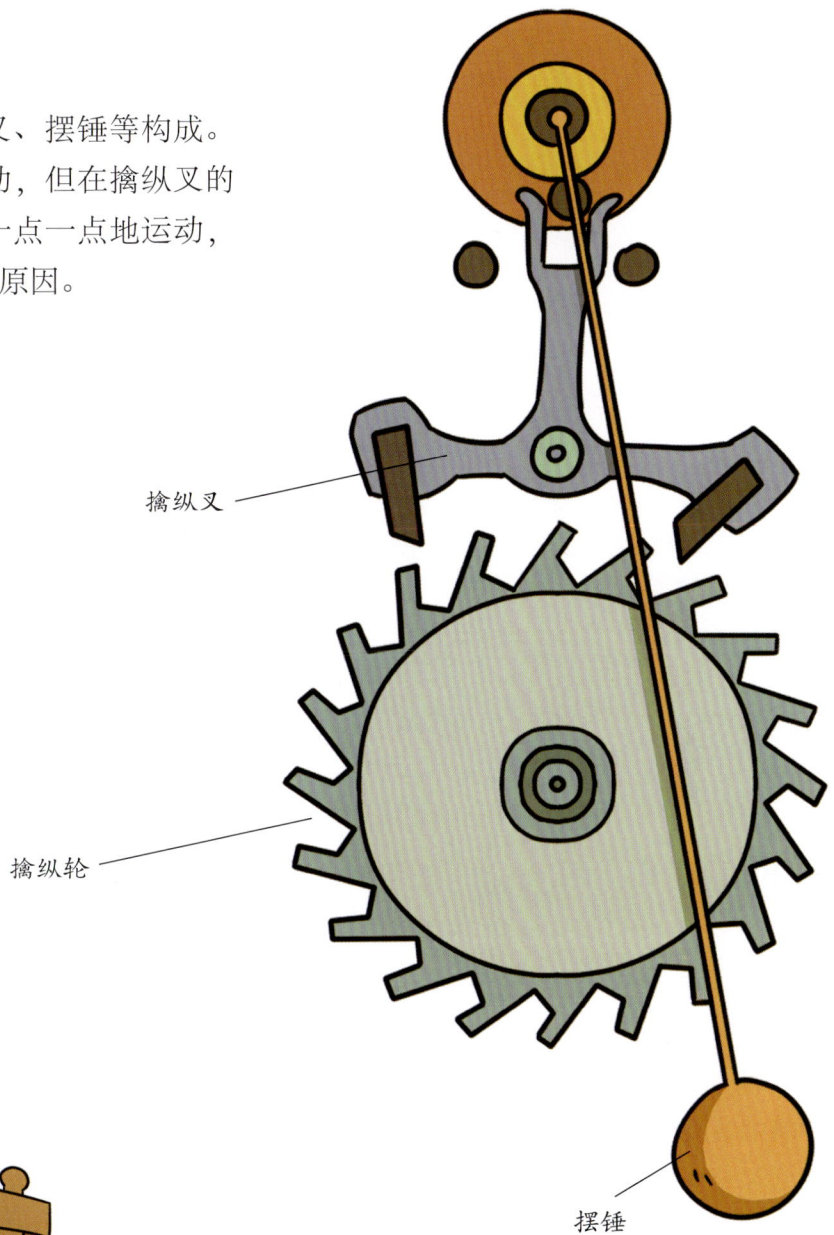

擒纵叉

擒纵轮

摆锤

沙漏

沙漏是一种简单的计时装置，它也叫沙钟，通常运行时间为1分钟。

灭火器

在很多公共场所都能看到灭火器，别看它只被搁置在角落中，甚至罐身布满灰尘，但在关键时刻，它能救人们于危难之中。

这样工作

灭火器是在压力作用下工作的。它通过对压缩气体进行释放，从而产生一个向下的压力，把干粉灭火剂通过虹吸管推至喷嘴喷出，从而达到灭火的目的。

消防车

消防车是一个大型的灭火器，它的车载水箱中通常装有4000升水。通过车内水泵叶轮的高速转动而形成水压，水会从水龙带中喷射出水雾，扑灭大火和降低燃烧物温度。

干粉灭火器

主要灭火材料是由碳酸氢钠、碳酸氢钾、磷酸二氢铵组成的干粉。它们喷出后，会像一层棉被一样，包裹住火苗，让它无法蔓延。

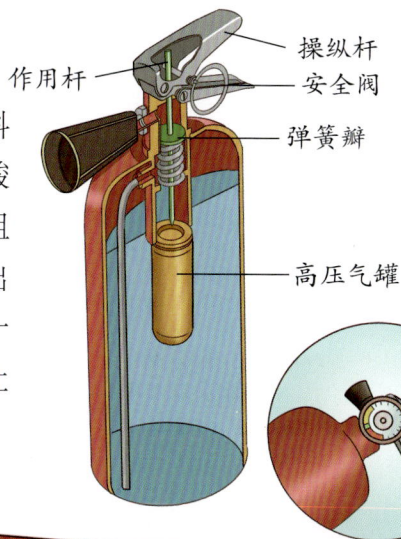

操纵杆
作用杆
安全阀
弹簧瓣
高压气罐

能够工作吗

灭火器能否正常工作看压力表就可以。当指针指向中间的绿色区域时，表明可以正常工作。指示红色或黄色区域时，说明灭火器不能正常工作，需要检修或更换。

十几秒钟

一般情况下，干粉灭火器中的灭火材料很少，只能使用十几秒钟。所以，只能在火势小、过火面积小的情况下使用。

喷壶

几乎每个家里都有喷壶，它不仅是妈妈的好帮手，能够浇花，清洁污物，还是小朋友们的好伙伴，向着天空喷一喷，感受下雨天的清爽感。这么神奇的小物件，你知道它是怎样工作的吗？

按压打气

这样工作

按动加压器，它的推泵会将外面的气体通过入气口推入壶体内部，使得喷壶内压强不断增大，当壶内水压加上空气的压力大于外部气压时，水就能从喷嘴喷出了。

储水罐

喷壶装水的部分叫储水罐，大小不一，容量有500毫升、1升或2升等。

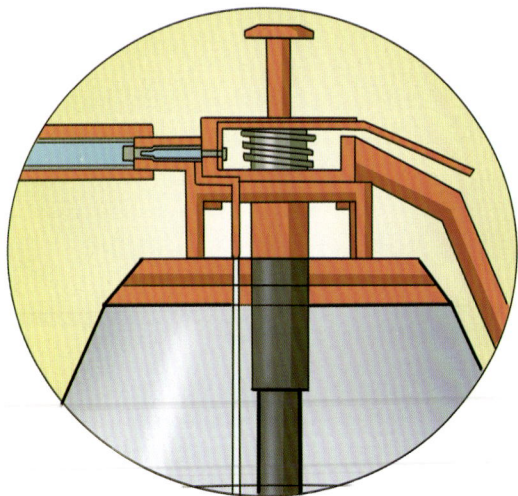

加压器

加压器在壶体外部的部分叫加压杆，在壶体内部的叫推泵。

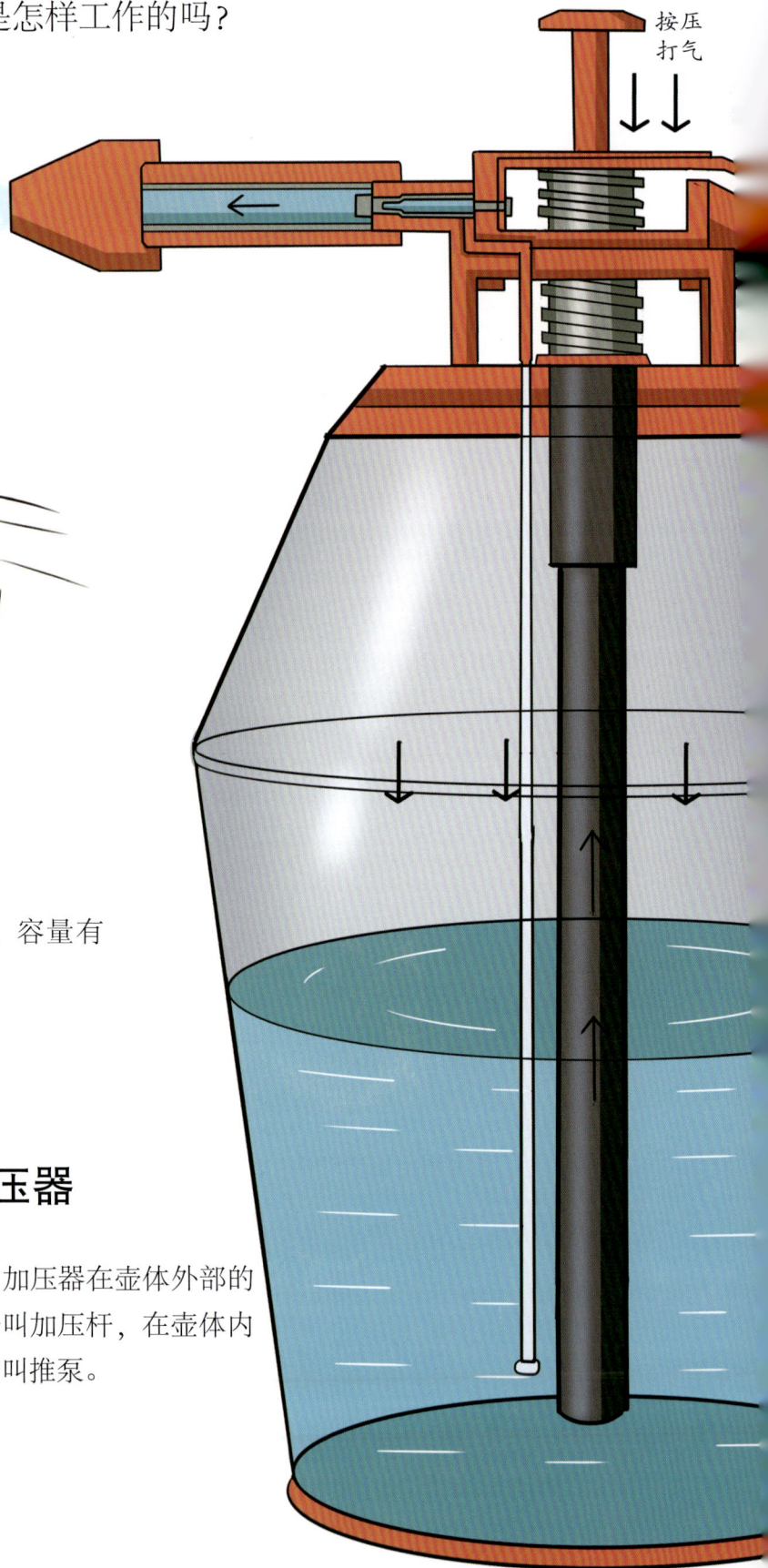

40

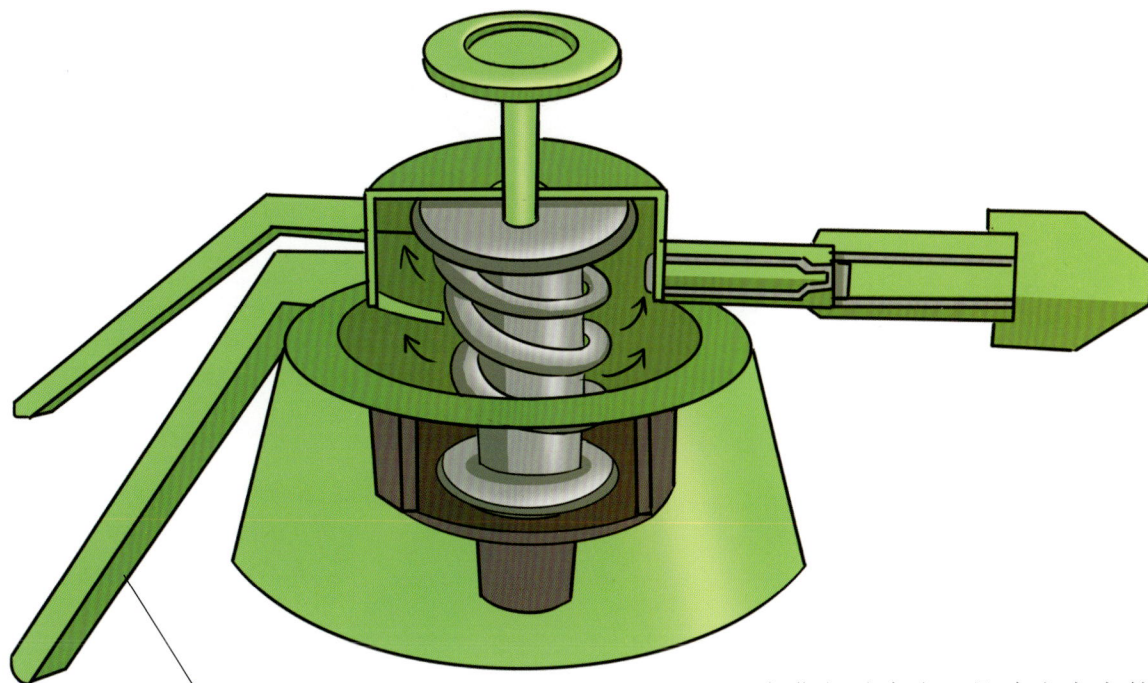

喷嘴

喷嘴也叫喷头，是喷壶出水的地方，
别看它很小，结构却很复杂。

把手

把手

手可以提握的部分是
喷壶的把手。

古代喷壶

中国汉朝时就已经出现了喷壶，
材质一般为铜或铝，壶身圆形，有个
长长的壶嘴，壶嘴口像莲蓬一样，这
种喷壶不需要加压使用，但需要倾斜
一定角度才能出水。

吸尘器

作为家用小型电器的一种，吸尘器的威力很大。它能把角落及床底的灰尘都吸走，但它工作时会产生吵人的"嗡嗡"声，很多小朋友不喜欢。随着低噪声吸尘器的出现，吵人的吸尘器也变得安静多了。

▲ 织物灰尘袋

这样工作

内外压力差是吸尘器产生吸力的原因。当接上电源，打开开关后，吸尘器的电动机驱动风扇快速转动，风扇把空气从出气口排出，这样就使得风扇一边气压降低，而另一边压强上升。气压的降低使吸尘器内部产生吸力，于是它开始张开大嘴吸收灰尘。

电动机

电动机是吸尘器的动力来源，与电源接通后，吸尘器就可以工作了。

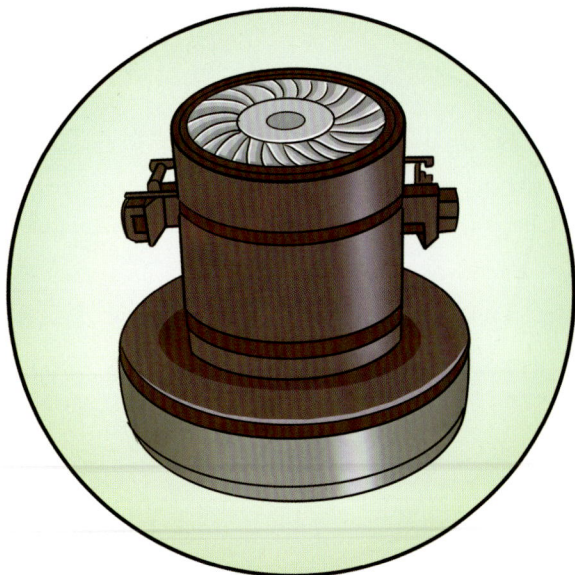

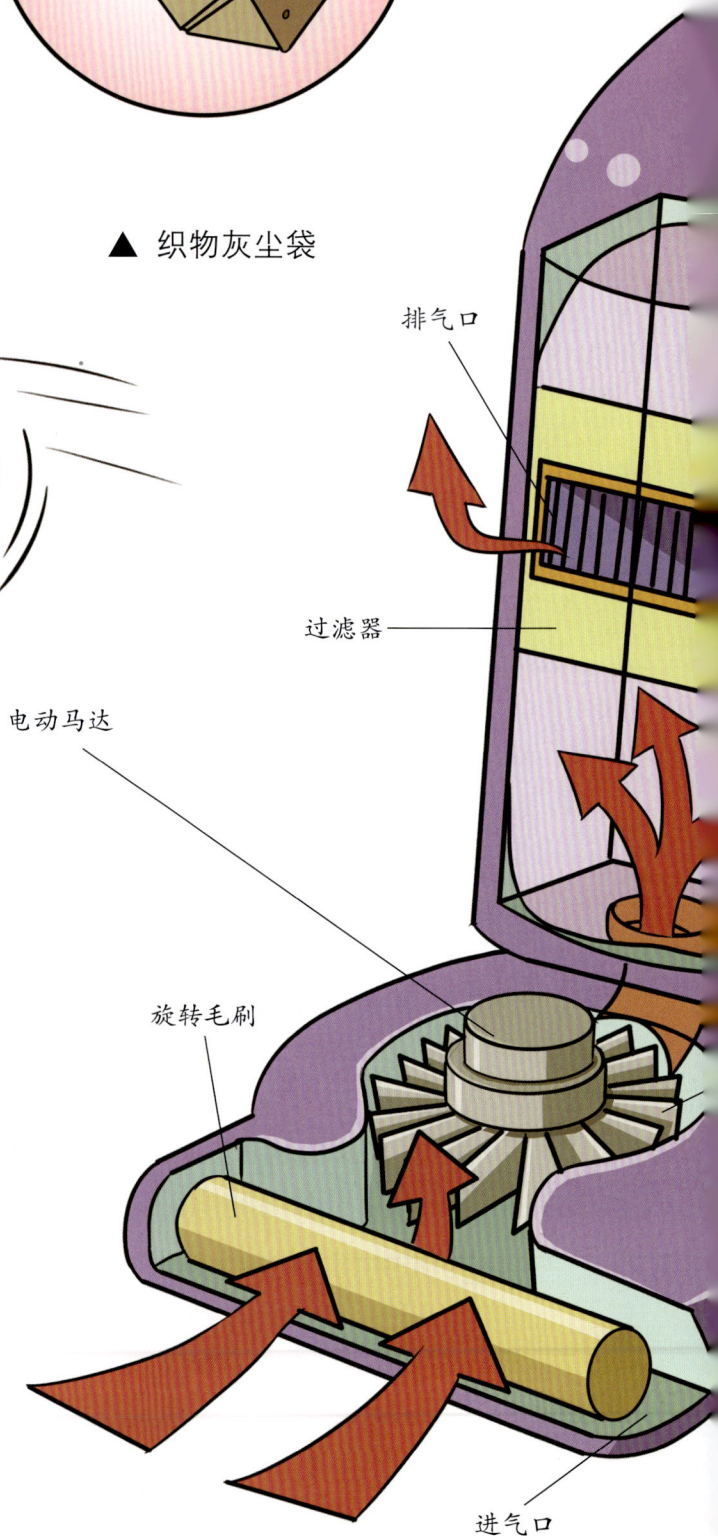

排气口

过滤器

电动马达

旋转毛刷

进气口

42

灰尘袋

灰尘袋是易耗品，织物灰尘袋需要经常清洁，纸制灰尘袋装满垃圾后就可以扔掉了。

灰尘袋

▲ 纸制灰尘袋

风扇

风扇是吸尘器的重要部件之一，只有它快速转动时才能产生吸力。

风扇

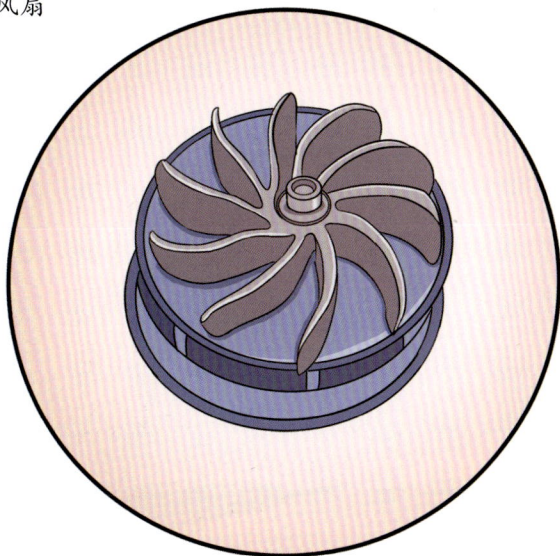

不好好工作

当你发现吸尘器不好好工作，吸力变弱了，可能是这两处出现了问题：一是灰尘袋的垃圾太多，使阻力增大，此时清理一下灰尘袋就好了；另外可能是电动机出现了问题，这需要专业人员来维修。

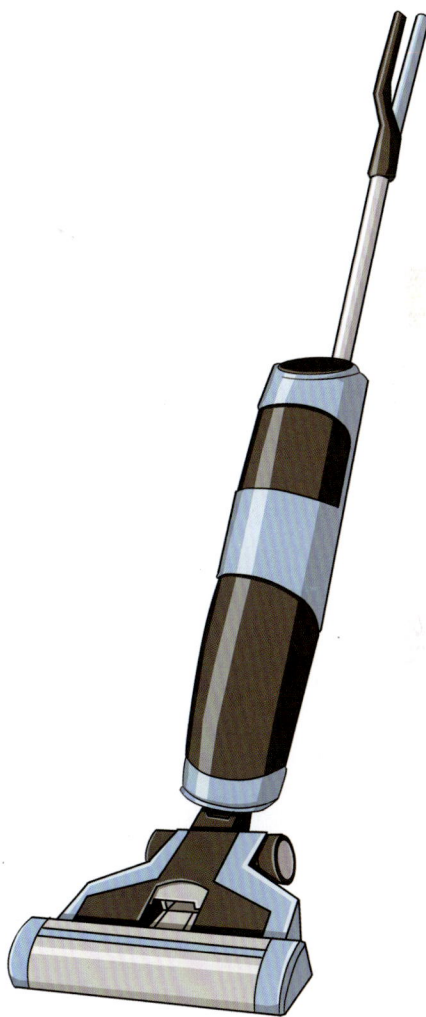

吸拖一体机

这是一种新型的清洁工具，它的外形与无线吸尘器很像，可以一边吸尘，一边喷水拖地。

水 枪

　　炎热的夏天，水枪是小朋友们最爱的玩具。吸满一管水，用力推出去，看到一条水线呈抛物线落下去，仿佛跟下雨天一样凉爽。如果大家一起对战，那就更刺激了，虽然会变成落汤鸡，但追逐嬉闹的情景是整个夏天最让人快乐的事。

这样工作

　　每一把水枪中都有一个活塞，向外拉活塞时，枪筒容积增大，水及空气被吸入枪筒。向内推动活塞，枪筒内压力逐渐增大，当压力大于外部压力时，水就会从枪筒内喷射出去。水枪内的压力越大，水柱的喷射距离越远。

新型水枪

　　新型水枪中由于增加了一个水球部件，注水时，水球像气球一样体积变大。扣动扳机，水流向外喷射时，水球像气球一样给内部水增加压力，使它以更大流速喷出去。

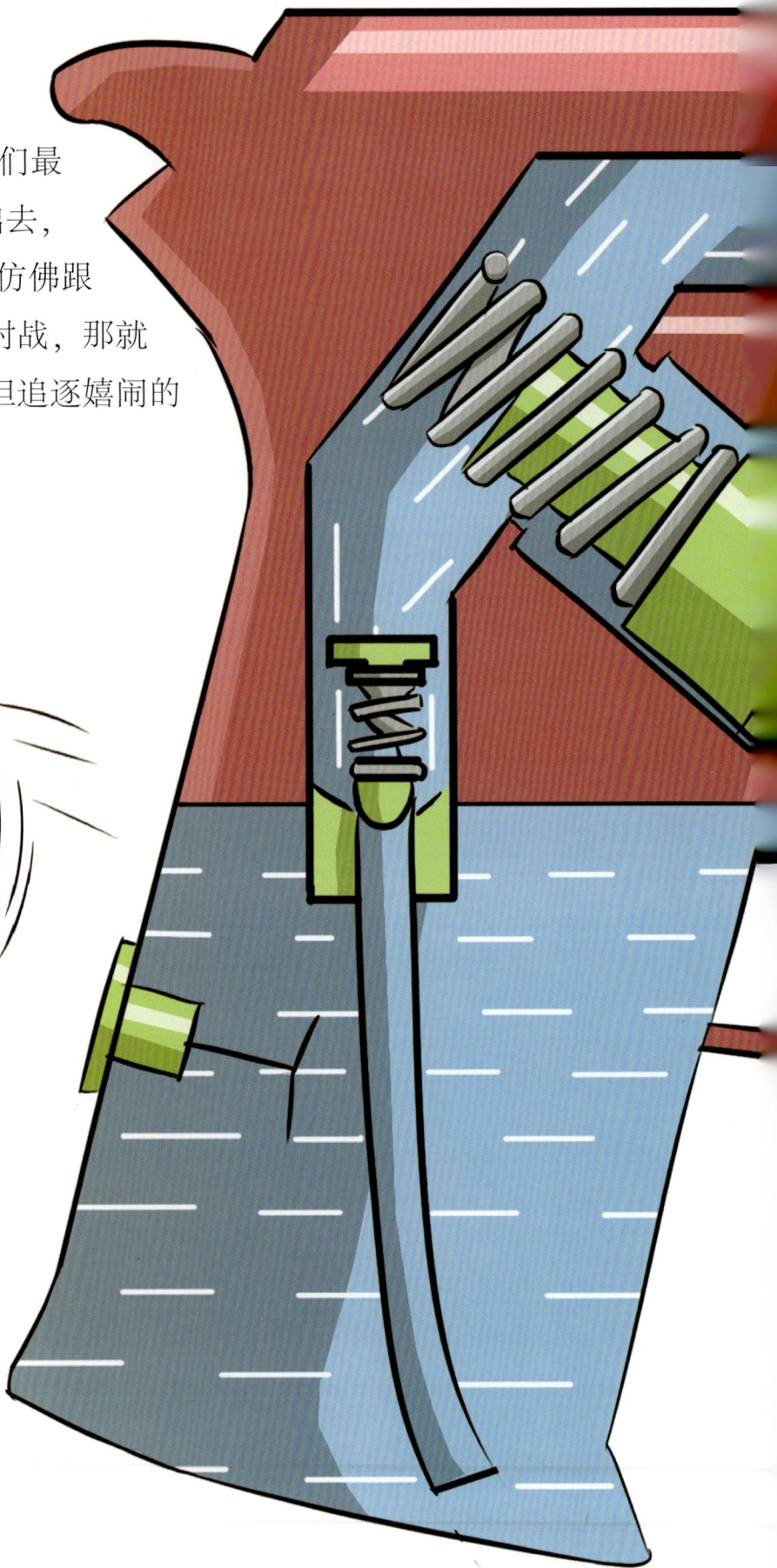

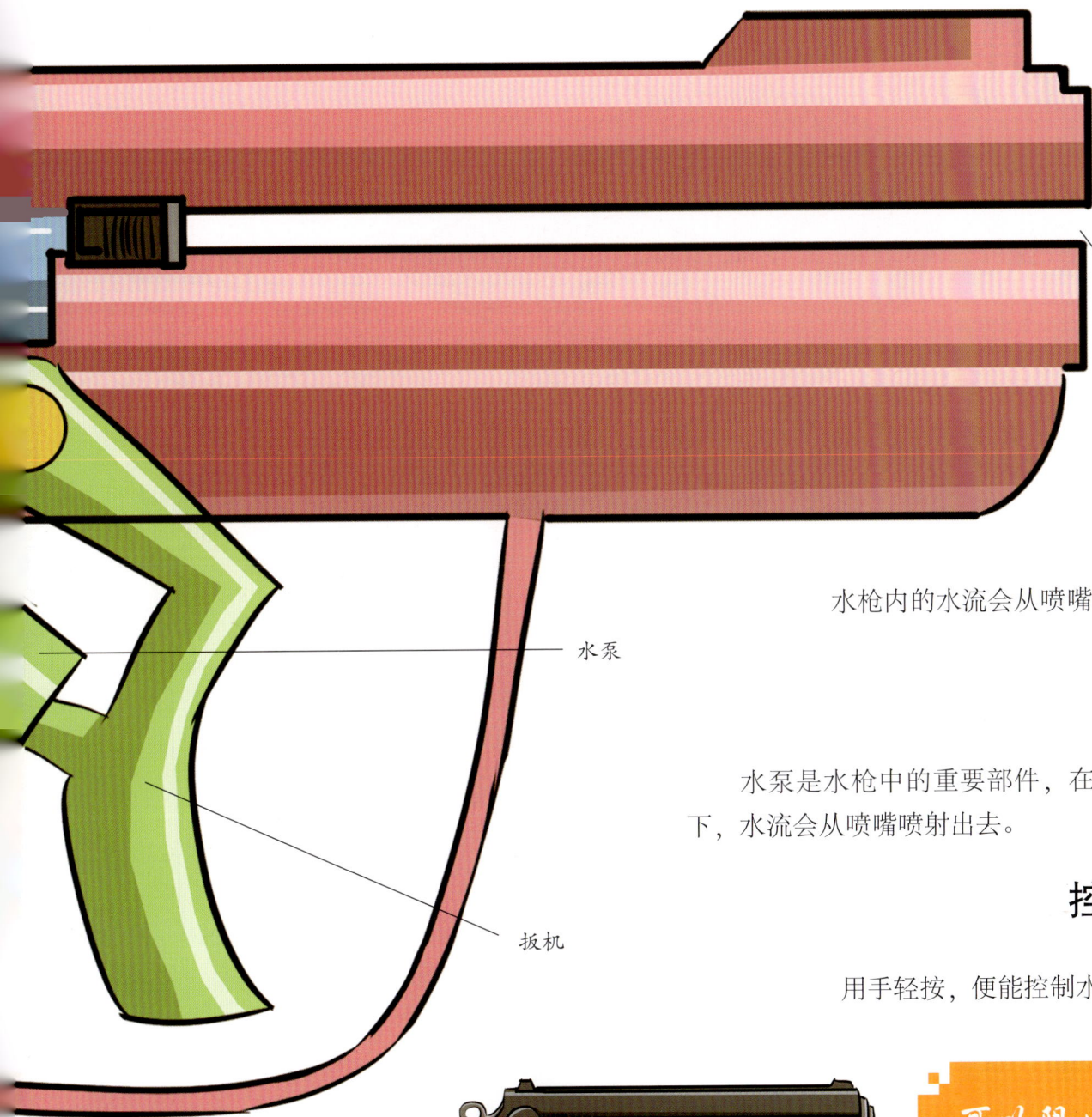

喷嘴

喷嘴

水枪内的水流会从喷嘴喷射出去。

水泵

水泵

水泵是水枪中的重要部件，在水泵的作用下，水流会从喷嘴喷射出去。

扳机

控制扳机

用手轻按，便能控制水泵工作。

可以阻止最凶残的狗和人，同时不造成永久性伤害。

第一支水枪

1896年，世界上第一支水枪诞生，它的外形与铁质手枪很像，只是配了一个橡胶挤压球。第一支水枪的广告语是这样写的："可以阻止最凶残的狗和人，同时不造成永久性伤害。"

飞 机

行李架

很多小朋友会产生疑惑，像飞机那样的庞然大物，是怎么轻松飞上高空的呢？首先，飞机的外形呈流线型结构，更容易减少阻力。其次，有强大的动力系统在支撑它，所以，飞上高空并没有那么难。

涡轮风扇发动机

动力装置

动力装置是一套涡轮发动机，它能为飞机提供前进的动力，还能给飞机上的用电设备提供电力。

机翼

机翼是飞机的重要部件，主要的作用是产生升力。当气流经过机翼时，它的上下两个面所受的压力是不同的，下表面压力大，上表面压力小，所产生的压力差给了飞机向上的抬升力。此外，遇到强气流时，机翼还能做出调整动作。

机翼

这样工作

要想飞上高空，飞机需要两个步骤：上升和前进。上升依据的是流体力学中的伯努利原理，即流体的速度越大，压强越小。此外，飞机向上攀升时不仅加快速度，还会保持一定角度的倾斜。飞机前进靠的是发动机的动力带动螺旋桨旋转产生的向前的牵引力或喷气产生的向前的推动力。

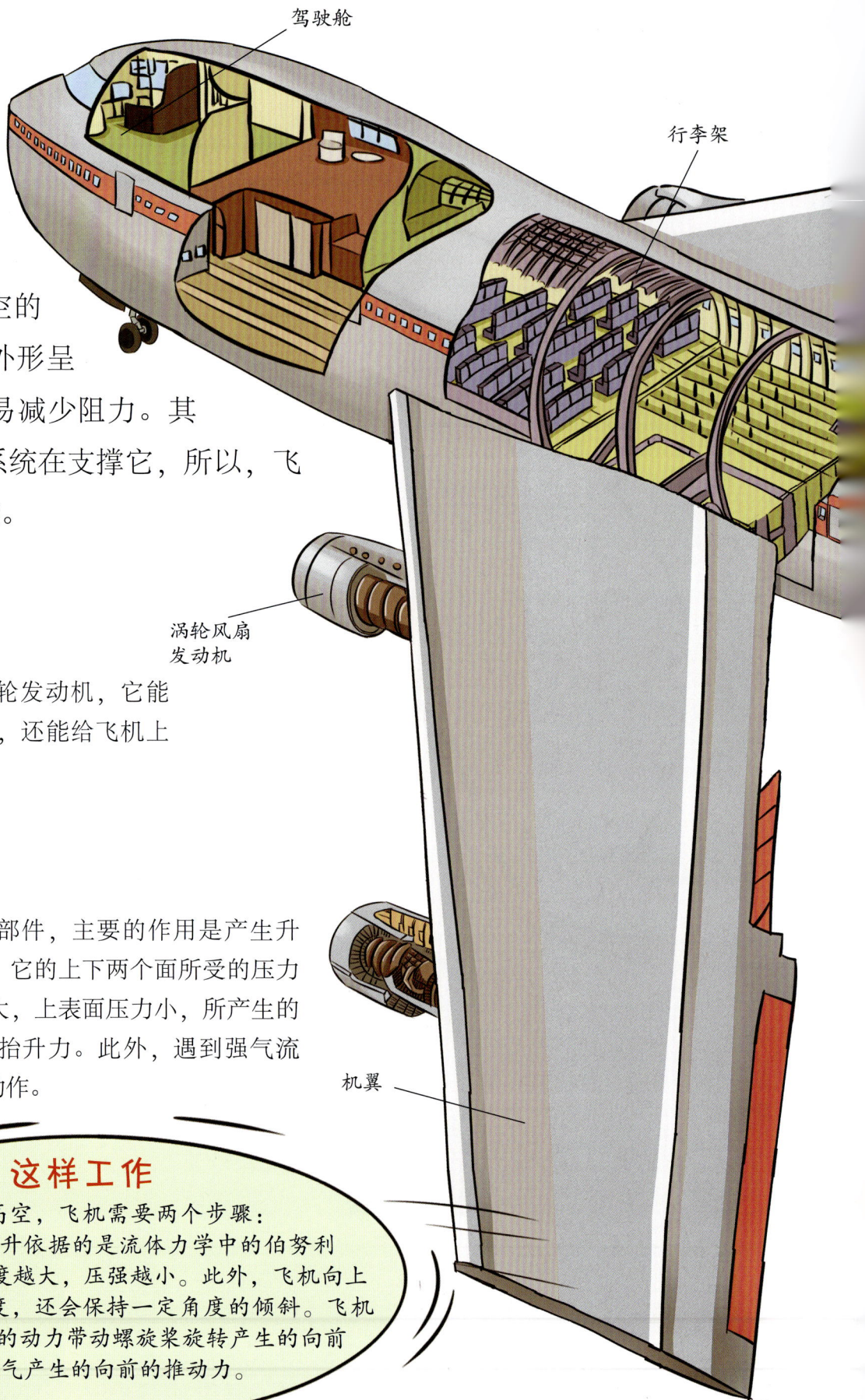

机身

机身是飞机上最大的部件，它的作用是装载乘客和货物，正是它的存在，才将各个零部件组合为一个整体。

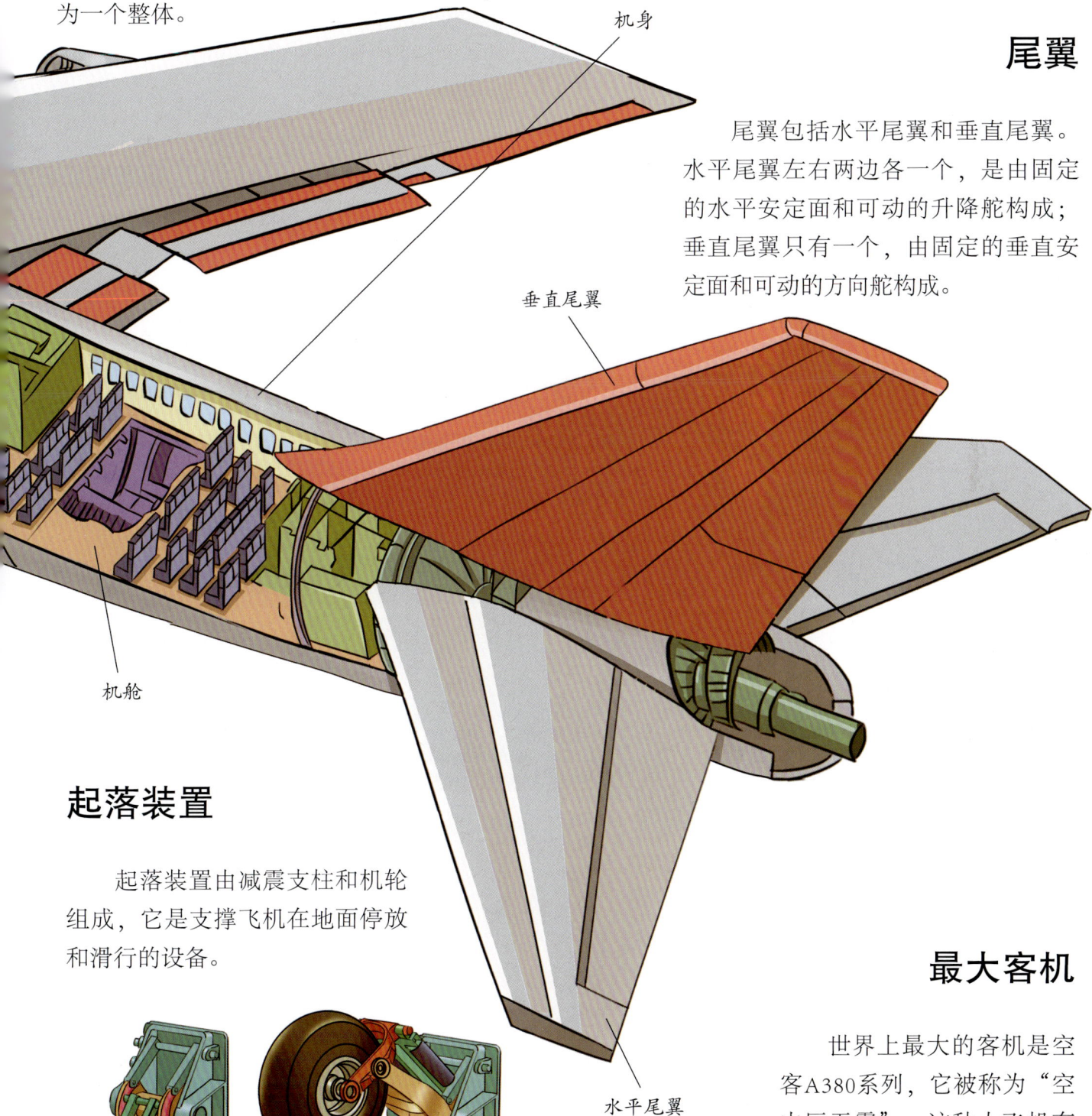

机身

垂直尾翼

机舱

尾翼

尾翼包括水平尾翼和垂直尾翼。水平尾翼左右两边各一个，是由固定的水平安定面和可动的升降舵构成；垂直尾翼只有一个，由固定的垂直安定面和可动的方向舵构成。

起落装置

起落装置由减震支柱和机轮组成，它是支撑飞机在地面停放和滑行的设备。

水平尾翼

最大客机

世界上最大的客机是空客A380系列，它被称为"空中巨无霸"。这种大飞机有三层，上面两层是客舱，最下面的一层是行李舱。

直升机

直升机与固定翼飞机差别很大，一般比航空公司的客机小很多，而且它不需要一条长长的能够滑行的跑道。说起飞，直升机就能起飞。

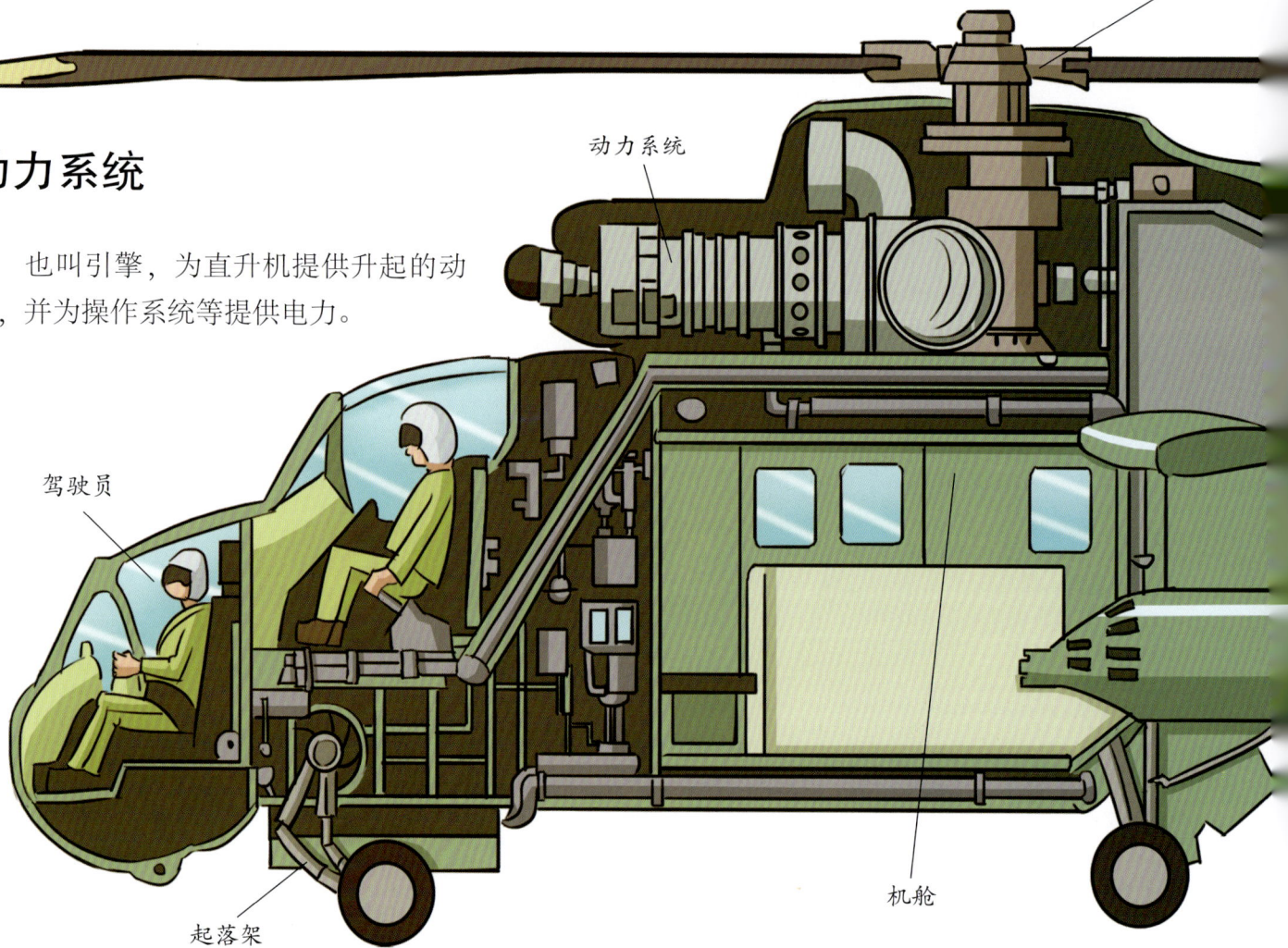

主旋翼系统

动力系统

动力系统

也叫引擎，为直升机提供升起的动力，并为操作系统等提供电力。

驾驶员

起落架

机舱

机舱

直升机的机舱比客机机舱小很多，它只能容纳机组人员和搭载少量货物。

这样工作

与普通飞机不同，直升机是靠螺旋桨转动产生的上升力升空的。螺旋桨转动得越快，产生的升力越大，当升力大于飞机自身的重力时，直升机就起飞了。如果飞行中想要调整飞行高度，只需加大或减小螺旋桨转速即可。

起落架

直升机的起落架是固定的，不能自由收起和弹出。

尾桨

主旋翼系统

当动力系统为它提供能量使其快速旋转，所产生的上升动力会拉动直升机升空。

尾桨能够帮助直升机克服主旋翼快速旋转时产生的扭矩，还能在空中调整机头方向。

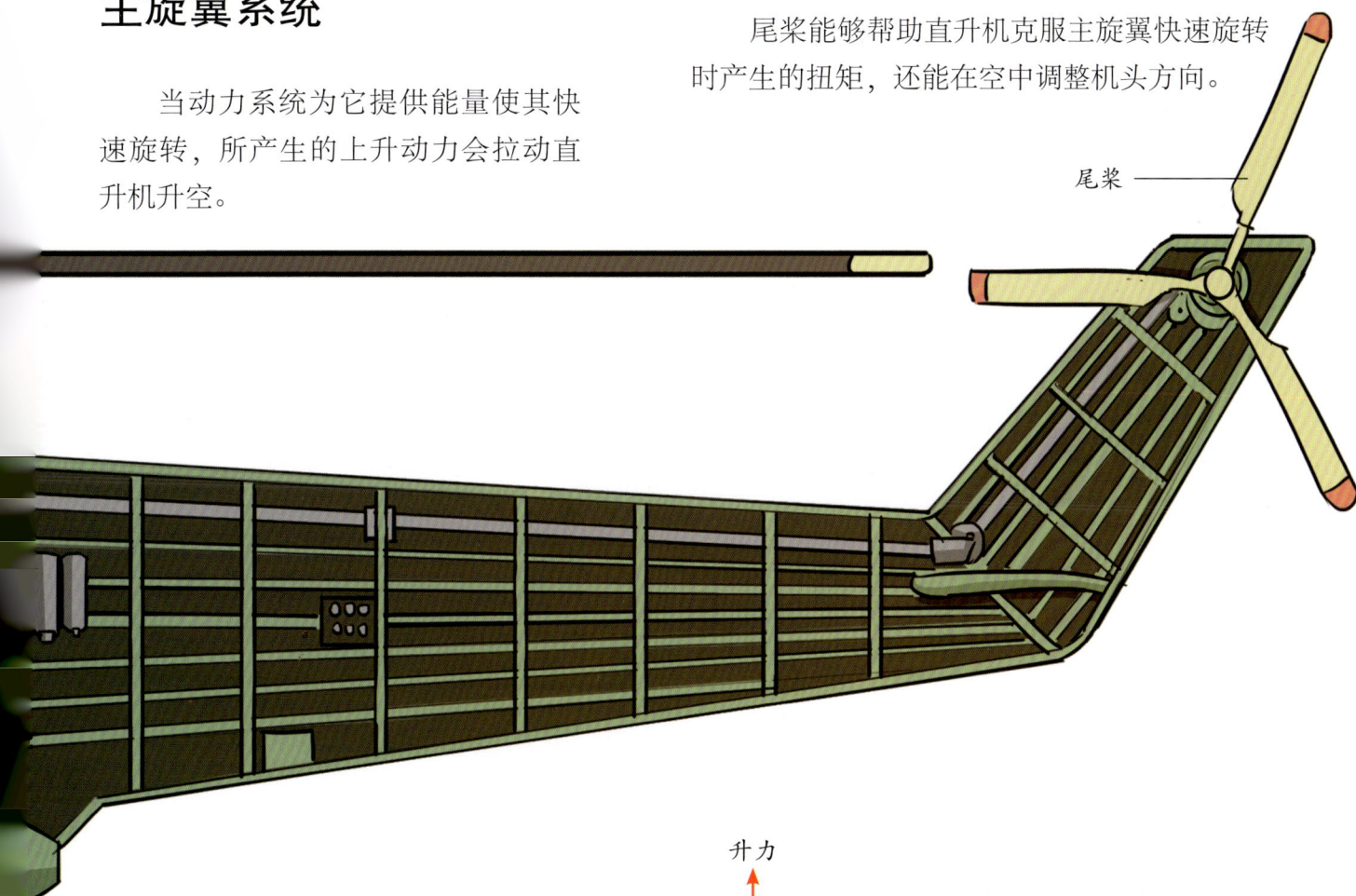

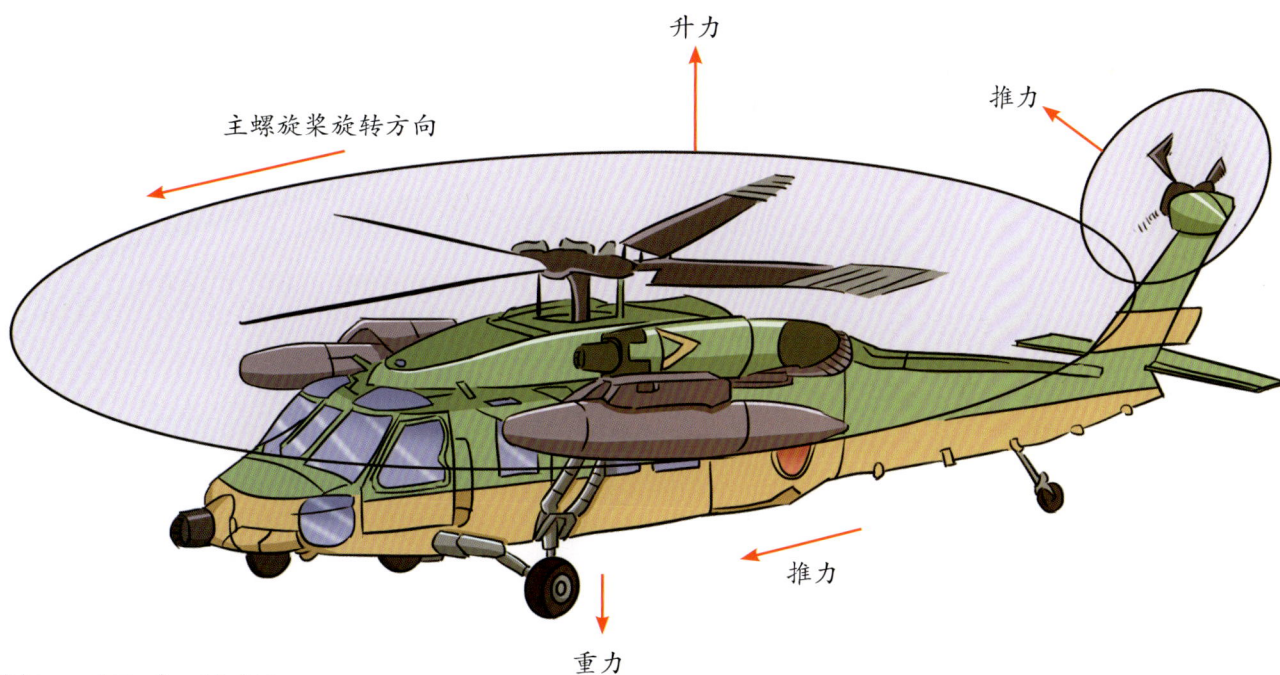

尾桨

升力

推力

主螺旋桨旋转方向

推力

重力

第一架直升机

第一架直升机是由法国人保罗·科尔尼在1907年研制成功的，它也被叫作"飞行自行车"。这架直升机达到了垂直升空0.3米的高度，而且连续飞行了20秒钟。

轮 船

轮船是世界上最重要的运输工具之一，在70%的面积都覆盖着海水的地球上，轮船能到达的地方太多了。那些载重二三十万吨的大货轮，漂浮在汪洋大海中像一叶扁舟，但停泊在岸边时，仿佛是触不到边际的巨无霸。

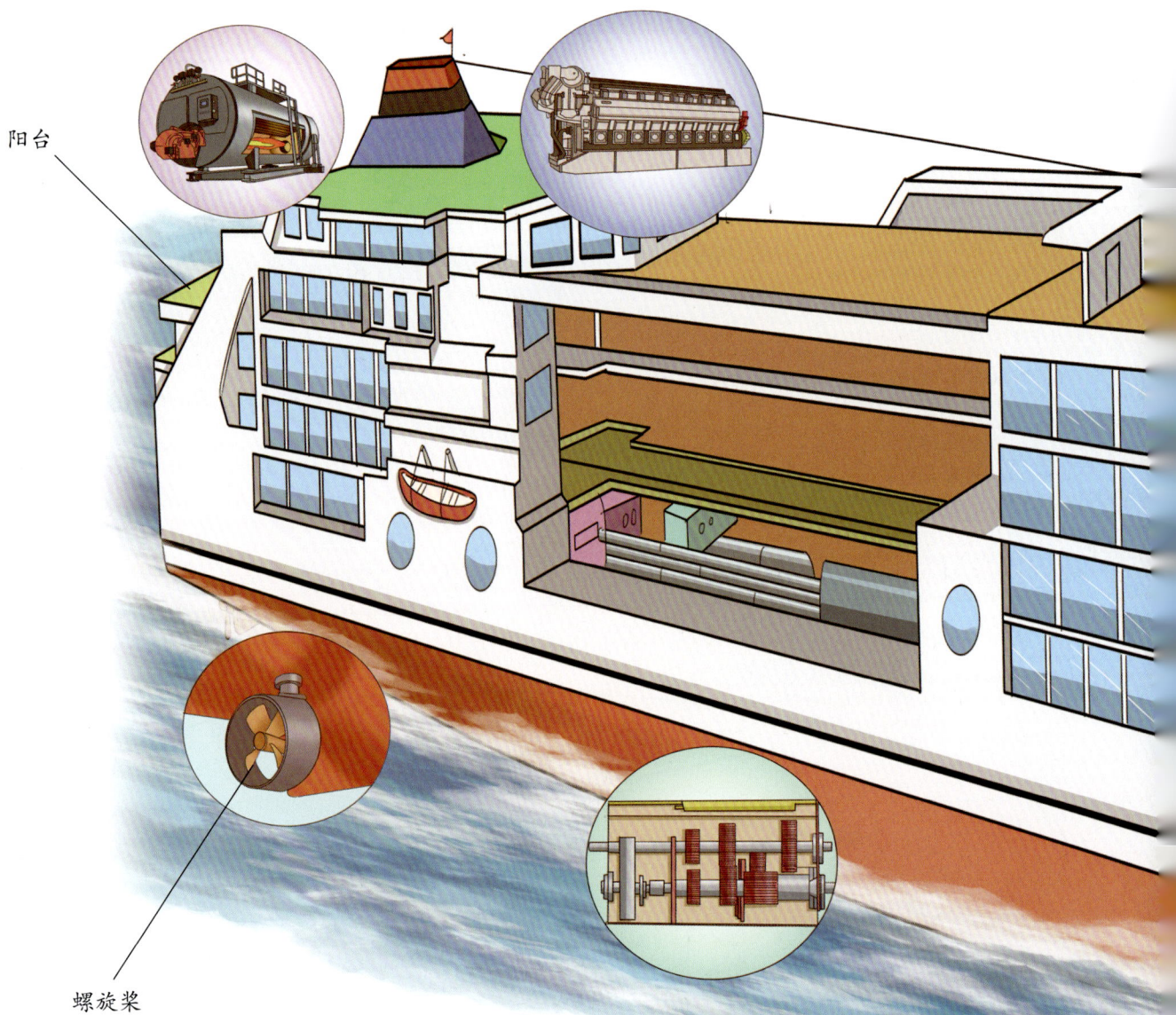

阳台

螺旋桨

螺旋桨

螺旋桨是在水中运行的，按照桨叶分为2片、3片、4片或更多，桨叶越多功率越大。

推进装置

轮船的推进装置是由发动机、锅炉、传动装置、推进器及各种仪表组成的。

船体

　　船体的结构相当复杂，由上层建筑和主体部分构成，其中主体是甲板以下的部分，动力装置、运载货物、燃料、淡水等都在这里。上层建筑是甲板以上能看到的部分，如驾驶室、餐厅、瞭望台、阳台等。

这样工作

　　首先，几百米长的大轮船是靠浮力漂浮在水面上的。驱动它前进的动力是涡轮发动机产生的，当发动机启动后，螺旋桨快速旋转，使船受到的推动力大于水的阻力时，船就前进。相反，当发动机停止工作，螺旋桨转速变慢，水的阻力大于推动力，船就会慢慢停下来。

船体

瞭望台

最早的轮船

　　最早的轮船是木制的，在船身两侧分别安装着轮子。通过人力踩踏使轮子在水面上转动前进，虽然速度不快，但是名副其实的"轮船"。

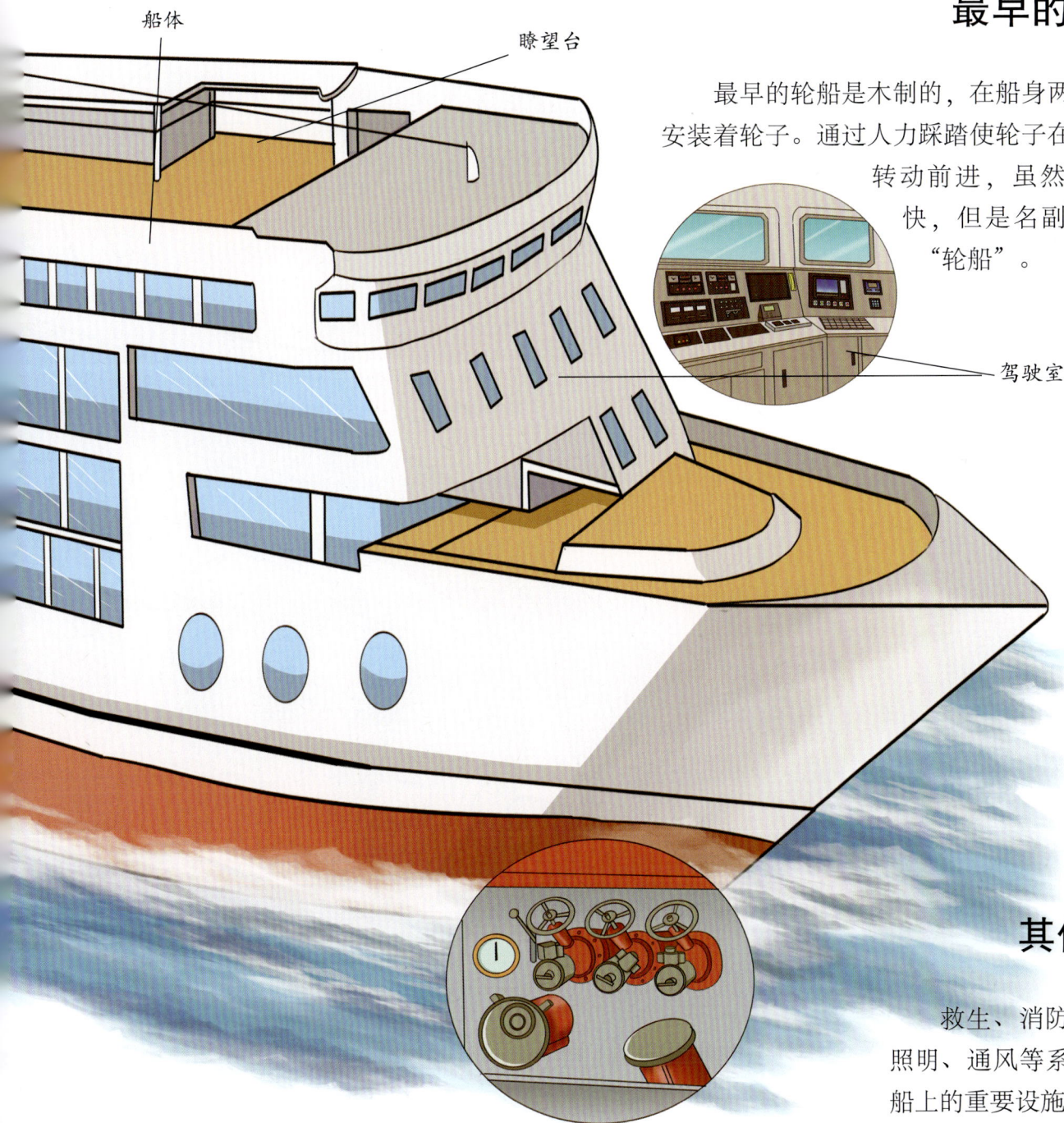

驾驶室

其他装置

　　救生、消防、导航、照明、通风等系统也是轮船上的重要设施。

潜 艇

潜艇是一种既能在水面航行又能潜入深水的机器。每一艘潜艇中都有个沉浮箱系统，它里面能够储存水或空气，使潜艇达到下潜或上浮的目的。潜艇的内部空间很大，可以装备足够多的燃料、食物及生活必需品。潜艇中还有整套的制取氧气和淡水的设备，使用身边的海水就可以为潜艇内的人员提供生命之源。

这样工作

当潜艇想要下潜时，会往沉浮箱中注水，注满水的潜艇重力超过水的浮力时，潜艇会慢慢下潜。如果想让它上浮，就用压缩空气把沉浮箱中的水逼出来，没有水后潜艇重力减小，当小于浮力时，自然会浮出水面。

潜水时间

潜艇中携带的食物一旦吃完了，它就必须浮上来补给。所以，潜水的时间是由携带食物的多少来决定的。目前，最长的水下停留时间是6个月左右。

螺旋桨

螺旋桨位于潜艇的后部。多数潜艇采用七叶大侧旋螺旋桨，因为七叶是不对称的，在旋转时，既不容易产生共振，产生的气泡和噪声也很小，更利于潜艇悄无声息地行动。

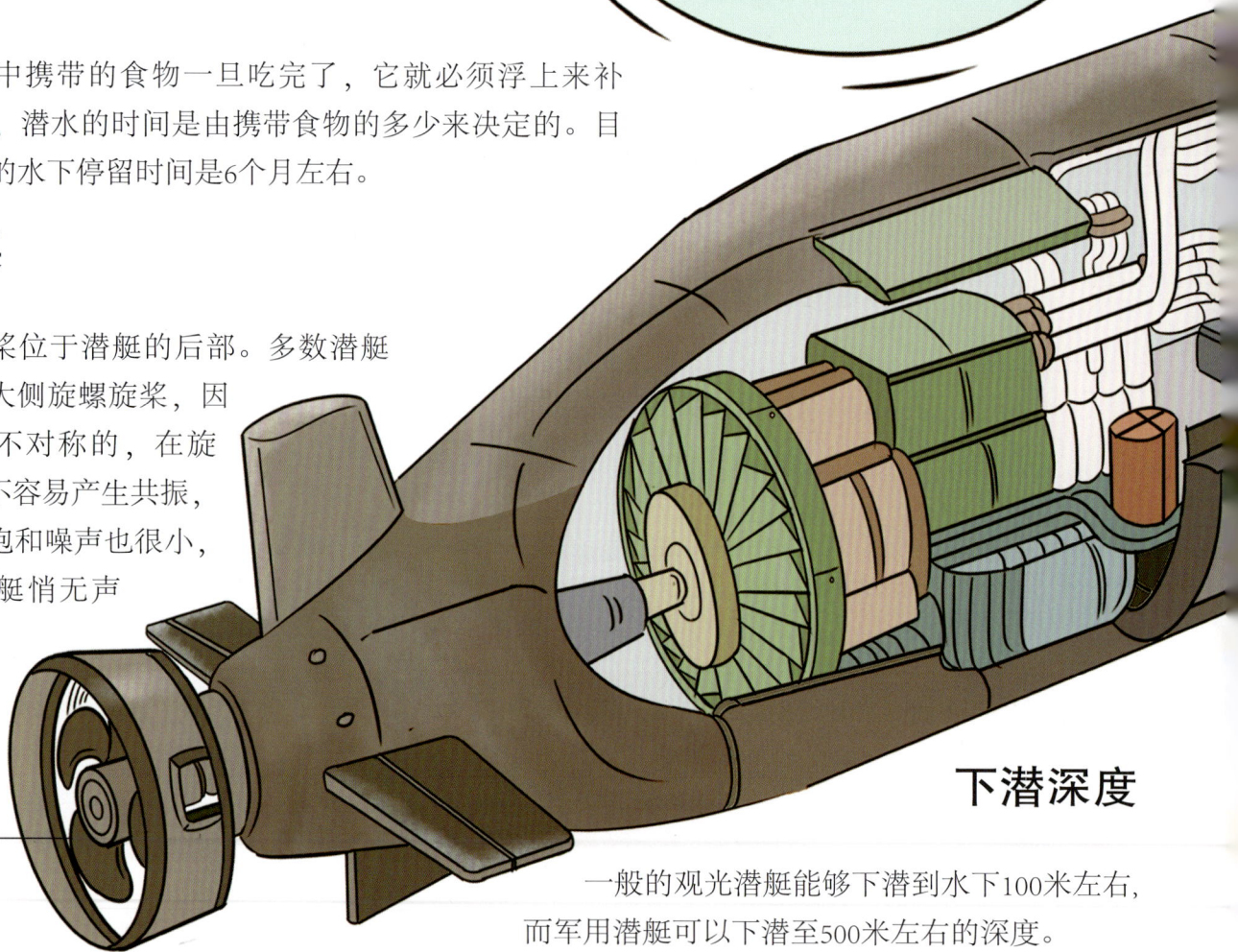

螺旋桨 ——

下潜深度

一般的观光潜艇能够下潜到水下100米左右，而军用潜艇可以下潜至500米左右的深度。

塔楼

塔楼位于潜艇的前部，也叫指挥塔，是进出潜艇的地方，也是侦察水面情况的地方。

潜望镜

塔楼

潜望镜

潜望镜被一根长长的钢管桅杆与指挥塔相连接。当潜艇潜入水下后，它也能伸出水面观察周围的情况。一般钢管桅杆可伸长至5米左右，如果潜艇入水太深，潜望镜就起不到作用了。

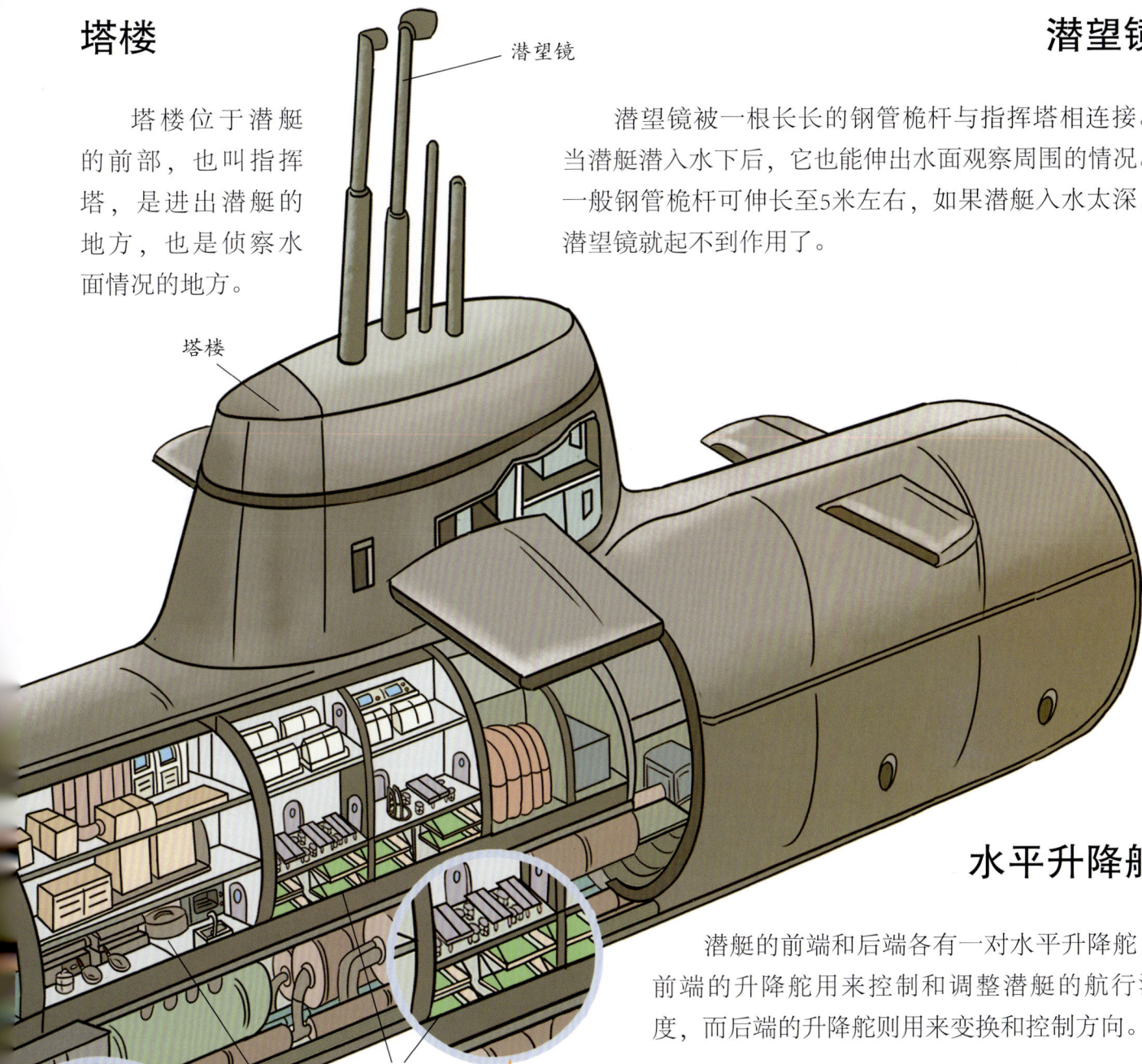

水平升降舵

潜艇的前端和后端各有一对水平升降舵，前端的升降舵用来控制和调整潜艇的航行深度，而后端的升降舵则用来变换和控制方向。

深海潜水器

潜水器的工作原理跟潜艇相仿，但外形不太一样。潜水器主要用来进行深海科研和海底打捞，所以它必须特别抗压，以保证能潜至更深的地方。但它不需要像潜艇一样快速移动，所以外壳无须设计成流线型。

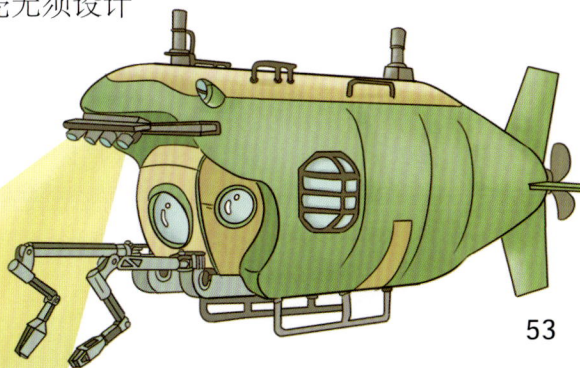

吊床

厨房

这是睡觉的地方。

这是潜艇中的厨房。

我可以是任何形状，任性吧！

挖掘机

挖掘机是台重型的机械，一般只有在施工现场才会出现，但小朋友们对它并不陌生，因为你肯定会有一个甚至更多的挖掘机玩具，它挥舞着强有力的铲臂，将杂物或矿石装进铲斗，送到运输车上。

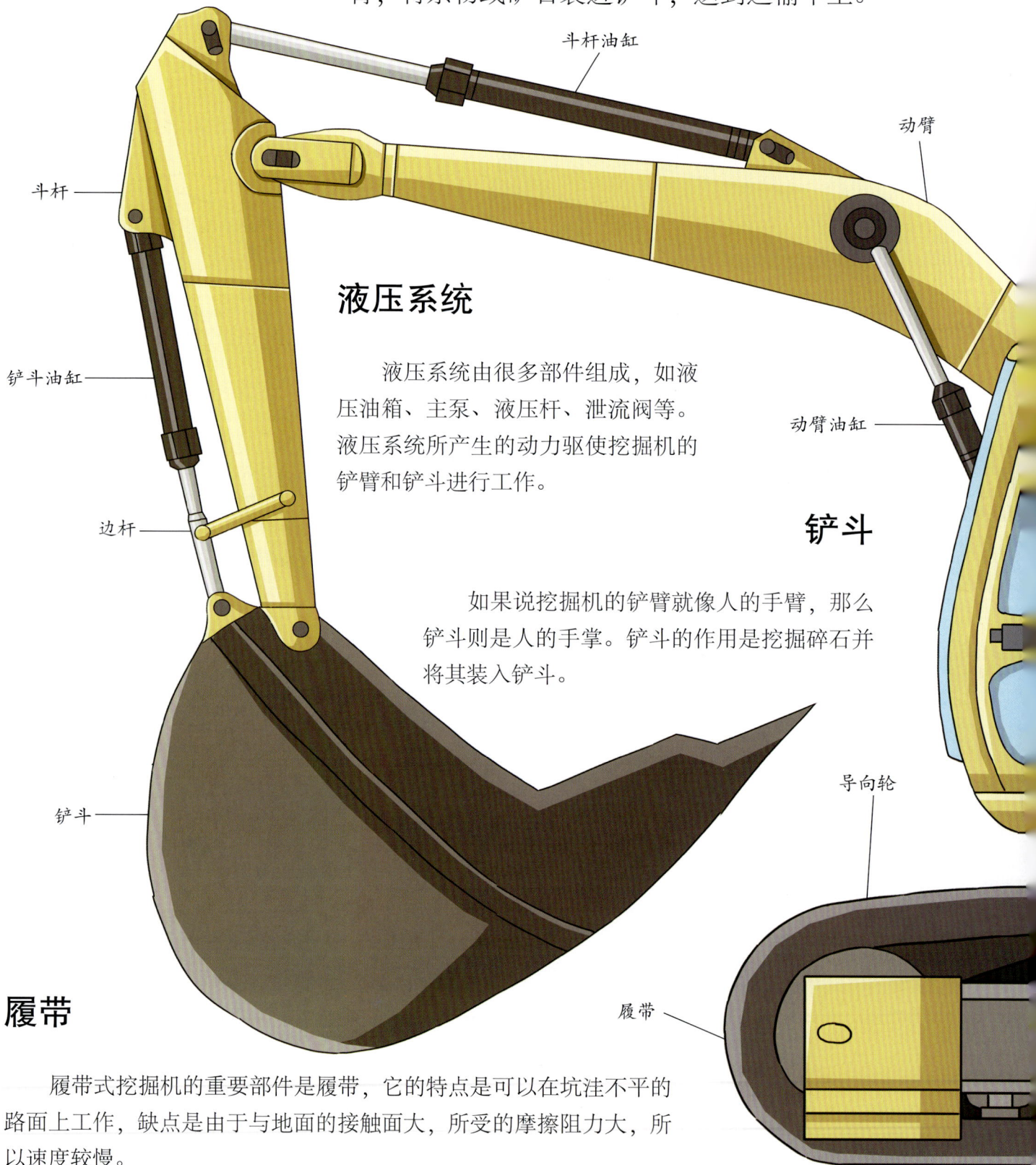

斗杆油缸

动臂

斗杆

铲斗油缸

液压系统

液压系统由很多部件组成，如液压油箱、主泵、液压杆、泄流阀等。液压系统所产生的动力驱使挖掘机的铲臂和铲斗进行工作。

动臂油缸

边杆

铲斗

如果说挖掘机的铲臂就像人的手臂，那么铲斗则是人的手掌。铲斗的作用是挖掘碎石并将其装入铲斗。

铲斗

导向轮

履带

履带

履带式挖掘机的重要部件是履带，它的特点是可以在坑洼不平的路面上工作，缺点是由于与地面的接触面大，所受的摩擦阻力大，所以速度较慢。

这样工作

杠杆可以分为省力杠杆、费力杠杆和等臂杠杆，省力杠杆虽然省力，但移动距离大，而费力杠杆虽然费力，却可以小距离移动。挖掘机所使用的就是费力杠杆，可以在移动距离小的前提下，提升速度，使挖掘效率升高。

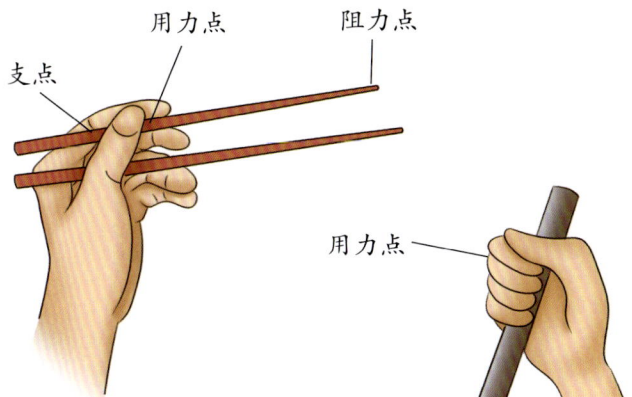

支点　用力点　阻力点

▲ 费力杠杆，支点到用力点的距离小于支点到阻力点的距离

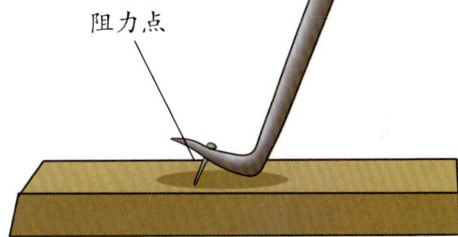

用力点

阻力点

▲ 省力杠杆，支点到用力点的距离大于支点到阻力点的距离。

操纵杆

挖掘机的驾驶室中有一组操纵杆，它能控制铲臂和铲斗完成一系列的挖掘动作。

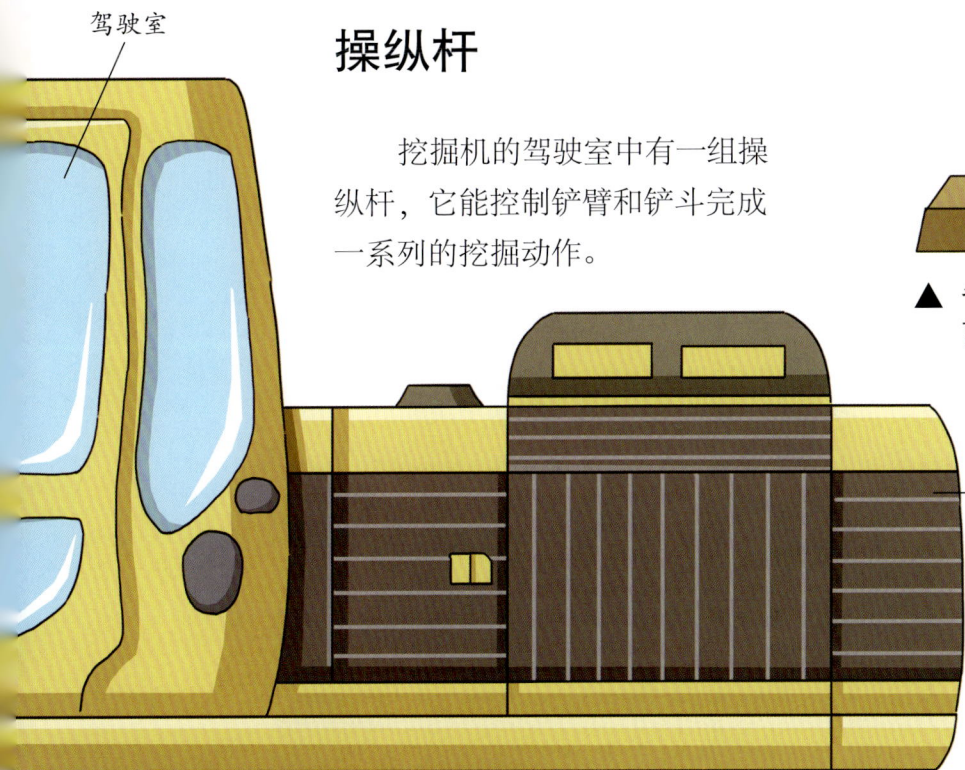

驾驶室

配重

第一台挖掘机

第一台挖掘机诞生于1837年，是由威廉·史密斯·奥蒂斯发明的。它使用蒸汽作为动力源，铲子的开口是朝外的。

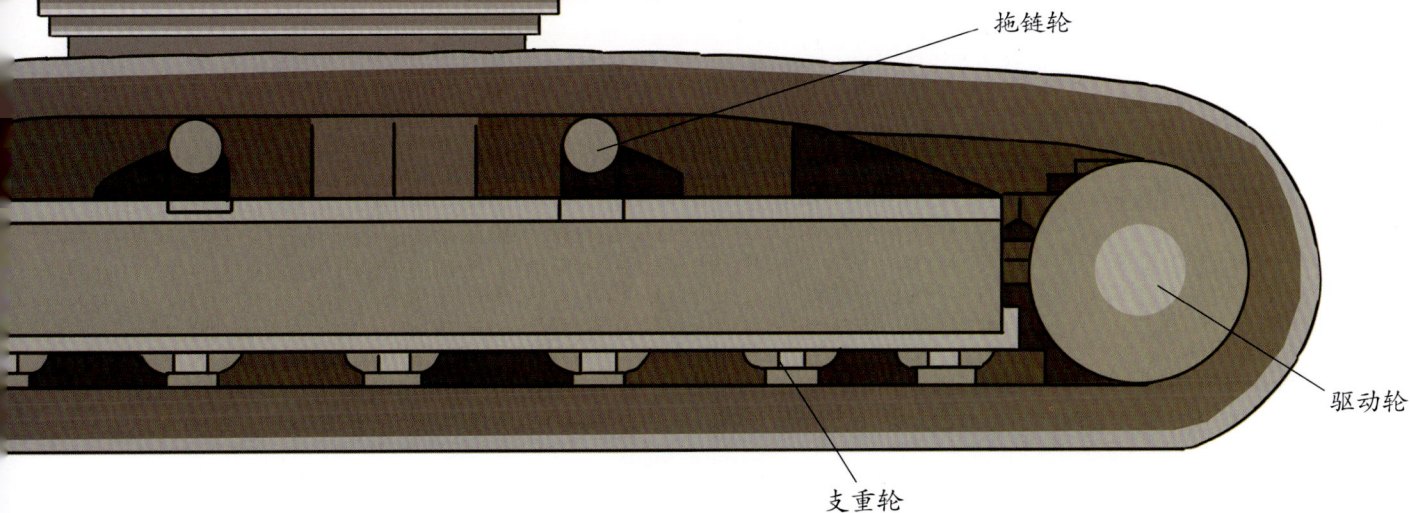

拖链轮

驱动轮

支重轮

起重机

起重机俗称吊车，它可是个大力士。哪里有沉重的物品，是人力不能搬运的，吊车就会大显身手。不论是几十吨，还是几千吨，对于起重机而言，都是小菜一碟。

起重臂

起重臂是起重机最重要的部分，它的作用是悬挂和搬运重物。针对不同重量的货物，起重臂会调整长度和角度。

驾驶室

专业的操作员会坐在驾驶室中控制起重机。

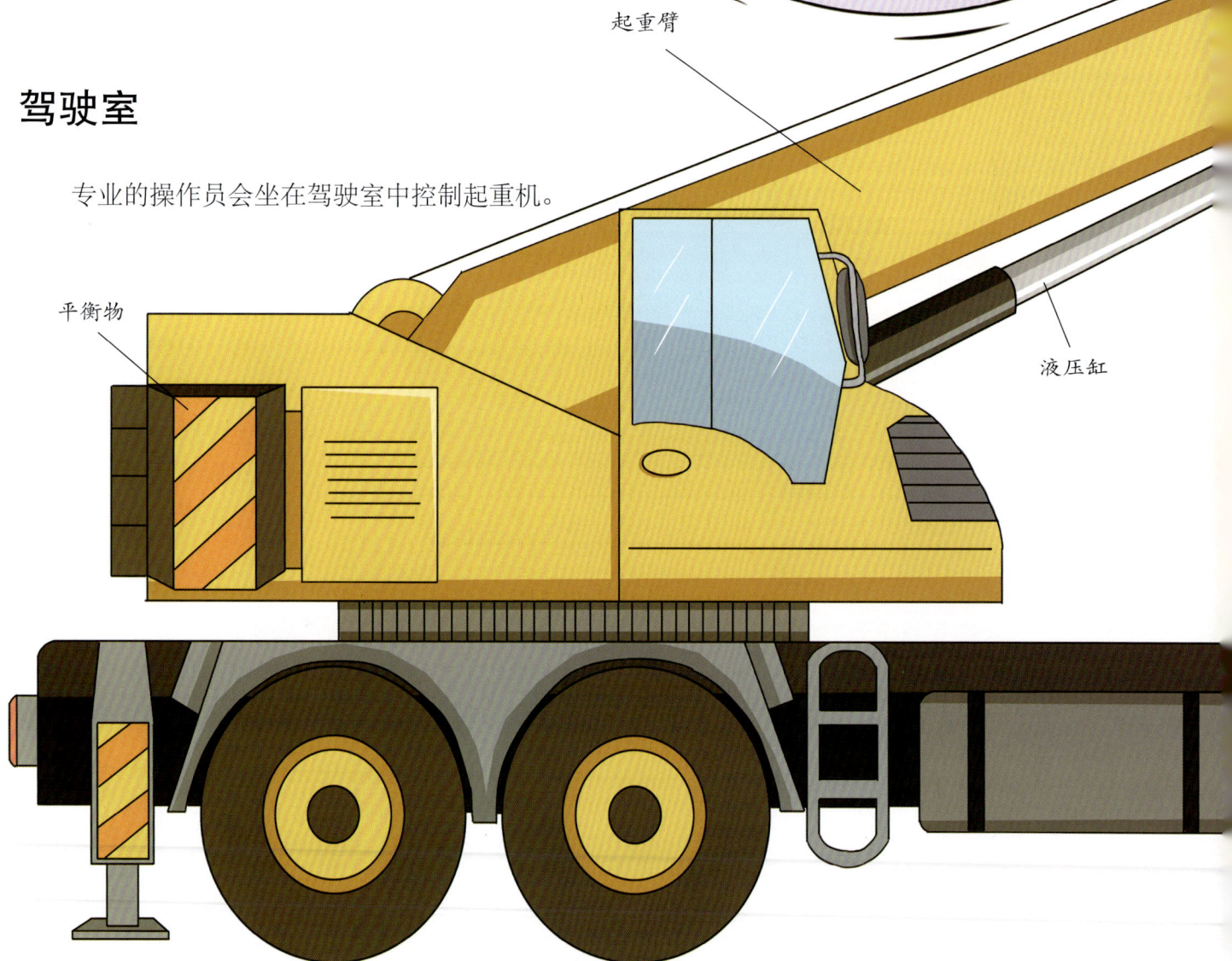

这样工作

首先，起重机运用了杠杆原理。其次，起重臂上的很多定滑轮和动滑轮组成了省力滑轮组。每个定滑轮改变力的方向一次，动滑轮则会省更多的力。

起重臂

液压缸

平衡物

万物运转的秘密

滑轮组

由定滑轮和动滑轮组合而成的是滑轮组，滑轮组可以起到既省力又改变方向的作用，至于能省多少力，一般和拉绳的缠绕方法直接相关。

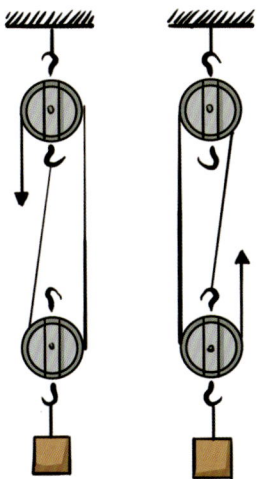

液压缸

液压缸将液压能转变成机械能，来协助起重臂抬升重物。

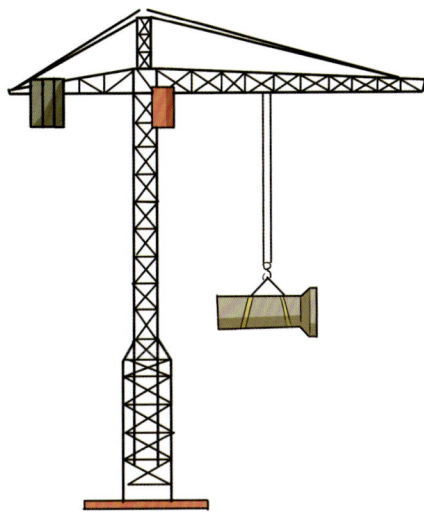

滑轮组

驾驶室

塔式起重机

也叫塔吊，它不如吊车灵活，安装好后如需移动，只能拆卸后再次安装。但它的作业空间大，可以一层层逐步搭高，建造摩天大楼时必须得要塔吊来帮忙。

桥式起重机

这种起重机需要坐落在水泥柱、金属横梁或金属支架上，它就像桥梁一样，所以被叫作桥式起重机。由于它不受地面情况的限制，所以应用范围特别广泛，很多工厂、仓库等都安装着桥式起重机。

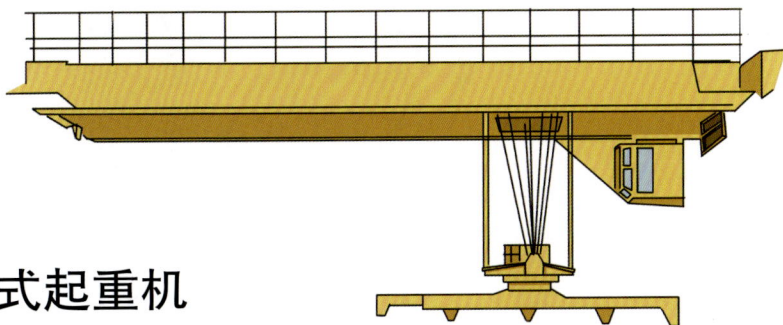

收割机

收割机是采收农作物的大型机械，它通过设置好的程序，将收割、脱粒和分离杂物一气呵成，极大地节省了人力，提高了工作效率。虽然它很厉害，但很多小朋友都没见过它，下面就请你跟着一起了解一下收割机的工作原理吧。

传送带

已经被切割下来的作物秆通过传送带落入滚筒里，如果中间夹杂着土块或石粒也不要紧，在传送过程中，杂质会被分离到回收装置中。

滚筒

这里是谷穗初加工的地方，滚筒里面有个锤子，可以不断地敲打谷穗，从而达到把谷粒振落的目的。

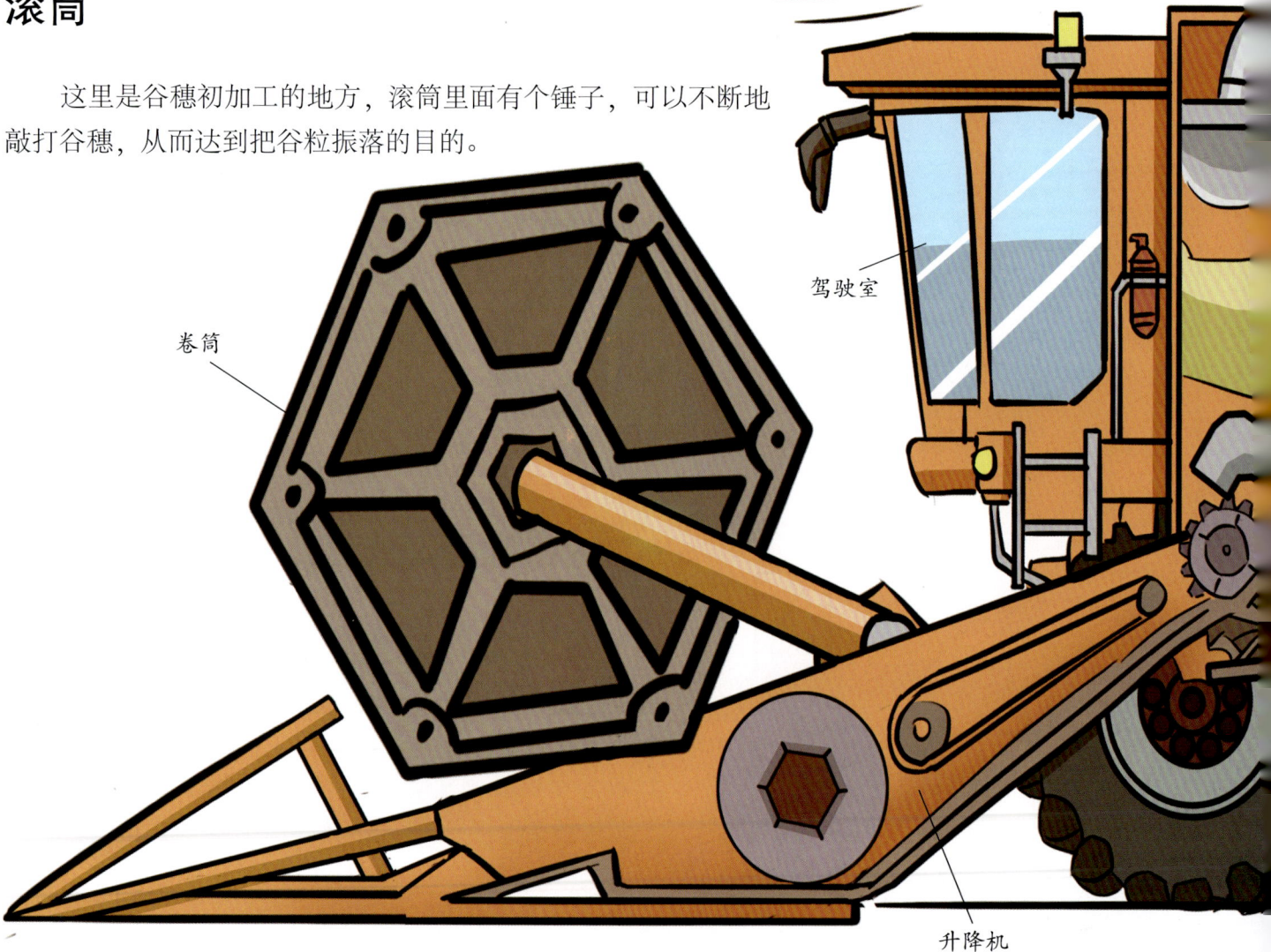

这样工作

收割机是由一系列主动轮、传动轮和动力轮构成的，其中，主动轮通过动力皮带与动力轮连接，一整套的动力传动机构是收割机既能收割，又能脱粒，还能将秸秆与粮食分离处理的秘密武器。

驾驶室

卷筒

升降机

分禾器与拨禾轮

拨禾轮上安装有锋利的刀片，可以将分禾器分离出的农作物进行切割。

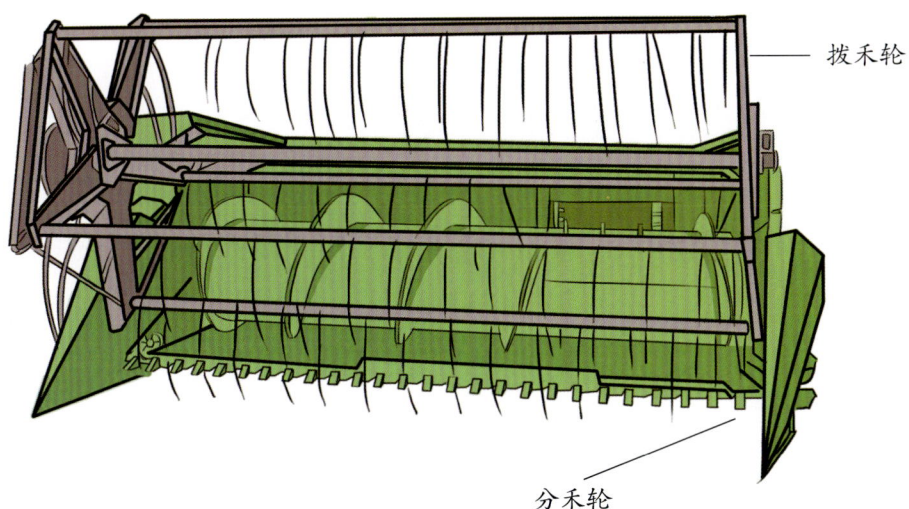

拨禾轮

分禾轮

摇晃器

振落的谷粒被送到摇晃器中，这是给谷粒脱壳的场所，在鼓风机的作用下，谷壳被吹走，谷粒则掉进储粮仓。

储粮仓

卸载管道

卸载管道

通过卸载管道，粮食会被传送到运输车上，或是装进口袋中送回家。

鼓风机

赵州桥

　　赵州桥位于河北省赵县，这座横跨洨河的石拱桥已经存在1400多年了，是隋朝工匠李春主持修建的。虽然在现代科技的支持下，别说石拱桥，就算跨海大桥都不在话下，但在久远的隋朝，李春设计和施工的这座拱桥，代表了当时最高超的桥梁建造水平。

伏拱敞肩

　　桥身的左右两侧各有两个小拱桥，这称为伏拱，将其中间的材料挖空，这叫敞肩。这种构造不仅利于泄洪，还在一定程度上节省材料，减轻了桥身对桥基的压力。

这样工作

赵州桥所采用的拱形结构也叫作推力结构，是唯一能够产生外推力的结构。当一辆车行驶到桥面上时，拱桥会将受力分解成三个力，一个向下，两个水平向两端。这种特别能承受压力的结构，是赵州桥经历千年岁月洗礼，仍然屹立的奥秘。

拱形的桥身加大了跨度，这样不仅便于桥上车马通过，也兼顾了河中航船的通行。

压力

推力 ← → 推力

材料

赵州桥全部是用石头搭建成的，所有石头在自重的作用下，相互挤压产生了特别牢固的挤压力，这也是它存在千年的重要原因之一。

八次修缮

赵州桥自建成后，至今共经历了八次修缮，最近一次是在1958年完工，距今已有64年。

腰铁

比萨斜塔

如果没有伽利略的自由落体实验，世人对比萨斜塔的认识可能并不深刻。虽然它倾斜着矗立了几个世纪，也经历了多次地震，但仍然处于健康状态。

这样工作

如果想让一个物体平稳站立，必须要保证它的重力和支持力平衡。比萨斜塔之所以斜而不倒，正是因为建筑师们，在建塔过程中，调整了塔身的重心。

现在我们把易拉罐看成比萨斜塔，在平整的桌面上，正放的易拉罐很容易放稳。当把它斜着放时，不论倾斜的角度是多少，它都会倒下。为了让倾斜的易拉罐保持平衡，我们往里面加水，然后慢慢倾斜，在水的调节下，当重力和支持力处在同一直线上时，它的重心就找到了，此时倾斜的易拉罐也能稳稳站住。

聪明的建筑师

为了解决比萨斜塔将倾的危机，聪明的建筑师们运用了应力解除法。因为斜塔向南倾斜，所以在它的反方向，也就是北侧塔基处向外挖土，利用地基的沉降，让塔身自动重心北移，慢慢地减小倾斜度。

建造过程

比萨斜塔的设计师并非想把它建造成倾斜的状态，而是地基的土层出现了沙化和下沉。首次停建时，塔身已经建好两三层。第二次续建时，建筑师一面调整倾斜度，一面减轻塔身重量。经过第三次续建，才真正建成如今看到的比萨斜塔。

自由落体定律

意大利的物理学家伽利略，跑到塔顶，将两个重量不同的铁球从相同的高度扔了下去，结果发现这两个铁球同时落地，这就是著名的发现自由落体定律的故事。

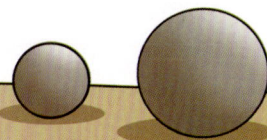

热的奥秘

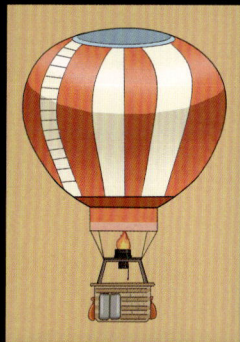

当我们说热的时候，同样也会想到冷，它们俩像好兄弟一样紧密相随。冷和热也被称为温度，在茫茫宇宙中，温度存在于很多地方，炙热的太阳、地底的岩浆以及烫手的开水都是热的表现，而冻结的冰面和刺骨的寒风则是冷的表现。

爆 竹

在古代神话中，为祸四方的年兽特别害怕焚烧竹子的火光和声响，所以人们开始用爆竹来驱赶年兽，这是爆竹这个名称的最早来源。当火药出现后，一种新型的爆竹出现了，它在竹筒或纸筒内填充火药，并以线绳为引，利用燃烧的热量使其爆出声响，这跟我们现代的爆竹非常相似。

这样工作

当鞭炮的引线被点燃后，火药会在密闭的竹筒或纸筒内剧烈燃烧，产生的大量热能使得竹筒或纸筒发生膨胀，鞭炮释放能量的过程虽然很短暂，但能量巨大，足以炸开竹筒或纸筒，并将其推动至半空中。

引线

引线被固定在爆竹的头部，与火药相连，由棉纱或纸张等捻制而成，具有易燃性。

纸筒

纸筒是爆竹的外衣，它是由一层厚厚的硬纸皮制成的。

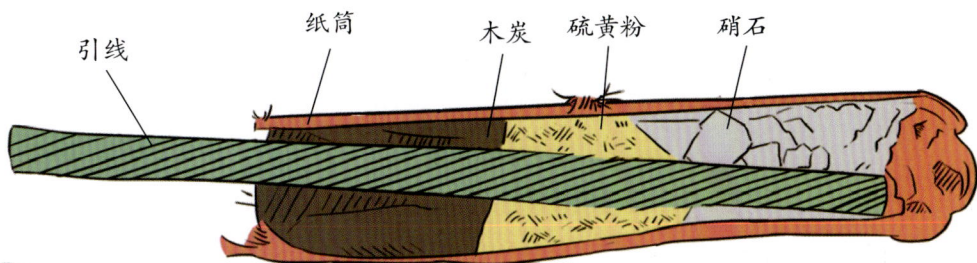

火药

爆竹的纸筒内填装的是黑火药，主要成分有硫黄粉、木炭和硝石。

引线　　纸筒　　木炭　硫黄粉　　硝石

烟花

与噼里啪啦的爆竹相比，烟花更绚烂美丽。但它们的制作原理都是一样的，都需要在筒内填充黑火药，也需要一条促燃的引线。此外，烟花中还加入了发光剂和发色剂，这就是它在半空中爆炸后，发散出点点光亮和美丽颜色的奥秘。

二踢脚

二踢脚是爆竹的一种，它筒内的火药被分隔成两层，最下层的火药先燃烧，产生向上的反推力，把二踢脚弹射到半空中。此时，上层火药被引燃爆炸，在热能的推动下，二次产生推动力，这是二踢脚能飞更高的原因。

走马灯

新春佳节的庙会上，走马灯是不可或缺的常客之一。在夜色的映衬下，灯内的车马快速奔跑，像真的在行军赶路。除了为节日增添喜庆，更让小朋友们觉得趣味盎然，团团围住它，七嘴八舌地讨论起走马灯的秘密。

这样工作

点燃走马灯内的蜡烛，被加热的空气缓缓上升并流动起来，热空气产生的推力促使转轴上的纸制车马运转起来。只要蜡烛不熄灭，车马的转动就不会停止。将热能转化为动能就是走马灯工作的原理。

推动叶片转动

空气受热上升

点燃蜡烛

灯笼罩

灯笼罩是走马灯的外壳，有圆形、方形和六角形，支撑部分是木制或由毛竹编制成的，灯身上糊着鲜艳的纸或绘有图案的丝绸。

立轴

走马灯的立轴是一根置于中心位置的粗铁丝。

剪纸影像

形态各异的剪纸影像被固定在细铁丝的一端，另一端则缠绕在立轴上。

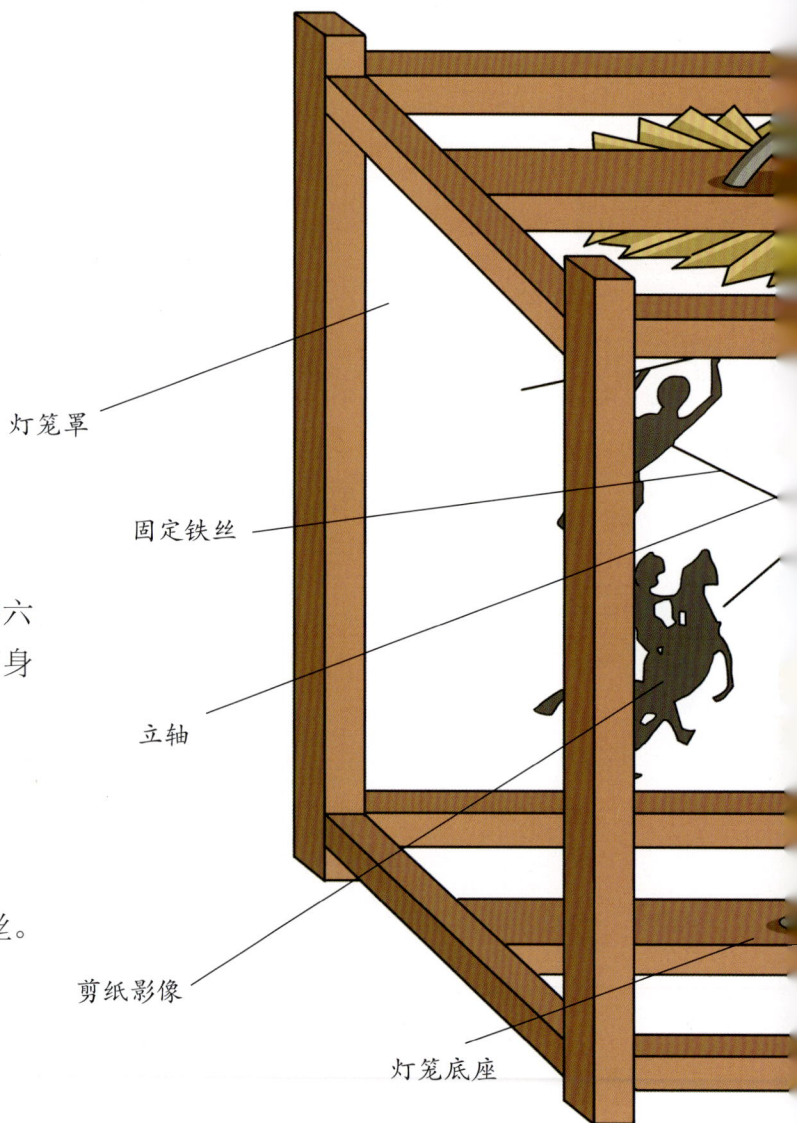

灯笼罩

固定铁丝

立轴

剪纸影像

灯笼底座

叶轮

叶轮安装于立轴的上方，它的形状跟涡轮很像，叶轮的好坏决定走马灯运转的状态。

叶轮

蜡烛

蜡烛

蜡烛被安放在走马灯的底座上，既要稳固还要方便点燃。

王安石的对联

相传，王安石在赶考途中，碰到一户人家出对联，上联是"走马灯，灯马走，灯熄马停步"他思索后，便以"飞虎旗，旗虎飞，旗卷虎藏身"作为下联对出。

孔明灯

孔明灯也叫天灯或许愿灯，人们在重要节日时，将其放飞祈福。然而，发明之初，它可不是用来许愿的，而是用于军事，作用是报警或发送暗号，跟现代的信号弹可能类似。

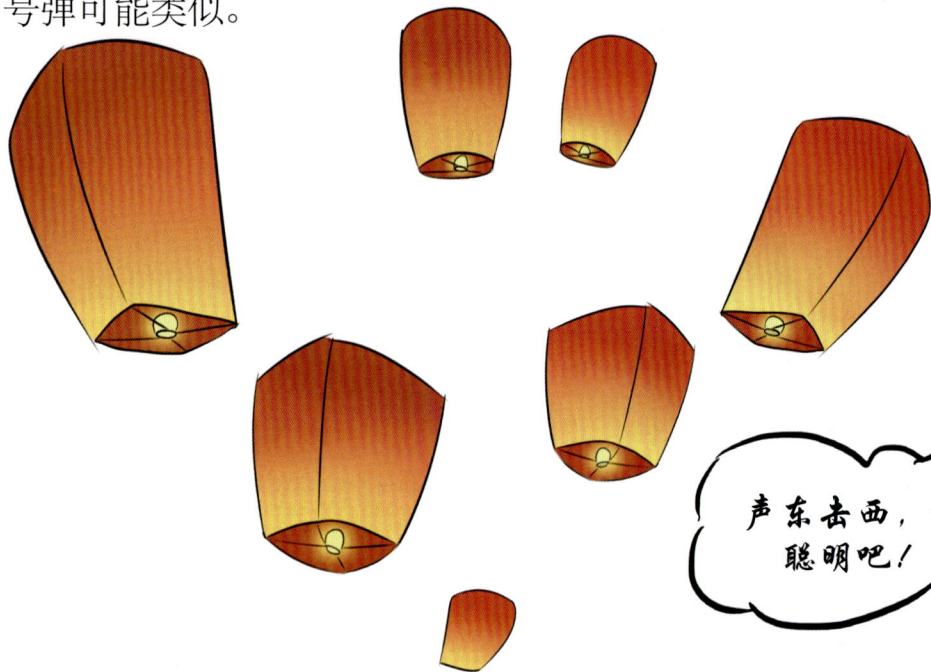

声东击西，我聪明吧！

这样工作

点燃孔明灯底部的蜡烛后，灯内的气体会受热膨胀，如果孔明灯是个密闭的结构，随着热气不断膨胀，它最终会爆炸。但孔明灯底部有开口，灯内多余的气体会从这里被排挤出去，当被排出去的气越来越多，内部气体密度越来越小，浮力越来越大，孔明灯就飘浮在半空中了。

来历

三国时期，诸葛亮被围困在平阳，他命人制了无数个纸糊的灯笼，这些灯笼借着风力和烟雾慢慢升空，敌军将领司马懿以为诸葛亮乘天灯逃走了，便带兵向着灯飞的方向去追。诸葛亮趁机脱险。由于这天灯是孔明先生发明出来的，所以后世称其为孔明灯。

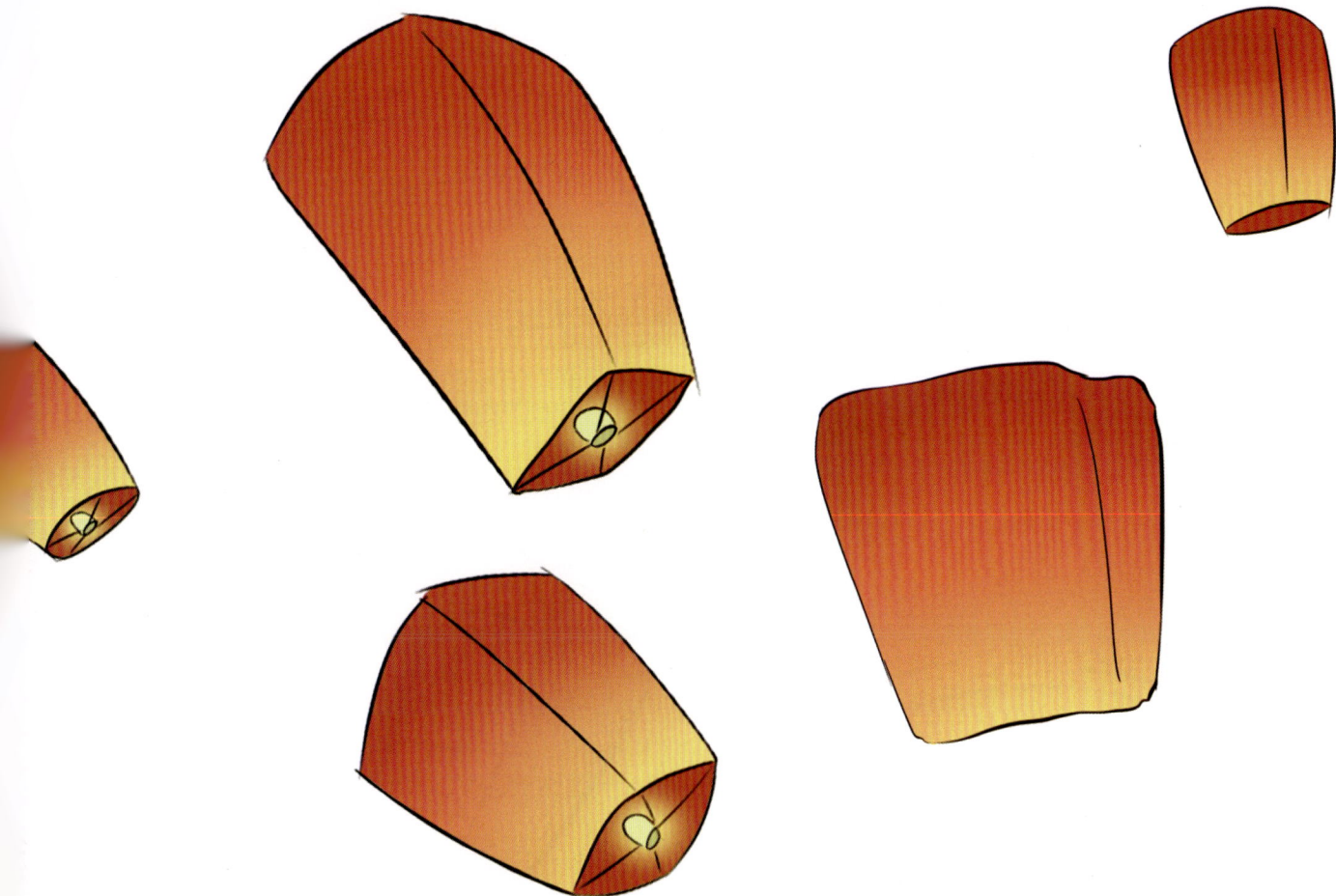

灯罩

灯罩一般都是用阻燃纸糊成的，燃点低的普通纸不适宜做灯罩。

框架

孔明灯的框架是由木头或竹子编制而成的，形状不一，圆柱形、长方形、心形或椭圆形都有。

框架

灯罩

燃料

蘸有煤油的布团或棉团可以做燃料，蜡烛也可以当燃料使用。一般燃料火力越大，燃烧越久，孔明灯就飞得越高越远。

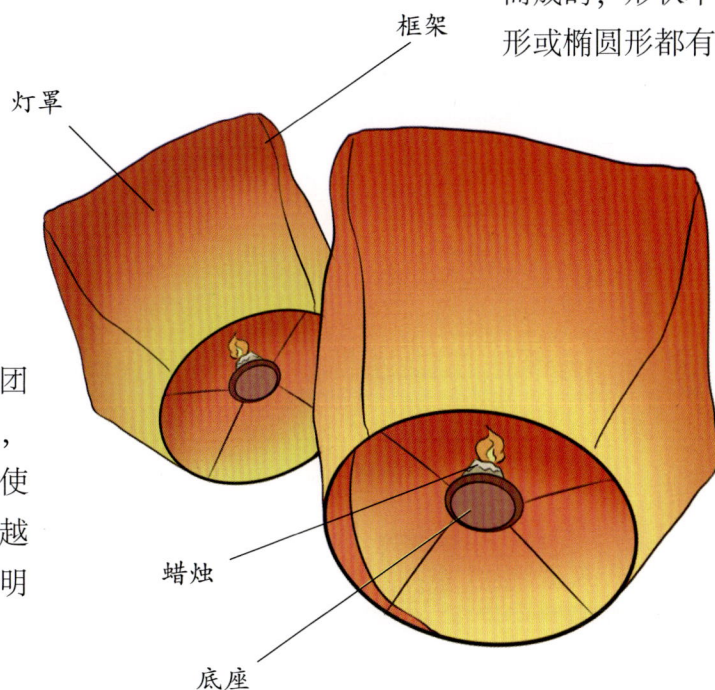

蜡烛

底座

注意事项

放孔明灯时，一定要在空旷的场所，远离山林和居民区，以免降落时残存的火星引起火灾。

71

热气球

从古至今，想要飞上天空一直是人类的梦想，为了这个梦想，人们做了很多尝试和努力。制作一双大大的翅膀，像鸟儿一样飞翔，或制作一个巨大的、有浮力的工具，把人类带上天空。直到1782年，热气球被发明出来，人类上天的梦想首次实现了。

伞阀

伞裆

布块

这样工作

热气球的工作原理与孔明灯类似。都是利用空气被加热膨胀时，内部气体密度减小，使得外部浮力增加，而慢慢向上升起。如果想让气球落下来，逐渐降低气球内部温度即可。

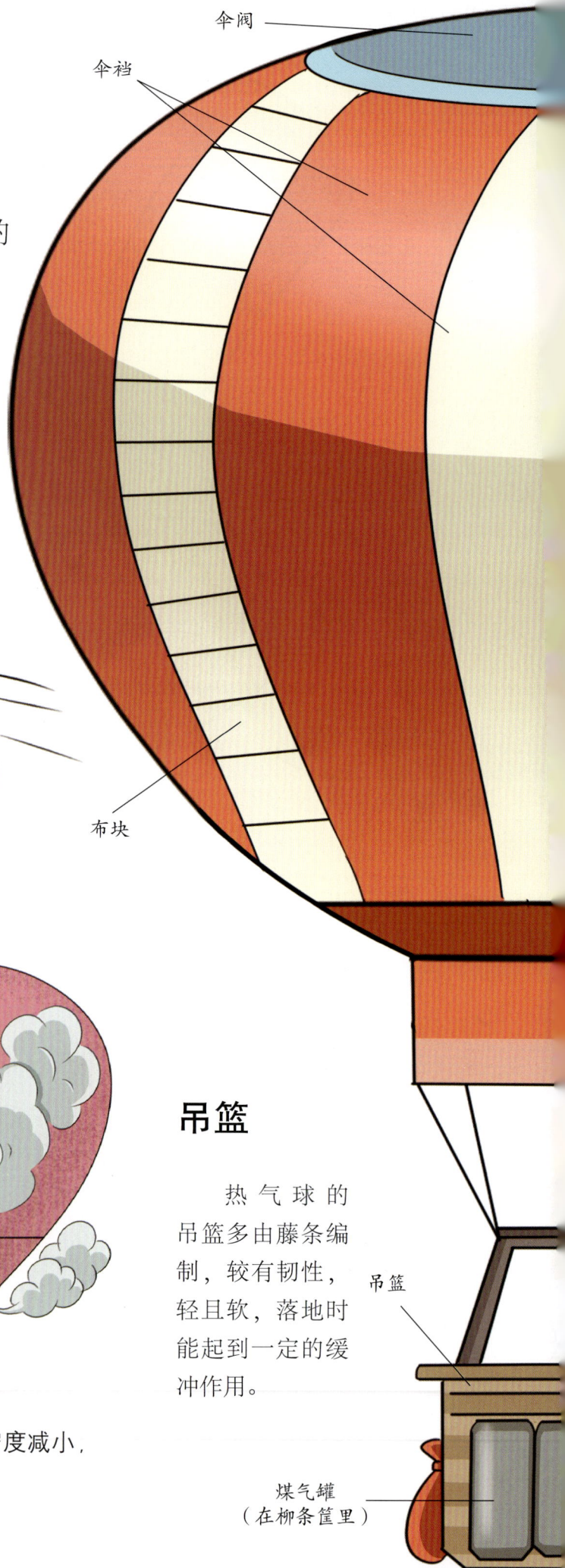

▲ 内部气体密度减小，气球上升。

吊篮

热气球的吊篮多由藤条编制，较有韧性，轻且软，落地时能起到一定的缓冲作用。

吊篮

煤气罐（在柳条筐里）

球囊

　　球囊就是热气球最显眼的部位，它多是由强化尼龙制成的，材质轻且结实，而且不透气。

球囊

随风而行

　　热气球中没有方向舵，它飞向哪里，完全靠风向，所以说，热气球是随风而行的飞行器。要想调整方向，就需要寻找不同的风层，虽然这听起来有点难，但专业驾驶人员很容易操作实现。

齐柏林飞艇

　　最初的飞艇拥有像热气球一样轻薄的外壳，它的内部充满比空气轻的氢气，加上发动机的动力使飞艇升上高空。一战时，德国人齐柏林制作出世界上第一艘硬质飞艇，它的基本框架都是金属材质，一次可以携带几百公斤的炸药。

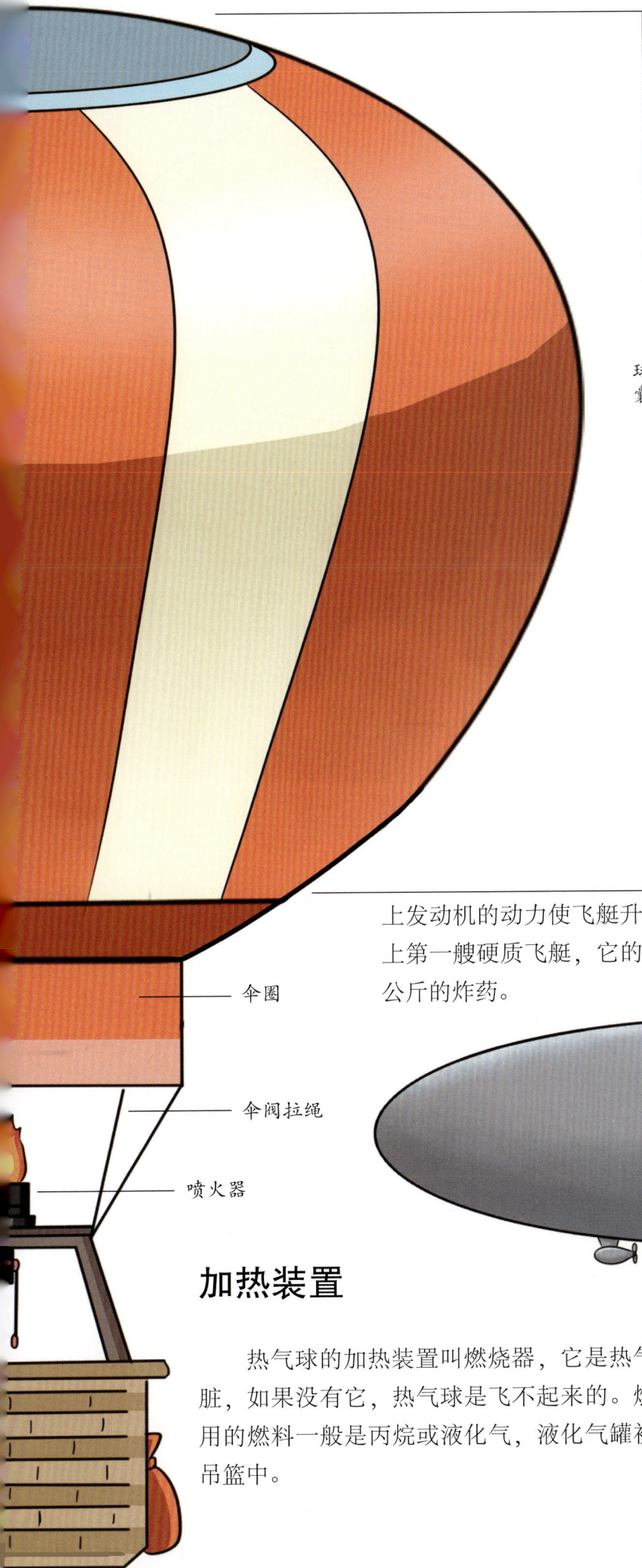

伞圈

伞阀拉绳

喷火器

加热装置

　　热气球的加热装置叫燃烧器，它是热气球的心脏，如果没有它，热气球是飞不起来的。燃烧器所用的燃料一般是丙烷或液化气，液化气罐被固定在吊篮中。

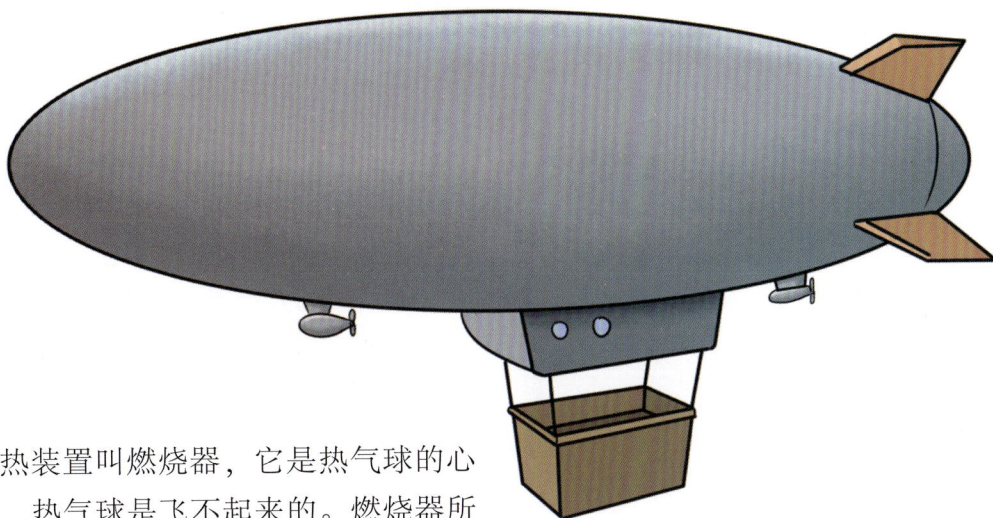

打火机

打火机是个小小的取火工具，轻轻一按，幽蓝的火苗便可以点燃蜡烛。当你过生日时，经常见到爸爸用打火机为你点燃生日蜡烛吧！但小朋友们不要轻易碰触，虽然它很小，但危险性很大。

这样工作

轻轻按压打火机的按钮，发火机构中的压电陶瓷释放出电火花，将贮气罐喷出的气体点燃，从而冒出火苗。看起来打火机的工作原理好像很简单，但打出火花这一个关键点就需要很多部件协同完成。

外壳

一次性打火机的外壳多是塑料的，充气打火机的外壳有铜质、不锈钢质、银质等。

气体喷嘴

高压引线

外壳

叩击机构

压电陶瓷

磷铜片

▲ 按压叩击机构，产生向下压力，压电陶瓷在压力作用下，将积累的电荷释放。

压电陶瓷

金属帽

燃料

打火机使用的燃料多是丁烷、丙烷等可燃性气体，易燃且没有异味。

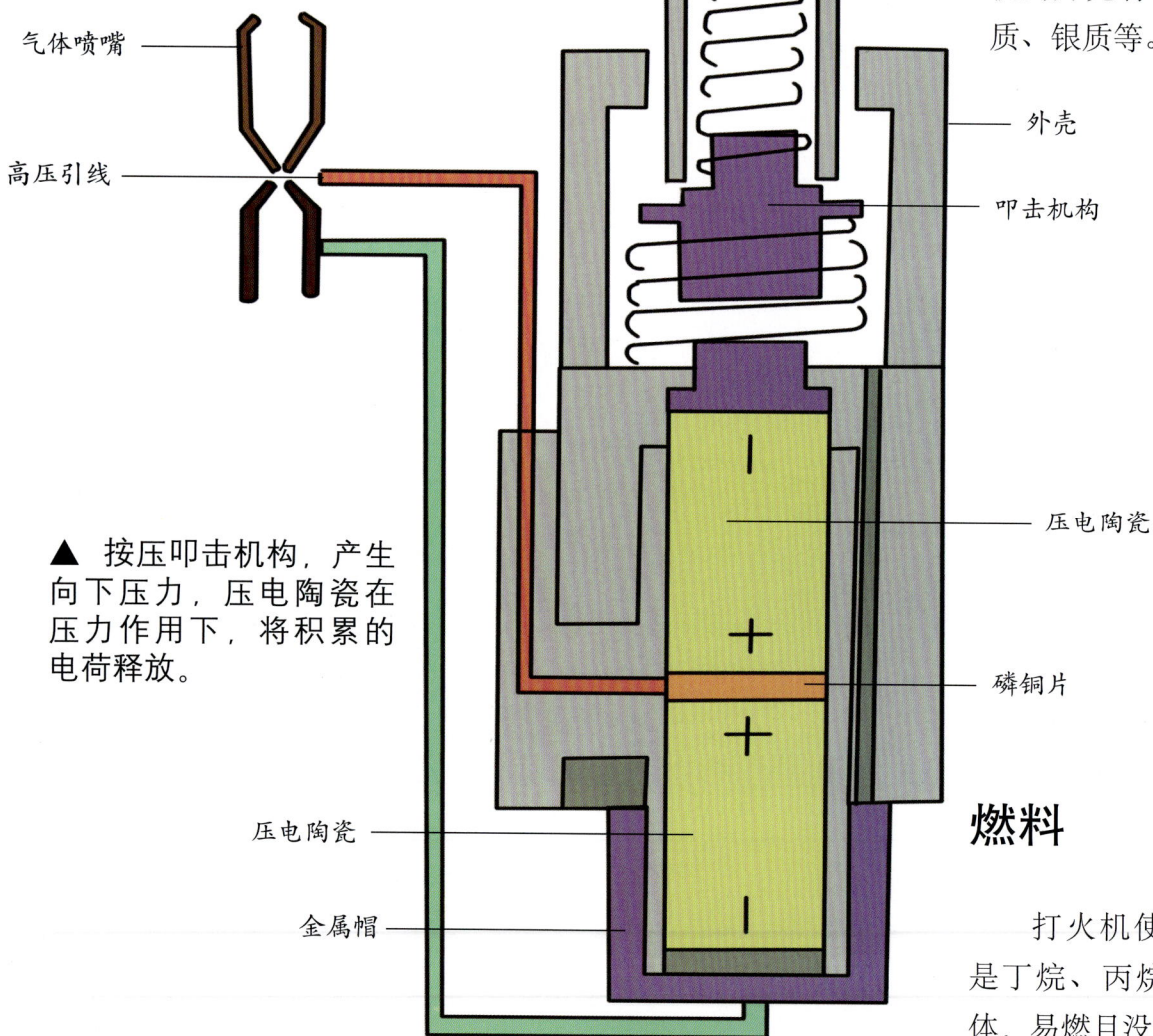

Zippo 打火机

它是人类历史上第一款能够防风的打火机，而且 Zippo 的金属外壳让它看起来很酷。这种打火机的灯芯处有一圈带孔的围栏，能够起到防风作用。

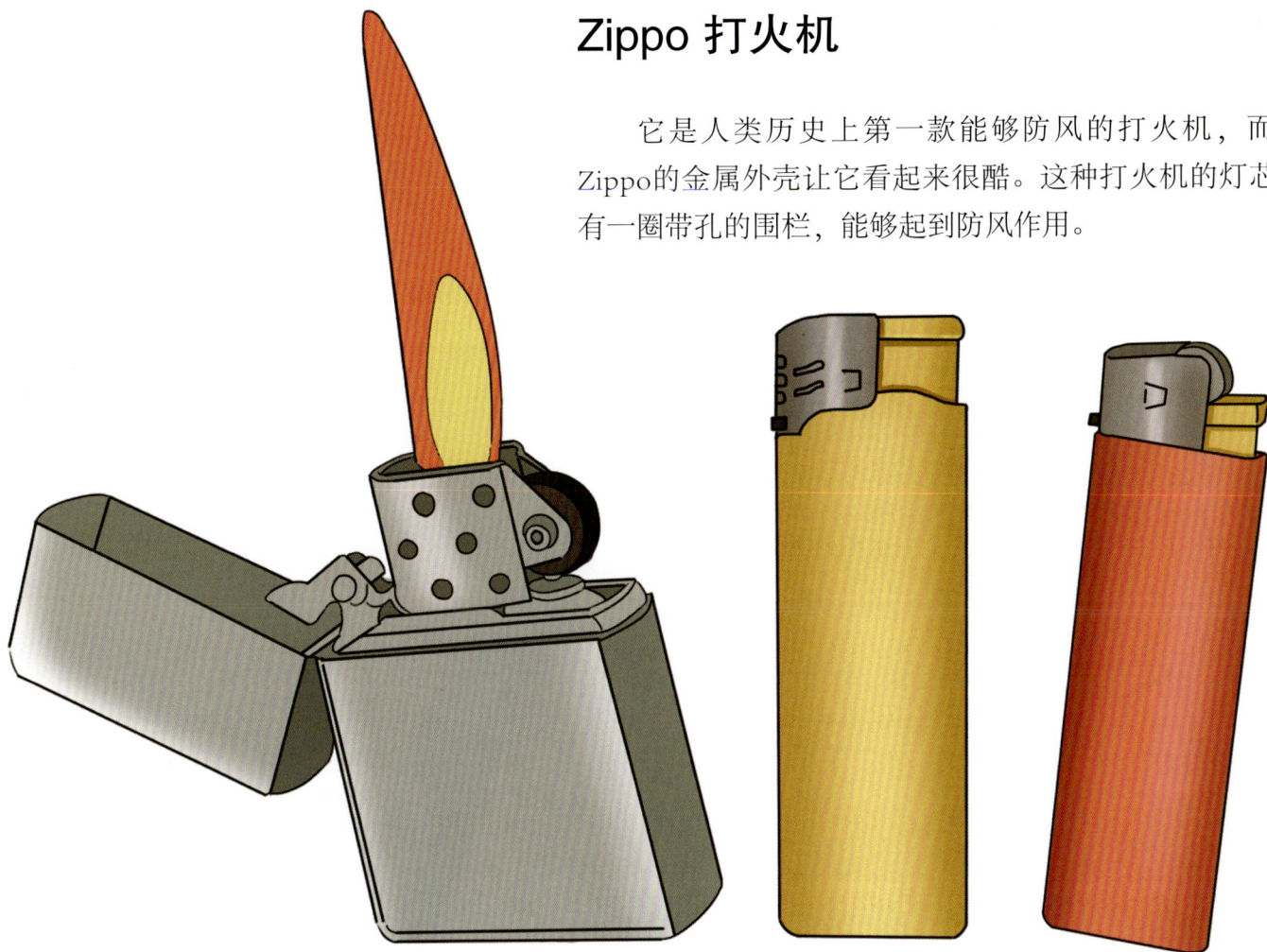

火柴打火机

这种打火机出现在一战的战场上，它用废弃的子弹壳制成。形状更像一根细长的火柴，点燃时亮光很小，不容易暴露位置。

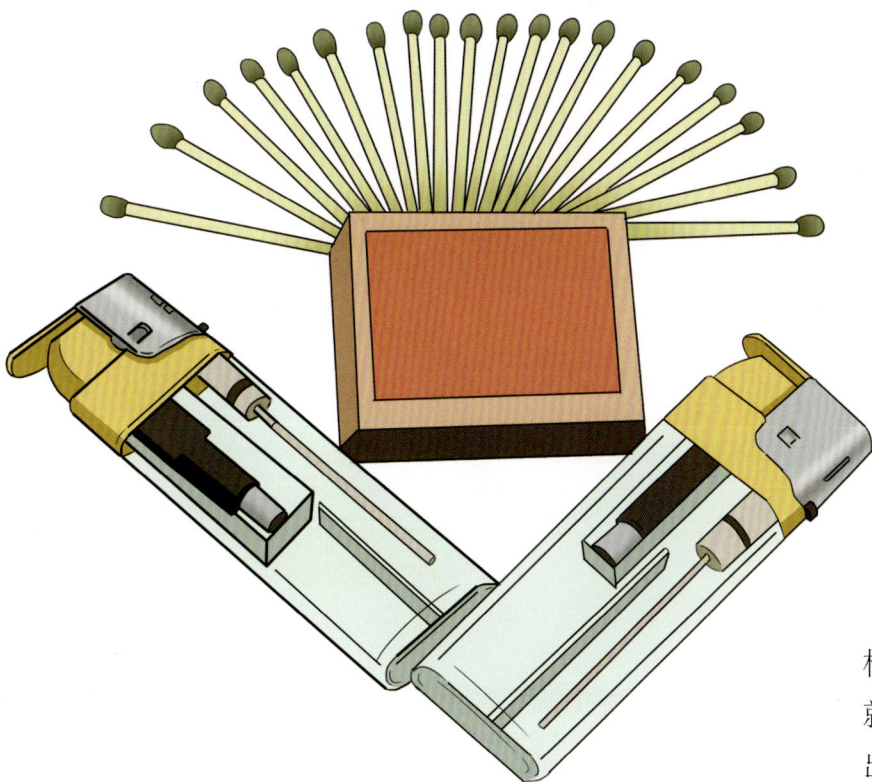

谁更早

如果你认为火柴出现的时间比打火机早，那就错了！最早的打火机16世纪就出现了，而18世纪时，火柴才被发明出来。

75

蒸汽机

少年瓦特是个勤于思考的孩子，他在帮奶奶烧开水时发现了蒸汽的力量。长大后，他通过蒸汽原理改良了蒸汽机，带领人类进入蒸汽时代。

这样工作

用煤炭、木头等作为热源给锅炉加热，当锅炉中的水沸腾起来，产生大量的高压蒸汽，蒸汽推动活塞进行往复运动，再经过连接机构推动设备运转起来，这就是蒸汽机将热能转换为机械能的过程。

汽缸

一般的蒸汽机由三个汽缸组成一组，它是静止不动的部件。每个汽缸两边各有一个进气口和一个排气口，当从进气口进气时，活塞向排气口运动，废气从排气口排出。当从排气口进气时，活塞向进气口运动，废气从进气口排出。

冷水泵

换向阀

换向阀是保证活塞进行往复运动的部件。当活塞运动到一端时，换向阀推动活塞换一个方向继续运动。

飞轮

飞轮的作用是保证活塞换向能够平稳地进行。

曲柄连杆机构

活塞组、连杆组和曲柄组构成了曲柄连杆机构，它在蒸汽机中的作用是传递力和改变运动方向，是传动机构。

活塞

活塞是汽缸中进行往复运动的机件，它的作用非常重要。

调节阀

活塞

汽缸

冷凝器

蒸汽锅炉

冷却水套

冷凝器

热的蒸汽在汽缸内推动活塞运动，冷的蒸汽则通过管道被引入冷凝器，重新凝结成水。

万能机

经过瓦特改良后的蒸汽机非常厉害，它被应用于很多领域，煤矿、冶金、纺织以及研磨面粉等都开始使用，被人们称为"万能机"。

77

内燃机

内燃机是一种热力发动机，它跟蒸汽机一样，都是通过热能产生的能量来驱动机械运转的。两者的区别是，蒸汽机是燃料在外部燃烧来供能，而内燃机是燃料在内部燃烧来供能。

这样工作

内燃机中的燃料和空气按照一定比例被放入密闭的气缸内，它们一进入，由曲柄连杆机构带动的活塞就开始压迫混合物，在高压下混合物发热准备爆炸，此时点火系统看准时机放出一个火花，混合物瞬间被点燃，释放出的巨大热能，热能使混合气体膨胀将活塞顶回去，当热能渐退，活塞会再次回来重复之前的动作。

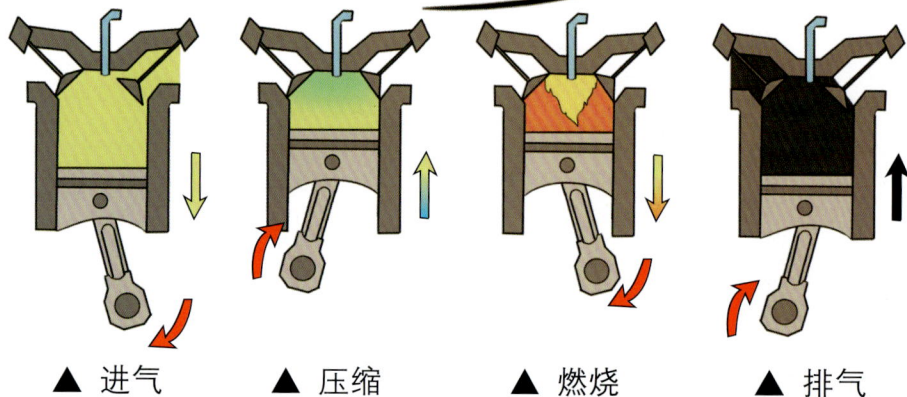

▲ 进气　　▲ 压缩　　▲ 燃烧　　▲ 排气

曲柄连杆机构

内燃机的曲柄连杆机构与蒸汽机的类似，都是传递动力的部件组合。

气缸

内燃机的气缸是一个圆筒形状的机件，它是密闭的，燃料在其内部燃烧，产生驱动机械运动的热能。

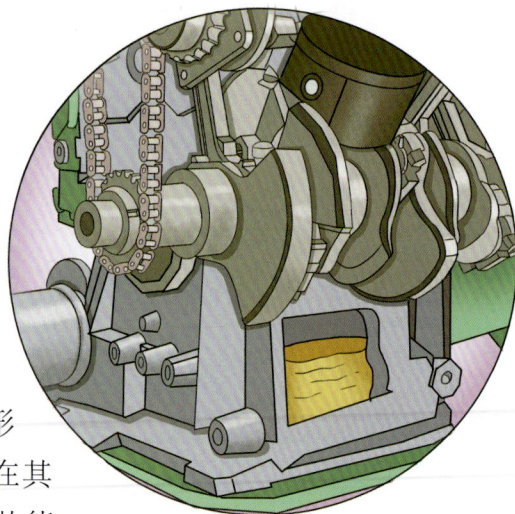

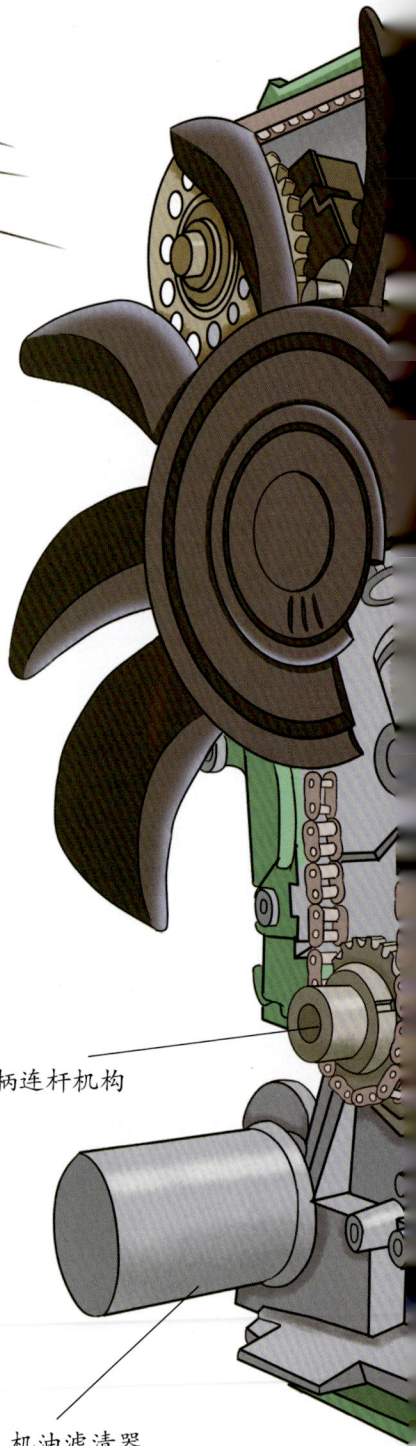

曲柄连杆机构

机油滤清器

润滑机构

润滑机构定时给各零件输送润滑油，以减小摩擦，降低各部件磨损。

润滑机构

效率更高

蒸汽机的热能使用效率只有10%左右，内燃机的热能使用效率则提升至40%左右。

配气机构

配气机构的作用是定时开启和关闭进气门和排气门，将一定可燃物送入气缸，并将废气及时排出。

活塞

冷却系统

冷却系统一般由水泵、风扇和水箱等构成，它的作用是吸收多余的热量并将其散发出去，保证内燃机在适宜的温度下工作。

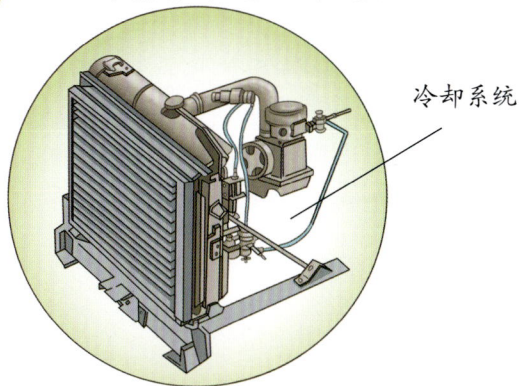

冷却系统

供油机构

供油机构

供油机构要根据发动机的需求，配制出一定数量和浓度的混合物。

炼钢炉

把生铁中的大部分杂质去除后所剩下的物质便是钢，相较于铁而言，钢的硬度更高。想要将生铁冶炼成钢，需要在超高温的冶炼炉中进行，一般高炉中心的温度，可达到1700℃左右。

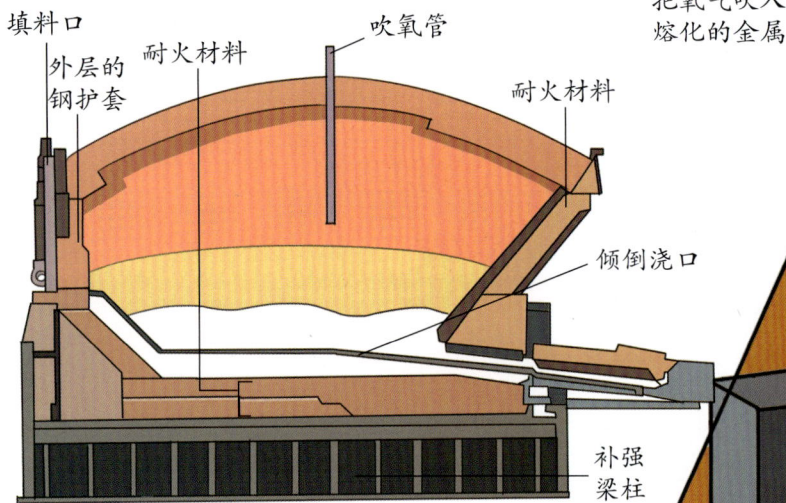

填料口
外层的钢护套
耐火材料
吹氧管
耐火材料
倾倒浇口
补强梁柱

▲ 现代平炉结构示意图

万物运转的秘密

这样工作

冶炼钢铁中，最先使用的是平炉，炉的两端建有放置"砖格"的蓄热室，用煤气或重油作为燃料，在燃料火焰直接加热的状态下，将生铁熔化为铁水并精炼成钢。

倒入炉中的铁水

把氧气吹入熔化的金属

托圈

托圈

托圈是用来支撑炉体的，它被安装在转炉上，托圈的中间位置焊有直立的带孔筋板，这可以增加托圈的刚度。

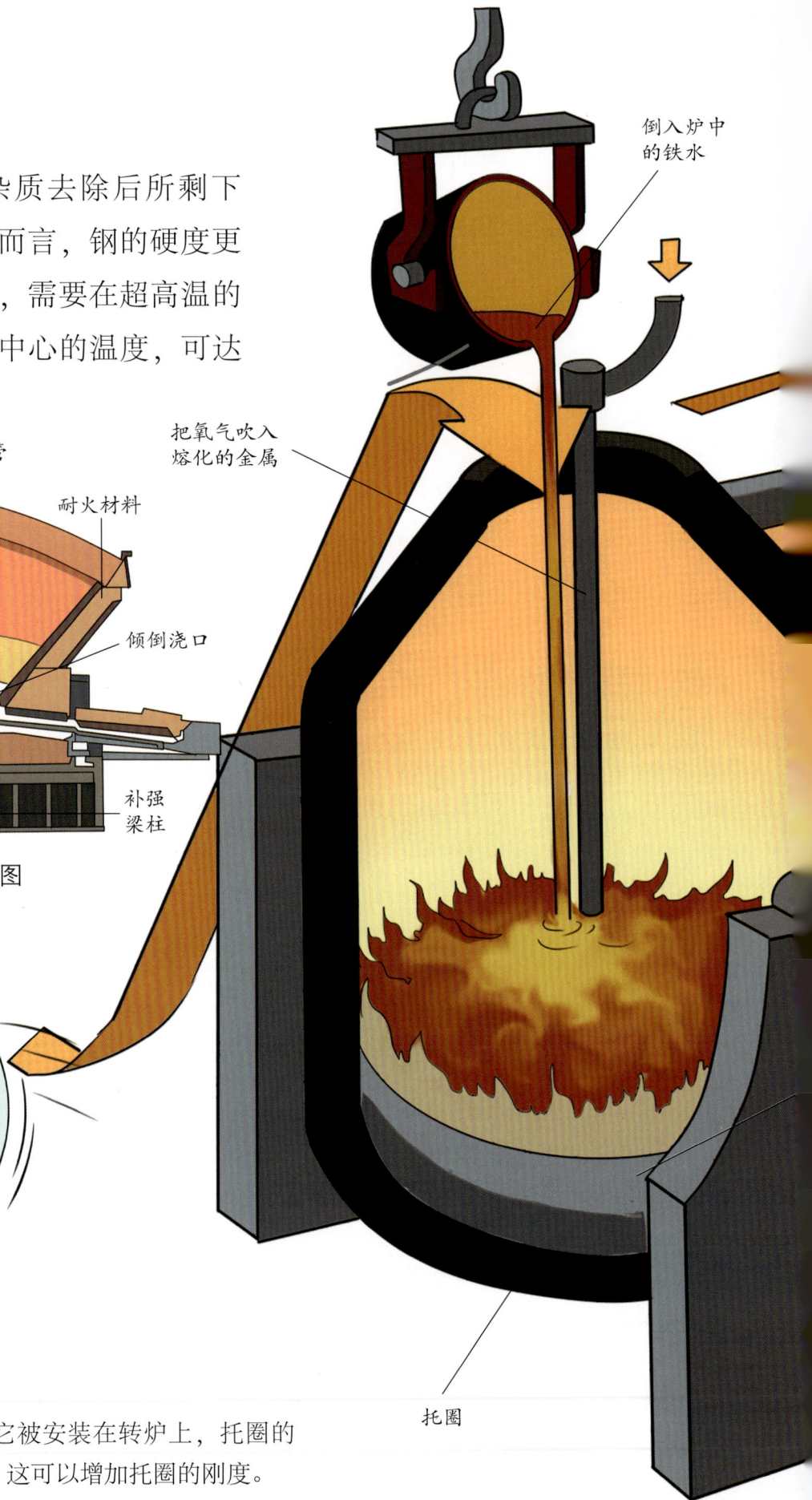

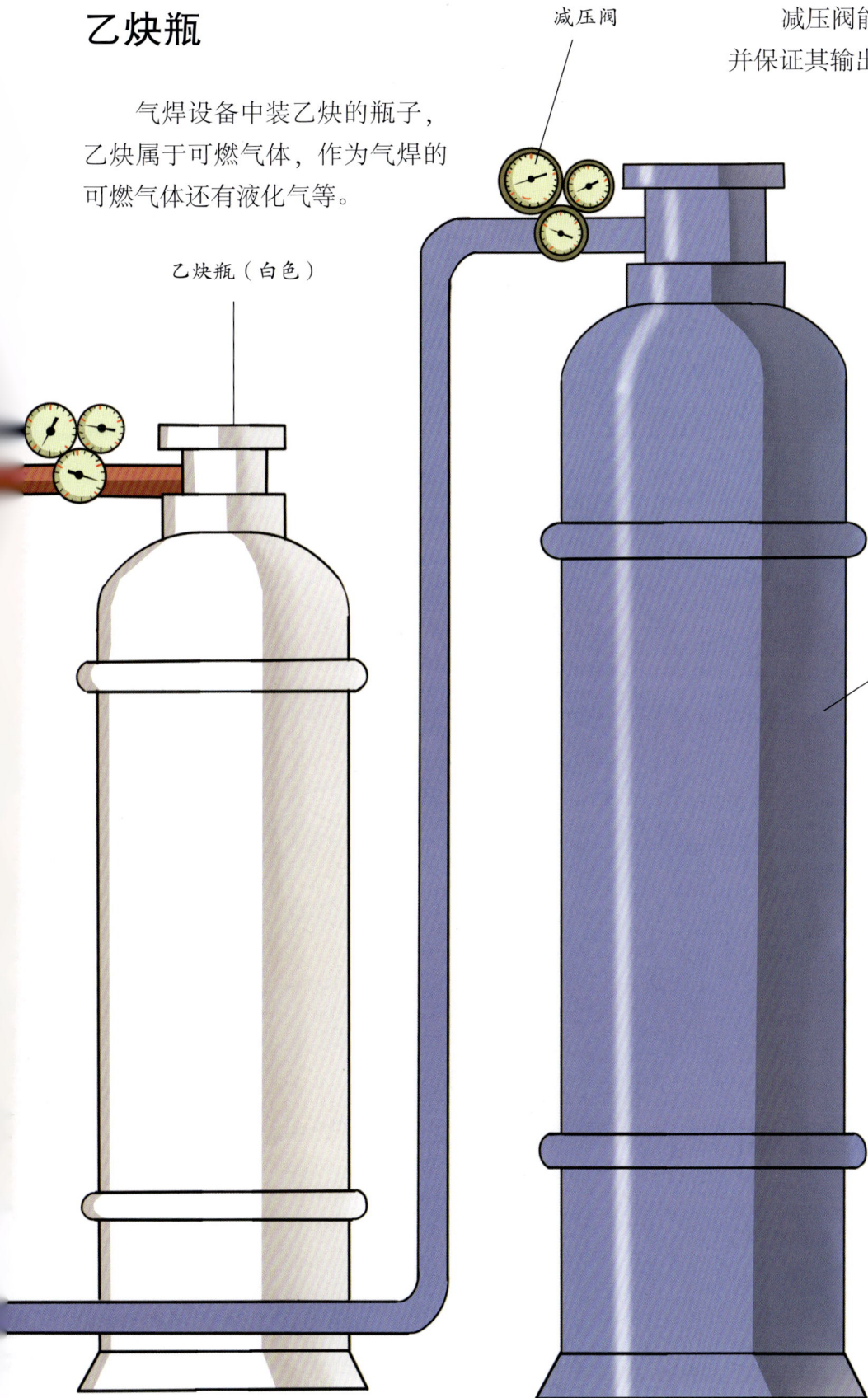

减压阀

减压阀能把高压气体变成低压气体，并保证其输出时流量稳定。

乙炔瓶

气焊设备中装乙炔的瓶子，乙炔属于可燃气体，作为气焊的可燃气体还有液化气等。

减压阀

乙炔瓶（白色）

氧气瓶

氧气是助燃气体，它与可燃气体混合后点燃会产生高温火焰。

氧气瓶
（蓝色）

电焊

虽然都是焊接金属部件，但电焊是利用电能产生的高温和高压使部件结合在一起。一般焊接又大又厚的物体时用电焊，而焊接小而薄的物品多用气焊。

83

汽车

汽车是人们的代步工具，从诞生之初一直到现在，它的外形都没发生太大改变，由发动机驱动车轮带动车子行驶。家用轿车更适合在城市内平坦的道路上行驶，而更大一些的SUV则能奔跑在崎岖的山路上。

这样工作

汽油发动机是汽车的动力系统，它把燃料燃烧时产生的热能转换为驱动汽车行驶的动能。当然，这个过程说起来简单，实际上完成它则需要多个部件分四个步骤去运行，这四个步骤也被称为四个冲程。

电气设备

汽车上的蓄电池和发电机等都属于电气设备，它们给汽车的正常运行提供最基本的保障。

后备箱

排气管

发动机

发动机是汽车的动力装置，由很多系统组成。发动机对于汽车的意义就像心脏对于人体的意义。

车身

底盘

底盘

车身

外壳、车门、车窗及其他车内附件都属于车身，车身能带给人最直观的感受。譬如车是什么颜色或什么形状。

一般我们看不到汽车底盘，但修理工叔叔用千斤顶支起汽车后，就能看到底盘了。汽车的制动系统和行驶系统都在底盘上。

进气

这是发动机工作的第一个步骤，活塞向下运动，将可燃气体和空气吸入气缸。

压缩

这是发动机工作的第二个步骤，活塞向上运动，挤压混合气体，使其密度加大，温度升高。

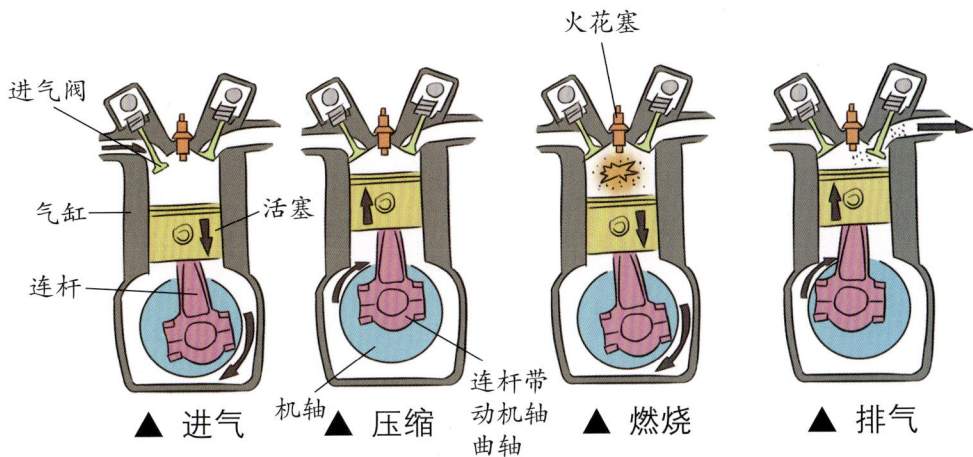

火花塞

进气阀

气缸 ——— 活塞

连杆

机轴

连杆带动机轴曲轴

▲ 进气   ▲ 压缩   ▲ 燃烧   ▲ 排气

燃烧

这是发动机工作的第三个步骤，火花塞适时放出一个火花，使高温的气体燃烧产生热能，并驱使活塞向下运动。

排气

这是发动机工作的第四个步骤，活塞重新向上运动，上一步燃烧时产生的废气通过排气阀被排出气缸。

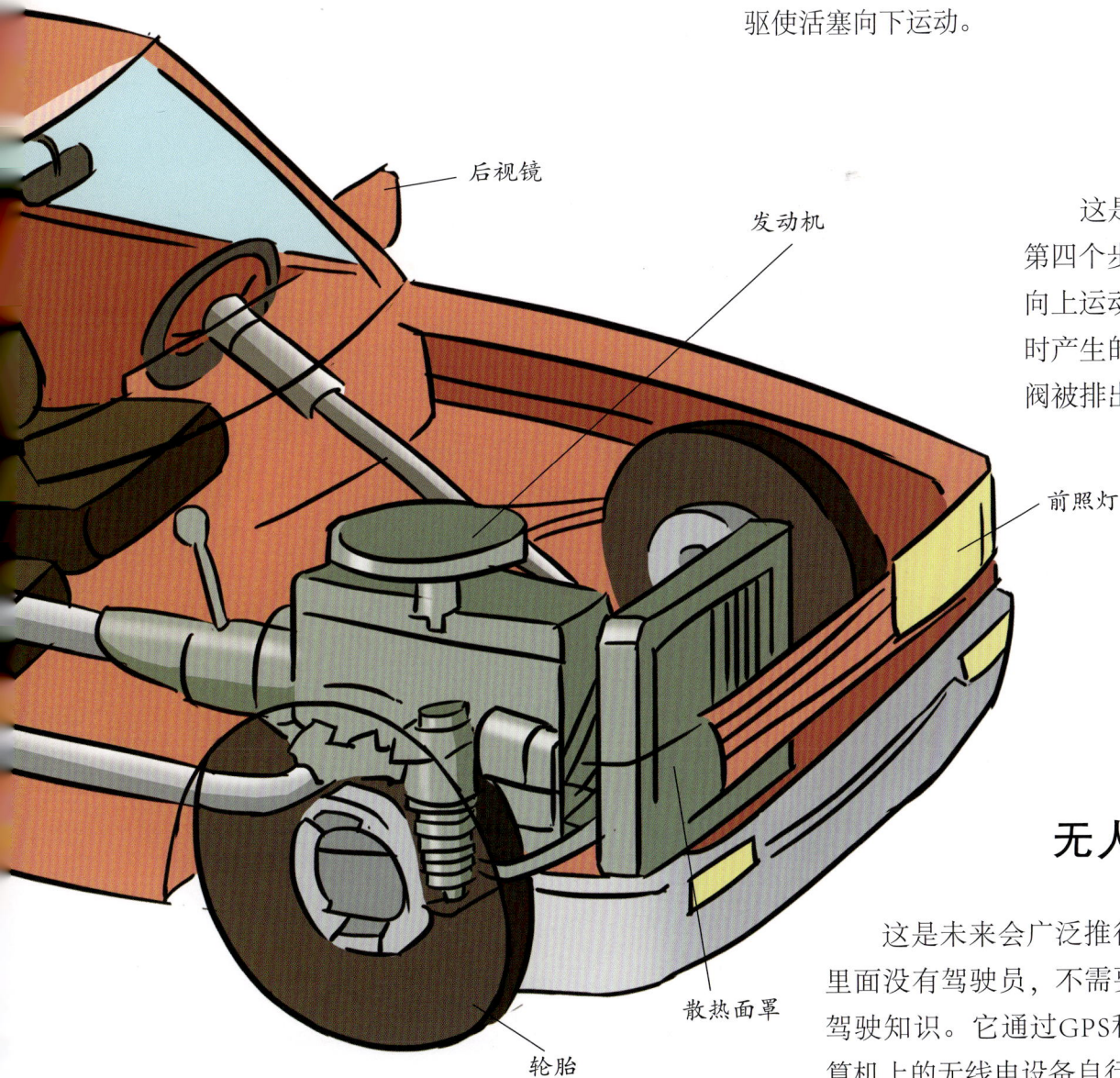

后视镜

发动机

前照灯

散热面罩

轮胎

无人驾驶汽车

这是未来会广泛推行的智能汽车，里面没有驾驶员，不需要乘客懂得任何驾驶知识。它通过GPS和连接在中央计算机上的无线电设备自行驾驶汽车。

摩托车

虽然摩托车是两个轮子的，但在同等路面上，它的行驶速度并不比汽车慢多少，而且修长炫酷的外形让骑行者看上去超级拉风。不过，千万别骑得太快，由于没有外壳的保护，骑行摩托车是比较危险的。

电动摩托车

也叫电动车，它虽然跟摩托车很相像，但利用的是蓄电池的电能。电动车比摩托车更小、更轻，同时速度更慢，可以说，安全性要比摩托车高很多。

戴头盔

在享受摩托车带来的速度感的同时，一定要戴好头盔，因为它能保护骑乘者的头部安全，这非常重要！

排气管

排气管位于摩托车的后轮胎处，它将发动机产生的废气排出来，以便发动机能更好地工作。

这样工作

摩托车的工作原理跟汽车一样。首先，摩托车的前后轮中间安装着一个发动机，虽然没有汽车的大，但运转步骤完全一样。其次，与汽车一样，摩托车烧汽油，但它的油箱小，百公里耗油量也少。

座椅

车灯

排气管

油箱

摩托车的油箱位于驾驶座的前端，它是由非常坚硬的金属制作而成的，容量一般在3～18升。

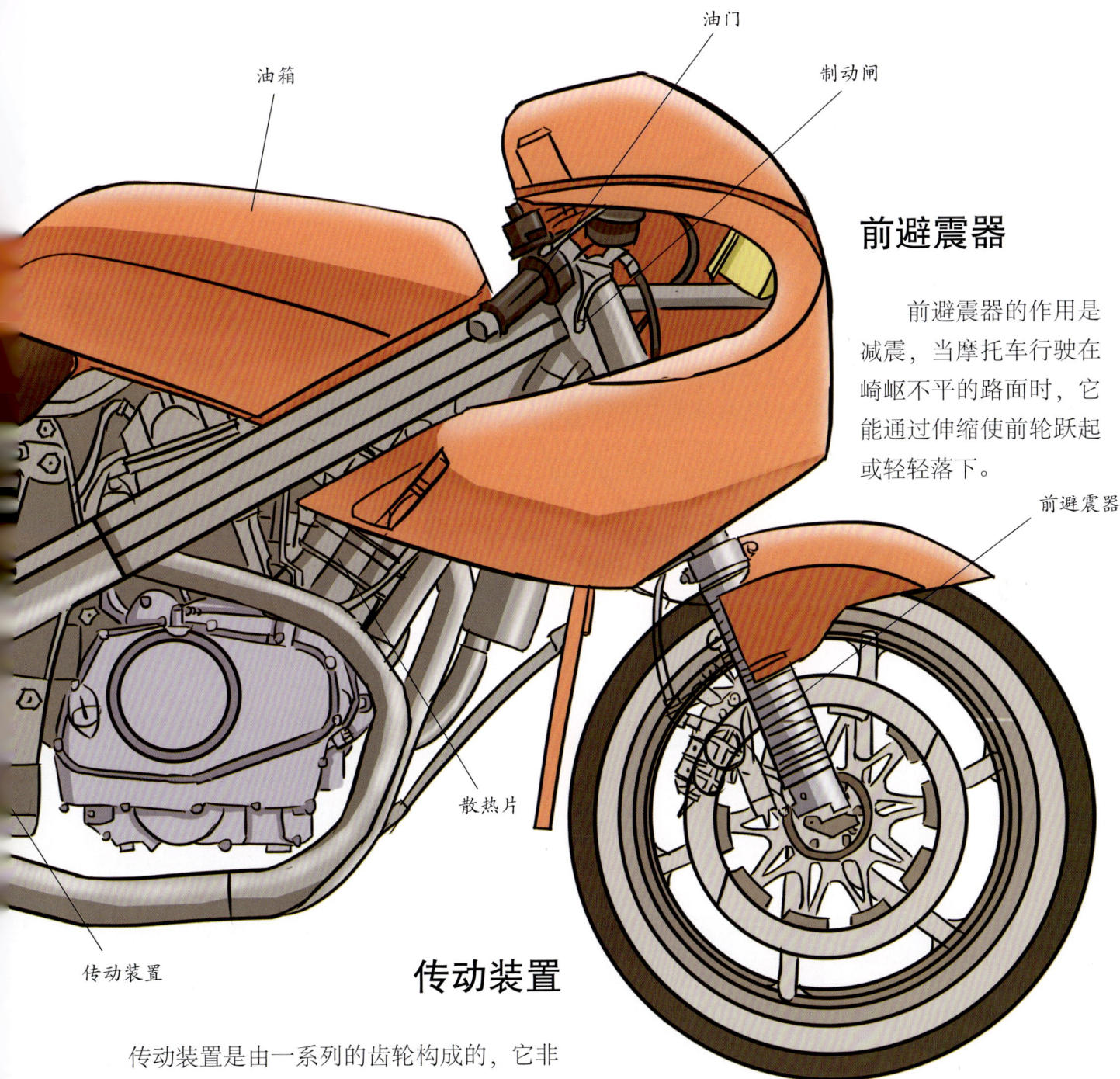

油门

摩托车的油门位于右边把手处，它通过一根缆线与发动机相连。只要轻轻拧动油门，就会有更多燃料涌入发动机，车速也就更快。

油门

制动闸

油箱

前避震器

前避震器的作用是减震，当摩托车行驶在崎岖不平的路面时，它能通过伸缩使前轮跃起或轻轻落下。

前避震器

散热片

传动装置

传动装置

传动装置是由一系列的齿轮构成的，它非常重要。能够把发动机产生的能量，通过传动链条传给后轮，这样摩托车才能前行。

空调

炎热的夏天，当你满头大汗地从室外回家，正在工作的空调吹出习习凉风，是不是瞬间就能让你心神宁静了？当然了，在寒冷的季节，空调也能发挥它制热的功效，让你感觉温暖如春。

空气过滤网

室内机

排水软管

左/右风向调节导风板

这样工作

开启制冷模式后，制冷剂被压缩机加压成为高温高压的气体，进入室外机的冷凝器中，冷凝器将气体液化为制冷剂液体，同时将多余的热量排放出去。液体制冷剂经过节流装置进入室内的蒸发器，在蒸发器的工作下，由液体变为气体，同时吸收室内空气的热量，达到降温的目的。此时，成为气体的制冷剂再次进入压缩机，开始下一个循环，为室内带来源源不断的冷风。

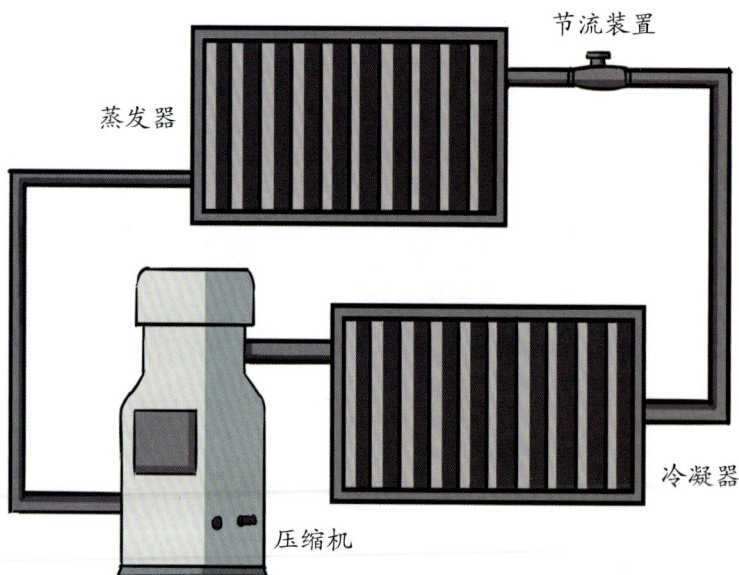

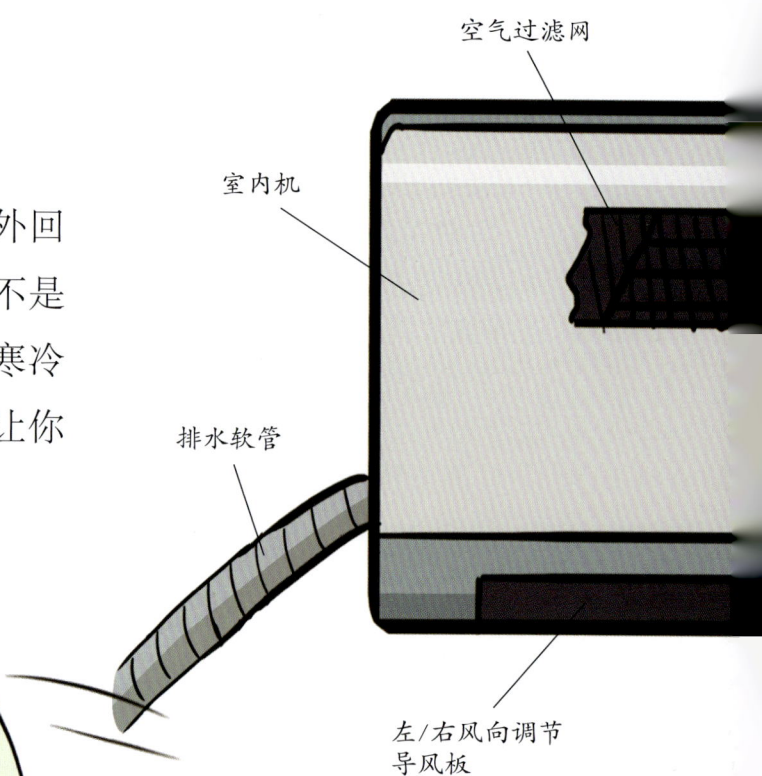

进风口位于侧面和后面

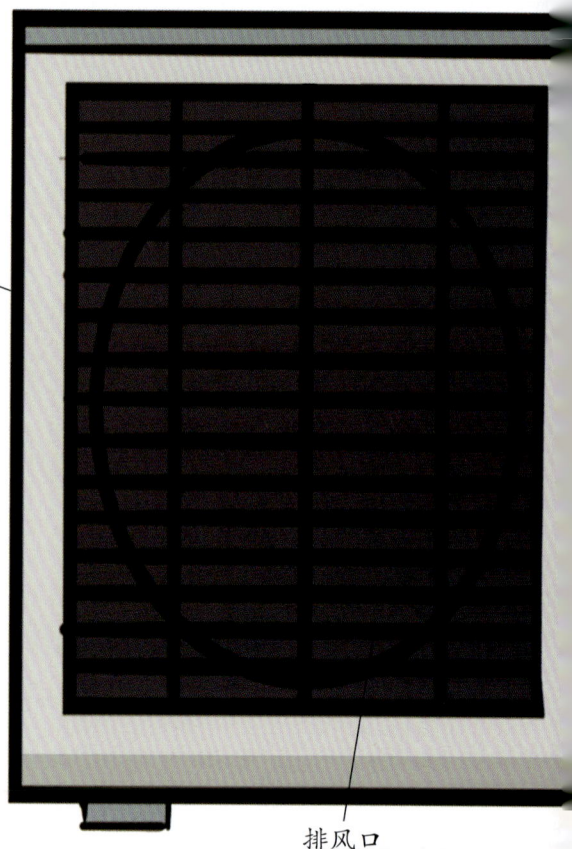

节流装置

蒸发器

冷凝器

压缩机

排风口

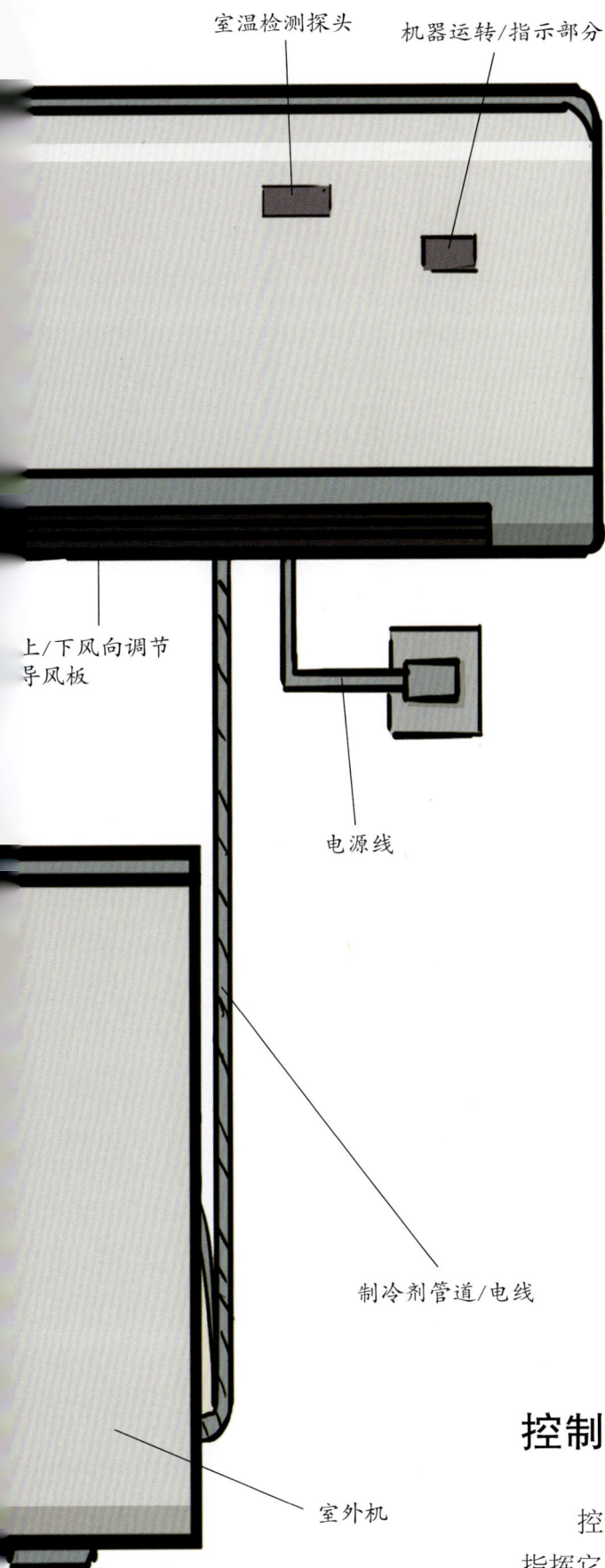

室温检测探头　　机器运转/指示部分

室内机部分

进风口：居室内的空气从进风格栅吸入，并通过过滤网除尘。

出风口：降温或加热的空气经上下导风板和左右导风板来调节风向。

应急开关：在没有遥控器的情况下，通过空调上的应急开关可以打开或关闭空调。

室外机部分

进风口：室外机的进风口能够吸入室外空气。

出风口：出风口能够吹出为冷凝器降温的室外空气。

制冷系统

空调的制冷系统主要由压缩机、蒸发器、冷凝器和膨胀阀等构成。其中压缩机提供动力，冷凝器排放热量，蒸发器带走热量，而膨胀阀的作用是节流降压。制冷剂在它们之间循环工作从而完成空调的制冷工作。

上/下风向调节导风板

电源线

制冷剂管道/电线

室外机

别看我小，我能指挥大个的空调器，厉害吧！

控制系统

控制系统好像空调的大脑一样，能指挥它的运转。主要部件包括遥控器和智能芯片。

冰 箱

炎热的夏天，除了离不开空调，还有谁会让你念念不忘呢？小朋友可能要说了，这还用想嘛！肯定是冰箱呀！冰爽的西瓜从冰箱里来，甜丝丝的冷饮从冰箱里来。如果刚从室外回到家里，可能会抹一把额头的汗水说：我好想住在冰箱里呀！

太热了，好想住在冰箱里！

隔热板

门把手

接水盘

这样工作

冰箱之所以能制冷，是利用制冷剂的循环和状态变化过程进行能量的转换。能够作为制冷剂的二氧化碳气体和异丁烷（R600a）等，在加压时从气体变为液体，压力降低时，则由液体变回气体。在由液体变为气体的过程中会吸收热量，从而降低箱体内的温度，实现制冷。

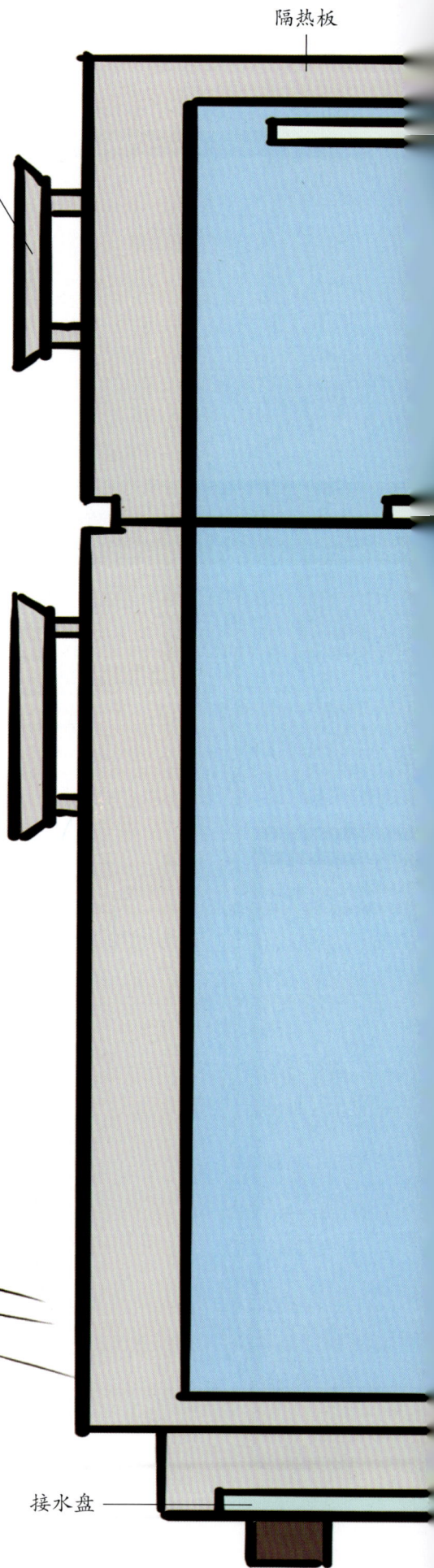

蒸发器

冷冻室

冷凝器

蒸发器

排水管

冷藏室

压缩机

冷冻室

冷冻室的温度很低，多半在零下18℃以下，能很快将食物变成冰冻的状态，这里适合放鱼、虾、肉类等冷冻食品。

冷藏室

冷藏室一般在冰箱的最上方，它的分区很清晰，有些区域是放鸡蛋的，有些区域放牛奶，其他更大的空间放蔬菜和水果，冷藏室可以利用较低的温度为食物保鲜一段时间。

压缩机

压缩机在冰箱的后下方，它是冰箱制冷的关键部件。没有压缩机的工作，冰箱就不能制冷。

冷凝器

冷凝器是压缩机的好搭档，没有它压缩机不能正常工作。

冰鉴

冰鉴是一个大型的青铜器具，盖上盖子后内部空间密闭。将里面装满冰，就可以当冰箱使用。这是我国最早的冰箱，古人用它保存食物。

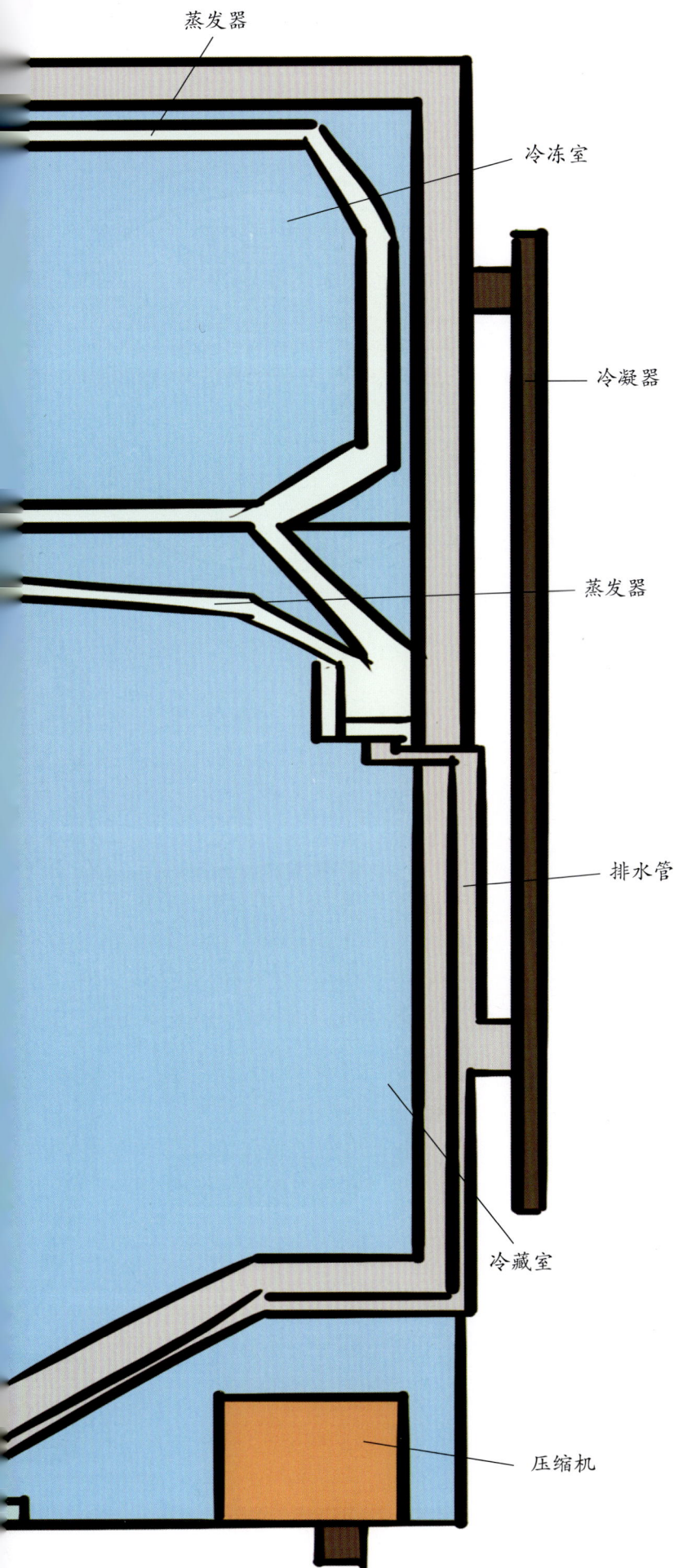

锅 炉

锅炉是个大大的能量转换器，很少有人见过它。它躲在工厂的车间中，为家庭中的暖气提供热能，或为船舶和火车提供动力。顾名思义，锅炉是由锅和炉组成的，两部分相互连接，锅中装满水，炉是热源燃烧产热的地方。

这样工作

把燃料放在炉中进行燃烧，燃烧产生的高温加热锅中的水，将热的锅炉水或热蒸汽通过传送设备输送给服务目标。如民用的暖气或其他工业设备。以暖气为例，暖气的管道与锅炉相连，锅炉产生的热便可以源源不断地传送给暖气了。

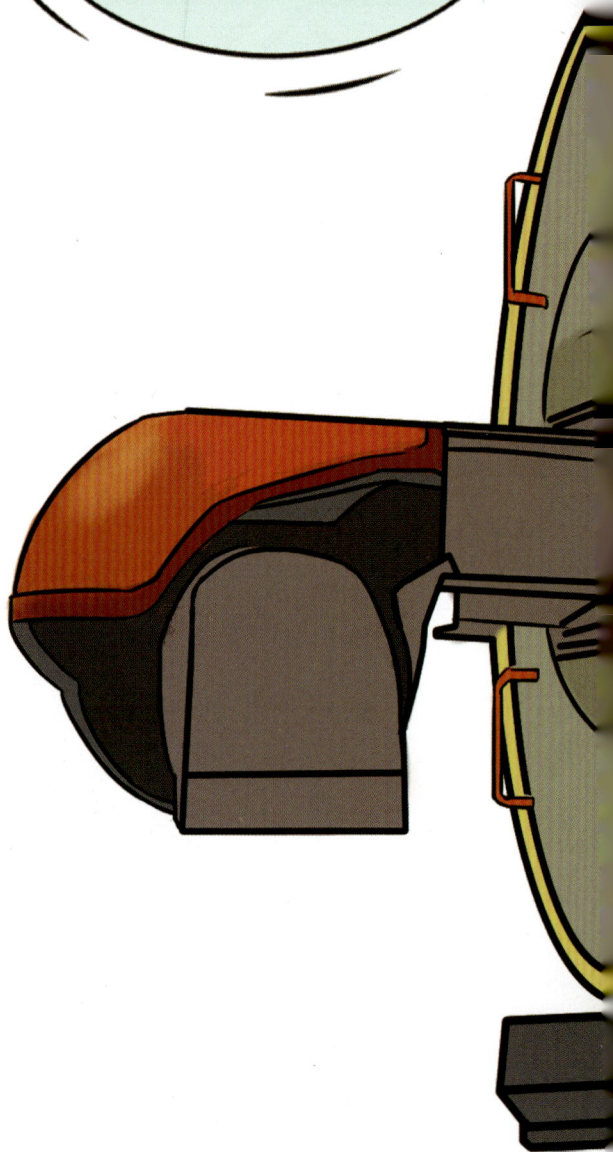

▲ 立式锅炉

汽锅

　　锅炉的汽锅由锅筒、管束、水冷壁、集箱和下降管等组成，它是热能传递的主要部件。

炉子

　　炉子是锅炉的燃烧设备，由炉膛、炉排、煤斗、除渣板和送风装置等构成。

安全附件

　　水位计、压力表、安全阀、钢架等构成了锅炉的安全附件，其中水位计和压力表是观察锅炉是否正常运行的部件。

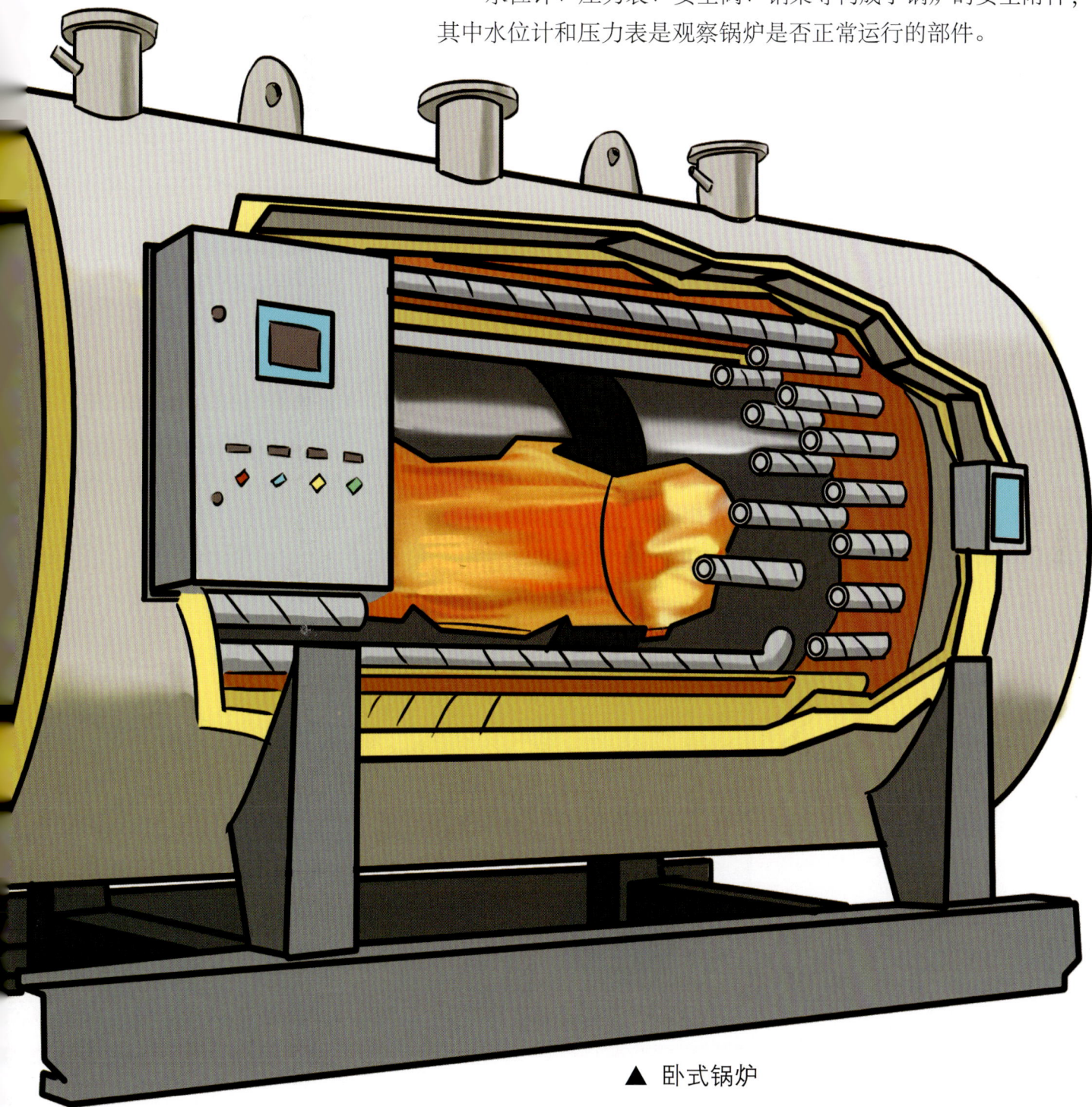

▲ 卧式锅炉

暖气

一般情况下，暖气指的是水暖。即将锅炉中烧开的热水注入暖气管道中，进而流入每家每户的散热片中，通过散热片来提高室温。暖气在我国长江以北地区很常见，它是居民住宅中的一项基础设施，帮助人们抵御冬天的寒冷。

这样工作

先将冷水灌入暖气片中，接着加热锅炉中的热水，高压热水驱动冷水在管道中缓慢流动时，散热片热起来并将热量释放到居室中，使得室温缓步升高。但热水会产生蒸汽，如果暖气管中积聚的蒸汽过多，会影响水流的速度，从而降低散热片温度，所以要经常打开暖气阀门进行放气。

万物运转的秘密

散热片

老式的散热片是铸铁的，比较笨重。现在的散热片材质多为铜铝合金或压铸铝，更为小巧。

我的肚子里没有气，都是热水哦！

控温阀门

通过调节控温阀门，能够适当减小热水流量，从而达到降低散热片温度的目的。

散热片

控温阀门

管道

管道

暖气管道的作用是输送热水。一般主管道较粗，连接家庭散热片的管道较细。

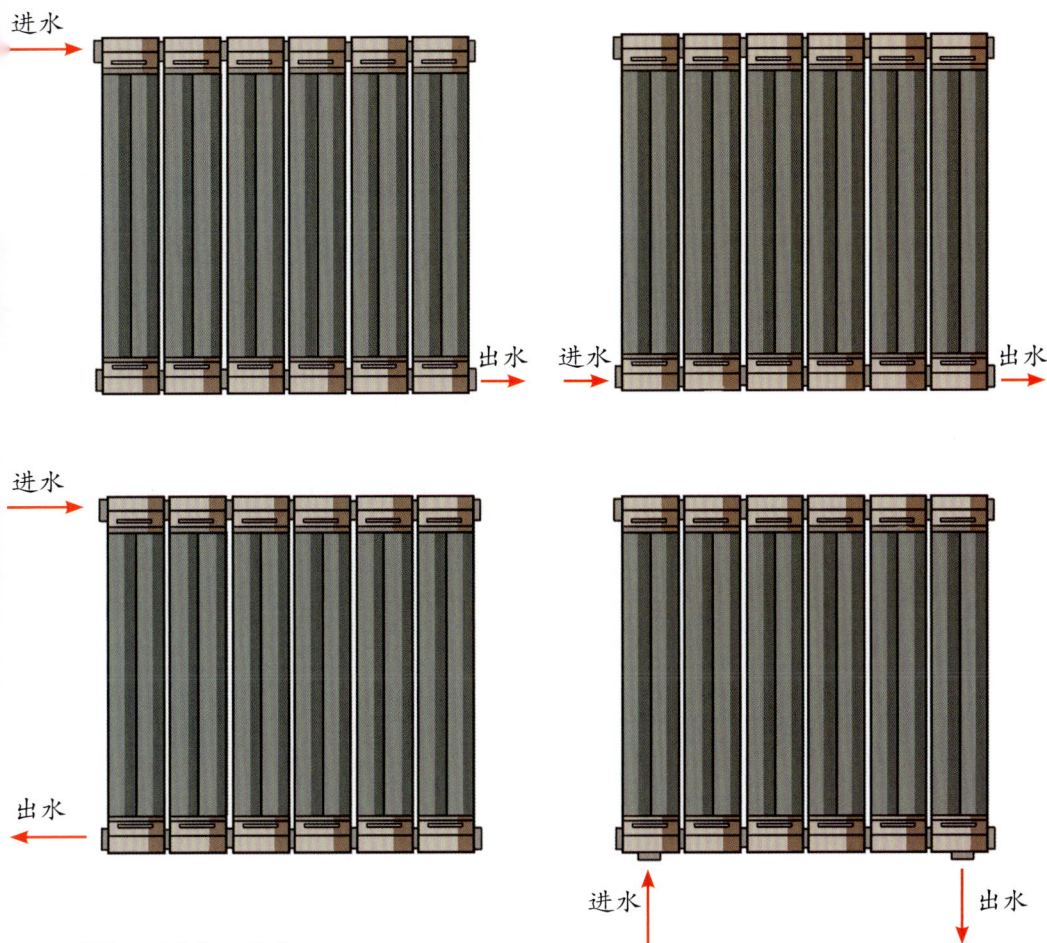

进出水方式

　　暖气片的进出水方式共有四种，分别为：异侧上进下出、同侧上进下出、下进下出和底进底出。它们各有特点，其中下进下出是最多采用的安装方法，既美观又能获得最佳的采暖效果。

最早的暖气

　　早在公元前100年，古罗马人就使用暖气为公共浴池和厕所加热了。他们在墙壁内和地面下挖很多坑道，然后在里面烧火，通过火产生的热烟和热气使墙体和地面慢慢热起来，产生热循环。我国东北地区的土炕同样是用这样的方式进行加热的。

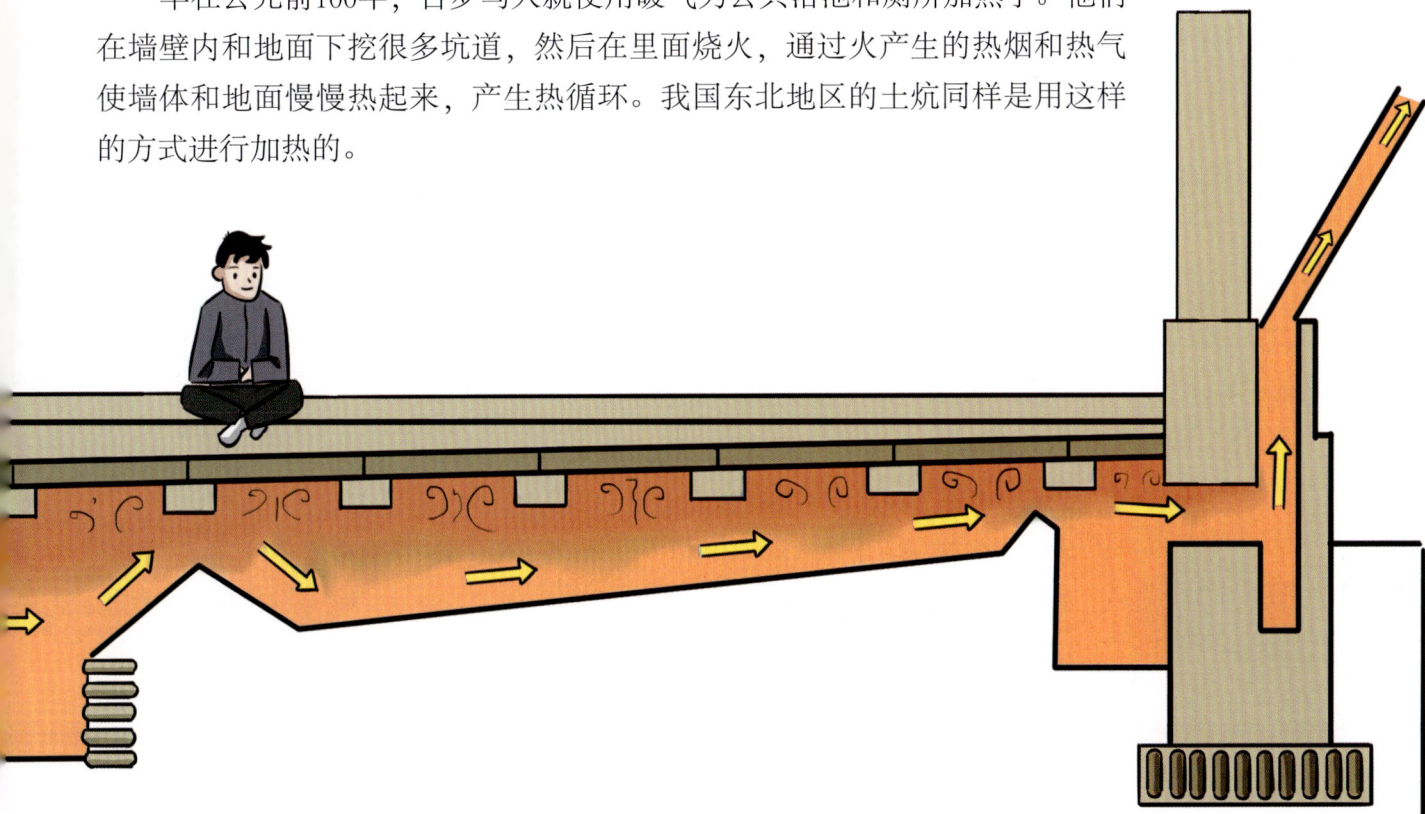

电饭锅

在有电饭锅之前，蒸米饭要像蒸馒头一样，而大米饭蒸熟的时间要比馒头长很久。电饭锅发明后，蒸米饭就简单多了。将淘洗干净的大米加适量水放在电饭锅中，盖上盖子，按下煮饭键，等妈妈炒完菜后，煮饭键"啪"的一声弹起来，香喷喷的大米饭煮好了，开始美美地吃一顿吧！

万物运转的秘密

开关

锅体

电源线

这样工作

接通电源，并按下煮饭按钮后，电饭锅的发热盘开始加热，热量传递到内胆中，锅内的水开始慢慢沸腾，随着水分蒸发减少，锅内温度提升。当温度升高至103℃时，电饭锅会自动停止加热，进入保温状态。

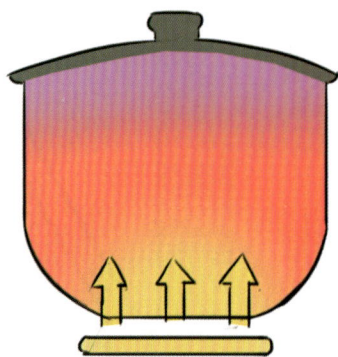

▲ 普通电饭锅加热方式　　▲ 智能电饭锅加热方式

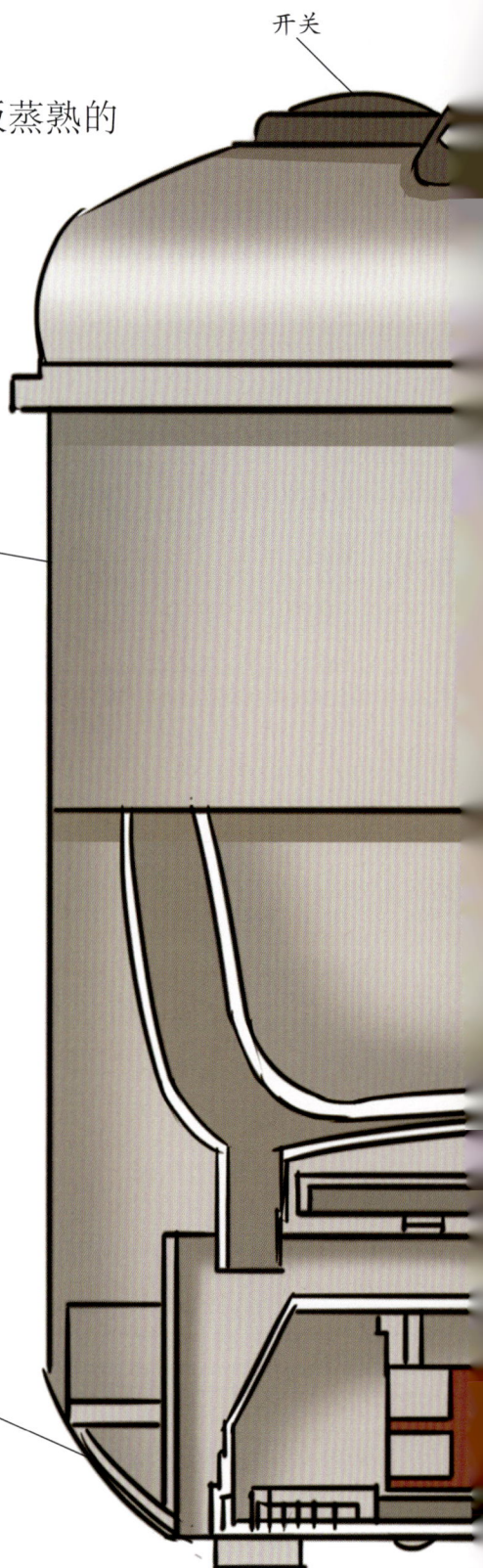

会不会漏水或漏电呢？

最早的电饭锅

最早的电饭锅是由索尼创始人井深大发明的，它是一个安装着电源线的圆木桶，虽然不怎么实用，却启发了人们对电饭锅的构想。

锅盖

操作面板

操作面板上包括操作按键、指示灯、液晶显示屏、蜂鸣器等装置，通过它人们可以进行烹煮操作。

内胆

内胆

内胆是电饭锅中用来煮饭的容器，上面有放多少水和米的刻度。

限温器

限温器

限温器是发热盘中间那块凸起的装置，也叫限温磁缸，它借助弹簧的力量向上顶着锅底。

发热盘

发热盘

发热盘是一个内嵌电发热管的铝合金圆盘，它是电饭锅的发热元件。

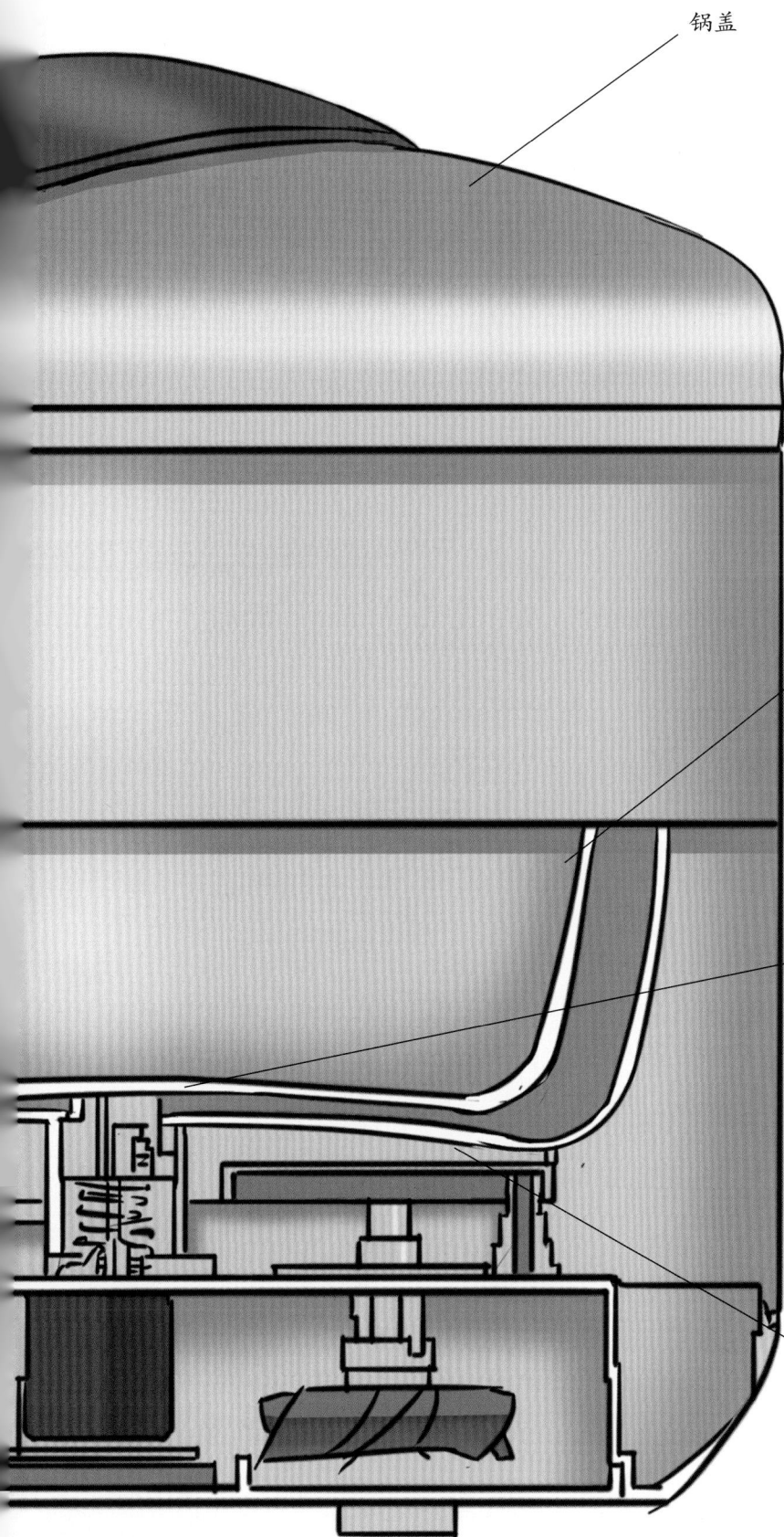

高压锅

　　高压锅是厨房中的实力配角，虽然它不如炒锅的使用频率高，也不像电饭锅那样温和无害。可到了关键时刻，要啃硬骨头、炖难熟的牛肉时，高压锅就会大显身手，把那些不容易煮烂的食物统统解决掉，让它们变成软烂可口的美食。

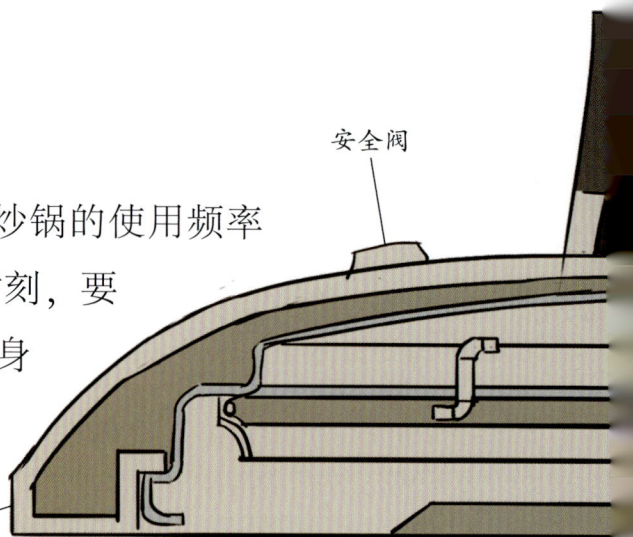

泄压窗

这样工作

　　水的沸点与气压密切相关，气压越高，沸点越高，高压锅就是利用这个原理来快速煮熟食物的。加热后，高压锅内产生的水蒸气不能扩散到空气中，导致锅内压强增大，水的沸点提高，这使高压锅内一直保持高温高压的环境，从而将食物快速地煮透煮熟。

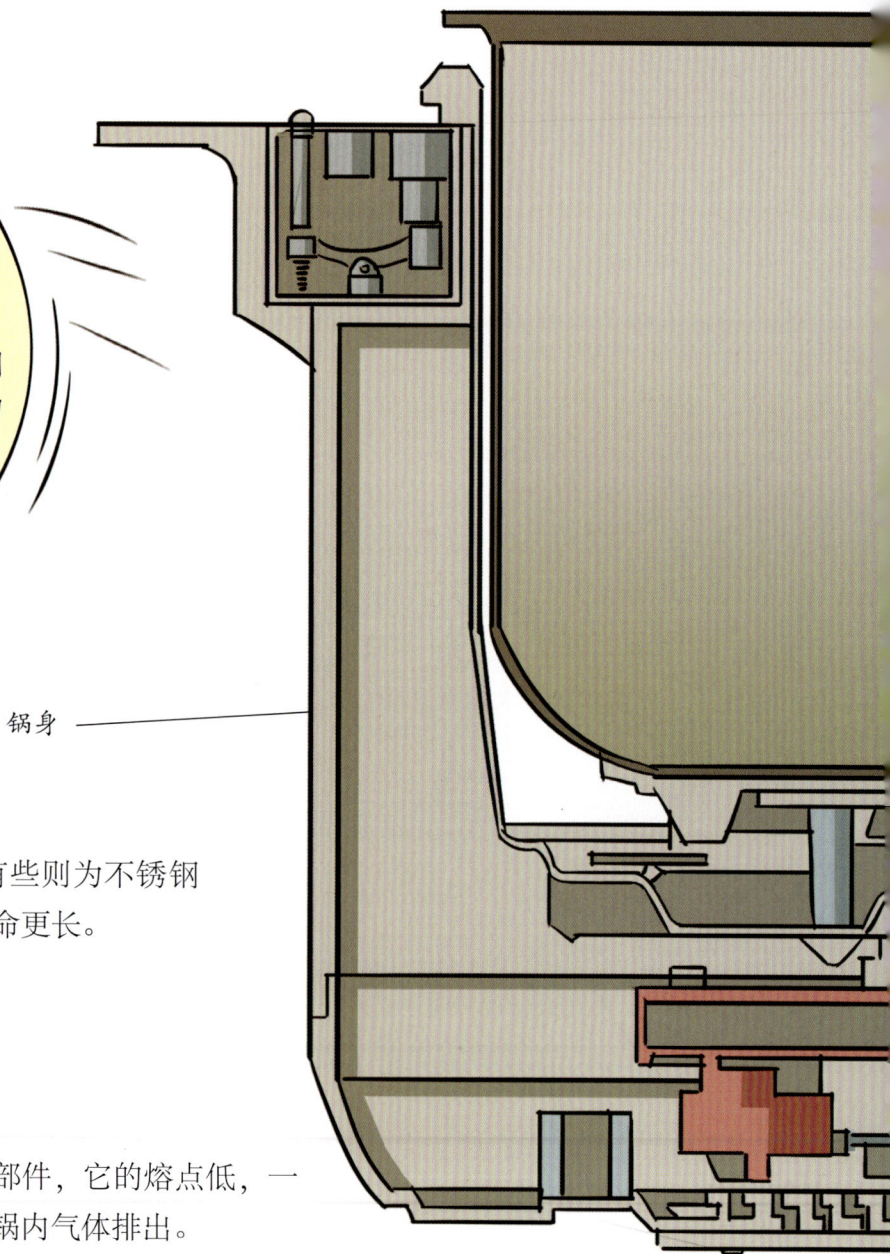

锅身

锅身

　　高压锅的锅身有些是铝合金的，有些则为不锈钢材质，两者各有特点，其中后者使用寿命更长。

易熔片

　　易熔片是安装在安全阀上的一个小部件，它的熔点低，一旦温度达到了熔点，就会自动熔化，使锅内气体排出。

限压阀

止开阀

手柄

内部防堵罩

报警阀

密封圈

锅盖

安全阀

安全阀的功用是释放锅内过高的压力，一旦高压锅内压力超出锅体能承受的范围，锅体很容易因迅速膨胀而爆炸，在此之前安全阀就会启动，释放掉多余的压力。

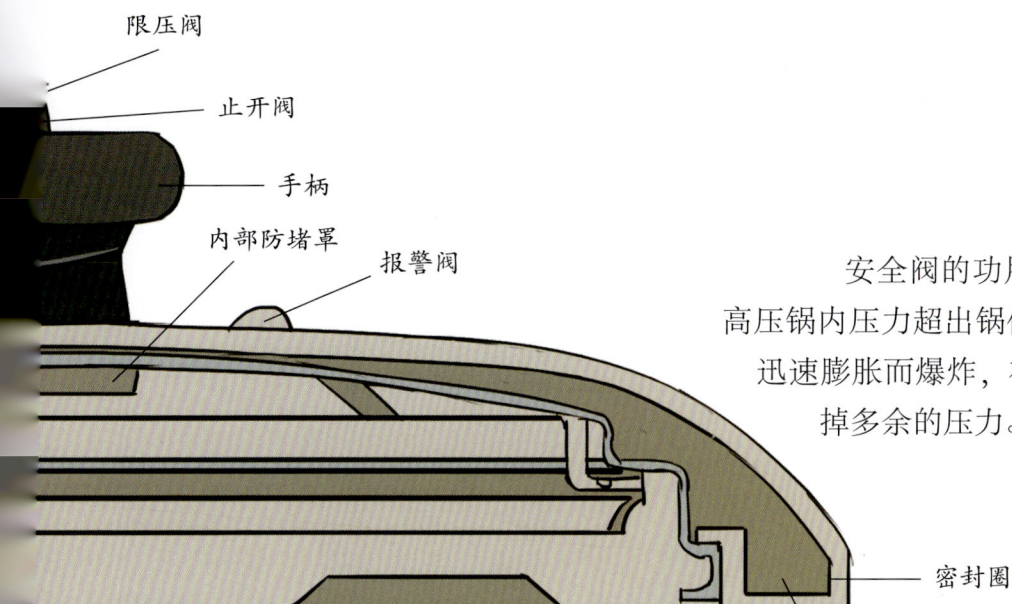

密封胶圈

密封胶圈安装在锅盖内，它的作用是保证锅内气体不泄漏。

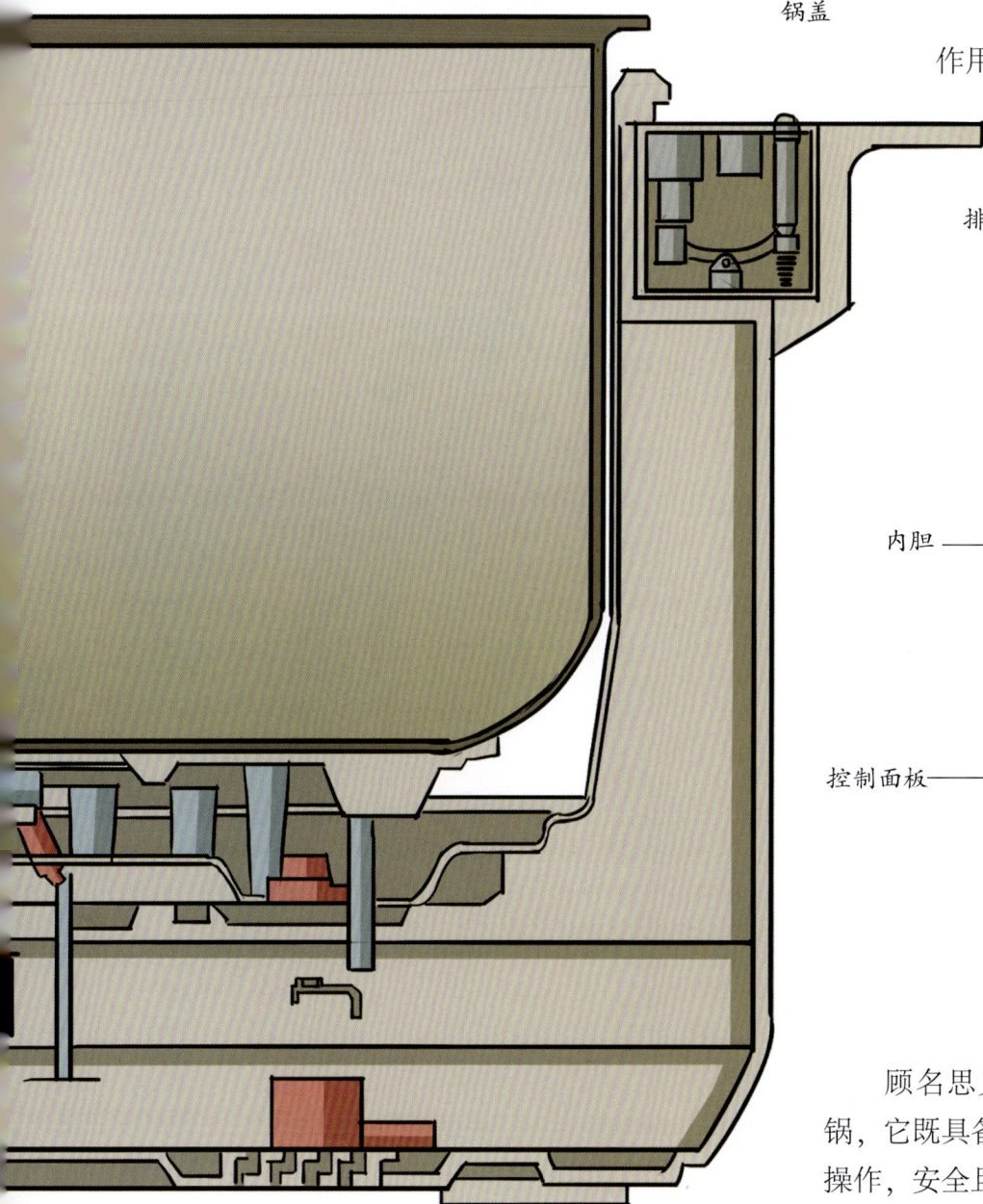

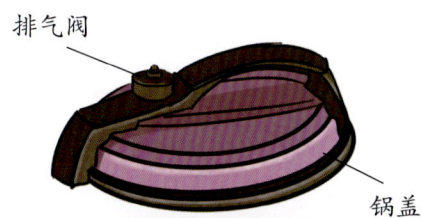

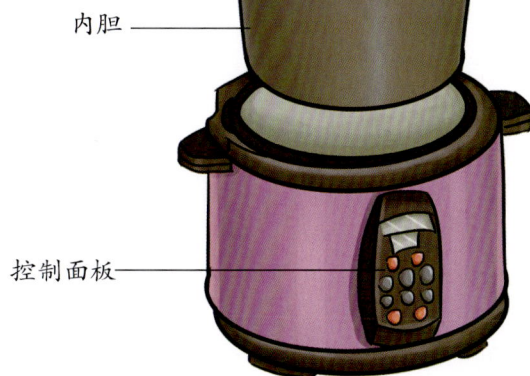

排气阀

锅盖

内胆

控制面板

电压力锅

顾名思义，电压力锅就是插电的高压锅，它既具备高压锅的特点，又不需要明火操作，安全且节省时间。

微波炉

　　微波炉是个神奇的家用电器，它能快速地加热食物，甚至连一分钟都不需要，就能让食物从内到外热起来。比起蒸汽加热，它快太多了。因为一分钟的时间，连蒸锅的水还没烧开呢！如此快的加热速度，你知道奥秘在哪里吗？

这样工作

　　微波炉利用快速变化的电场来直接影响食物内部的原子运动，从而实现对食物进行加热。微波炉工作时，食物中的极性分子相互摩擦产热，使食物温度提高。而且，微波振荡是内外同时进行的，所以食物的内部和外部一起被加热，这样效率非常高，加热一盘菜仅仅几十秒钟就够了。这是利用热传导的加热方法无法比拟的。

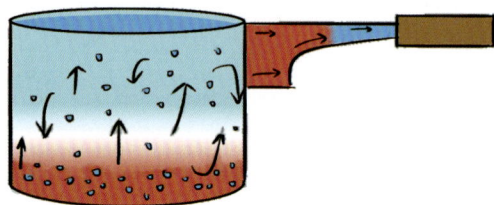

▲ 隔火加热，原子运动要从外到里逐渐传递，加热速度慢，且热源浪费多。

外部结构

　　微波炉的外部结构包括炉门、外壳、操作面板和显示面板。

　　炉门：微波炉的炉门多是由耐高温的钢化玻璃和金属网构成的，这样既可以防止微波外泄，还能看清楚炉内情况。

　　外壳：微波炉的外壳多为金属材质，耐高温且隔热。

　　操作面板：操作面板上有时钟键、暂停键、数字键和烹调键等，按照指示便可以烹饪食物。

　　显示面板：显示面板是一小块液晶显示器，用于显示加热时间。

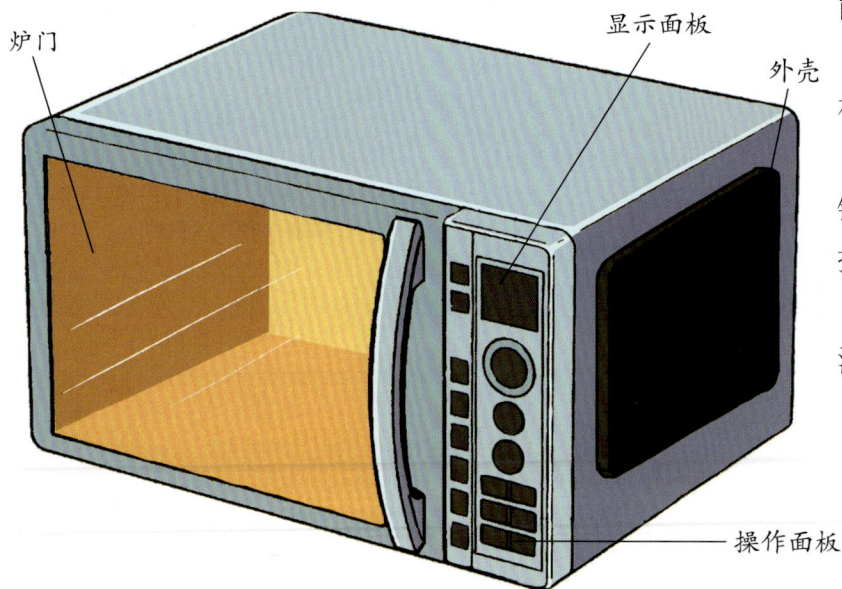

炉门　显示面板　外壳

操作面板

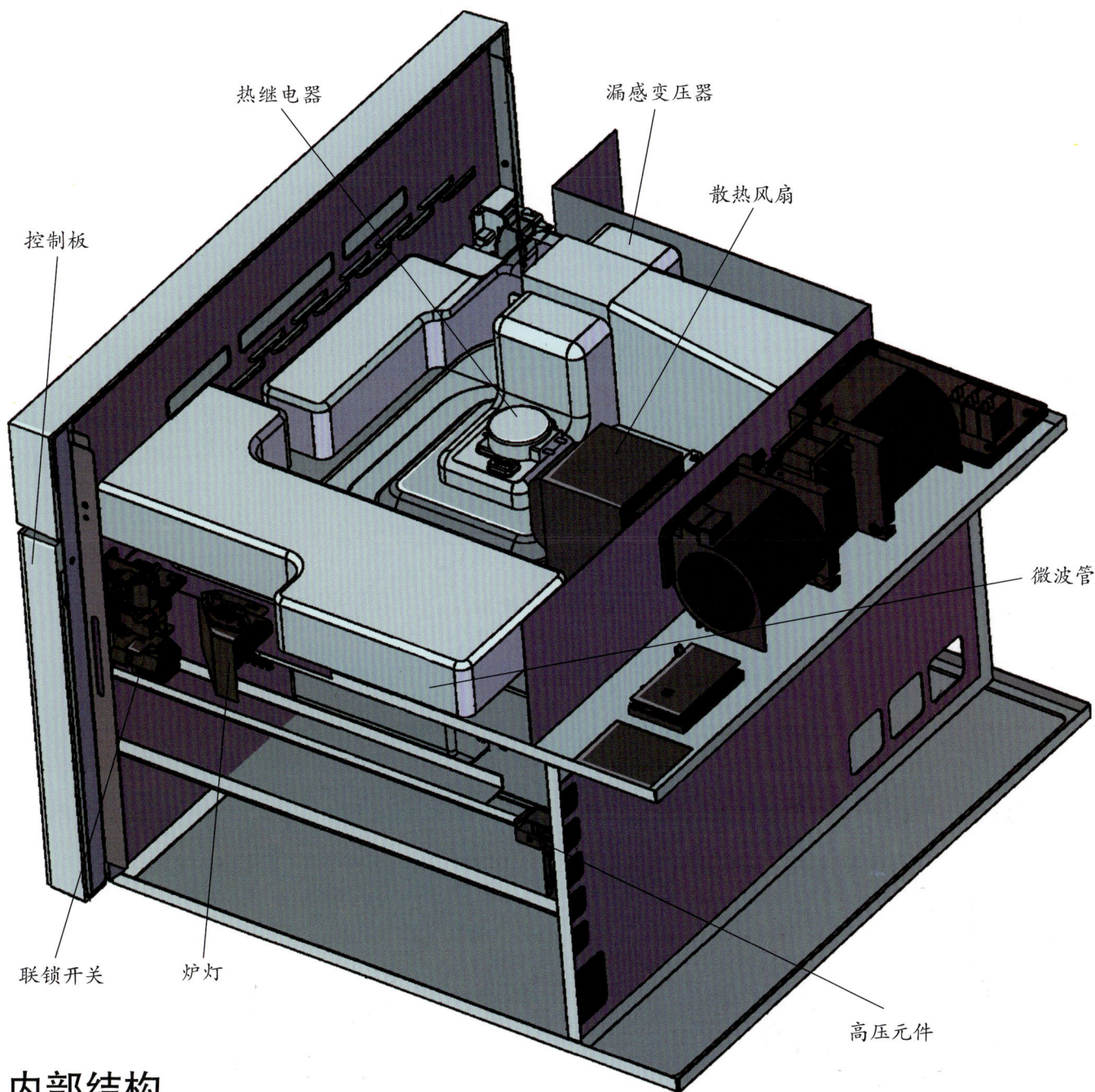

热继电器　　　　漏感变压器

控制板　　　　　　　　　　　　　　散热风扇

微波管

联锁开关　　炉灯　　　　　　　　　　　高压元件

内部结构

　　微波炉的内部结构相对复杂，主要由熔断器、热继电器、CPU控制板、联锁开关、炉灯、漏感变压器、高压电容、高压二极管、微波管和散热风扇等构成。

　　熔断器：当电路元件发生短路时，熔断器可以及时切断电源，保护微波炉的内部电路。

　　CPU控制板：这是微波炉的核心原件，所有的烹饪指令都由CPU控制面板发出。

　　炉灯：当微波炉开始工作时，炉灯会亮起，它能让你随时观察到内部运转情况。

使用禁忌

　　首先，要加热的菜肴需要用瓷盘或瓷碗盛装，不能用纸质、金属材质餐具。其次，鸡蛋等食物不能用微波炉加热。

吹风机

吹风机是个特别常见的家用小电器，它可以帮你把湿漉漉的头发吹干。它不仅能调节吹出冷风或热风，还能调节风力的强度。当然了，如果你晾晒的衣服还没完全干透，却着急要穿，吹风机也可以给你帮上大忙，它喷出的热气可以赶走未干衣物上的湿气。

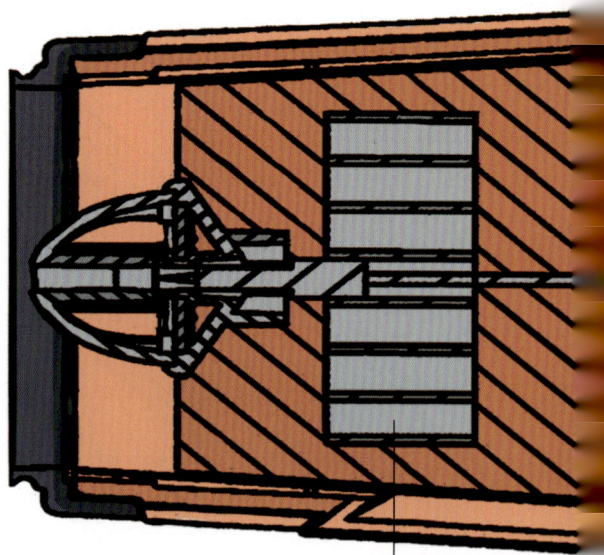

电阻丝

电热元件

吹风机的电热元件是由电阻丝缠绕而成的，被安装在出风口处。

别以为我只能吹头发，我能吹的东西多着呢！

这样工作

吹风机中发热的装置是电阻丝，而吹出气流的装置是小风扇。接通电源后，电阻丝通电变热，靠电动机驱动旋转的风扇将空气从进风口吸入，然后经由发热的电阻丝，从风筒前嘴吹出时就变成热风了。

吹头发的时机

刚洗完的头发湿漉漉的，最好先用吸水性好的毛巾擦拭。把头发擦半干后再用吹风机吹干，这样可以避免长时间使用吹风机而使头发水分流失。

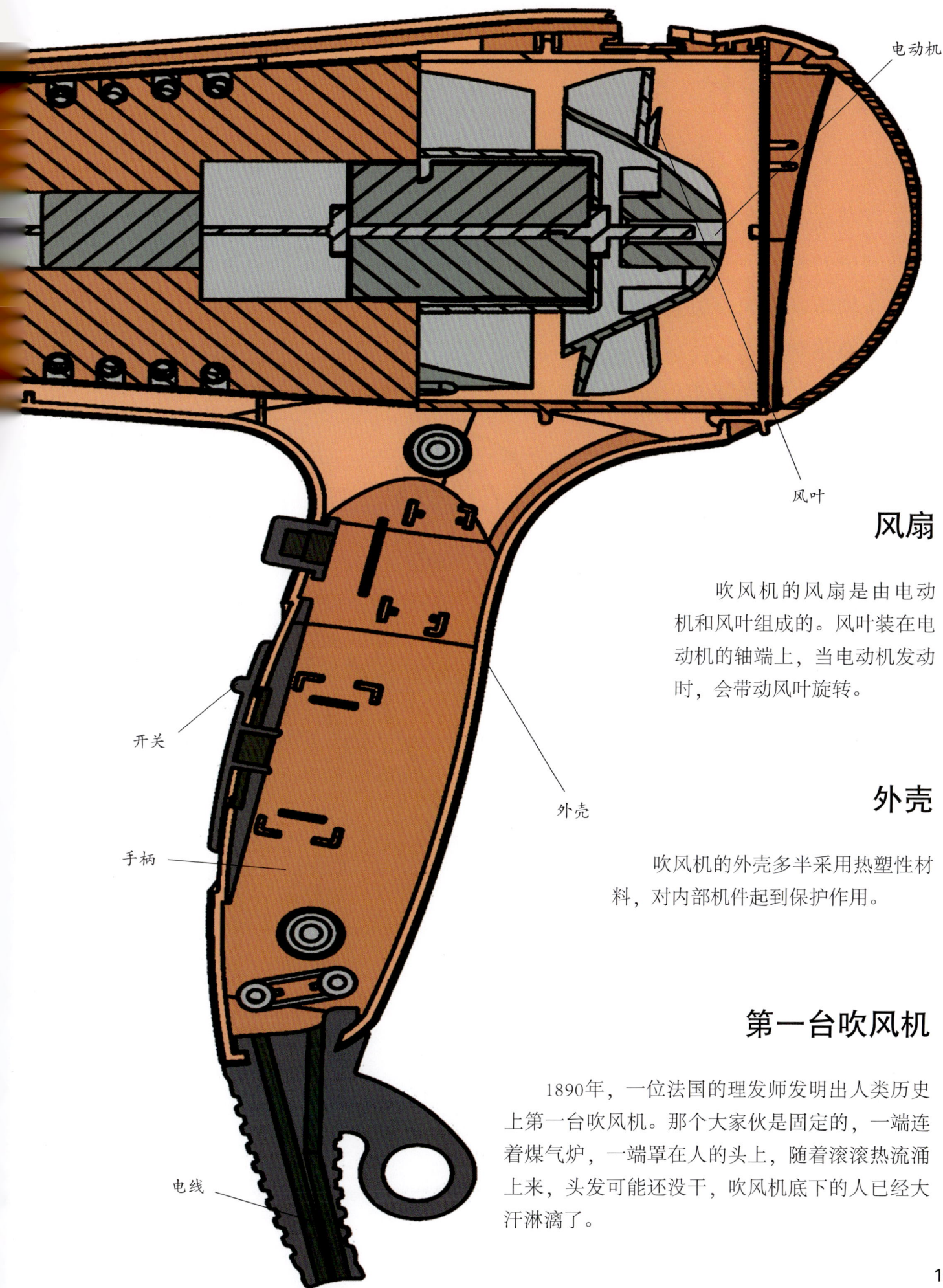

电动机

风叶

风扇

吹风机的风扇是由电动机和风叶组成的。风叶装在电动机的轴端上，当电动机发动时，会带动风叶旋转。

开关

外壳

外壳

吹风机的外壳多半采用热塑性材料，对内部机件起到保护作用。

手柄

第一台吹风机

1890年，一位法国的理发师发明出人类历史上第一台吹风机。那个大家伙是固定的，一端连着煤气炉，一端罩在人的头上，随着滚滚热流涌上来，头发可能还没干，吹风机底下的人已经大汗淋漓了。

电线

电熨斗

洗完的衣服皱巴巴的，怎么扯也扯不平，这时候就需要电熨斗来帮忙啦！它一边呼呼冒着热气，一边利用它发烫的金属面层，将不听话的衣服皱褶，一下就抹平了。干净平整的衣服，穿上后别提有多精神了！

发热元件

分为云母骨架发热元件和金属管电热元件，它是电熨斗的重要部件，起到加热冷水的作用。

外壳

电熨斗的外壳包括罩壳和手柄，它有隔热的功能。

底板

电熨斗底板多为铁质或铝合金材质，底面非常光滑，它能够贮存热量，用以熨平衣物。

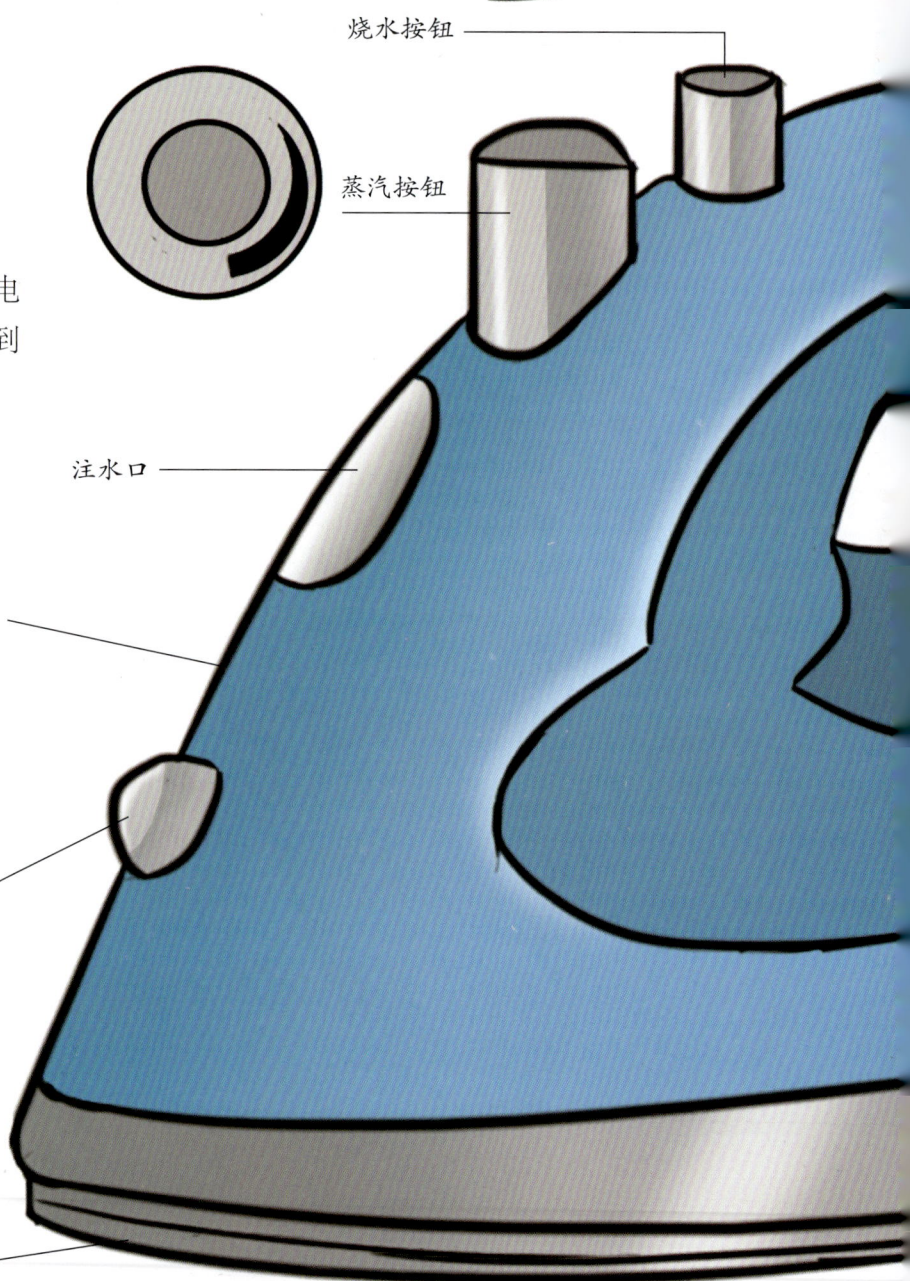

这样工作

电熨斗是将电能转换为热能的家用小电器。接通电源后，电流经过熨斗中的电阻丝，使其发热，进而加热熨斗中的水，蒸发出水蒸气，水蒸气从电熨斗接触面的小孔中散发出来，就能把衣服熨烫平整了。

烧水按钮

蒸汽按钮

注水口

外壳

喷嘴

底板

温度调节旋钮

电熨斗上的温度调节旋钮可以调节不同的温度，它是由一根升降螺钉来控制的。

温度旋钮

电源线

本体

水箱

隔层

挂烫机

挂烫机的原理跟电熨斗类似，通电后，利用加热器将冷水加热至98℃以上，当开水化成高压水蒸气后，便从挂烫机的气孔中喷出来，就可以将衣物熨平了。

喷头

支架

导管

最早的熨斗

最早的熨斗可能并不是用来熨衣服的，而是一种刑具，有点像商朝暴君纣王所用的炮烙。后来人们根据它而发明了早期的熨斗——"火斗"。

量杯

太阳能加热器

太阳就像个天然大火炉，它散发出的光和热随时都能为万物带来温暖。聪明的人类更懂得如何利用太阳的能量，为自己的生活提供便利，其中最重要的一项发明便是太阳能加热器。我们所用到的热水和取暖设施，可能很大一部分就来自于太阳的馈赠。

这样工作

太阳光照射在真空管集热器或平板集热器上，上面的涂层会吸收太阳的热能，直接加热管中的水，管内水温不断提高的同时，水的密度也在发生变化。密度大的冷水与密度小的热水形成自然对流循环的效果，这样，水箱中的水就能全部变热了。

光照充足

太阳能加热器必须安装在光照充足的地方，四季不受建筑物和树木的遮挡，一般屋顶、楼顶是最佳安装地。

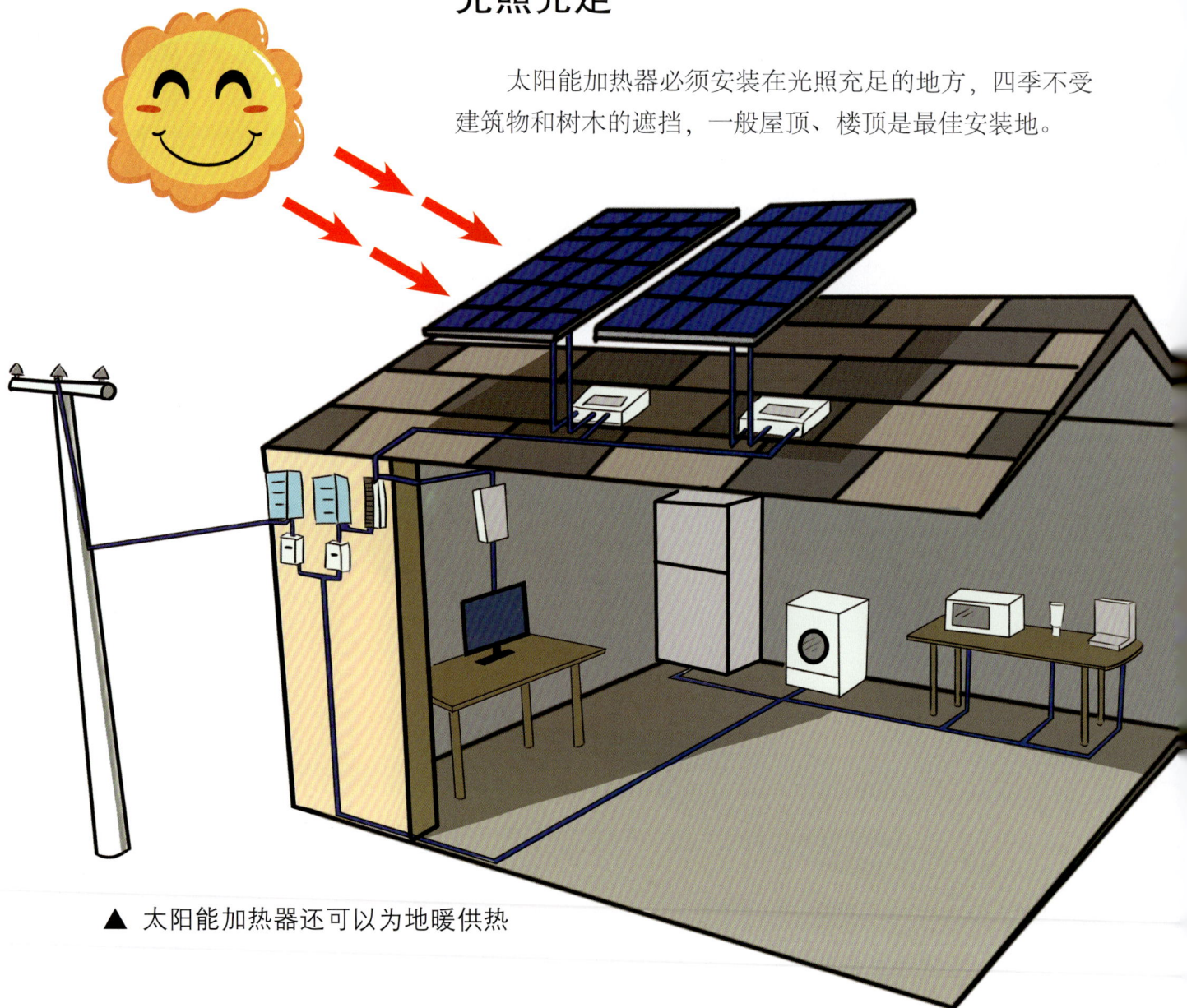

▲ 太阳能加热器还可以为地暖供热

太阳集热器

集热器是收集和吸收太阳光热能的装置，由很多真空管组成，在玻璃管的表面上刷有黑色集热涂层。平板集热器一般用在太阳能热水器上，聚光集热器多用于室内取暖和太阳能发电站。

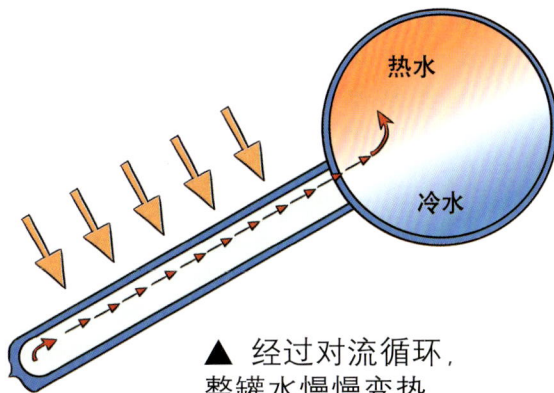

热水

冷水

▲ 经过对流循环，整罐水慢慢变热

储水箱

储水箱是一个留有多个插孔的圆柱形罐体，一般为内外两层，中间夹着保温层。

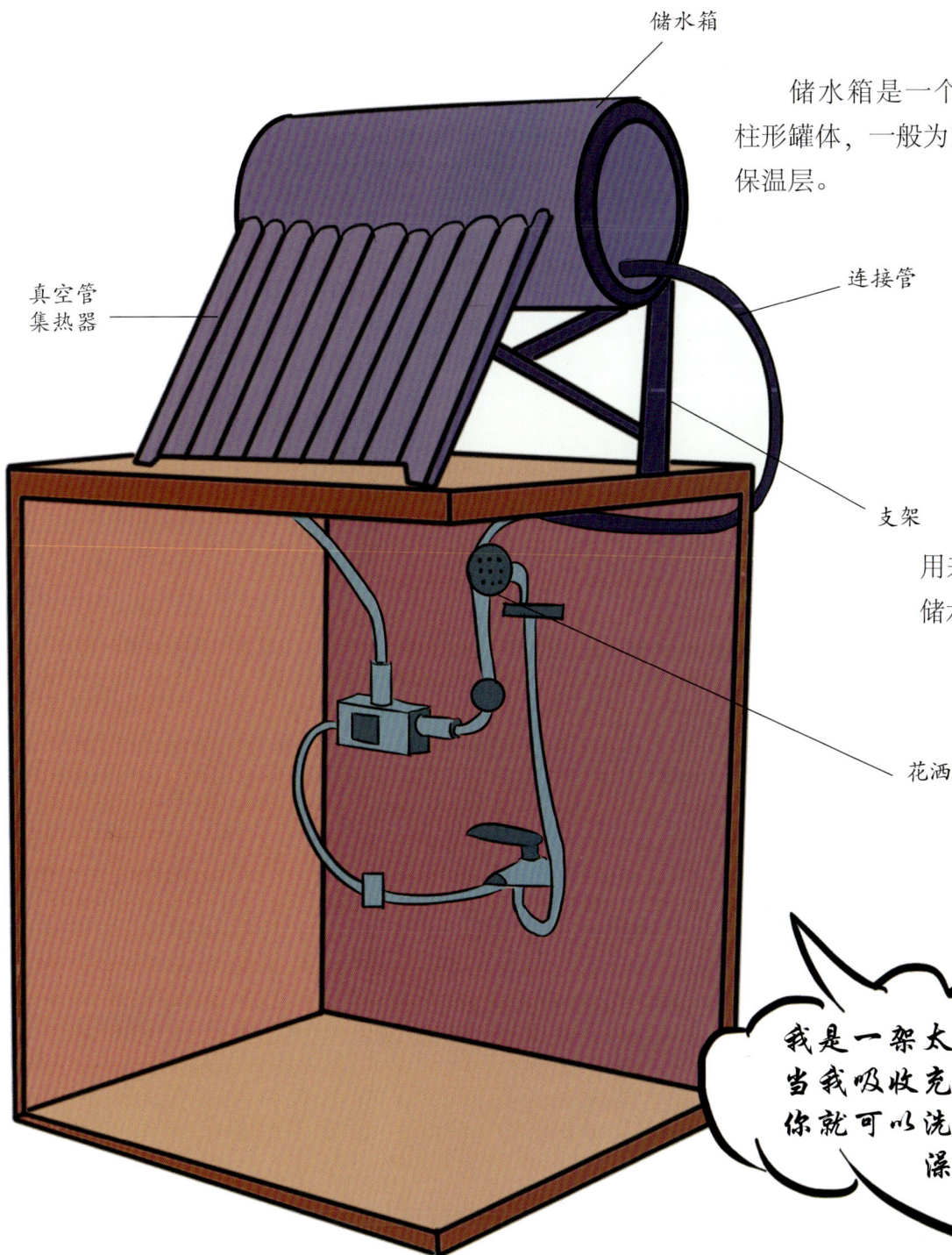

储水箱

真空管集热器

连接管

支架

支架为金属材质，用来支撑集热器，固定储水箱。

支架

花洒

我是一架太阳能热水器，当我吸收充足的光能后，你就可以洗个暖暖的热水澡了。

107

火焰喷射器

它也叫喷火器，是一种非常厉害的武器，常常用于攻击敌方的火力点或防御工事。它的破坏效果超强，最重要的一点，火焰喷射器扫过的地方，烟雾滚滚，毒气弥漫，会让敌人从心底产生畏惧。

这样工作

喷火器工作时，燃料罐内的燃料在压缩气体的高压作用下，经输油管和喷火枪喷出，在经过油料点火管的时候被火焰点燃，形成一股火舌，这股火舌可以喷射到几十米远的地方。

希腊火

希腊火是一种拜占庭帝国时期的简单喷火器，它的可燃性混合物是由石油、硫黄、生石灰等构成的，现代喷火器中的燃料也基本沿用了希腊火的燃料成分。

喷火表演

有一个著名的杂技表演项目叫作"口吐火球"，它的原理与喷火器基本一致。此外，很多大型演出中，也会利用喷火器原理，制作出非常绚丽的火球和火舌。这些节目看起来很酷，但存在一定的危险性，必须要由专业人员来表演。

点火阀

喷枪

喷枪被握在手中，有点类似手持的机枪。上面有瞄准装置和点火装置，点火装置能将可燃液体点燃，形成高温火焰。

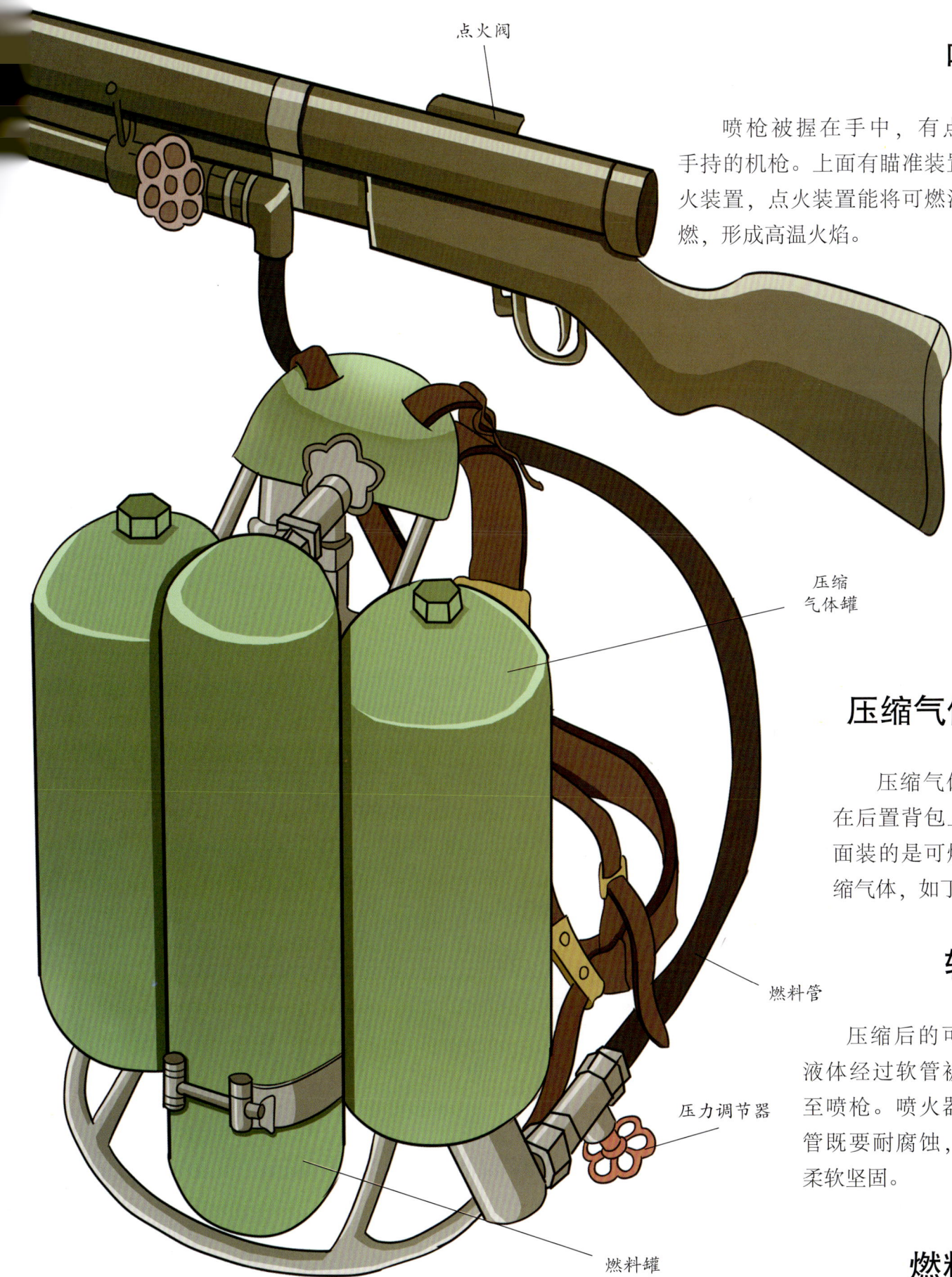

压缩气体罐

压缩气体罐

压缩气体罐也在后置背包上，里面装的是可燃性压缩气体，如丁烷。

燃料管

软管

压缩后的可燃性液体经过软管被传送至喷枪。喷火器的软管既要耐腐蚀，又要柔软坚固。

压力调节器

燃料罐

燃料罐

燃料罐位于喷火器的后置背包上，里面装的是以油为原料的可燃性液体燃料。

手 枪

手枪是一种小型武器，单手便可以操作。它隐蔽性好，可以随身携带，放在衣服口袋中，或藏在衣袖中，随时拔出就能与敌方进行对抗。早期的手枪有个致命的缺陷，它不能连发子弹，而且射程很近，除非目标物在50米以内，而且射手瞄得极准，否则击中的概率很低。

瞄准装置

手枪的瞄准装置就是准星，它是非常重要的部分，通过它能提高射击的准确度。

准星

这样工作

半自动手枪

扣动半自动手枪的扳机时，火药燃烧产生的气体带动枪机，推动套筒后退，使得抛壳和上膛两个动作一气呵成。但扣动一次扳机，只能发射一颗子弹，半自动手枪无法完成自动填装弹药。

全自动手枪

扣动全自动手枪的扳机时，如果手指不放，子弹就会在火药热量的驱动下循环射击，直到把弹匣中的子弹全部发射出去。

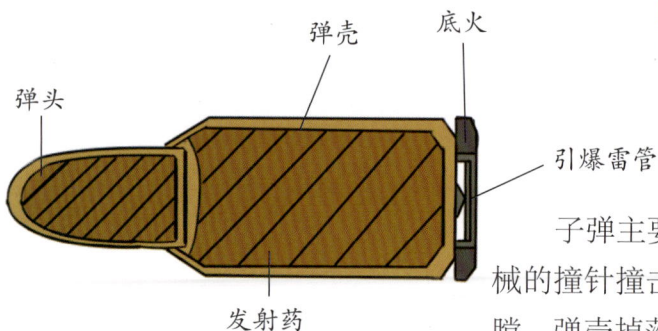

弹头

弹壳

底火

引爆雷管

发射药

子弹

子弹主要由弹壳、底火、发射药和弹头四部分构成。当枪械的撞针撞击底火时，会促使发射药燃烧，热能将弹头推出枪膛，弹壳掉落。子弹是所有枪械中的关键部件。

套筒

套筒是手枪的重要部件，在做射击动作时它能循环移动。

套筒

弹匣

弹匣在手枪的手柄处，容量并不大，小的弹匣能容纳6发子弹，最大的也仅能容纳20发子弹。

弹匣

扳机

击发机构

击发机构主要由扳机、扳机连杆、击锤、撞针等构成。没有得到它的指令，子弹就不会冲膛而出。

机 枪

机枪也叫机关枪，它以子弹作为弹药。从战争片中能够看出，它的威力超级强大，一次连射可以发射出上百发的子弹。用机枪进行扫射时，打击面广阔，几十人的小分队在机枪的扫射范围内都无法正常行动。

万物运转的秘密

燃气口

汽缸

枪管

枪身

枪管

枪管是由耐热、不易变形的金属制成的，子弹在枪管中爆炸并把弹头射出去。连续射击时，枪管温度极高，需要及时更换。

让子弹飞一会儿！

枪身

机枪的枪身是木质的，很多是由黑桃木制成的。

这样工作

机枪的枪栓就好像是一个能够激发子弹的弹簧式活塞，当按下扳机时，弹簧带动枪栓向前，把子弹推入枪膛。当扳机再向后延伸至撞针时，撞针击发引爆雷管，雷管点燃发射药，发射药爆炸，产生出大量热能，在热能的高压下，子弹被推出枪管，这便是一发子弹出膛的过程。

机枪种类

机枪主要分为后坐式机枪、反冲式机枪和导气式机枪。每一种机枪只要向后扣动扳机，且有充足的弹药，它就能保持连续射击的状态。松开扳机，射击会自动停止。

致命的高温

一发子弹发射后火焰有2000℃左右，当子弹出膛5毫秒后枪膛温度降至1000℃。一把普通的步枪以每分钟50发的射速连续射击10分钟左右，护木就会烫手到无法握住。

瞄准镜

枪栓

枪栓凸轮

操纵杆

扳机

撞针键

握把

两脚架

两脚架被安装在机枪上，能够提高射击稳定性和准确度。

手榴弹

不是扔得越远越好，要投掷到目标范围内！

如果你认为所有用于战争的武器都很大，都必须暴露在敌人面前，那就错了！手榴弹就是一种便携式的小型炸弹，它可以藏在士兵的口袋中，其他人丝毫察觉不到。当拉动引线，用力投掷出去后，它就是战场上杀伤力极强的致命武器。

这样工作

拔掉手榴弹上的安全拉环，击针被释放，产生一个能够点燃引信的火星。燃着的引信烧至雷管处，使雷管爆炸，导致弹体内部装填的高能炸药剧烈燃烧，燃烧使弹体内部形成大量高压气体，内部气体不断膨胀最终使弹体炸裂。爆炸产生的巨大冲击波能将人抛至十几米外，然后重重摔下。最致命的不止于此，炸飞的弹片初始速度可达2000米/秒，这可比一般子弹要快多了！

安全拉环

安全拉环的作用是让保险杆保持在待击发状态，使手榴弹不会意外走火。

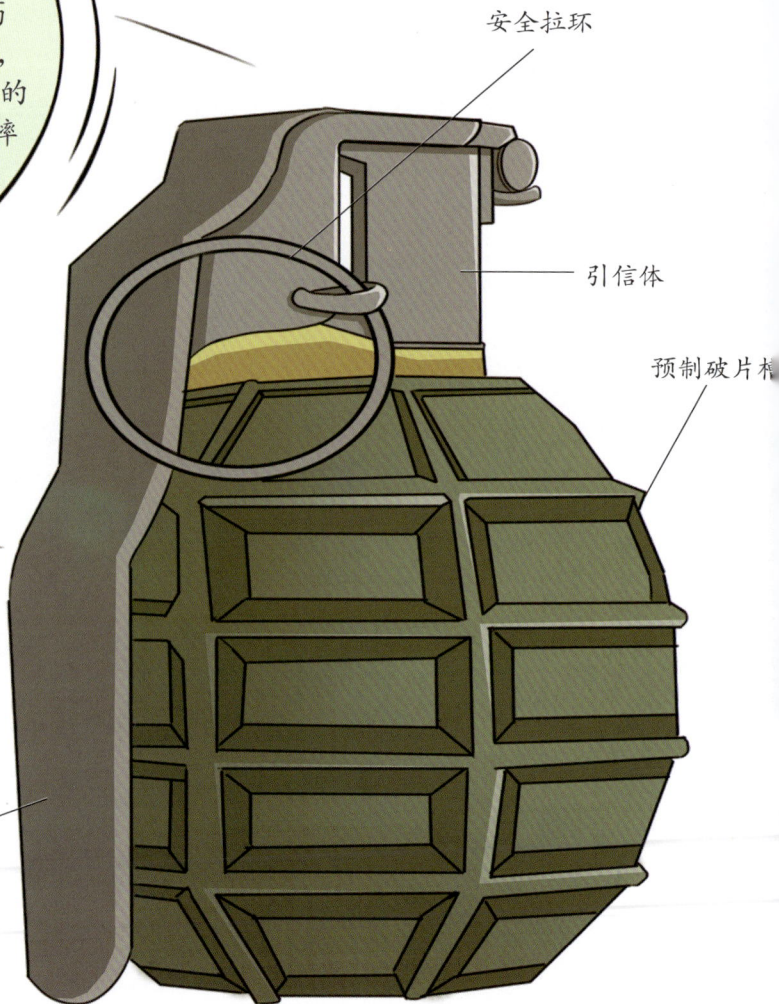

安全拉环

引信体

预制破片槽

保险握片

引信

引信是由一种特殊的化学材料制成的，它大致会燃烧四五秒钟然后到达雷管处。

引信螺口

雷管

雷管是一种能够引燃炸药的装置，明火无法点燃它。

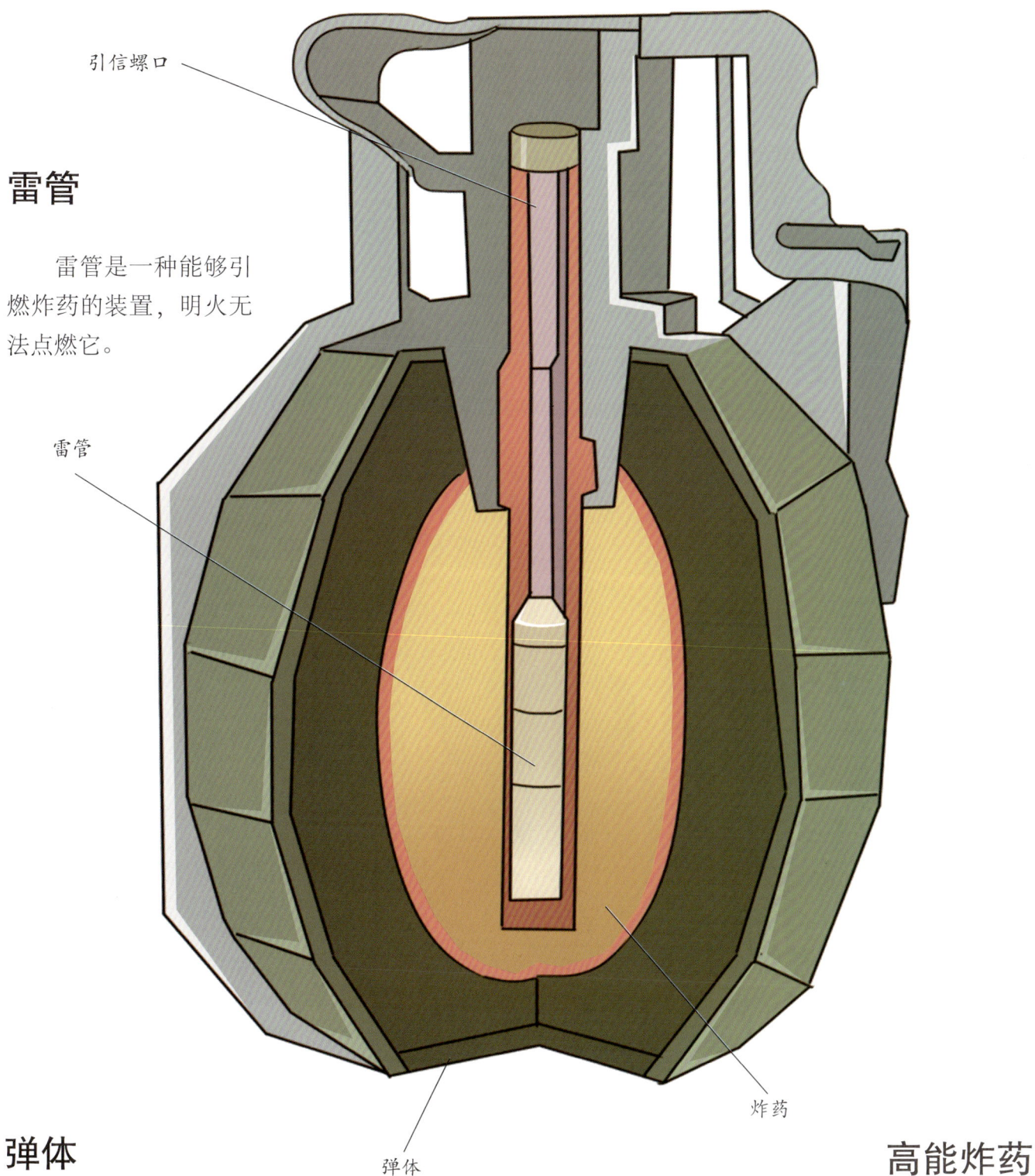

雷管

炸药

弹体

弹体

多数手榴弹弹体都是金属材质的，如坚硬沉重的铁质外壳。

高能炸药

高能炸药主要是TNT的混合物。

火 箭

在中国古代，火箭就是一支箭头绑着火把的箭，跟现代大块头的航天运载火箭完全不同。古代火箭最远射程由大力士的臂力决定。而现代的运载火箭，在新型燃料的助力下，可以冲破大气层，到达外太空。

万物运转的秘密

载荷

这是火箭要运载的东西。如果火箭要将一颗人造卫星送上指定轨道，载荷就是这颗人造卫星。

发动机

发动机给火箭提供上升的动力，它是一个非常复杂的系统。

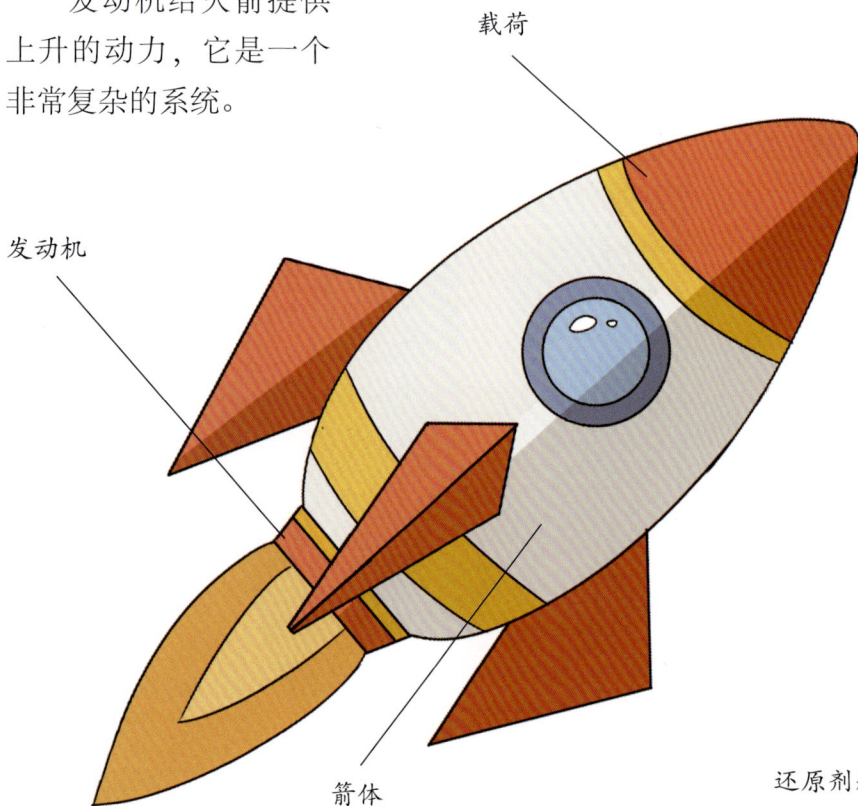

载荷

氧化剂箱

发动机

箭体

还原剂箱

箭体

箭体就是火箭的身体部分，它的坚硬程度决定着火箭能否顺利完成任务。箭体中有两个燃料储备箱，一个放氧化剂，另一个放还原剂。

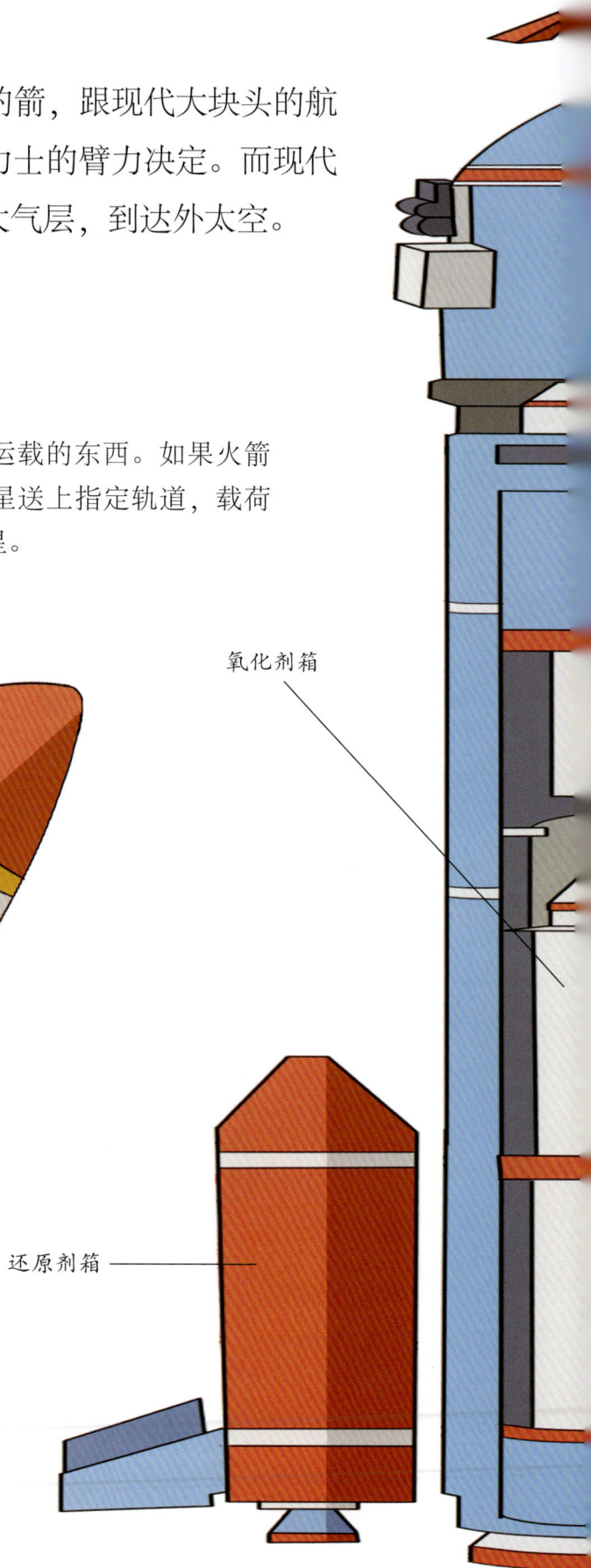

逃逸塔

整流罩

主发动机

助推器

稳定尾翼

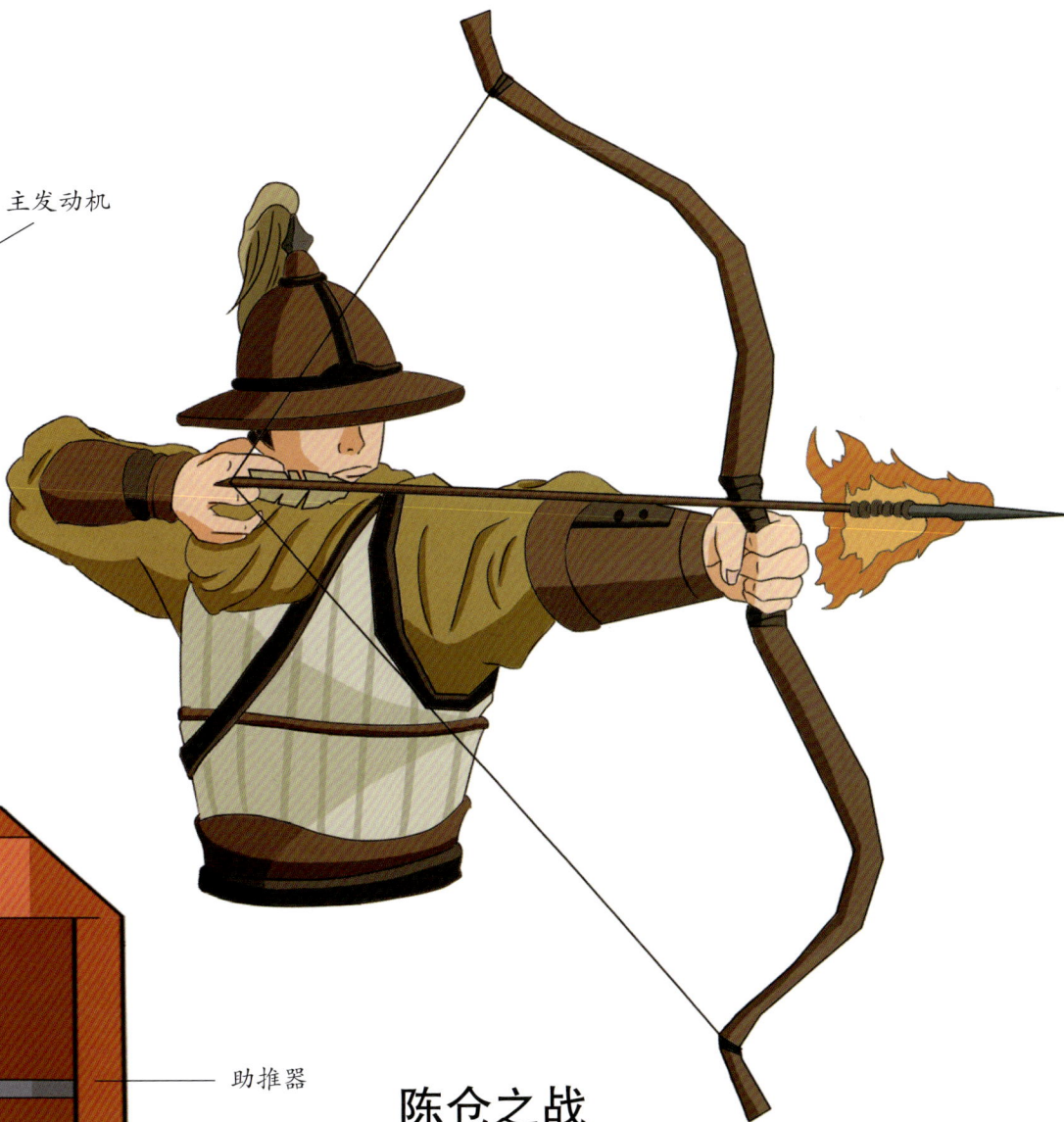

燃料在火箭的燃烧室中充分燃烧后，会产生高温高压的气体，这些气体经过喷嘴排到火箭外部，从而产生向上的反推力，将火箭推上天空。燃料产生的热能是推动火箭的原动力，燃料没有烧尽前，火箭是不会停止前进的。

陈仓之战

这是三国时期的一场战役，交战双方为蜀与魏，在这场战役中首次出现了"火箭"这个名称。在此之前可能出现过类似的武器，但并没有火箭这个名称。

导弹

导弹的外形跟火箭有点像，但它可不是运载工具，而是一个超级厉害的现代化武器。它携带着装满弹药的战斗部，在控制系统的操作下，能够达到"指哪儿打哪儿"的精准度。

这样工作

导弹的发射原理跟火箭类似。通过燃料燃烧产生的高能热量，利用热能的反推力将其喷射出去。在起飞和动力段飞行之后，导弹会依靠惯性实现抛物线轨迹的无动力飞行。

巡航导弹

巡航导弹既能攻击固定目标，也能攻击移动目标。它实际上是一种无人驾驶的飞行器，直到追踪到目标，才会将战斗部卸下。它没有固定的弹道。

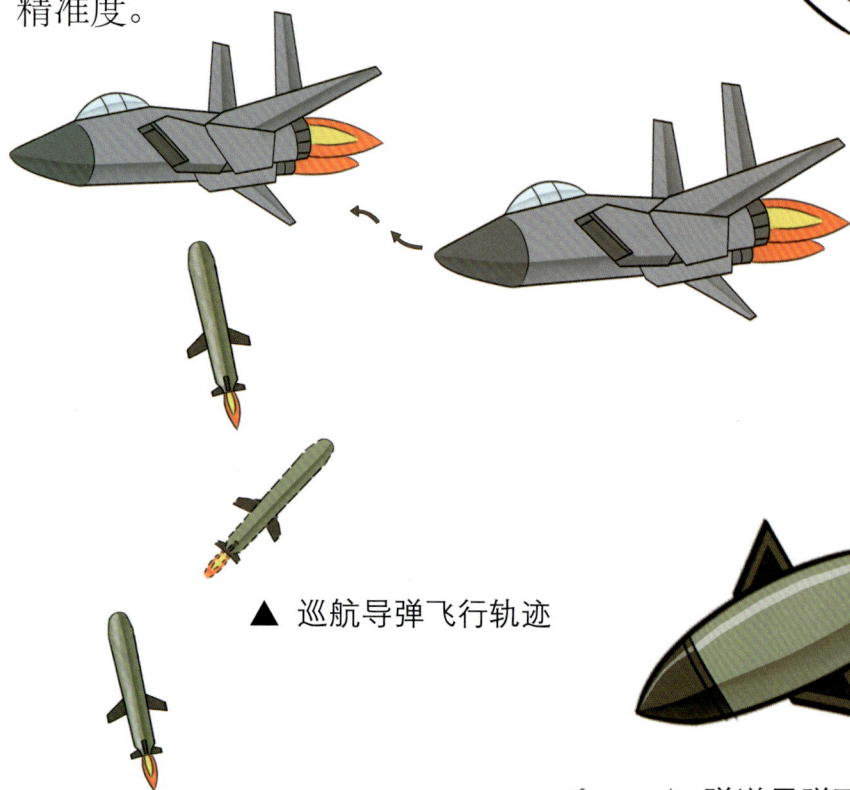

▲ 巡航导弹飞行轨迹

▲ 弹道导弹飞行轨迹

目标物

118

弹体

弹体将导弹的各个部位连接成一个整体，它具有流线型结构，重量极轻。

控制系统

也叫制导系统，它控制导弹飞行的方向、速度、高度，并引导弹头准确击中目标。

制导系统

弹体　　燃料箱　　助推器

尾翼

进气口

主翼

弹头

涡轮风扇发动机

战斗部

战斗部也叫弹头，里面可能装有常规弹药、生化武器或核武器，它是导弹中最具杀伤力的部分。

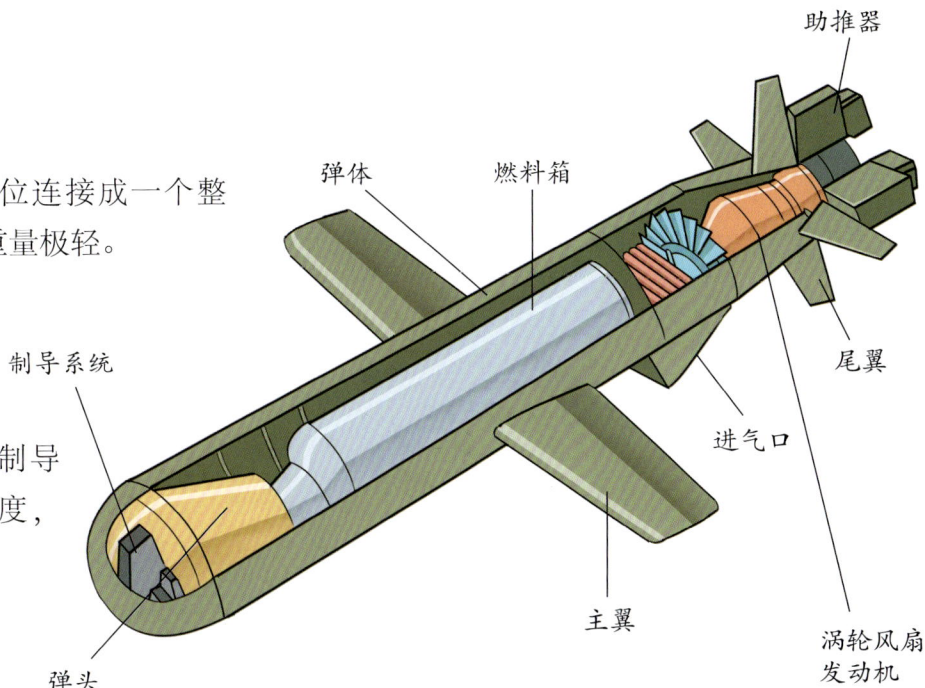

发动机装置

导弹的发动机装置常为固体或液体火箭发动机，它为导弹提供飞行的动力。

弹道导弹

一般弹道导弹被用来攻击固定目标，它的飞行弹道是预先设定好的，发射后不能随意改变。

发射点

原子弹

原子弹是核弹的一种，它利用的是原子核裂变产生的巨大能量。在电影《拆弹专家2》中，出现过电脑特技制作出的原子弹爆炸场面，爆炸瞬间产生的极高温度使得周围空气急速膨胀，出现超强冲击波，那种骇人的破坏力和威慑力是除氢弹外一般武器所不具备的。

万物运转的秘密

这样工作

借助一个中子将原子核分裂成两个或多个质量较小的原子核，这叫作核裂变。当核原料大于临界质量时，裂变并不会就此止步，经过撞击后不仅产生了更多原子核，也会放出更多中子，中子继续与其他原子核进行撞击，在这个过程中，会释放出巨大的能量，包括热能、电能、光能，等等。

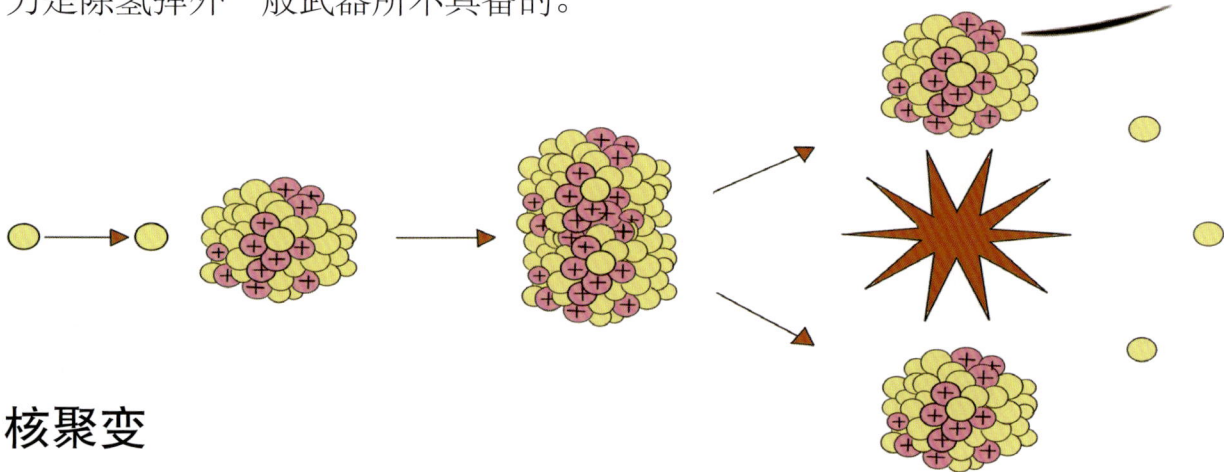

核聚变

聚变的原理与裂变正好相反，裂变是将一个重原子分裂成两个或多个较小的原子。聚变是将多个质量小的原子聚合在一起，从而生成更重的原子。聚变的过程能够释放出更为巨大的热能，通过聚变制成的核弹是氢弹。

枪法原子弹

二战中使用过两颗原子弹，其中一颗是枪法原子弹，它的名字叫"小男孩"。

内爆法原子弹

"胖子"是二战中实战使用的第二颗原子弹，它属于内爆法原子弹。

▲ 高空航线

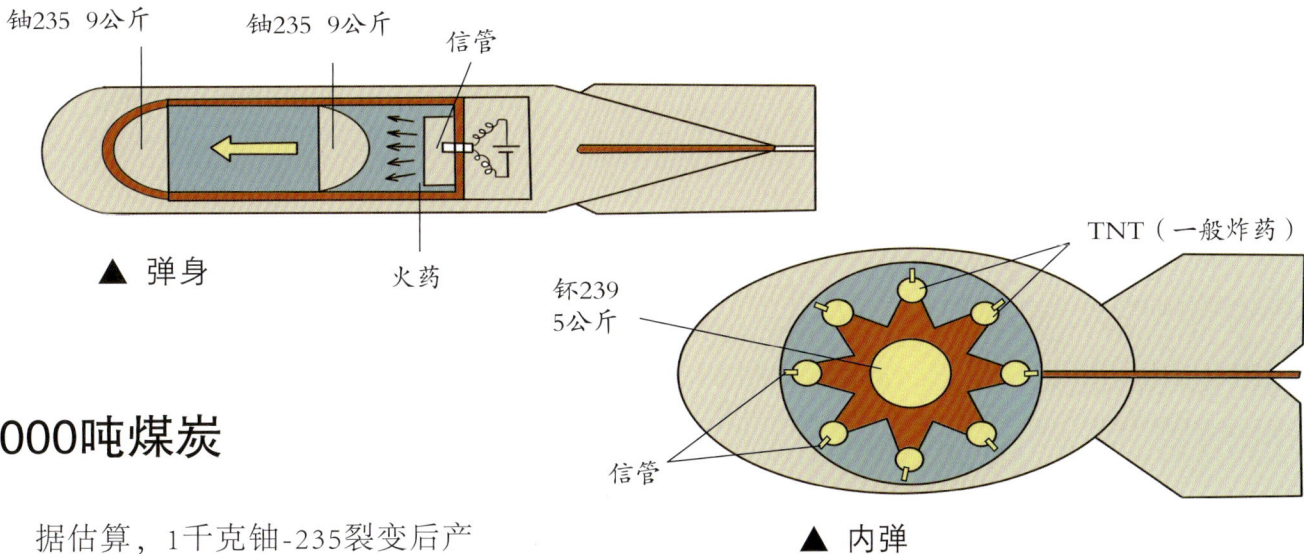

铀235 9公斤　　铀235 9公斤　　信管

▲ 弹身　　火药

钚239
5公斤

TNT（一般炸药）

信管

▲ 内弹

2000吨煤炭

据估算，1千克铀-235裂变后产生的热量，相当于燃烧2000多吨煤炭产生的热量。

300升汽油

能够进行核聚变的氘广泛存在于海水中，每一升海水能够提取出34毫克氘，进行聚变反应后产生的热能，相当于燃烧300升汽油产生的能量。

▲ 常规氢弹

▲ 沙皇氢弹

121

核电站

核电站是一种热能发电站，它将核裂变产生的热能转换为电能，为人类生产和生活提供便利。世界上有很多座核电站，单我们中国就有二十多座。

这样工作

在核电站中，真正进行工作的是核反应堆。在反应堆内用铀作为核燃料，水做冷却剂，因为进行核裂变时会释放出大量的热能，这些热能将水加热、烧开，被烧开的水沿着管道进入蒸汽发生器，变成水蒸气，水蒸气推动涡轮机旋转，进而带动发电机产生电能。

汽轮发电机

核电站的汽轮发电机与常规火电站的发电机非常类似，只是体积大一些。

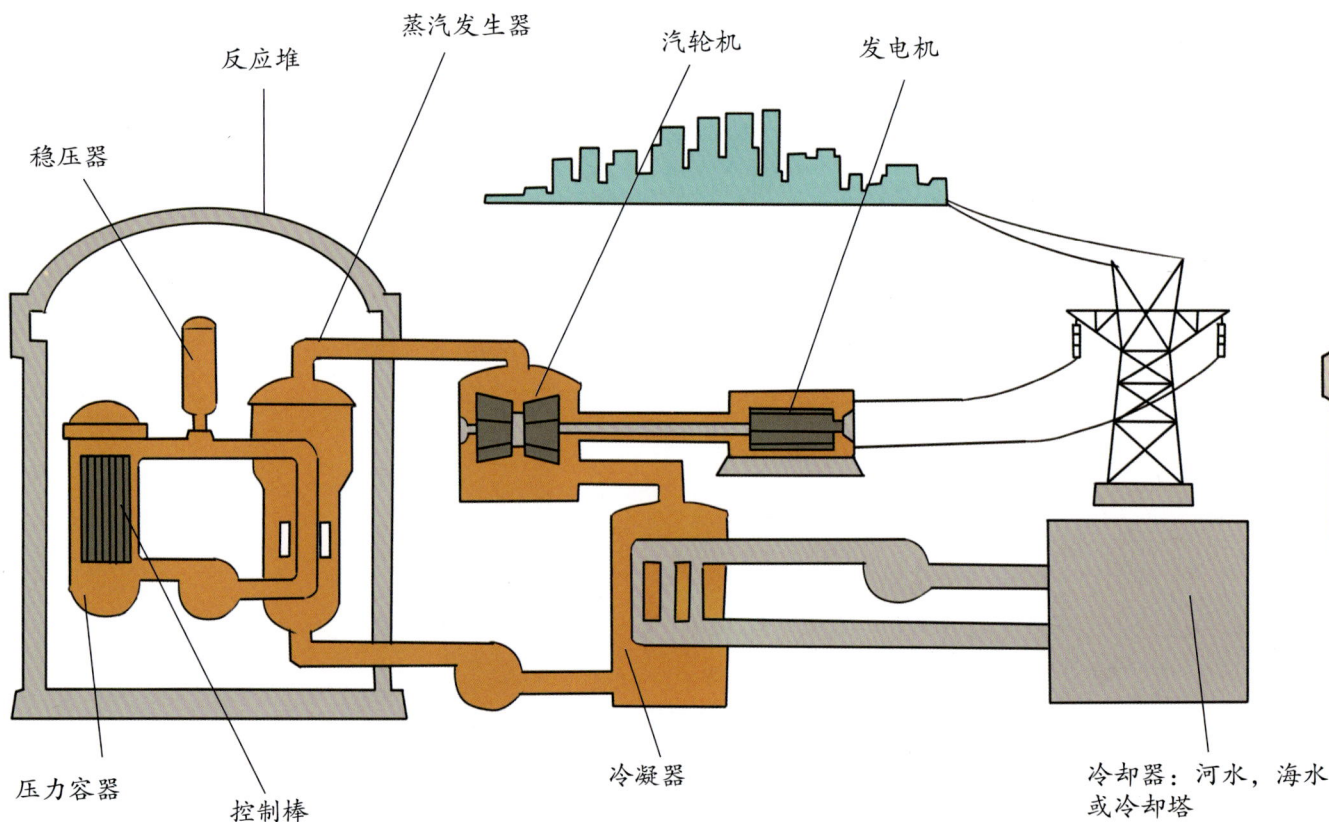

稳压器　反应堆　蒸汽发生器　汽轮机　发电机

压力容器　控制棒　冷凝器　冷却器：河水，海水或冷却塔

▲ 核裂变热能—机械能—电能—送往千万家

核反应堆

核反应堆由燃料棒、减速剂和控制棒这3个主要部件组成。燃料棒中装着能够裂变的元素，如铀-235。一个反应堆中有上千根燃料棒，它们紧密地排在一起。

安全壳

安全壳是核反应堆厂房，由混凝土砌筑而成，分为内壳和外壳，内、外壳之间须保持负压，防止放射性物质泄露。

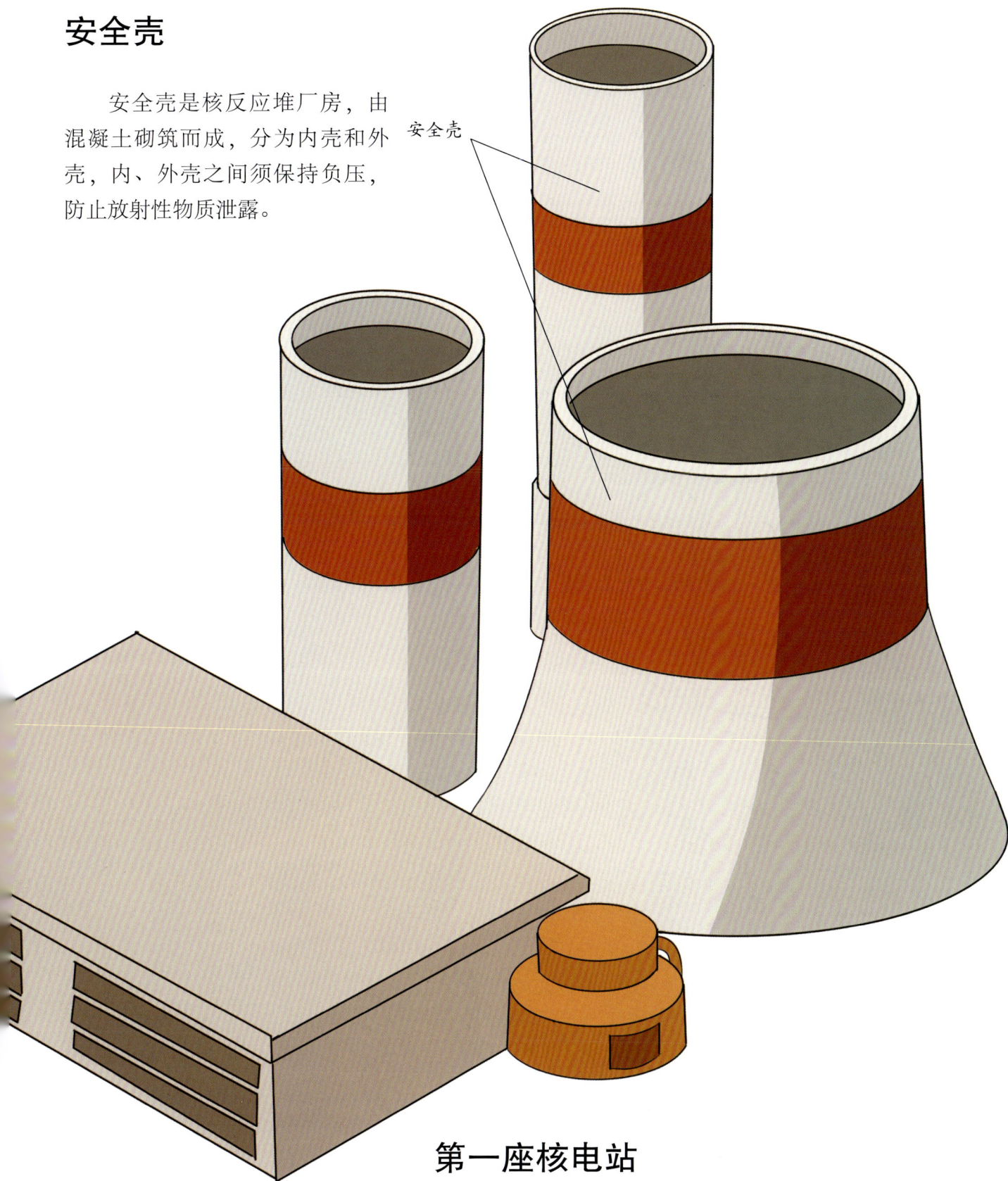

安全壳

第一座核电站

全球第一座核电站是奥布宁斯克核电站，它位于苏联，建于1954年。这座核电站的正式投入使用标志着人类利用核能的开始。

123

人造太阳

核裂变能够发电，核聚变同样能产生巨大的能量。宇宙中就有一个巨大的聚变体，它就是太阳。在太阳内部，时时刻刻都在发生着核聚变反应。在受控核聚变装置中，可以实现像太阳内部一样的热核反应，而这种热核聚变实验堆则被称为"人造太阳"。

这样工作

将聚变所用的核原料放在一起，在高温和高压的环境中，通过加热让它们持续维持聚变反应，保持产出能量大于输入能量，这就是受控的核聚变，是人造太阳的工作原理。

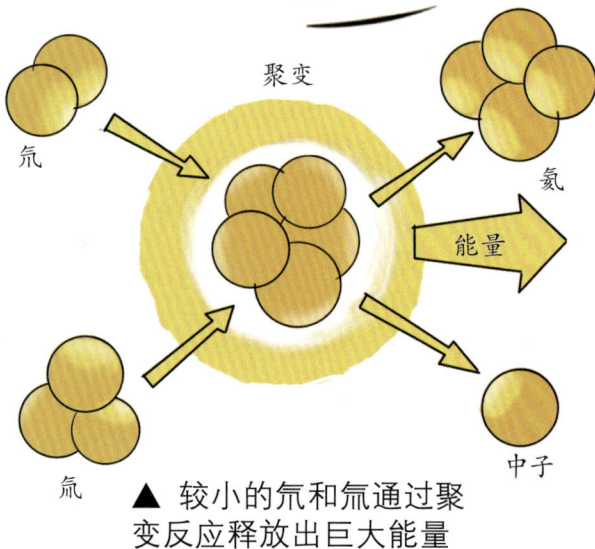

聚变

氘

氚

氦

能量

中子

▲ 较小的氘和氚通过聚变反应释放出巨大能量

一亿摄氏度

要想在地球上实现受控核聚变，反应所需要的高温至少要达到一亿摄氏度。

124

第一个人造太阳

人造太阳首次试验成功是在1991年，很多物理学家用欧洲联合环形聚变反应堆在1.8秒内制成了人类历史上第一个人造太阳，这是非常厉害的。

EAST

EAST的全称是全超导托卡马克核聚变实验装置，是我国进行可控核聚变的实验设备，科学家们在这台精密机器中进行聚变实验。简单说，它就是我们国家的人造太阳。

未来能源

人造太阳是一种清洁的未来能源，它的原料氘存在于海水中。据估算，目前地球上的海水储量至少能提炼出40万亿吨氘，足够人类使用数百亿年。而且聚变后不会产生放射性废料，只会产生一种惰性气体——氦气，几乎不会给人类社会带来任何危险。

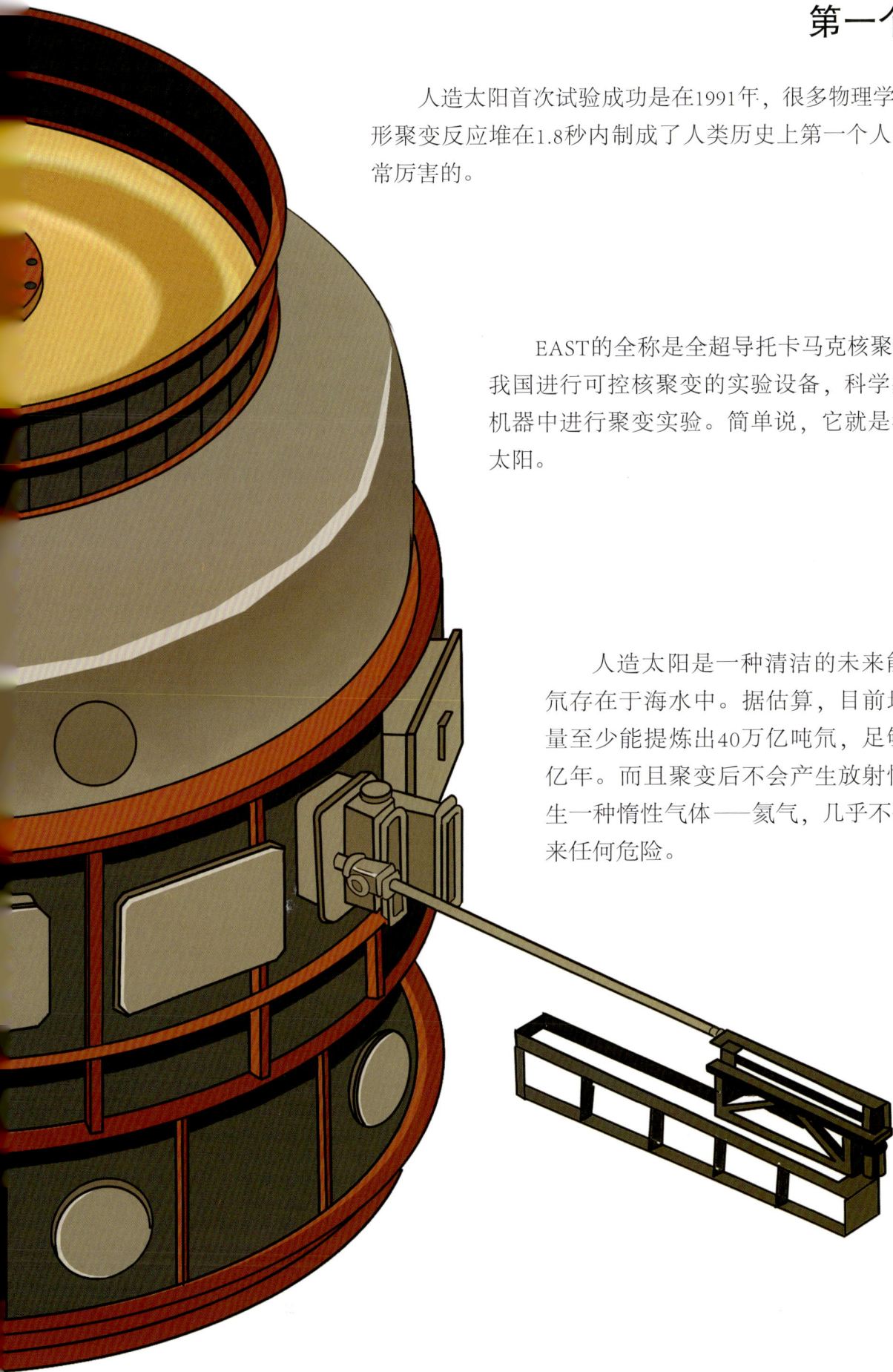

奇妙的光与波

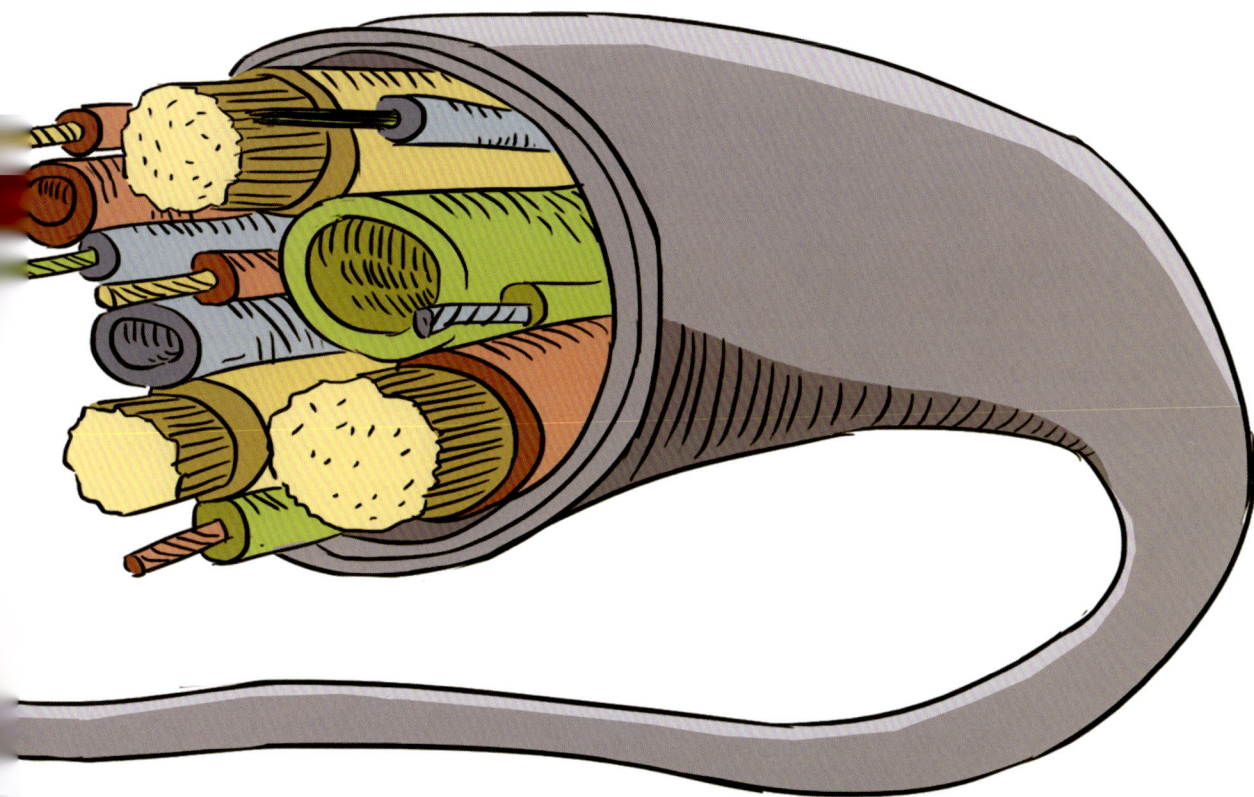

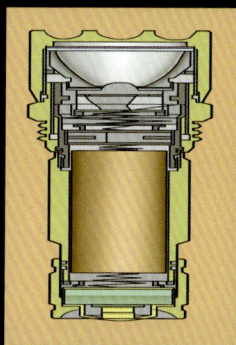

光是个神秘的家伙，我们每天都要与它相见，却看不清它的本质。太阳光是无色的，雨后的彩虹却展现出七种色彩，路口的红绿灯在红、黄、绿三色之间转变，万花筒更神奇，不仅有很多色彩，还能出现多种图案。那么，光到底是什么颜色的呢？

彩 虹

　　有时候，在一场大雨过后，天边会出现漂亮的彩虹。它们横架在半空中，像一座七彩的桥梁。你是不是幻想过，沿着彩虹桥的一头，可以走到天的尽头，去跟云彩作伴，跟小鸟一起飞翔。然而这个梦还没做完，彩虹桥就逐渐变短，甚至消失了。我们感到遗憾并开始期待下一次下雨，以及再一次出彩虹。

太阳光线

▲ 水滴越大，虹带越窄，色彩越鲜艳；水滴越小，虹带越宽，色彩越暗淡。

这样工作

彩虹是发生在大气层中的一种光学现象。下过雨的空气中，存在着很多小水滴。当太阳光照射到空气中的水滴，光线发生折射和反射，于是天空中便出现了拱桥形状的七彩光谱。一般情况下，空气中的水滴越大，虹带越窄，色彩越艳丽夺目；而空气中的水滴越小，虹带越宽，色彩越暗淡无光；如果空气中没有小水滴，是不会出现彩虹的。

七色光

　　通过折射，白色的阳光被水滴分解成七色光。由于七种颜色的光波长不同，最长的是红光，最短的是紫光。当它们呈现为彩虹的时候，总是红色位于最顶部的位置，而紫色处于最底部的位置。组成太阳光的赤、橙、黄、绿、青、蓝、紫也正好是彩虹从上至下的色带构成。

隐藏的另一半

我们看到的彩虹多半是弧形，所以很多人误认为彩虹就应该像一架拱桥。其实并非如此，如果我们能够位于一定的高度，如坐在飞机上，那么看到的彩虹则是一个完整的圆形。之所以站在地面上只能看到弧形，是因为彩虹的另一部分被地面隐藏起来了。

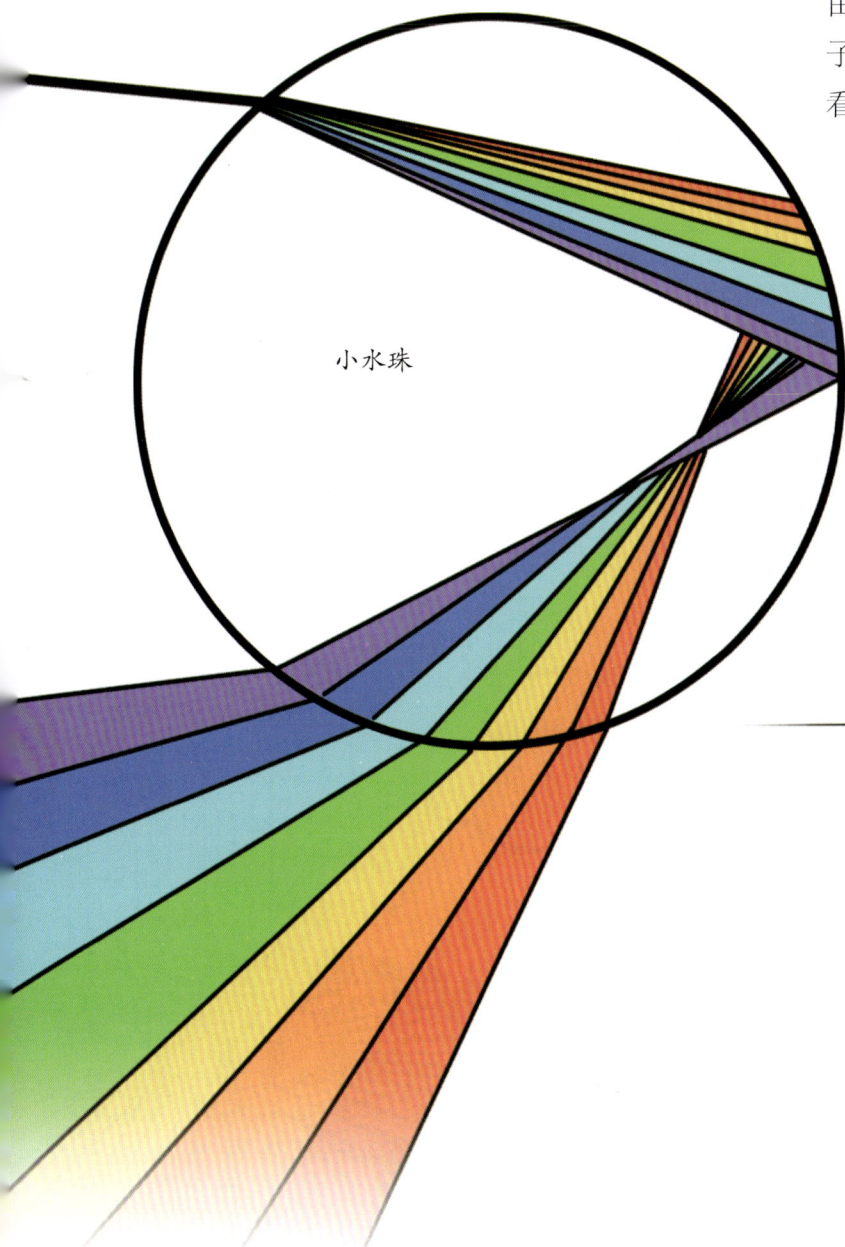

小水珠

海市蜃楼

光波像一位魔术师，不仅变幻出彩虹，还变化出另一种自然景象——海市蜃楼。这种多发生在沙漠或沿海地区的现象，是由于地表热空气上升，使光线发生折射作用所产生的。

湖中倒影

除了上面两种光学现象，湖中倒影也是由光学现象所产生的。平静的水面如同一面镜子，它成的像与物体正好与水面对称，所以你看到的水中影像正好是倒立的。

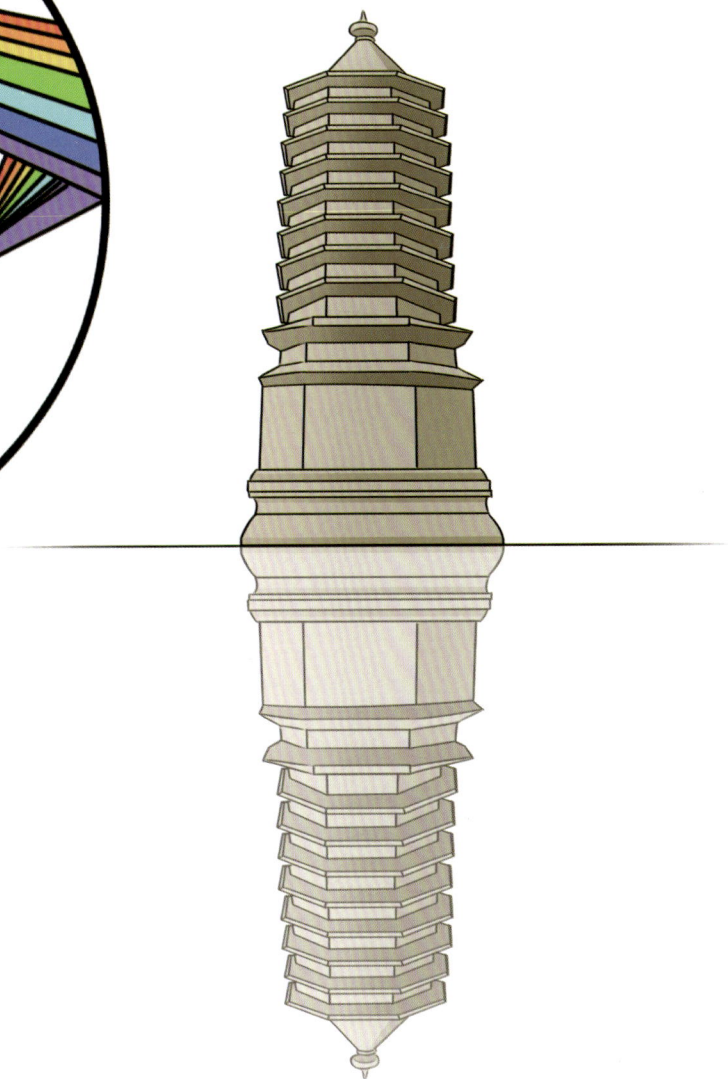

万花筒

万花筒是个很有意思的小玩具，在一个圆圆的硬纸筒里，放一些花纸和几面小镜子。当你轻轻转动万花筒时，里面的图案会不断变化。至于到底能出现多少种图案，可能谁也不能说清楚。

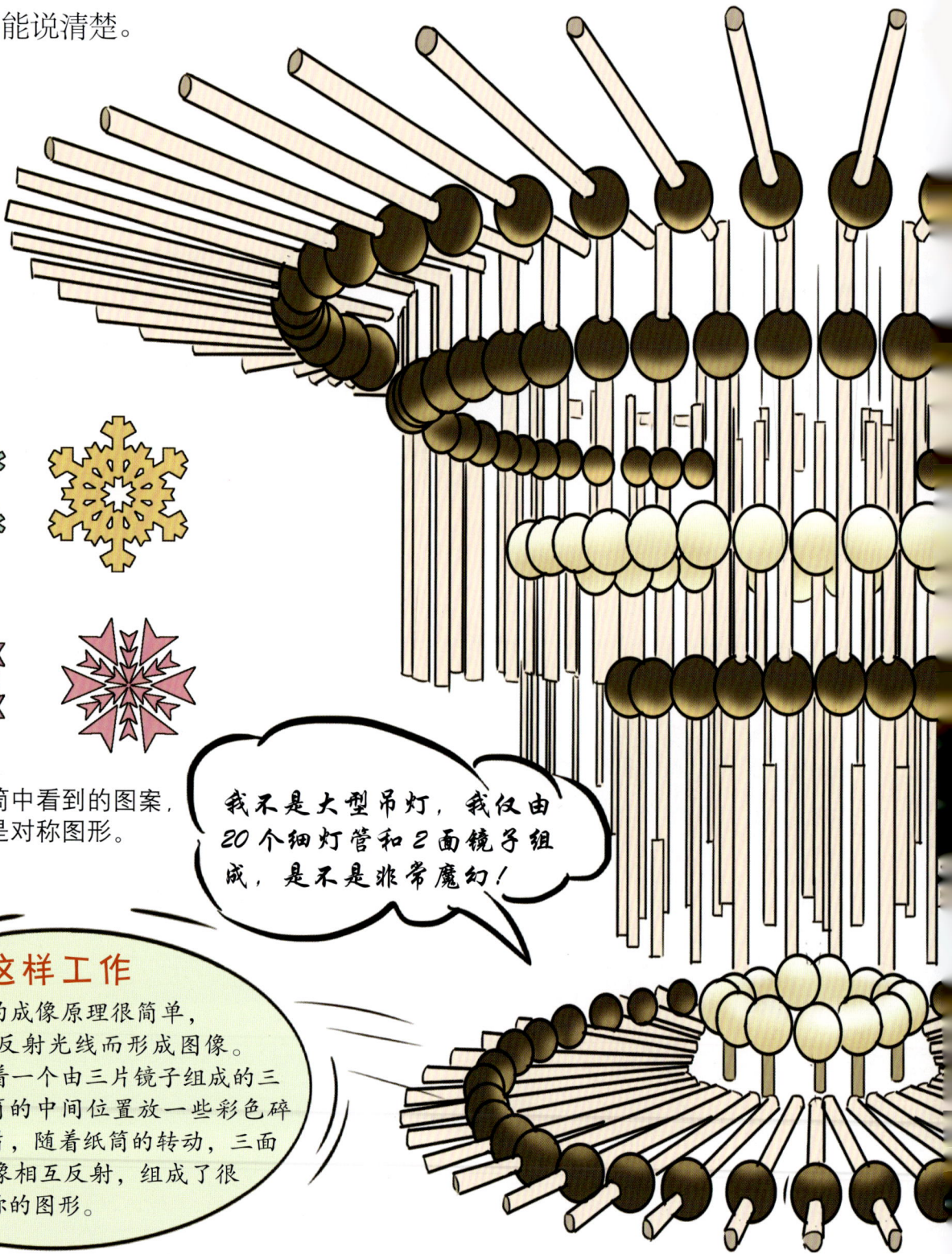

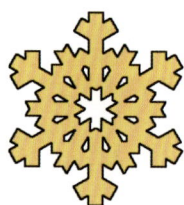

万
物
运
转
的
秘
密

▲ 从万花筒中看到的图案，一定都是对称图形。

我不是大型吊灯，我仅由20个细灯管和2面镜子组成，是不是非常魔幻！

这样工作

万花筒的成像原理很简单，它利用镜子反射光线而形成图像。万花筒中安放着一个由三片镜子组成的三棱镜筒，在纸筒的中间位置放一些彩色碎纸片或碎玻璃片，随着纸筒的转动，三面镜子中的影像相互反射，组成了很多对称的图形。

彩色碎屑

玻璃碎片或碎纸片等都可以，也可以将一些彩色糖纸剪成小片。

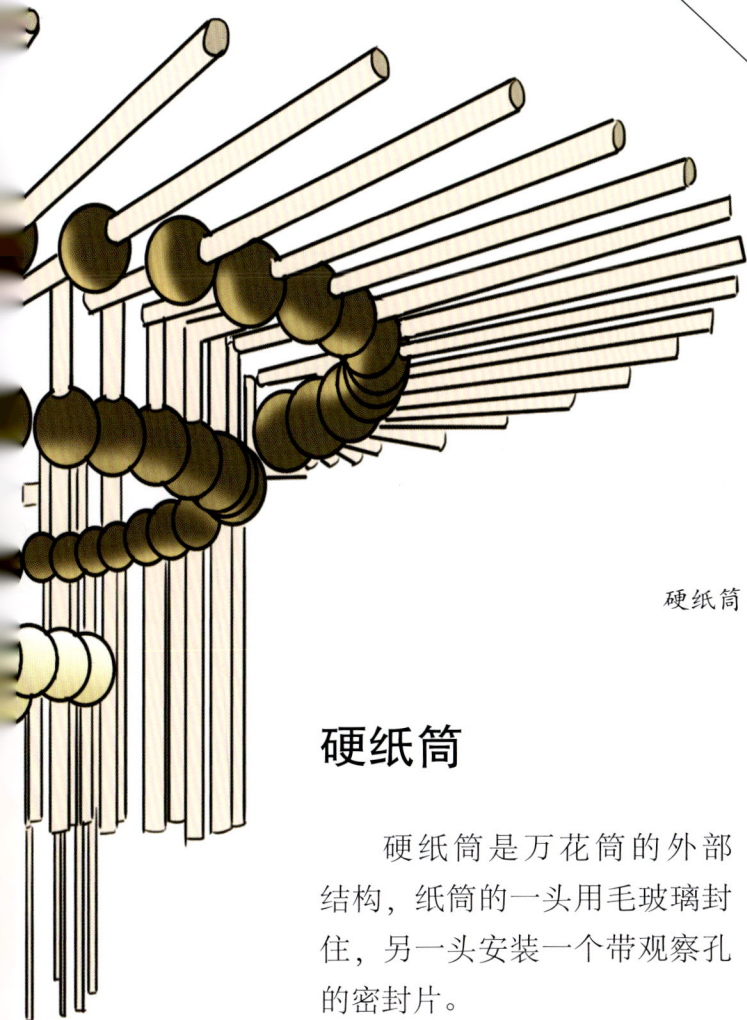

玻璃密封片

彩色碎屑

卡纸或橡胶垫圈

玻璃

硬纸筒

硬纸筒

硬纸筒是万花筒的外部结构，纸筒的一头用毛玻璃封住，另一头安装一个带观察孔的密封片。

发明者

大卫·布鲁斯特在很小的时候，就非常喜欢研究光，善于动手的他做了很多光学实验，万花筒就是他的一个实验成果。1816年，布鲁斯特爵士发明了大众玩具——万花筒。

玻璃

观测口

三棱镜筒

万花筒照明装置

一位英国设计师根据万花筒原理，在室内安装了17盏单独的灯和2面镜子，结果在一连串反射中营造出一个由200多盏灯组成的大型吊灯造型，令人叹为观止。

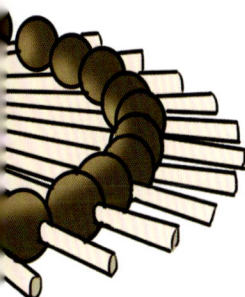

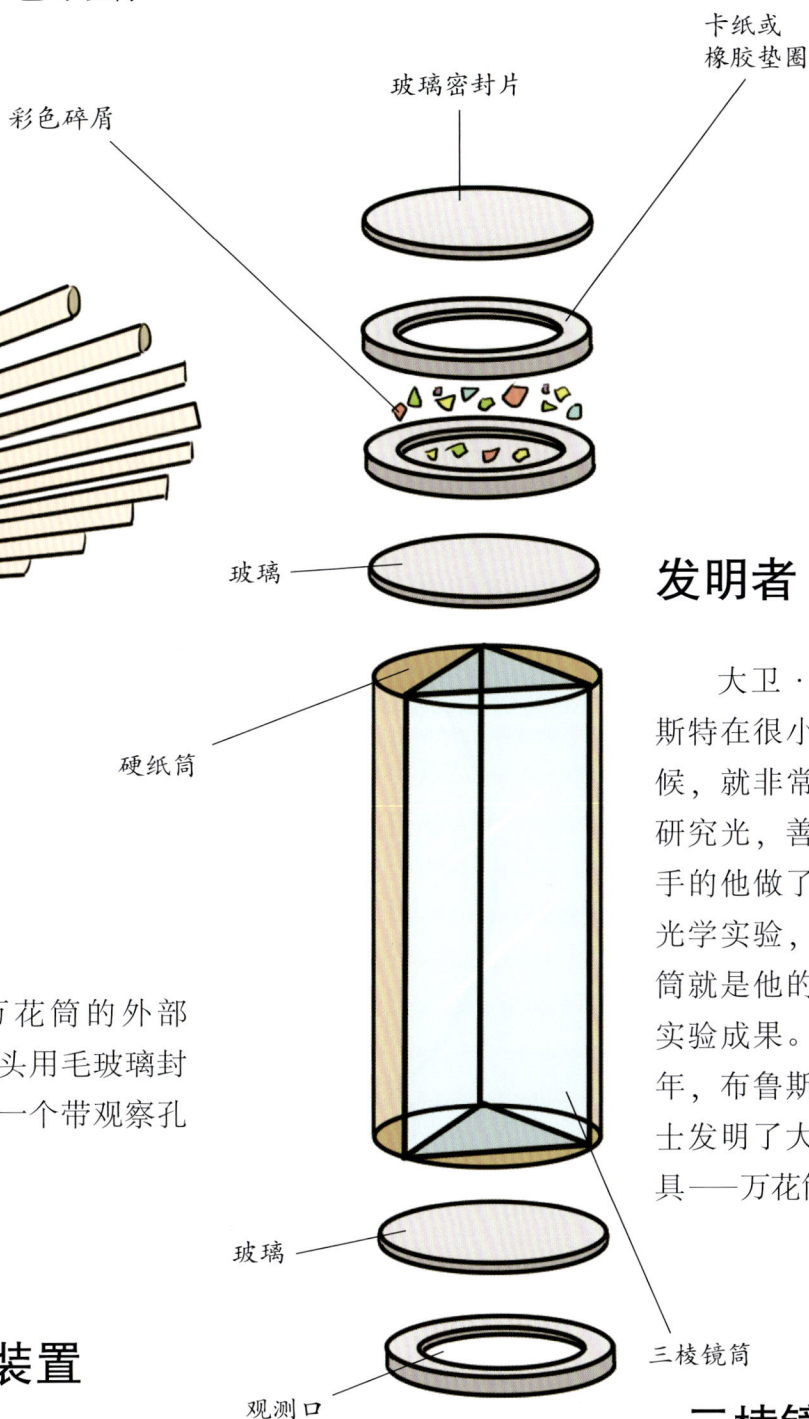

三棱镜筒

三棱镜筒是万花筒中的光学元件，它是由三面镜子组成的一个三角形镜体。当然，有的万花筒中也使用2个镜片或4个镜片组成的棱镜筒。

电灯

电灯是一种将电能转化为光能的照明设备，我们常见的电灯泡也叫白炽灯，它的结构很简单。早在19世纪70年代，世界上第一只电灯泡就被发明出来了。虽然现在我们的生活中出现了各种各样的灯，但取代蜡烛和油灯的白炽灯，绝对是人类科学史上最伟大的一次飞跃。

这样工作

白炽灯的工作原理跟它的结构一样简单，当电流通过灯丝后，产生出巨大热量，灯丝就像烧红的铁块一样，除了具有热量，还释放出光亮来。对于灯丝而言，热量越高，光亮越大。

玻璃泡

玻璃泡是电灯最重要的外部结构，多数是无色的。如果使用时间太长，玻璃泡会变黑。

灯丝

灯丝是由金属钨制成的，因为钨丝较耐热，具有非常高的熔点。

玻璃泡

灯丝

氩气

接触点

我的寿命大约有1000小时。

惰性气体

为了降低钨丝的损耗，玻璃泡中充满了可减少钨原子升华的惰性气体——氩气。

接触点

灯泡的底部有两个接触点，它们是用来通电的。

镇流器

荧光灯灯管

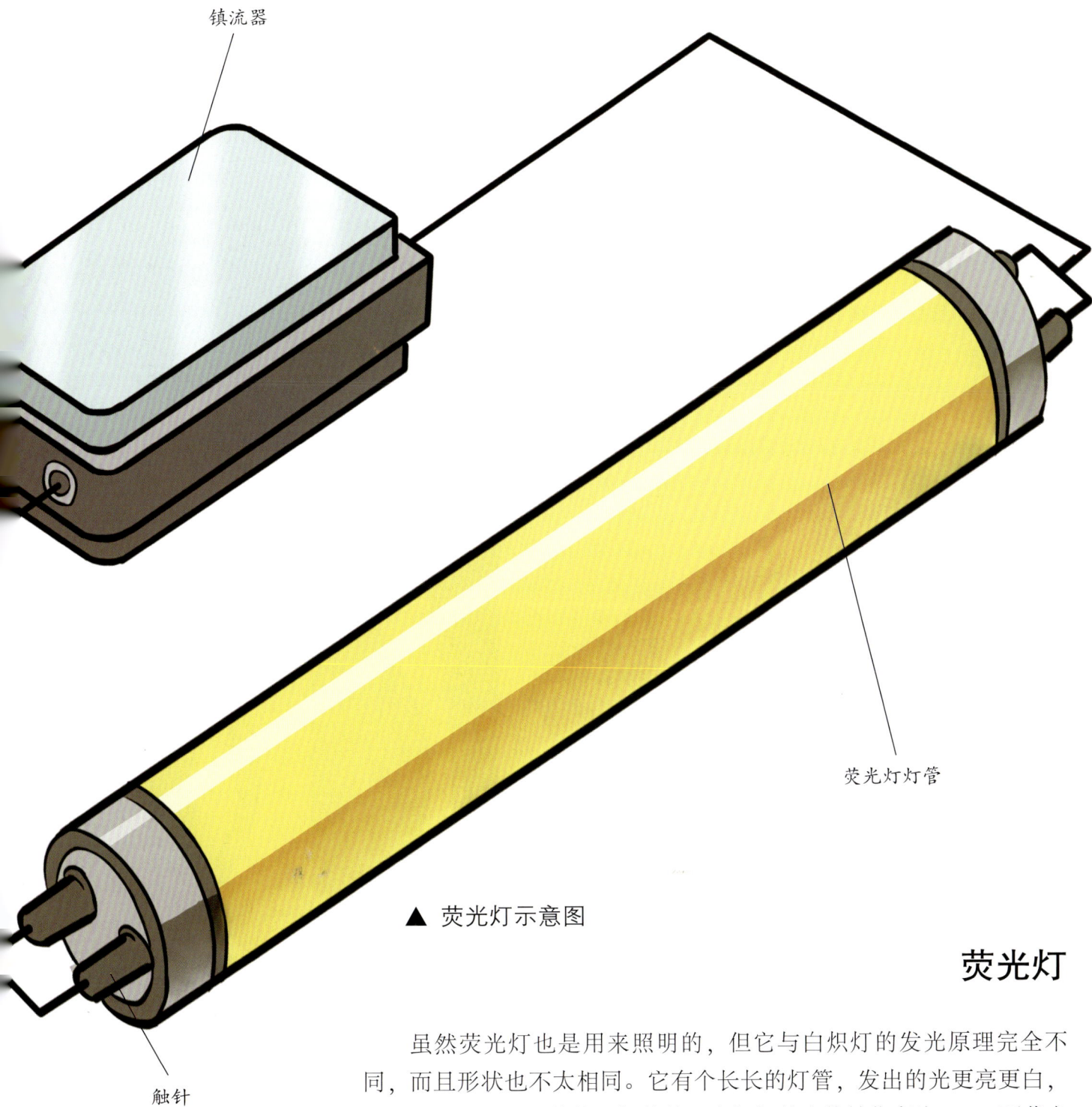

▲ 荧光灯示意图

触针

荧光灯

　　虽然荧光灯也是用来照明的，但它与白炽灯的发光原理完全不同，而且形状也不太相同。它有个长长的灯管，发出的光更亮更白，而且比白炽灯更加节能。据估算，白炽灯的电能转化率为15%，而荧光灯的电能转化率则提升到50%，相比较白炽灯来说，它非常节能了。

霓虹灯

　　霓虹灯虽然五颜六色很漂亮，但它的发光原理跟荧光灯是一样的，都是用气体放电管来照明的。霓虹灯中含有氖气，当它被电子激发时，就会散发出很多颜色的可见光。由于灯光颜色亮丽，经常被用来美化城市。

相 机

相机就像一个保存器，它能帮你记录下美好的东西。当你去动物园看到雄狮，一边赞叹它威武，一边用相机对准它，咔嚓，雄狮就被你装进了相机里。当你看到公园美丽的花朵，用相机对准它，咔嚓，花朵也被你装进了相机里。

这样工作

记录影像的部件叫作镜头系统，这个系统中既有凹透镜，也有凸透镜。当光线到达镜头时，凹透镜会使光线向外发生折射并扩散开，而凸透镜会让光线向内折射并聚拢到一个焦点上，在这一点上就能形成一个清晰的上下颠倒的图像。

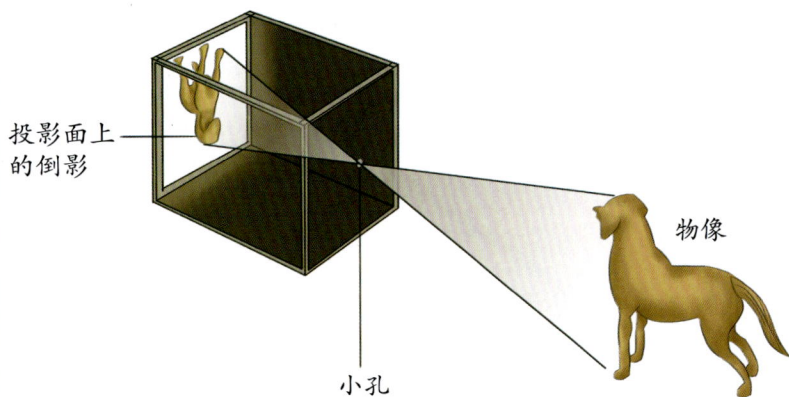

投影面上的倒影

小孔

物像

镜头

镜头

镜头是相机的成像系统，它由多块透镜组成。它于相机的重要性就像眼睛于人类的重要性一样。

光圈

机身

像素

对于相机而言，像素累计得越多，图像就越清晰，分辨率就越高。早期的数码相机约为100万像素，现在的多在1600万像素。而更专业的单反相机，像素可达到3000万左右。

机身

机身起到连接的作用，它将相机的光学、机械及电子部件有机地组合在一起。

▲ 光圈示意图

2.8　4　5.6　8　11

光圈

它是安装在镜头上直径可以伸缩的光孔，如果想让光线进入少些，可以调小光圈，相反则调大。

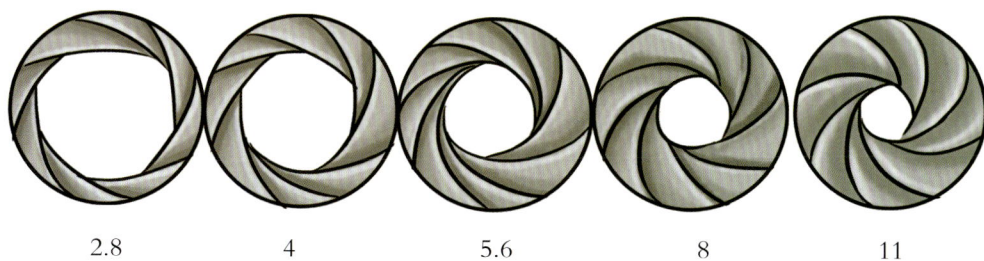

闪光灯

取景器

快门

内存卡

电池

取景器

取景器是可以预览拍摄景物的组件，你可以从取景器中观察到要拍摄的景物，从而调整景物的范围和方位等。

快门

快门能够控制光线进入成像区，它就像是镜头和图像传感器上的光闸一样。每按一下快门，就会形成一张照片。

摄像机

相机记录的是静止的影像，而摄像机记录的则是动态影像，它既能还原画面，还能复制声音。专业的摄像机可以用来拍摄纪录片和电影，而我们常用的数码相机中同样具有摄像功能。

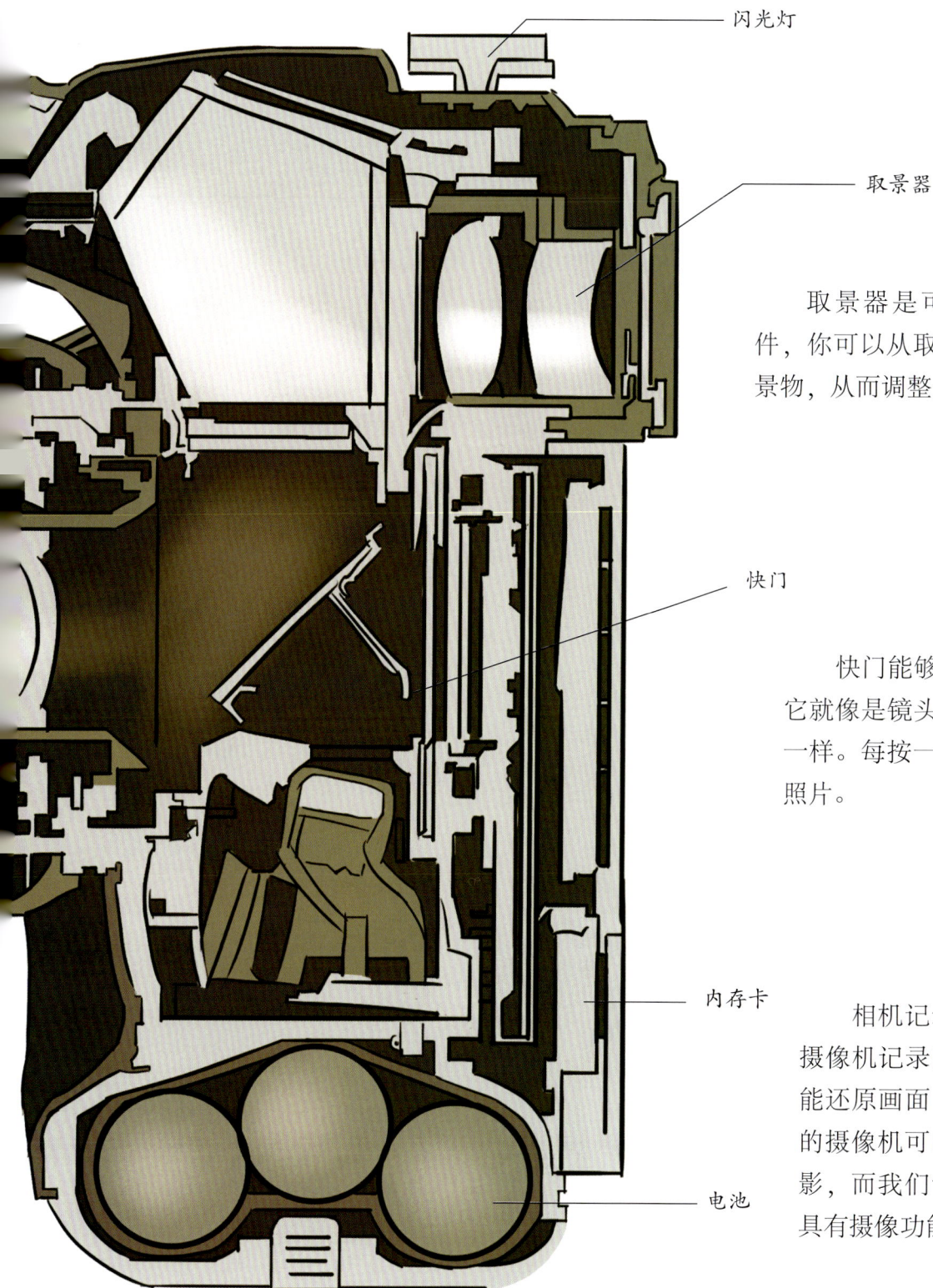

电　影

相信很多小朋友都去电影院看过电影，在错落放置的座椅前有一块超大银幕，影厅的墙壁上安装着立体环绕式音箱，在欣赏着富有冲击力画面的同时，还能听到令人身临其境的声音。如果你看的是3D电影，那更酷，简直像在电影故事的世界中遨游一样。

光源组件

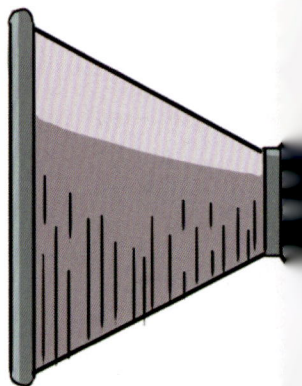

透镜

光源组件是放映机中最重要的部件之一，它主要由灯泡、聚光器、镜子等组成。早期的放映机用碳弧灯作为光源，现在多用氙灯。

这样工作

之所以能够看到电影，是很多设备一起工作的结果，其中最重要的是电影放映机，如果没有它，银幕上没有影像，音箱不能发出声音。放映机是一种能够沿着轨道连续拖动胶片的设备，它能够让胶片的每一帧都在光源前做短暂停留，这样胶片上的图像便能通过透镜投射到银幕上，我们就能看到电影大片了。

136

卷轴组件

卷轴组件虽然听起来有点难懂，它其实就是传动胶片的设备，更简单点儿说，胶片在这个部件系统内一帧一帧地进行移动。

卷轴组件

胶片有多长

拍摄一部电影要使用大量胶片，这可能完全超出人们的想象。以一部1.5小时，即90分钟的电影为例，它所用的胶片长度为2466米，是用27.4乘以电影分钟数得来的这个结果，电影时间越长，使用的胶片越长。当然，这还没有包括在拍摄过程中废掉的胶片。

透镜组件

放映机的透镜组件由透镜、光圈门和遮光器等构成。其中遮光器就像一个小型螺旋桨一样，它的转速为每秒24帧，这就是电影胶片只能按每秒24帧在放映机上移动的原因。

光源

历史上第一场电影

在离今天很遥远的1895年12月28日，放映机的发明人卢米埃尔兄弟在巴黎的大咖啡馆里进行了人类历史上第一次电影的公开放映。这部电影时长25分钟左右，是由十部短片组成的。

电视

每家每户都有电视，按下遥控器的开关，便能放映出大人喜欢看的电影、球赛和娱乐节目，还有小朋友喜欢看的动画片、纪录片等。电视的屏幕有大有小，所提供的观赏感受也各有不同，在超大尺寸的电视屏幕前，能让人们像看电影一样，体验到非凡的光影世界。

这样工作

以前的电视多是采用CRT来显示图像的，CRT也被称为阴极射线管，我们将这种电视称为显像管电视。在阴极射线管中，"阴极"是一根像灯丝一样的加热丝，加热丝加热电子枪阴极，阴极发射电子，电子流从阴极流出，汇聚到阳极形成密集的电子束，电子束轰击涂有荧光粉的电视屏幕，荧光粉是以红、绿、蓝三原色为基础的，被激发后，便形成了色彩缤纷的图像。一个清晰的上下颠倒的图像。

机芯

机芯处于电视机的中心位置，它也被称为主机板，所有的电路元件都安装在主机板上。

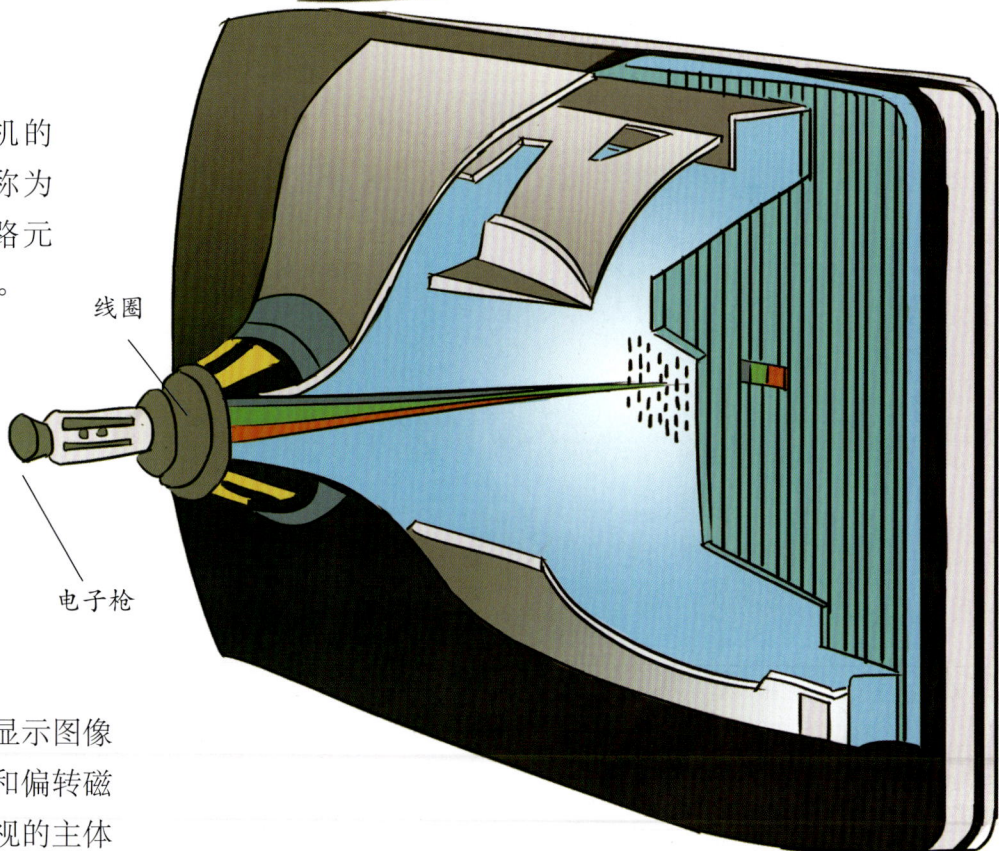

线圈

电子枪

显像管

显像管是电视机显示图像的部件，主要由CRT和偏转磁场元件组成，它是电视的主体部分，非常重要。

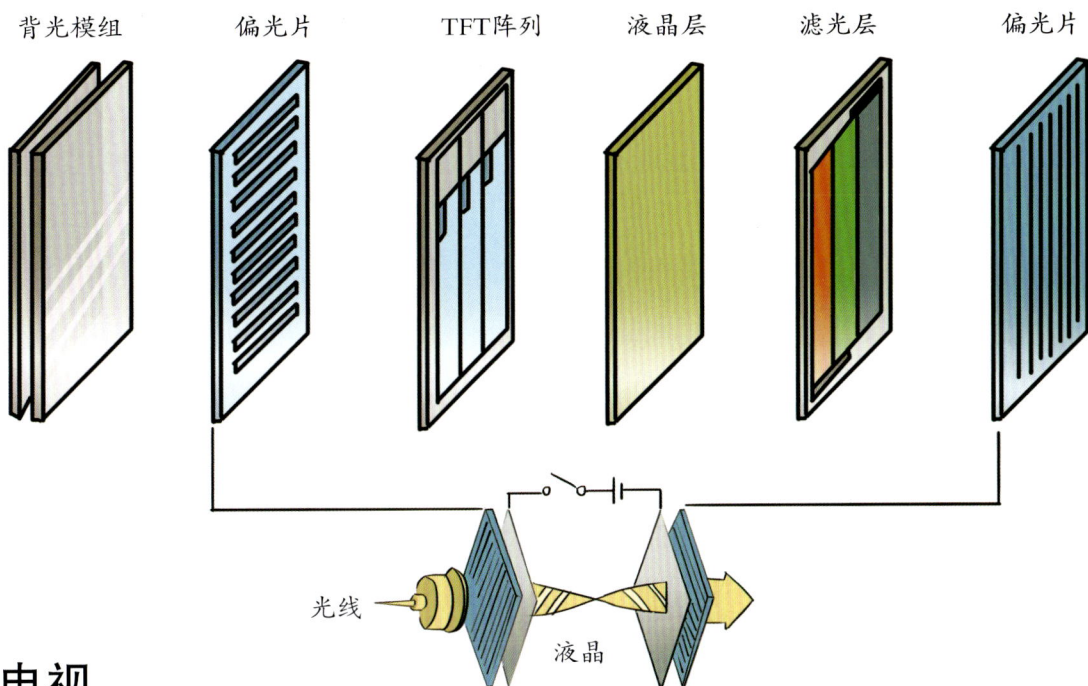

背光模组　　偏光片　　TFT阵列　　液晶层　　滤光层　　偏光片

光线

液晶

液晶电视

液晶电视的原理跟CRT电视截然不同。液晶电视的显像部分由背光层、液晶层和滤光层构成。其中背光层上安装了很多颗LED灯珠，小灯珠能够提供光源，使画面更明亮；液晶层负责改变光线的透过率，控制画面明暗；滤光层由三色滤光片构成，提供色彩。在三层共同作用下，我们才能看到电视影像。

外壳

外壳

大多数电视机的外壳都是用一种叫作ABS的特殊塑料制成的，它也叫塑料合金，这种材料既结实，又抗腐蚀，同时可塑性极强。

玻璃屏幕

电源

电源

电源给电视机提供电力，插上电源，电视机才能正常工作。

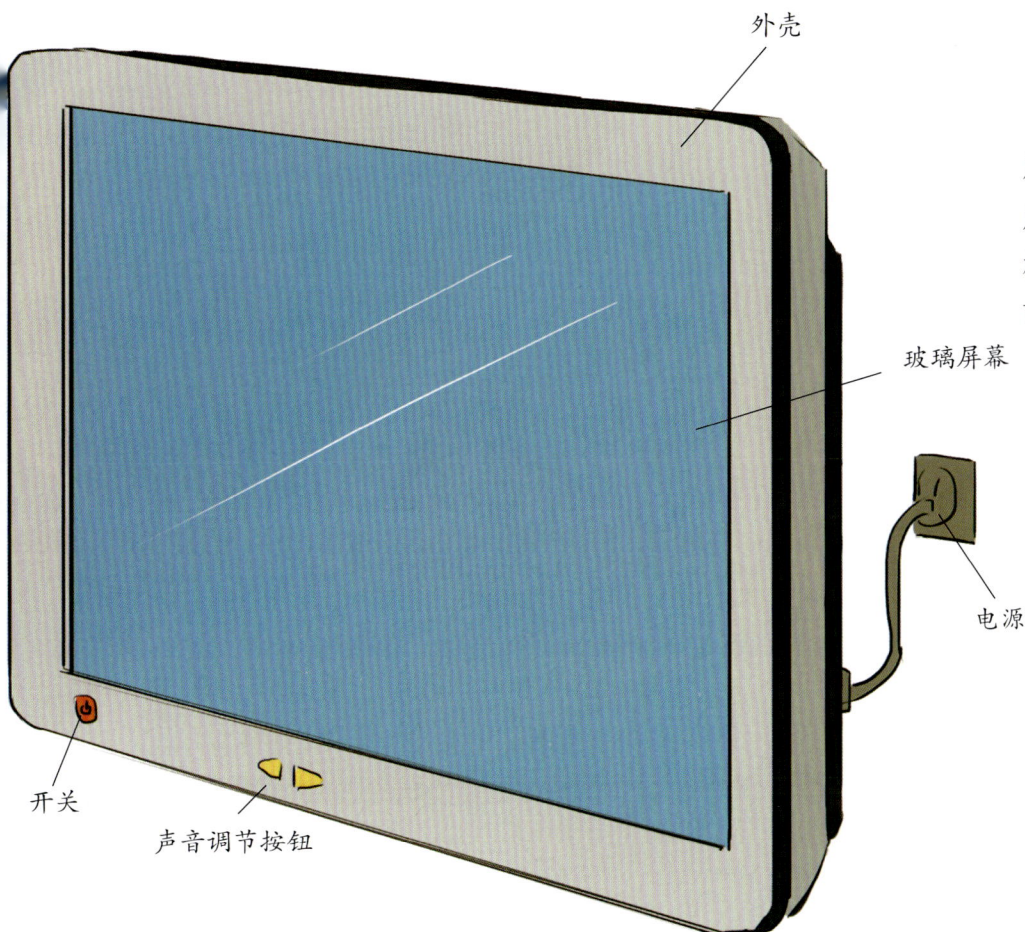

开关

声音调节按钮

幻灯机

幻灯机是一种投影设备，它在300多年前就被发明出来了。幻灯机能够把要显示的幻灯片，利用光源通过光学器件直射到屏幕上。如果你想分享一页书，利用幻灯机就能把它投放到屏幕上，让大家跟你一起阅读。

这样工作

幻灯机的镜头相当于一块凸透镜，把幻灯片放在距离镜头一倍焦距到两倍焦距之间的位置，用强光照射幻灯片，通过镜头便在屏幕上形成一个放大的、倒立的实像。如果想让屏幕上呈现的图像是正立的，必须要把幻灯片上下颠倒放置。

电源线

幻灯片

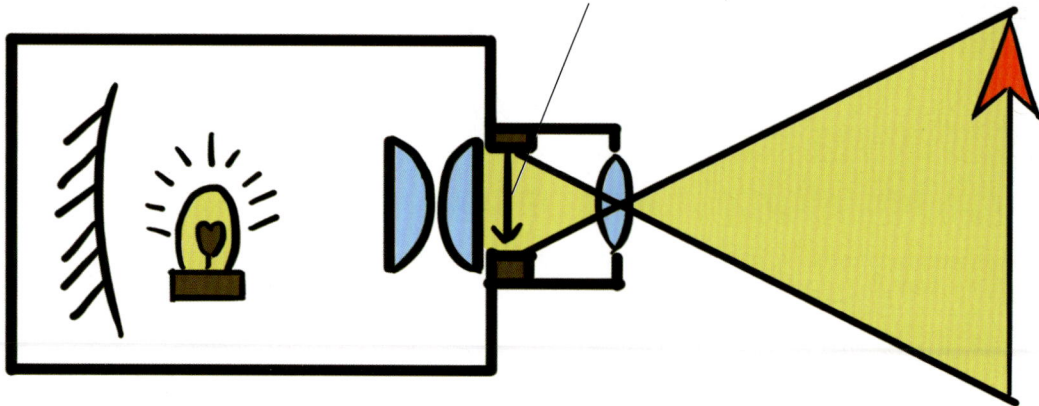

机身部分

机身部分包括幻灯机的外壳、灯箱、镜头筒等部件，我们用眼睛就能直观地看到。

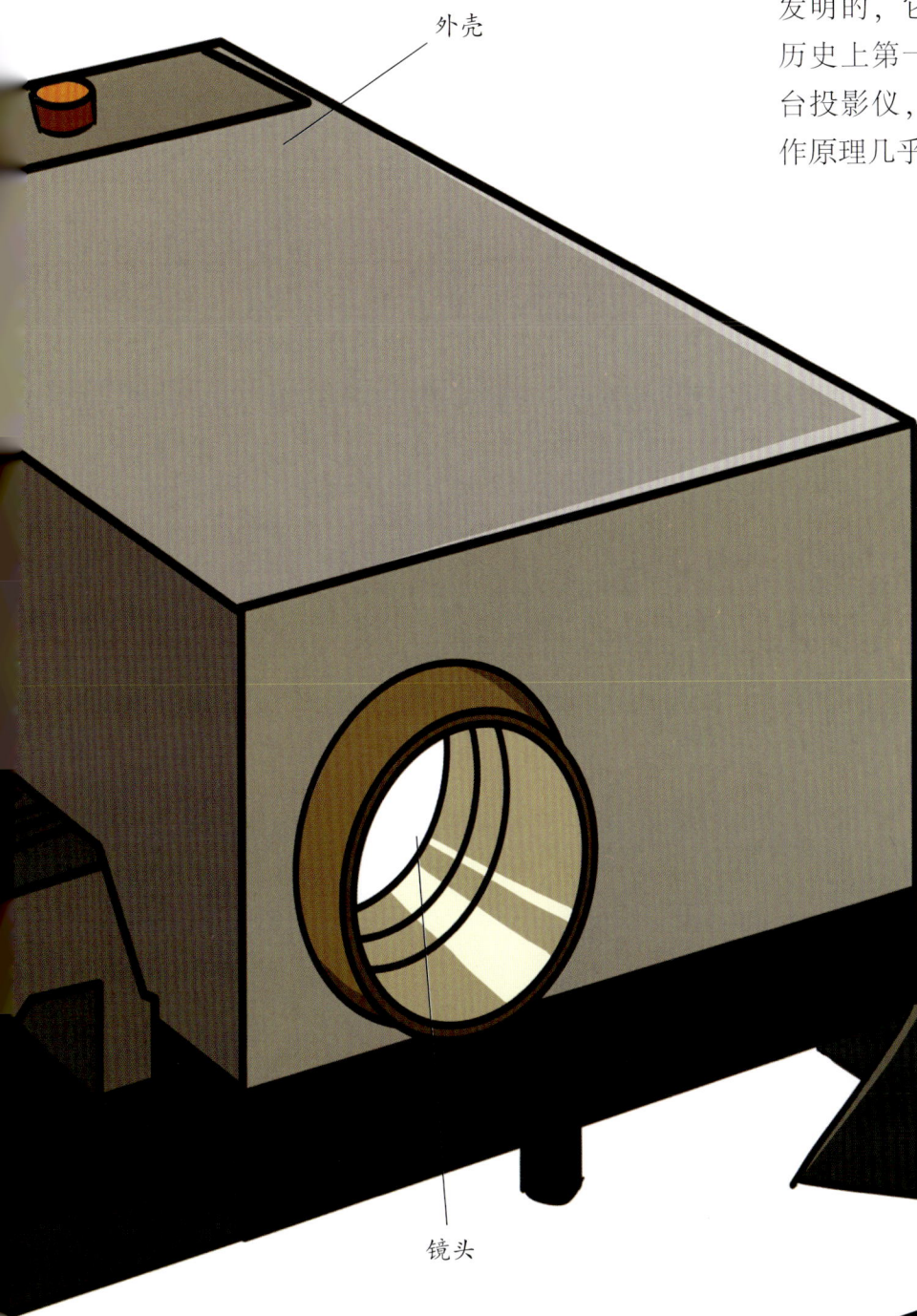

外壳

镜头

最早的幻灯机

最早的幻灯机可能是一位传教士发明的，它的名字叫魔法灯。这既是历史上第一台幻灯机，同时也是第一台投影仪，因为这两种投影设备的工作原理几乎是一样的。

传动部分

这一部分由电动机、齿轮、调焦机构等组成。

幻灯片

镜头盖

光学部分

光学部分由很多透镜组成，包括聚光镜、反光镜、放映镜头及光源等，光学部分非常重要。

141

投影仪

投影仪跟幻灯机一样，也是一种投影设备。但随着科技的发展，幻灯机在裹足不前，投影仪却日新月异，逐渐成为家庭中的"新宠"。只要有一面足够大的空白墙壁，投影仪就能让你像在影院里一样，随时观看宽屏高清大片，而且不伤害眼睛。

这样工作

投影仪的成像原理也跟凸透镜有关，它先将光线照射到显示元件上形成图像，再通过镜片组成的镜头在屏幕上投射出大尺寸的画面。其中投影画面的亮度主要由投影灯决定，而画面的清晰度和大小则分别由芯片和镜头决定。

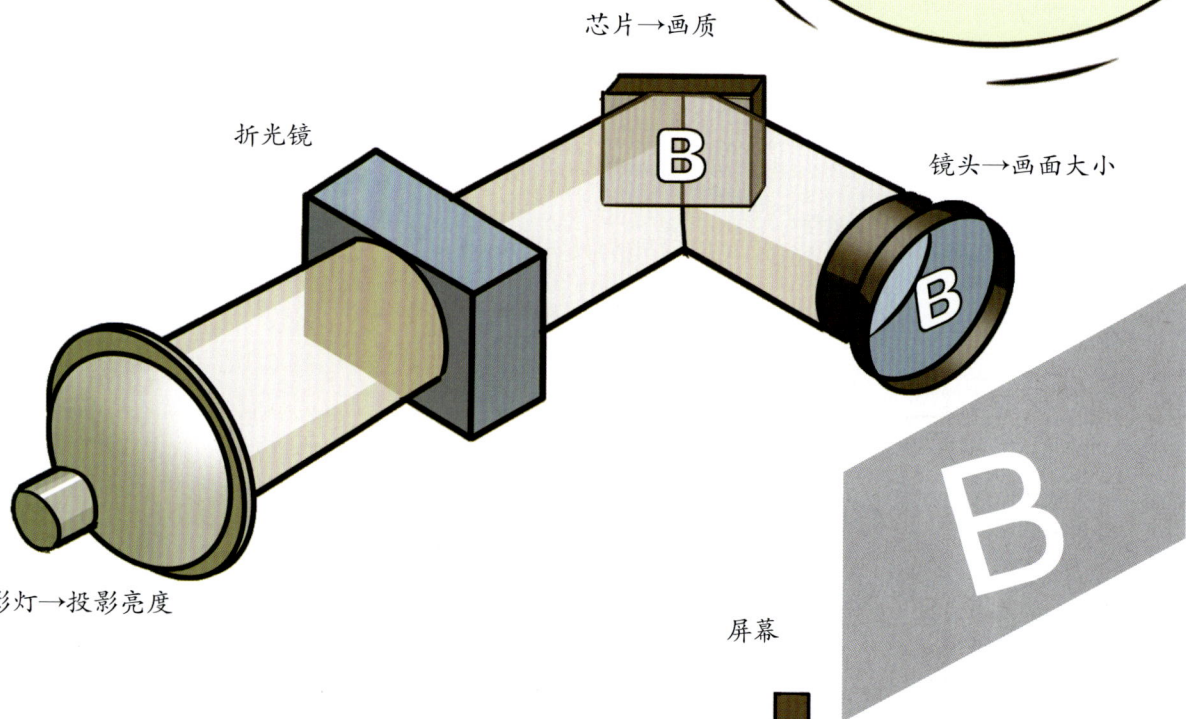

芯片→画质

折光镜

B

镜头→画面大小

B

B

投影灯→投影亮度

屏幕

眼睛小卫士

投影仪利用的是漫反射原理，如果直接看电视屏幕，时间久了你可能会觉得刺眼，眼睛又累又痛，这跟直视太阳光是一个道理。但将光通过屏幕反射回来，就不会感觉刺眼。因此相对于电视屏幕来说，投影仪投射出的画面更加保护眼睛。

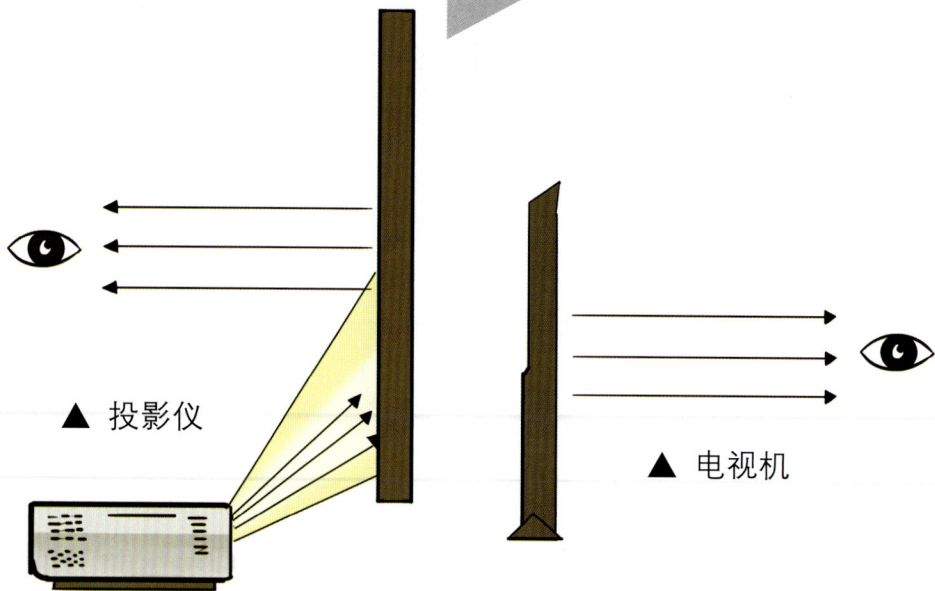

▲ 投影仪

▲ 电视机

聚光镜

聚光镜是由两片刻有同心圆螺纹的又薄又平的有机玻璃组成的，它的作用相当于一个大口径的凸透镜。

光源

投影仪多使用金属卤素灯作为光源，它在工作中会积累很多热量。

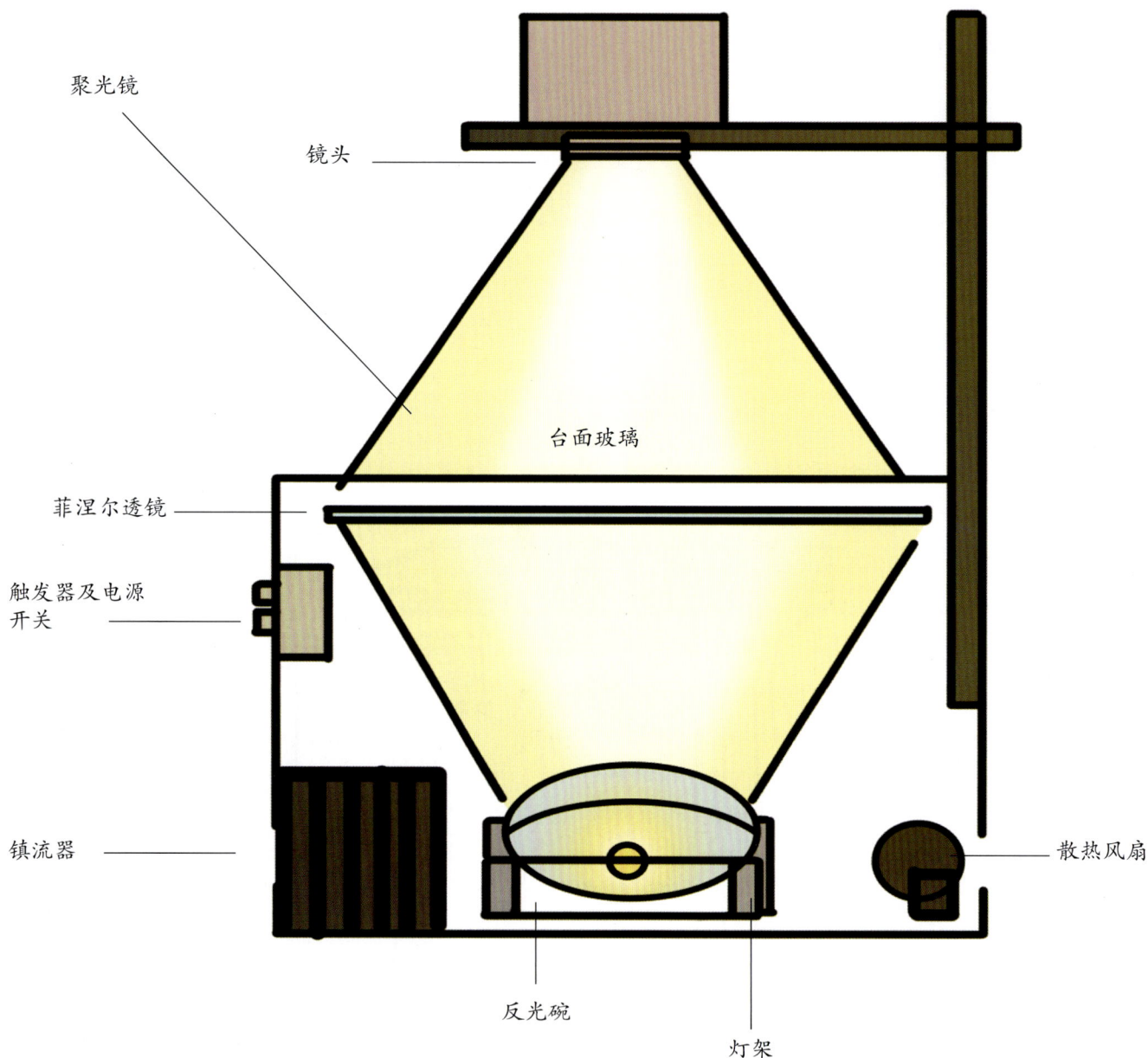

聚光镜

镜头

台面玻璃

菲涅尔透镜

触发器及电源开关

镇流器

反光碗

灯架

散热风扇

反光镜

反光镜能够把光源射出的光线引向屏幕，从而使画面出现在屏幕上。

通风设备

投影仪中的风扇能够将机器内部的热量及时排放出去，降低机内温度。

手电筒

　　手电筒是一种小型的照明工具，它可以随身携带。当你晚上外出时，为了照明总不能随身带着电灯，这很不实际。而手持蜡烛呢，光线既昏暗，又容易被风、雨等自然力量熄灭。就这样，手电筒便在人们的两难和期待中产生了。

集光罩

　　集光罩也叫反射罩或反光杯，它是手电筒上的重要光学元件，通过它，灯源发射出的光可以进行二次反射。

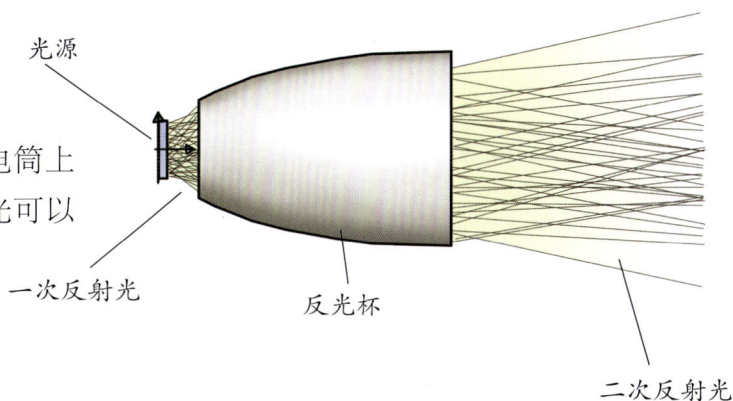

光源

一次反射光

反光杯

二次反射光

镜片

集光罩

电路板

电路元件

　　通过电路元件，电池的化学能会转换成电能激发手电筒灯泡发光。

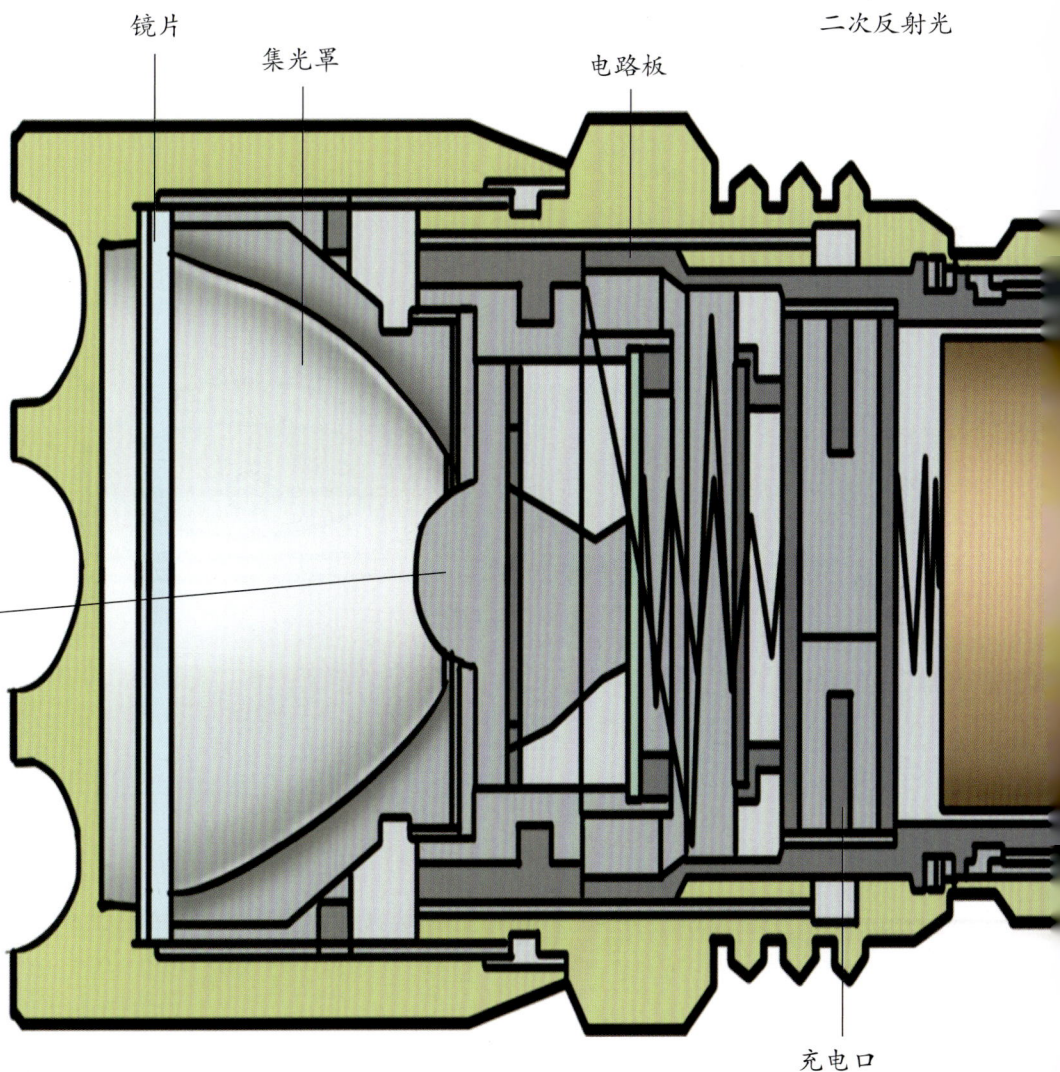

LED

灯源

　　最早的手电筒灯源是白炽灯泡，现在多为LED灯。

充电口

这样工作

可以把手电筒看成是一个便携的电灯。打开手电筒的开关，电池的化学能转变为电能，电流通过电线流入灯泡的钨丝中，钨丝产热发光，这与电灯泡的发光原理是一样的。

头灯

聪明的人类为了解放双手，于是发明了又一件便携式照明工具，那便是头灯。你可以将头灯看作是戴在头上的手电筒，当然，它要比手电筒更为小巧方便。

电源

手电筒的电源有干电池、充电电池等，它为光源提供所需电能。

外壳

手电筒的外壳一般有金属材质或塑料材质两种，通过观察触摸外壳能对手电筒产生最直观的感受。

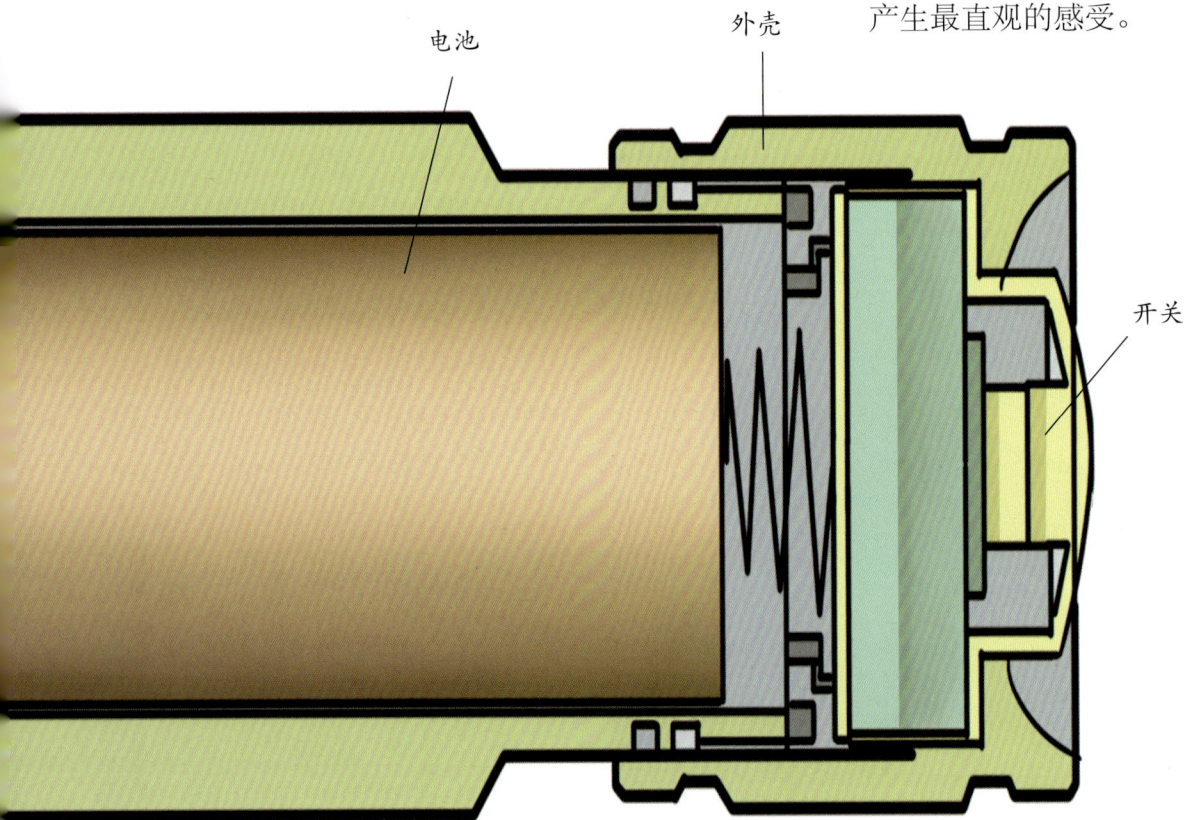

电池

外壳

开关

放大镜

放大镜这个神奇的物件相信很多小朋友都见过，都玩过。通过它，你会发现周围的一草一木都变大了。上了年纪的老爷爷，看不清报纸上的小字，拿放大镜一照，老爷爷便可以轻松读报纸。当然，放大镜还有更多奇妙之处，譬如汇聚光线于一点，这能在野外环境中帮助人类取火，但一定要小心用火，避免火灾。

这样工作

放大镜是用来观察细节的简单光学器件，它是一面会聚透镜，作用是放大观察视角。视角越大，图像就越大，图像的细节也看得越清晰。

镜框

镜框包裹着镜片，通常与镜柄是一体的。

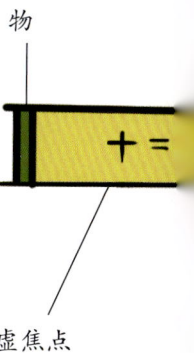

镜框

透镜

透镜

透镜的两面非常平滑，折射面多是两个球面，或是一个球面一个平面。

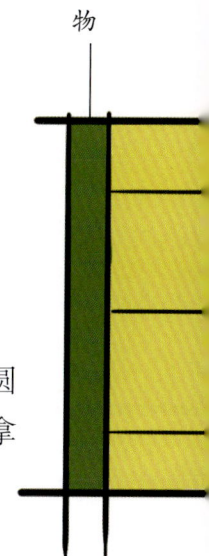

镜柄

镜柄

放大镜的镜柄可以是圆柱状或长方体，只要便于拿握，形状是没有局限的。

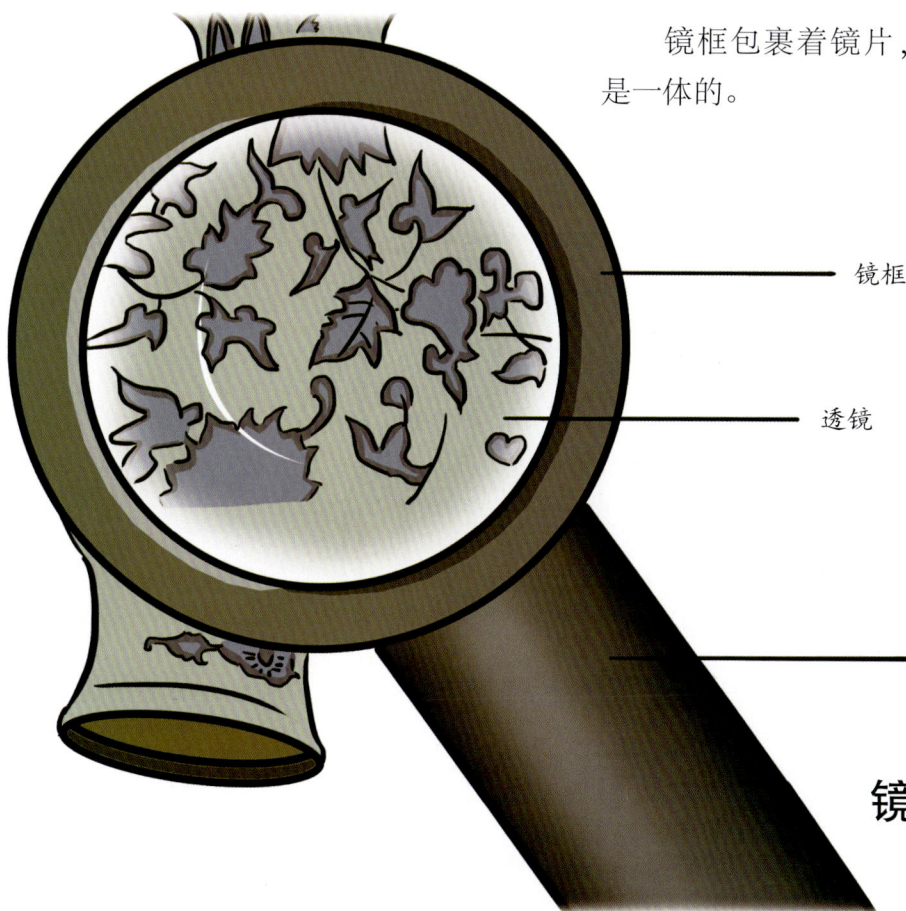

物

＋＝

虚焦点

物

眼前的透镜

眼镜也是透镜的一种，可以算得上是戴在眼前的透镜。近视眼镜属于凹透镜，远视眼要佩戴凸透镜，而上了年纪的爷爷奶奶眼睛变花，所佩戴的老花镜也是一种凸透镜。

有颜色的眼镜

太阳镜的镜片都是有颜色的，它是由加入着色剂的特殊染料浸泡而成的。一般情况下，浸泡时间越长镜片颜色越深，浸泡时间短镜片颜色浅。如果将不同颜色混合起来染色，镜片就会呈现出多种色彩。

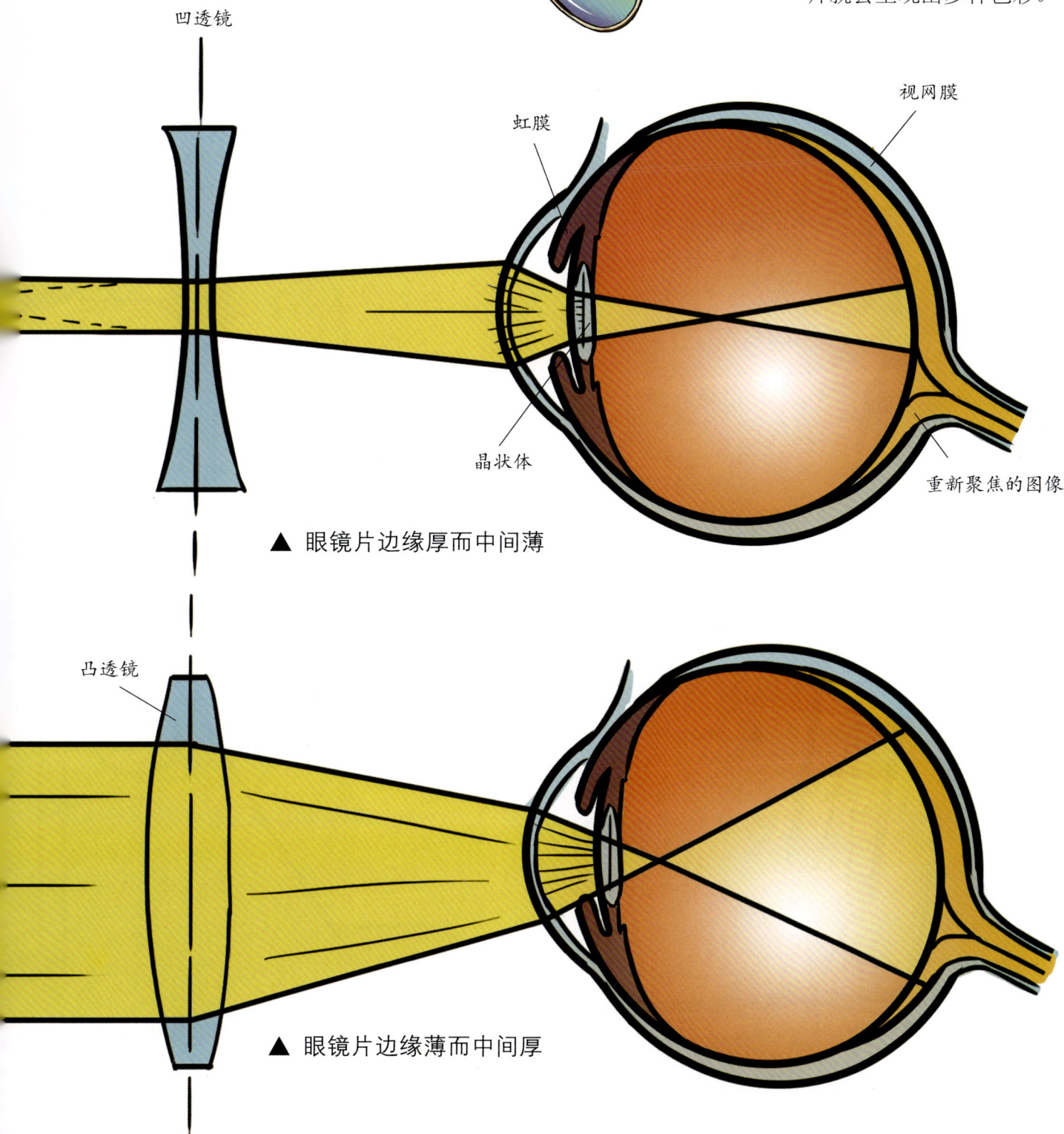

凹透镜

虹膜

视网膜

晶状体

重新聚焦的图像

▲ 眼镜片边缘厚而中间薄

凸透镜

▲ 眼镜片边缘薄而中间厚

显微镜

虽然都是将小的东西放大，但显微镜显然要强大更多。对于那些人眼察觉不到的细菌、病毒和微生物，通过显微镜都能看到它们。可以说，显微镜的出现，带人们进入了一个全新的微观世界，我们的眼界再也不会局限于"肉眼可见"了。

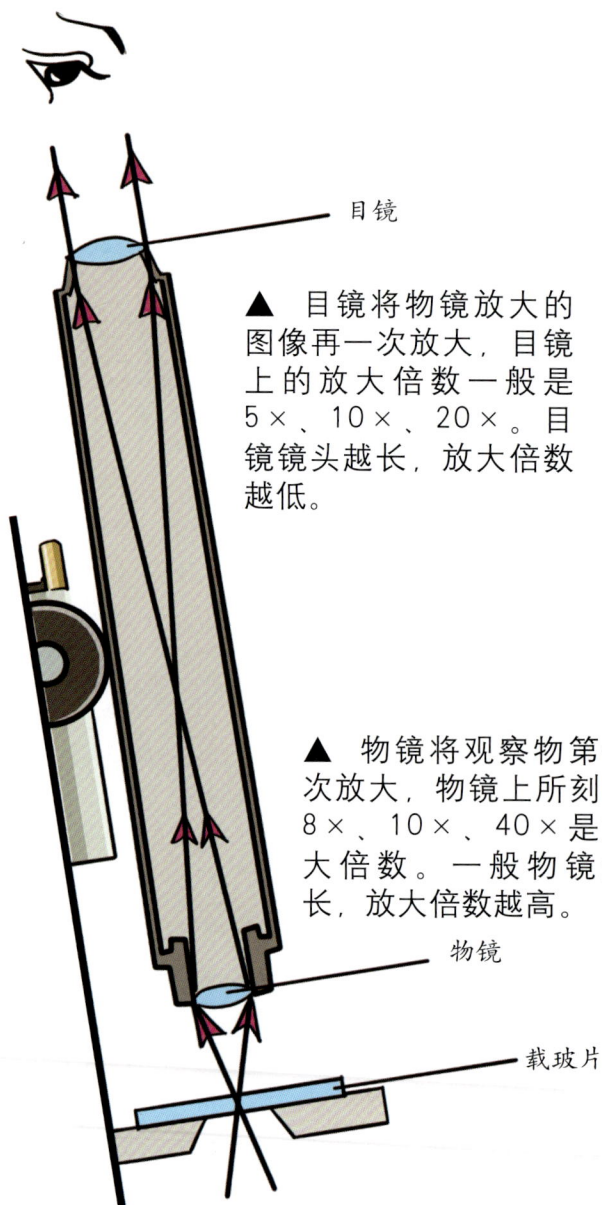

这样工作

显微镜镜筒的两端各有一组透镜，它们起到的都是凸透镜的作用。靠近眼睛的透镜叫作目镜，靠近观察物体的透镜叫作物镜。当观察物体的光透过物镜时，会形成一个被放大的实像。透过目镜后，这个图像再被放大了一次。经过两次放大，微小的物体就能被人眼看到了。

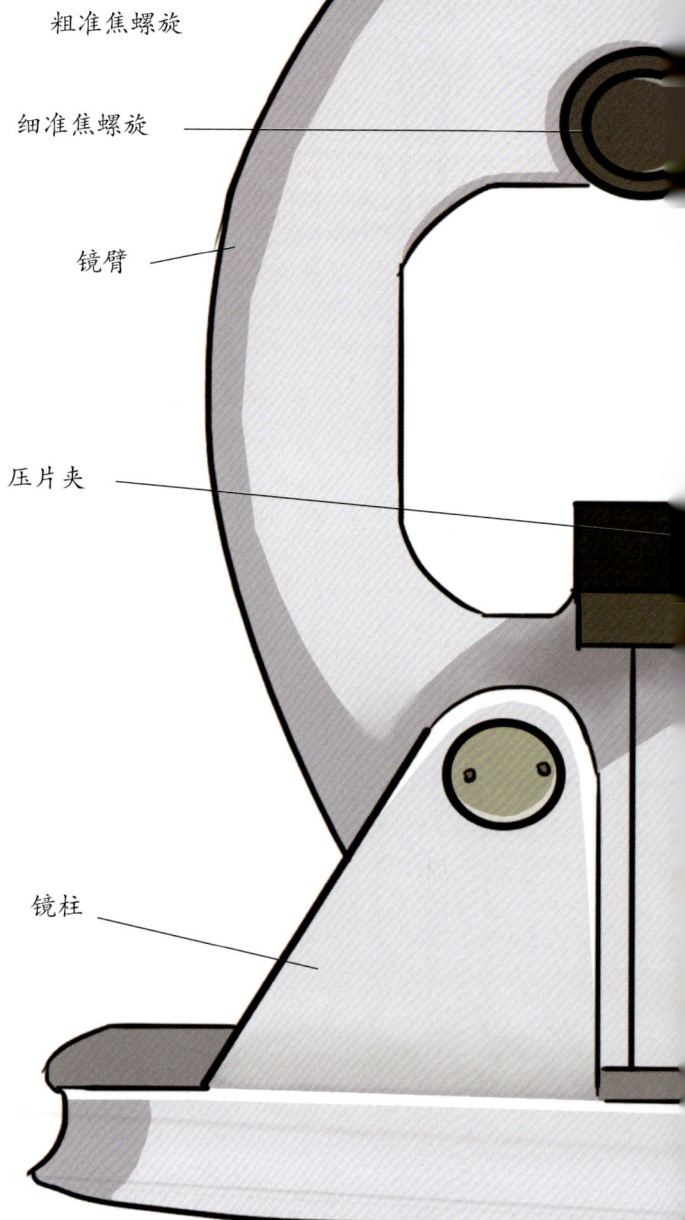

目镜

▲ 目镜将物镜放大的图像再一次放大，目镜上的放大倍数一般是5×、10×、20×。目镜镜头越长，放大倍数越低。

▲ 物镜将观察物第一次放大，物镜上所刻的8×、10×、40×是放大倍数。一般物镜越长，放大倍数越高。

物镜

载玻片

粗准焦螺旋

细准焦螺旋

镜臂

压片夹

镜柱

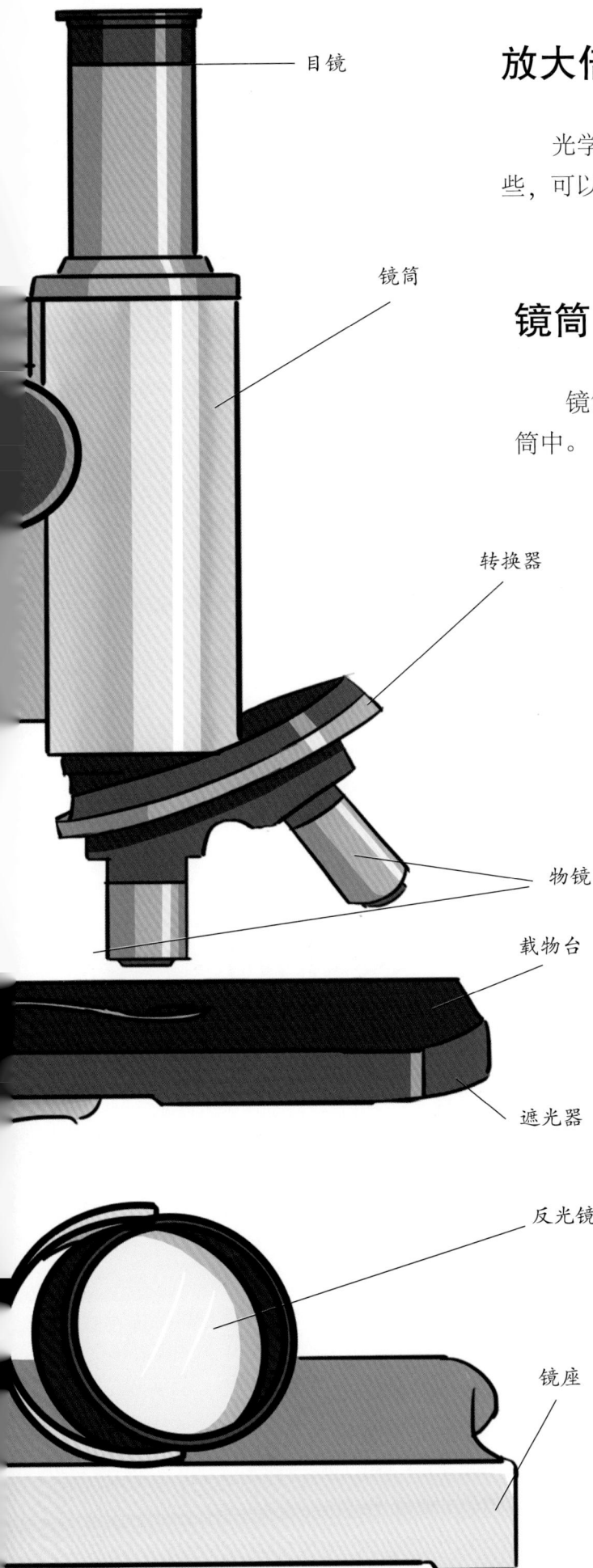

目镜

镜筒

转换器

物镜

载物台

遮光器

反光镜

镜座

放大倍率

光学显微镜能将物体放大2000倍，电子显微镜更强大一些，可以将物体放大至少100万倍。

镜筒

镜筒安装在镜臂的上端，显微镜的目镜放置在镜筒中。

转换器

转换器是安装在镜筒下端的一个能够转动的圆盘，上面安装着多个物镜，以便观察标本时能随时调换不同倍数的镜头。

载物台

镜臂下安装的一个向外伸出的平台叫作载物台，被观察物体会放在上面。

反光镜

反光镜在镜座的上端，它通常有两面，一面是平面，一面为凹面。

镜座

镜座是显微镜最下面的基座，它起到支撑的作用，使显微镜稳稳地立在工作台上。

望远镜

望远镜也叫千里镜，意思是能看到千里以外的事物。当然，现在的望远镜可不止看到千里以外，天文望远镜能够观察到几百亿光年以外的空间，那个距离几乎是无穷远的。当你有机会去天文馆时，可以用那里专业的天文望远镜去看看星空。

万物运转的秘密

这样工作

望远镜观察的物体都在非常遥远的地方，所以物镜接收到的光线是几乎平行的光束，这些平行光线经过物镜汇聚后，形成一个倒立且缩小的实像。这个倒立缩小的实像位于目镜焦点以内，目镜起到了放大镜的作用，将这个实像放大成为一个正立且放大的虚像。

折射式望远镜

伽利略望远镜和开普勒望远镜都属于折射式望远镜，其中伽利略望远镜由一个凸透镜和一个凹透镜组成，成正立虚像，而开普勒望远镜由两个凸透镜组成，成倒立虚像。

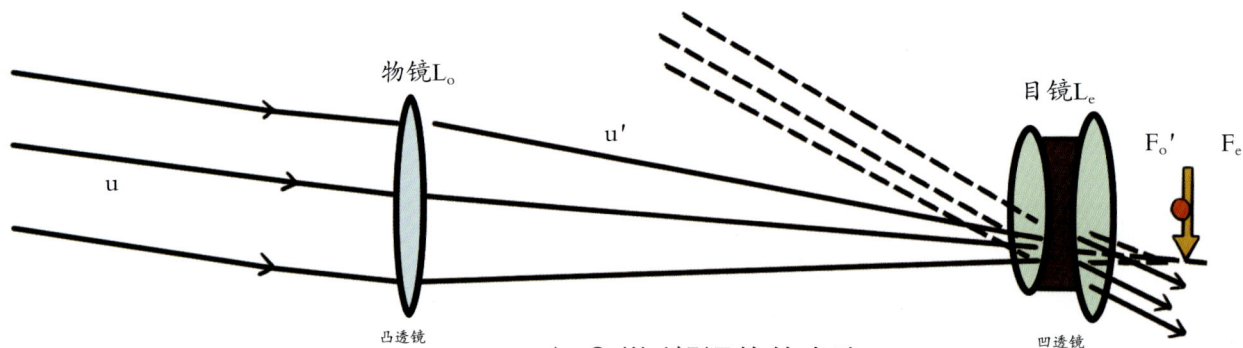

物镜L_o

目镜L_e

F_o' F_e

u

u'

凸透镜

凹透镜

▲ Galilei望远镜的光路

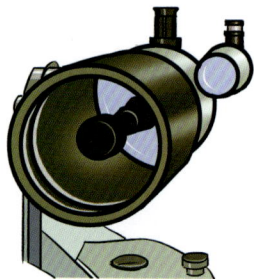

反射式望远镜

反射式望远镜由反射镜组成，它有一个很大的凹面主镜，可以形成一个实像，通过目镜能观察到这个实像。这类望远镜能够收集到大量的光，所以色彩非常逼真，多用在空间光学中。

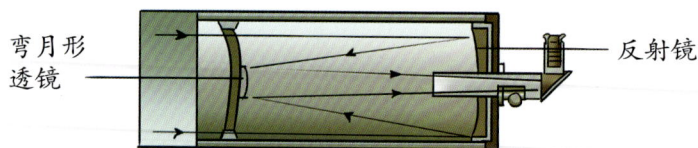

弯月形透镜

反射镜

▲ 马克苏托夫-卡塞格林反射式望远镜

目镜

双目望远镜

双目望远镜是生活中最常见的望远镜，我们用它观看比赛和演出。这种望远镜是由两个单筒望远镜组成的，每个单筒望远镜中都有凸透镜和凹透镜，中间还会加一对全反射棱镜。虽然它的放大倍数小，但视野非常宽阔。

折反射式望远镜

折反射式望远镜顾名思义是将折射系统与反射系统相结合的一种光学系统，光线先透过一片透镜产生曲折，再经一面反射镜将光反射聚焦，这种结合折射与反射的光学系统就称为折反射式望远镜。

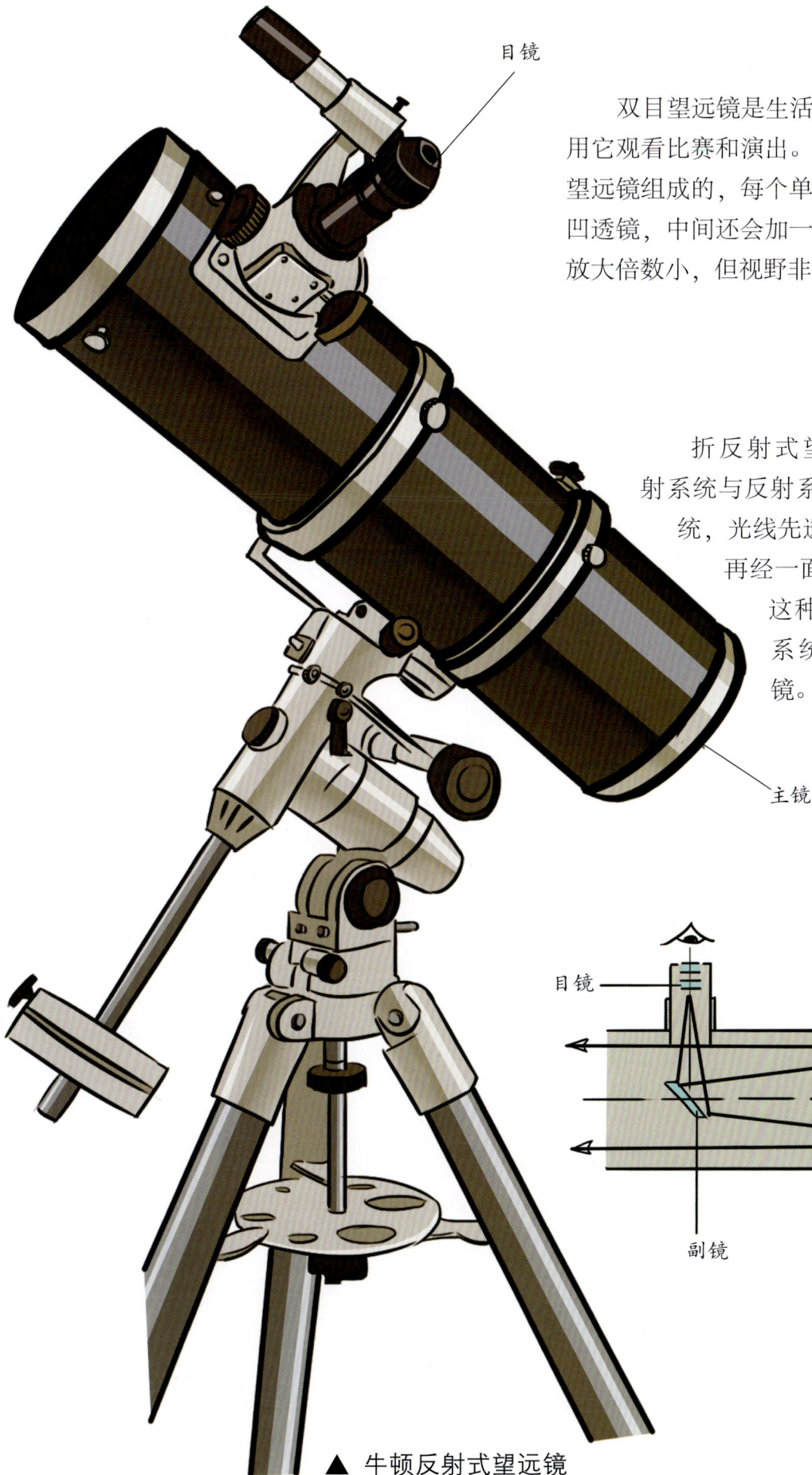

主镜

目镜

主镜

副镜

▲ 牛顿反射式望远镜

151

内窥镜

内窥镜是医生做手术时使用的小仪器，通过它，不用给身体开刀，医生也能观察到人体内部的情况。内窥镜很细小，它能从咽喉进入身体内部，并用光学系统形成影像传输给医生看，医生由此制定可行的治疗方案。

这样工作

内窥镜是很多领域的先进技术共同工作的仪器，其中光学起到了至关重要的作用。光导向装置会通过导入光来照亮身体内部，图像导向装置则会把身体内部的图像通过细小的管子传送到外部，医生通过目镜便可以观看图像。

导管

导管可以通过人体的天然孔洞进入身体内部，最初的管子是硬质管，后改用软质管。管子并不是空心的，里面集合了设备通道、图像导出通道、水管、气管、物镜和金属丝。

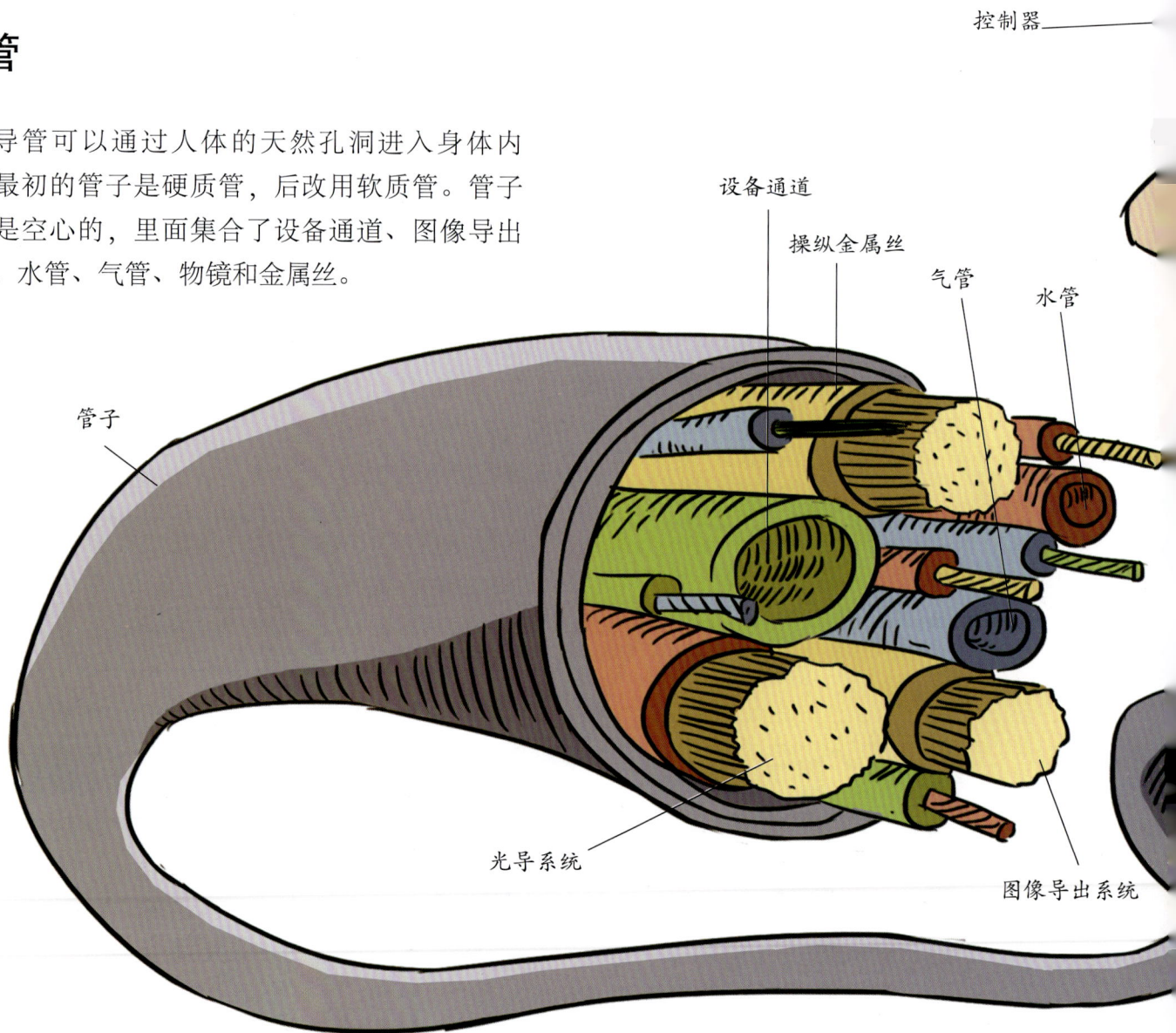

控制器

设备通道

操纵金属丝

气管

水管

管子

光导系统

图像导出系统

目镜

通过目镜，医生能看到传送回来的身体内部图像。

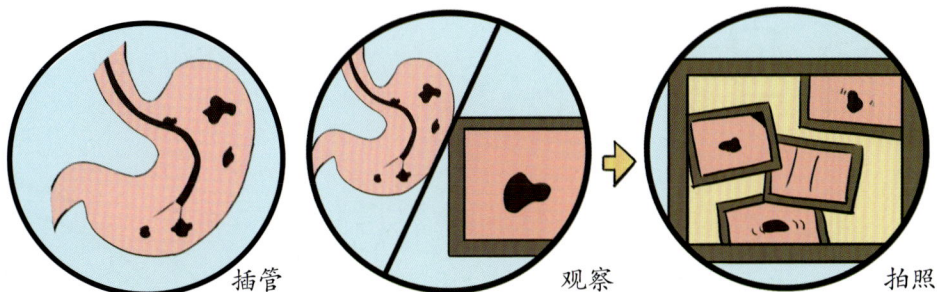

插管　　　观察　　　拍照

▲ 这就是胃镜检查的顺序！

角度旋钮

当转动角度旋钮时，它便可以操控金属丝来使身体内部的管子弯曲或伸直。

目镜

角度旋钮

看到的部位

内窥镜可以进入身体的很多部位。进入肠道进行检查，检查项目叫作肠镜；进入胃部进行检查，检查项目叫作胃镜。除此外，还有腹腔镜、膀胱镜、喉镜、口腔镜等。

连接器

连接器是内窥镜的连接系统，光源、水管、气管等通过连接器与电子管连接在一起。

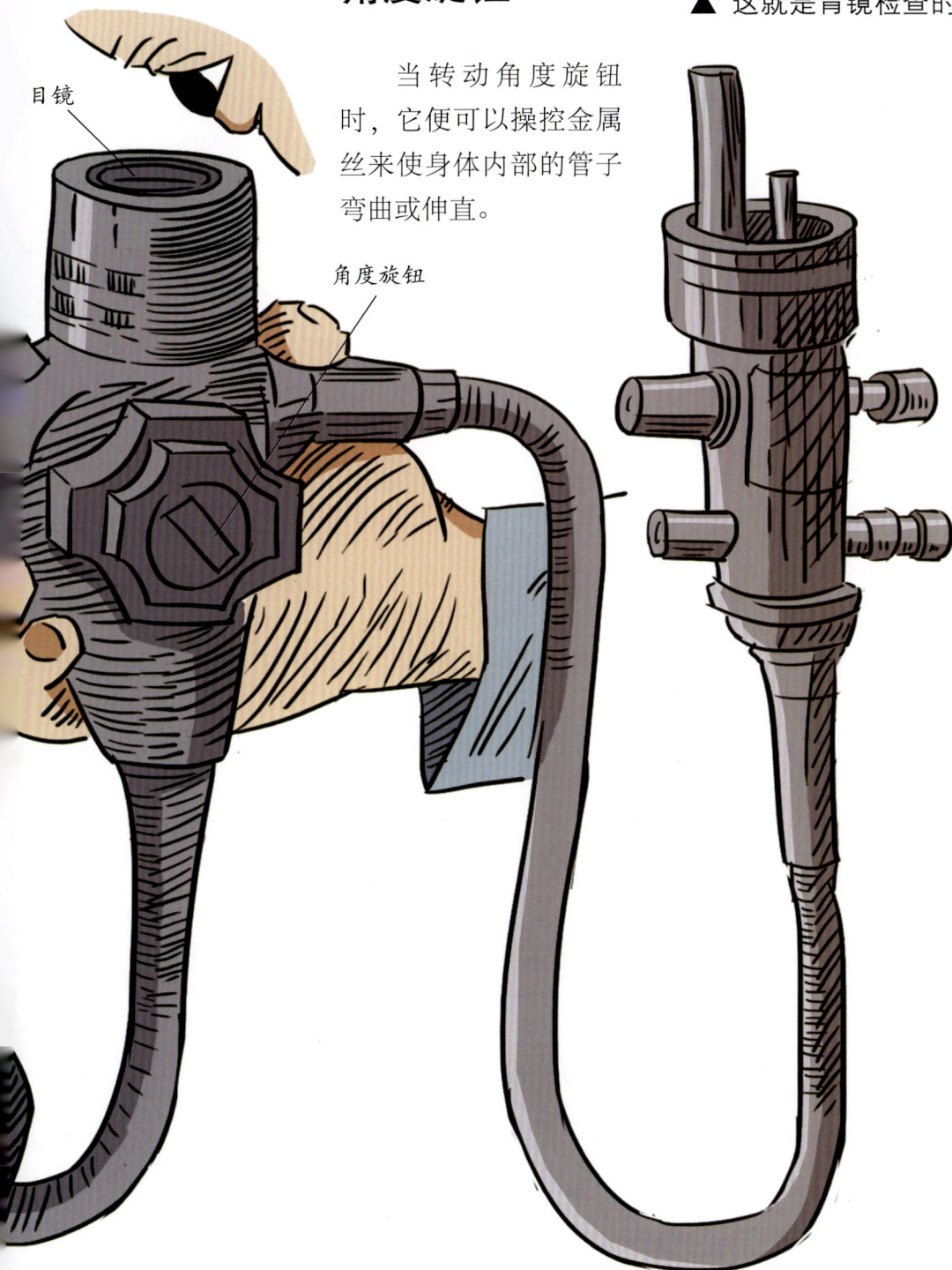

潜望镜

在"有趣的力"中，我们讲过潜艇，潜望镜是潜艇上一个重要的部件，它像一根细细的管子，当潜艇潜入水下时，可以通过潜望镜来观察水上情况。虽然它的结构非常简单，但对于潜艇来说，潜望镜就像眼睛对人体一样必不可少。

这样工作

在潜望镜两端的转角处，分别安放着两块平面镜，两镜面平行且相对，角度都是45°。

当光线进入时，第一个放置成45°角的镜子把水平光线沿垂直向下的方向折射，第二个45°角的平面镜把垂直向下的光线再折射成沿水平方向传播，这样人们就能用潜望镜看到比视线高很多的东西了。

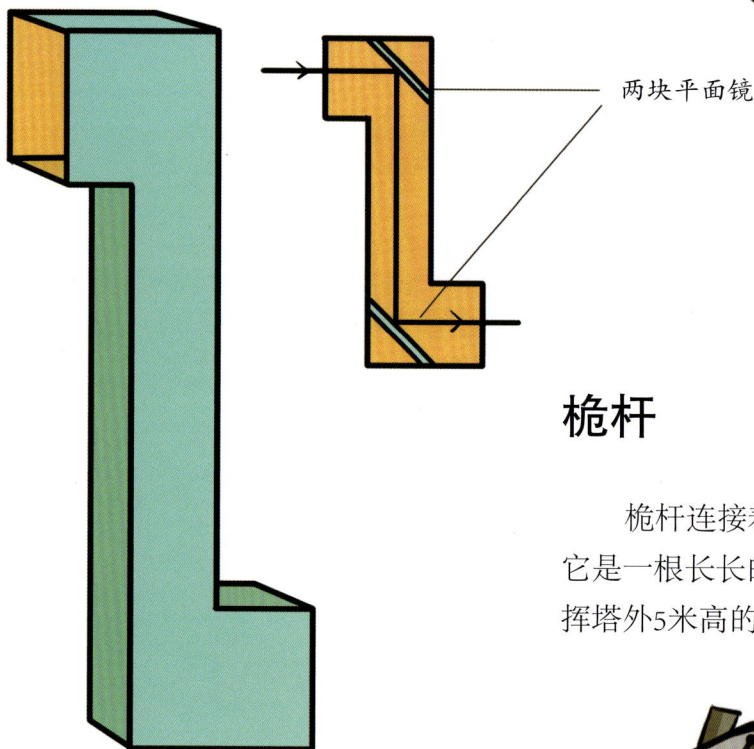

两块平面镜

搜索潜望镜

桅杆

桅杆连接着潜艇和潜望镜，它是一根长长的钢管，可升至指挥塔外5米高的位置。

主体部分

潜望镜的主体部分是Z形镜体，它由物镜、转向系统和目镜等构成。

主体

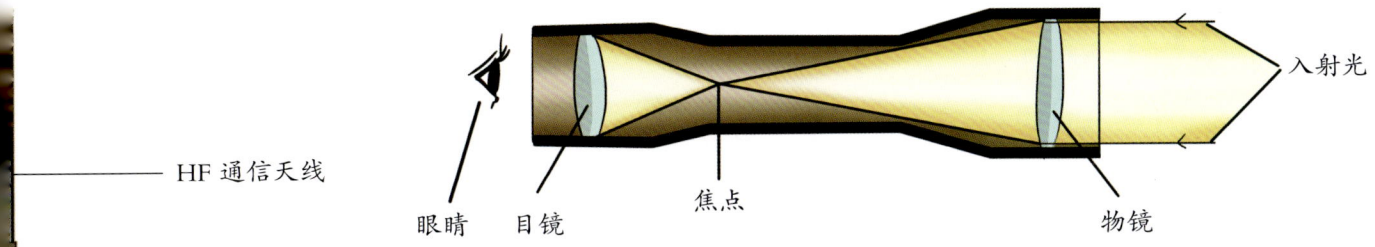

HF 通信天线

入射光

眼睛　目镜　　焦点　　　　物镜

瞄准镜

　　跟潜望镜一样，瞄准镜也很少单独使用，它一般安装在枪械上，由两块凸透镜组成，两块透镜间的成像是实像，这跟开普勒望远镜的原理几乎一样，所以说瞄准镜其实是安装在枪身上的变种望远镜。

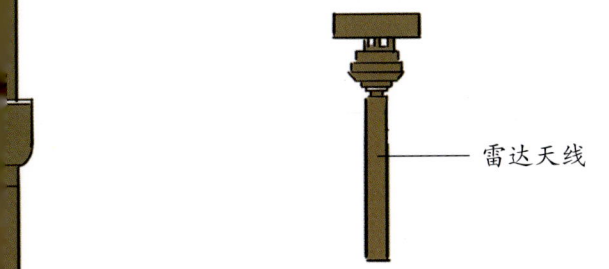

雷达天线

攻击潜望镜

两部潜望镜

　　潜艇上一般都安装着两部潜望镜，一部用来发现和瞄准水面情况，它是攻击潜望镜；另一部用来观察周围情况或导航观测，它是观察潜望镜。在潜艇浮出水面前，必须用这两部潜望镜对海面情况做一次360°的全方位观察，确定没危险后，潜艇才会浮出水面。

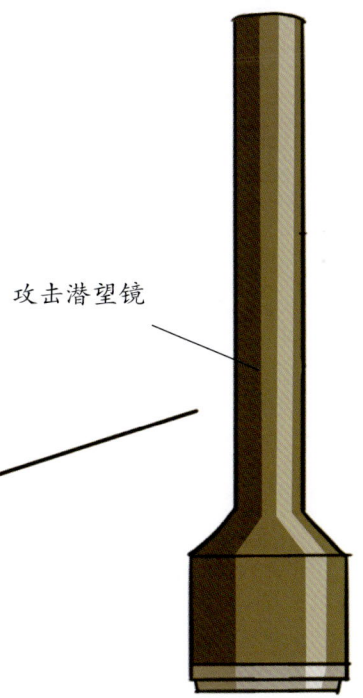

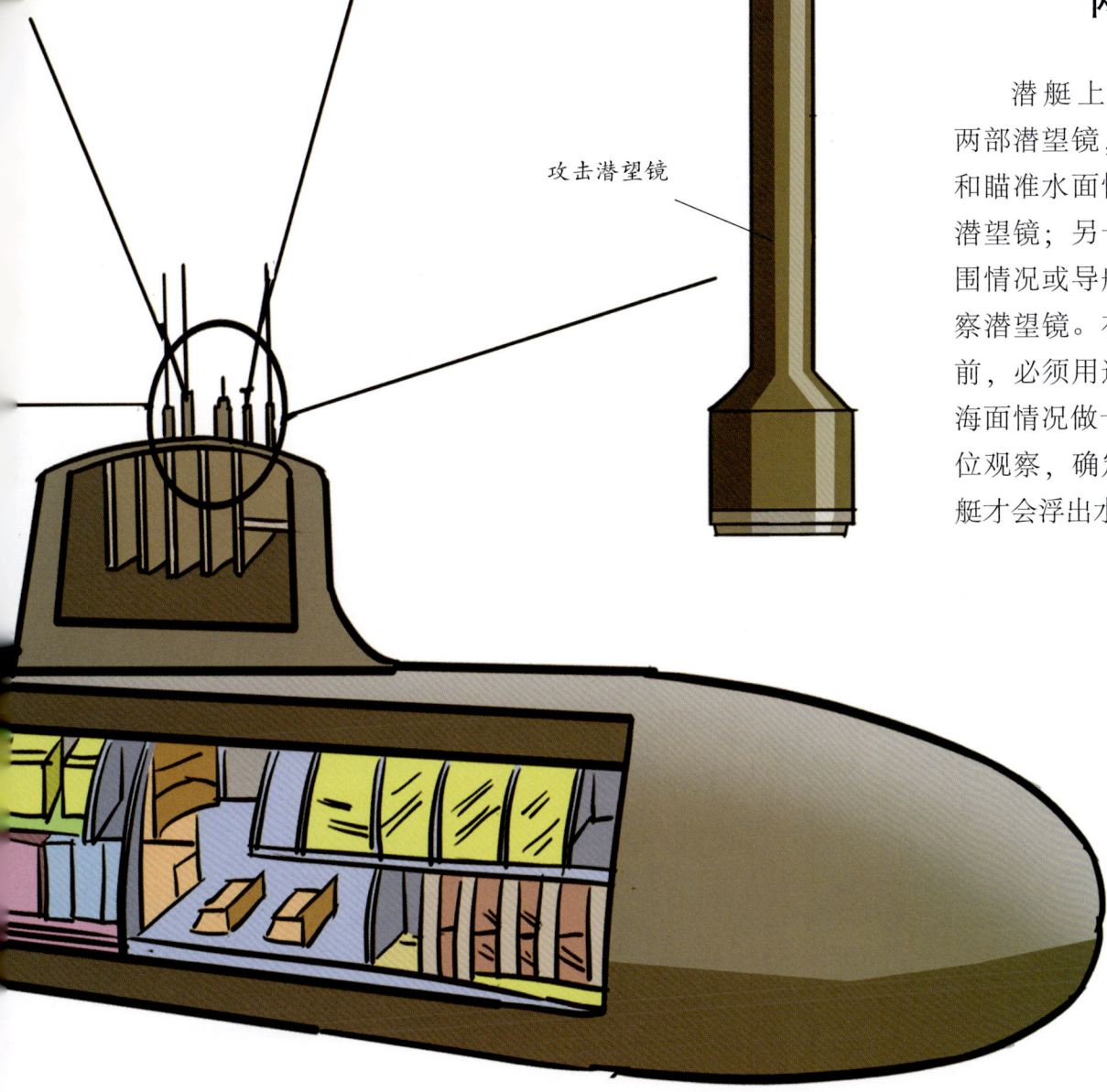

夜视仪

想象一下，在伸手不见五指的漆黑深夜，你却拥有一双透视眼，能够穿透黑暗，看见百米甚至千米外的事物。只要你拥有一台夜视仪，这便不是做梦。警察叔叔或野外工作者，经常会在工作中用到它。

这样工作

夜视仪主要有两种，即红外夜视仪和热像仪，让我们逐一来说。

红外夜视仪

红外夜视仪是用红外探照灯来照射目标，再将收集到的红外光形成人眼能够观察到的图像。这样，人们就能在漆黑的夜里看清远处的事物了。

热像仪

热像仪是不会发射红外线的，它依靠目标所发出的热量和背景的温度差，来勾勒出目标的"热图像"，热像仪几乎不受障碍物影响，是目前比较先进的夜间观测设备，军事上运用广泛。

图像增强管

这根特殊的管子是红外夜视仪的重要部件，它能够收集并放大红外线和可见光。

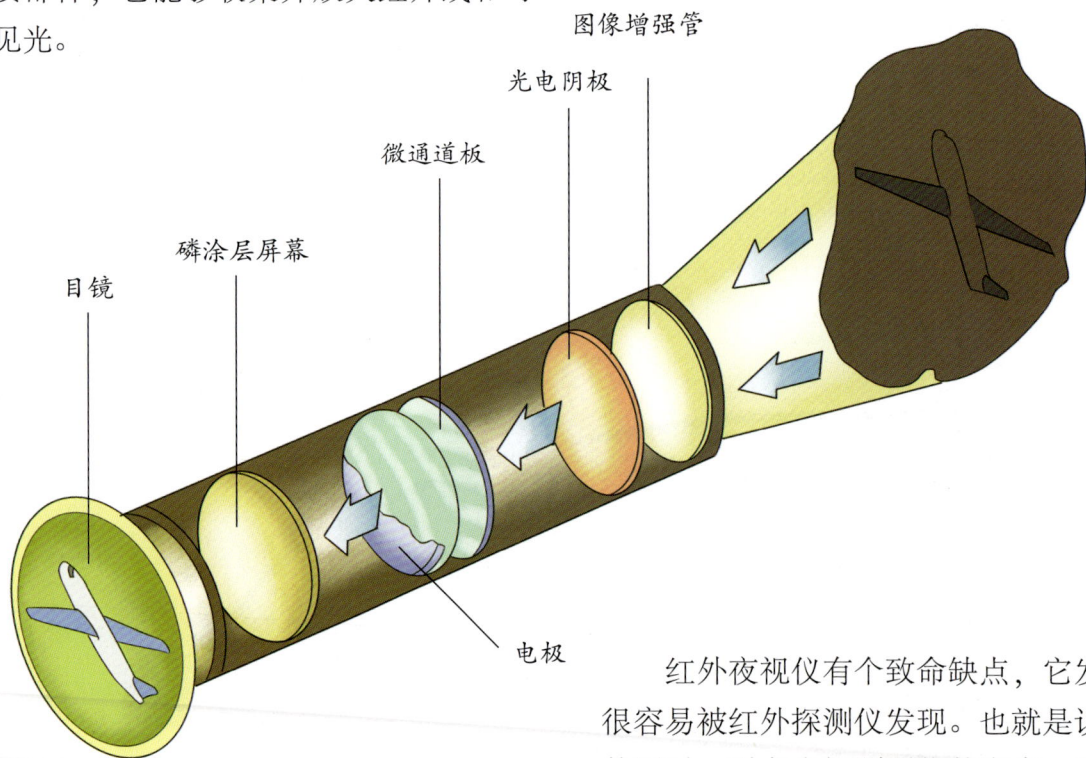

图像增强管

光电阴极

微通道板

磷涂层屏幕

目镜

电极

发现彼此

红外夜视仪有个致命缺点，它发射出来的红外光很容易被红外探测仪发现。也就是说，当你看到对方的同时，对方也探测到你的存在，现在，这种容易暴露自己的夜视仪基本上不用于军事领域。

看得最远

热像仪能够看清800米以外的人体，这跟红外夜视仪的百米范围相比，简直是天差地别。如果将其安装在侦察机上，可以从20千米以上的高空看到地面的人群和车辆。

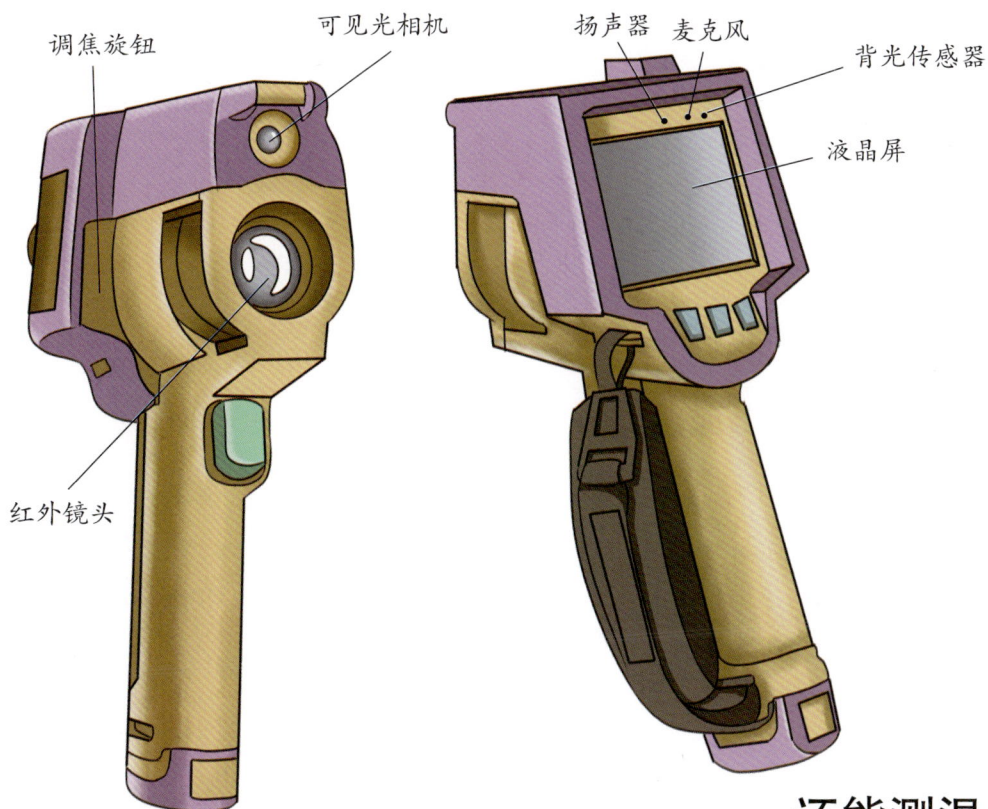

物镜

红外物镜的作用是把镜头中景物所散发出的热辐射汇聚成像。

调焦旋钮

可见光相机

扬声器　麦克风

背光传感器

液晶屏

红外镜头

还能测温

热像仪不仅能够在暗夜看清物体，还能探测出异常温度。如果你正在发高烧，即便混在健康人群中，也能被热像仪"辨别"出来。

CT机

有很多疾病通过眼睛能够看清楚并得到医治，但有些疾病，必须通过特定的仪器，如超声波、X光机或CT机来检测。尤其是CT扫描，它就像一架先进的人体照相机，能把人体内部骨骼及器官清楚地拍摄出来。

扫描架

扫描架与检查床相互垂直，里面安装着扫描部件。

计算机系统

CT机的计算机系统很简单，它不需要功能很多，但必须运算速度快和存储量大。

这样工作

CT扫描机也是利用X光来工作的，不同于普通的X光机，在CT机中，X光环绕在病人的四周，可以从上百个不同的角度来扫描人体，这些X射线有一部分被人体吸收，另一部分穿透人体组织被检测器接收，转化为电信号和数字信号，最后在电脑的汇总拼接下，合成一幅清晰完整的人体三维图像。

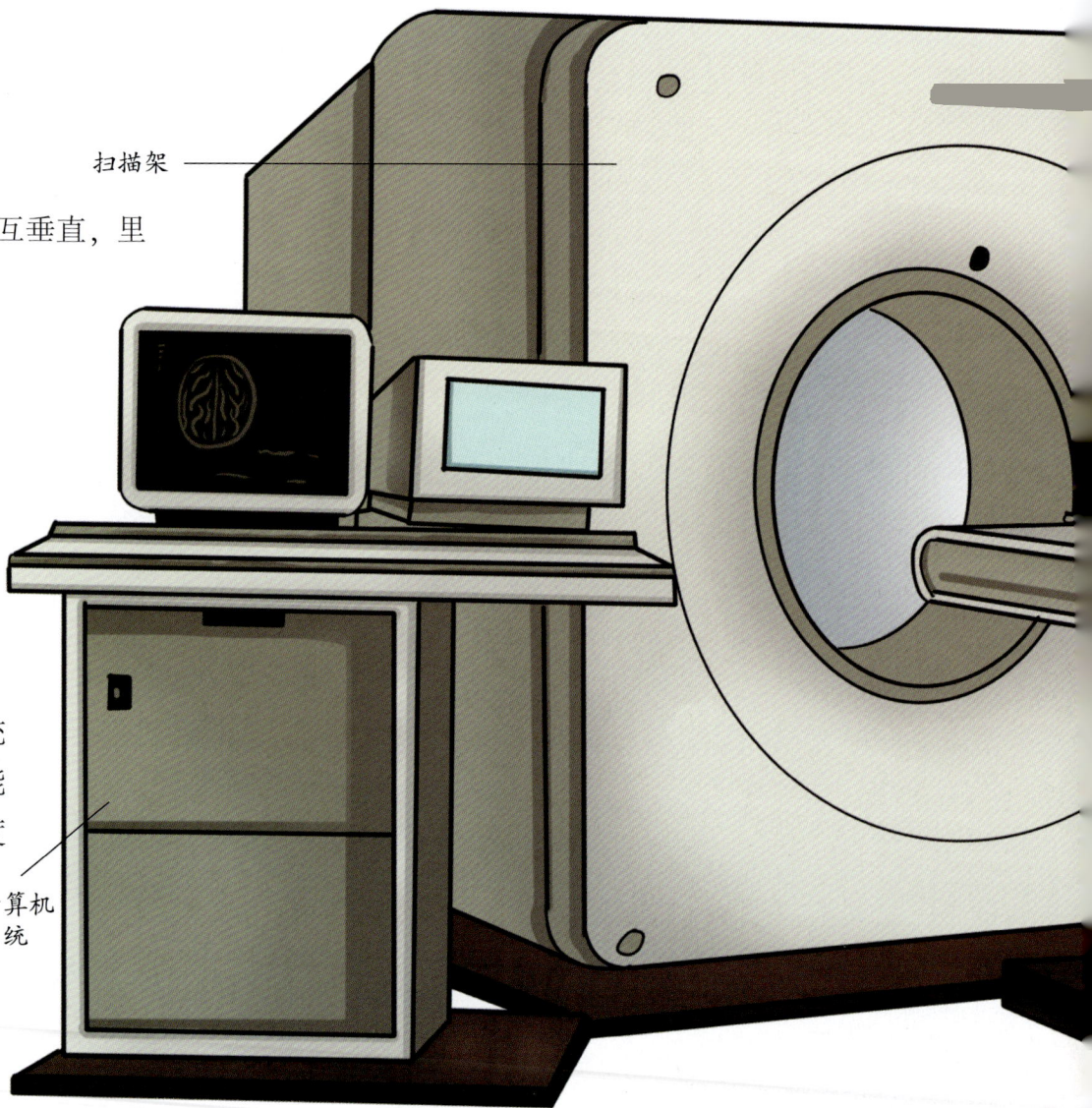

扫描架

计算机系统

X光机

X光也叫X射线，是由德国物理学家伦琴发现的。X光机和CT机都是利用X光来工作的。当我们身体的某部分照射X射线时，在显示器的屏幕中就能出现清晰的骨骼图像。

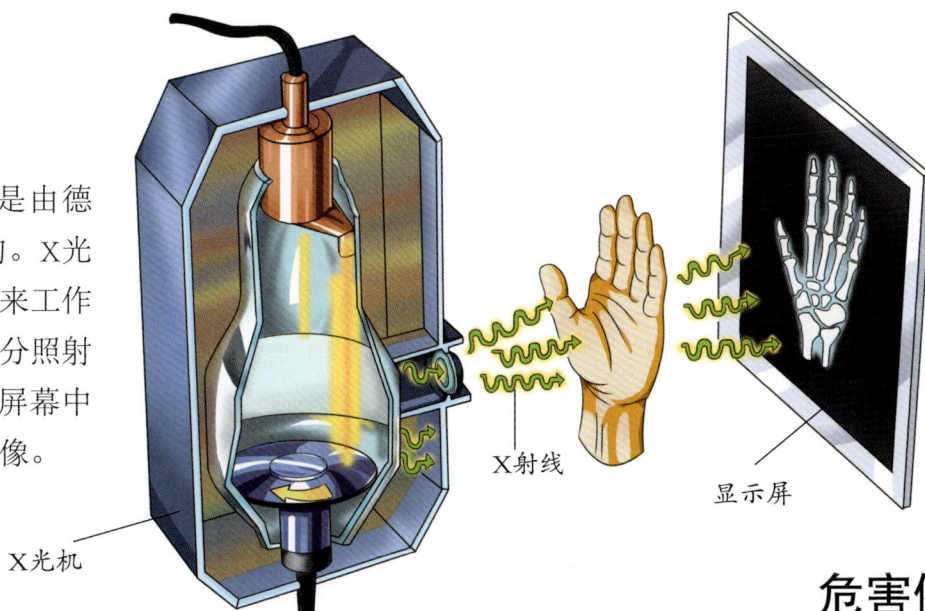

X射线

显示屏

X光机

危害健康

如果身体接触过多的X射线，会因为辐射，使健康细胞死亡，或发生变异，导致人体患病。所以医生们会减少使用X光，即便要用X光做检查，剂量也被控制在极其微小的范围内。

X射线发生器

X射线发生器

X射线发生器是由多个部件组成的共同工作的系统，包括高压发生器、X射线管、冷却系统和准直器等。发生器的主要作用是产生X射线束。

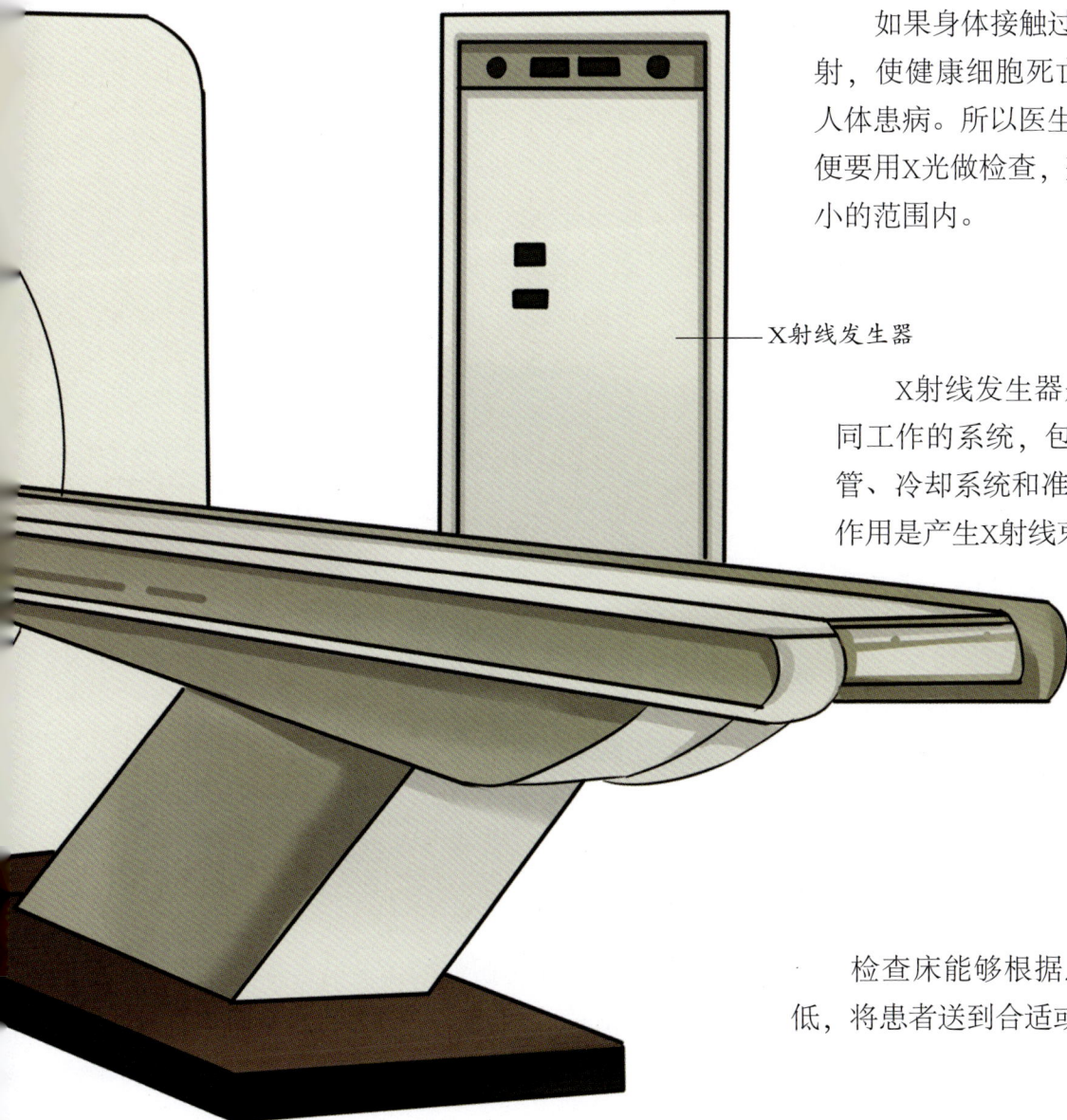

检查床

检查床能够根据患者的情况调节高低，将患者送到合适或预定的位置。

激光器

作为一个单独的机器，相信很多人都没有见过激光器。但把它安装在某些机器上，如金属切割机或牙医使用的牙钻，你肯定就不觉得它陌生了。激光器能够将巨大的能量集中到一个点上，甚至能将最坚硬的钻石切割开来，这是不是特别不可思议？

这样工作

宇宙中的原子有上百种，它们能以无限多的方式组合成为不同的物质。如果给原子提供巨大的能量，如热能、电能等，原子中的电子吸收能量后从低能级跃迁到高能级，再从高能级回落到低能级的时候，会释放出能量，这种能量是以光子的形式放出的，也就是我们所说的激光。

激励系统

激励系统提供光能、电能等，促使激光物质释放出光子。

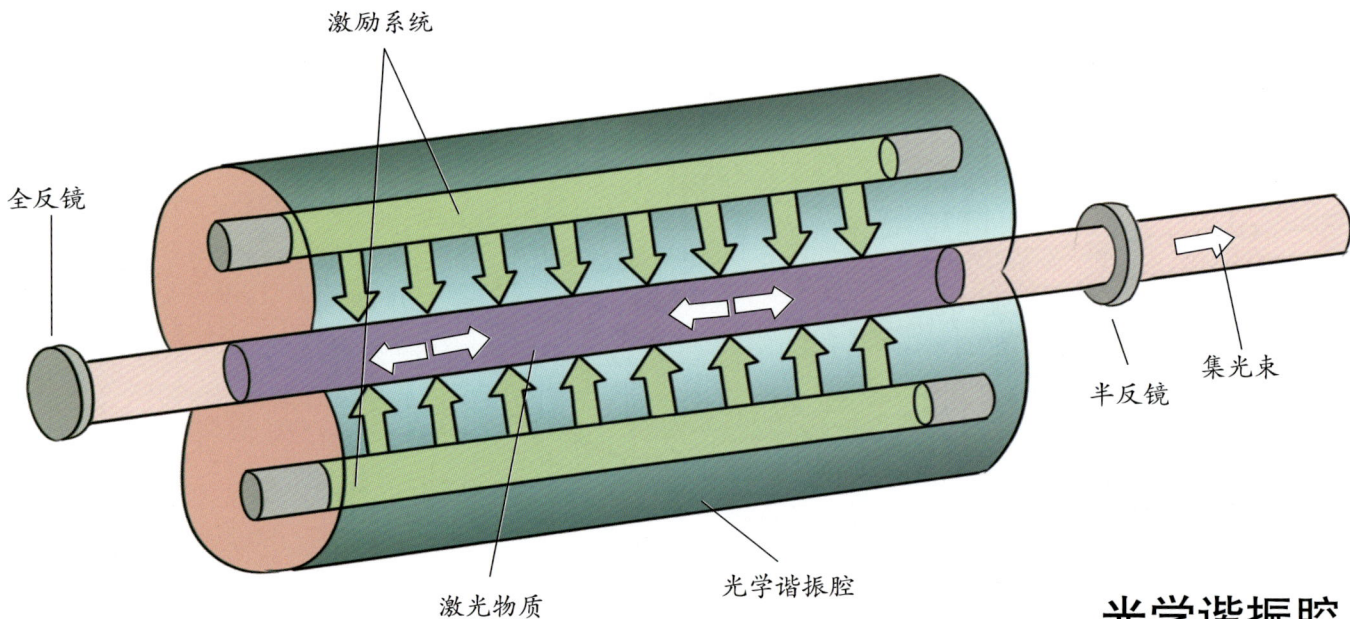

激励系统

全反镜

半反镜

集光束

激光物质

光学谐振腔

激光物质

顾名思义，能够产生激光的物质就是激光物质，如今，人们已经发现了上千种激光物质。

光学谐振腔

在激光物质的两端安装着两面相互平行的反射镜，两面反射镜之间的空间就是光学谐振腔，它能控制激光的亮度和方向。

▲ 整个圆筒形为光学谐振腔

全反射镜　　　　　　　　　　　　　　　　　　　　　　　部分反射镜

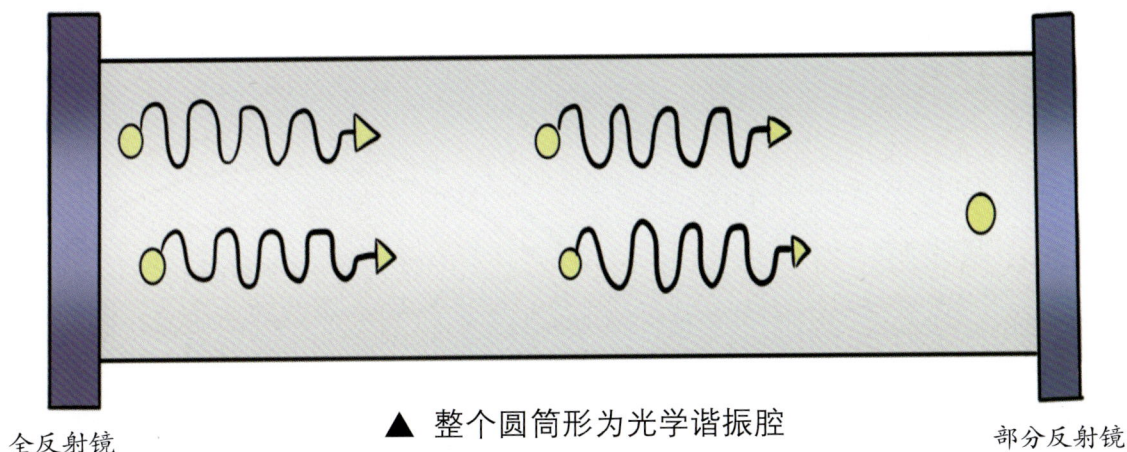

激光器的类型

按照激光物质的物理状态，可以将激光器分为固态激光器、气态激光器、液体激光器和半导体激光器。其中，人类史上第一台激光器——红宝石激光器，是由一位美国的物理学家利用合成红宝石和螺旋形闪光管制成的固态激光器。

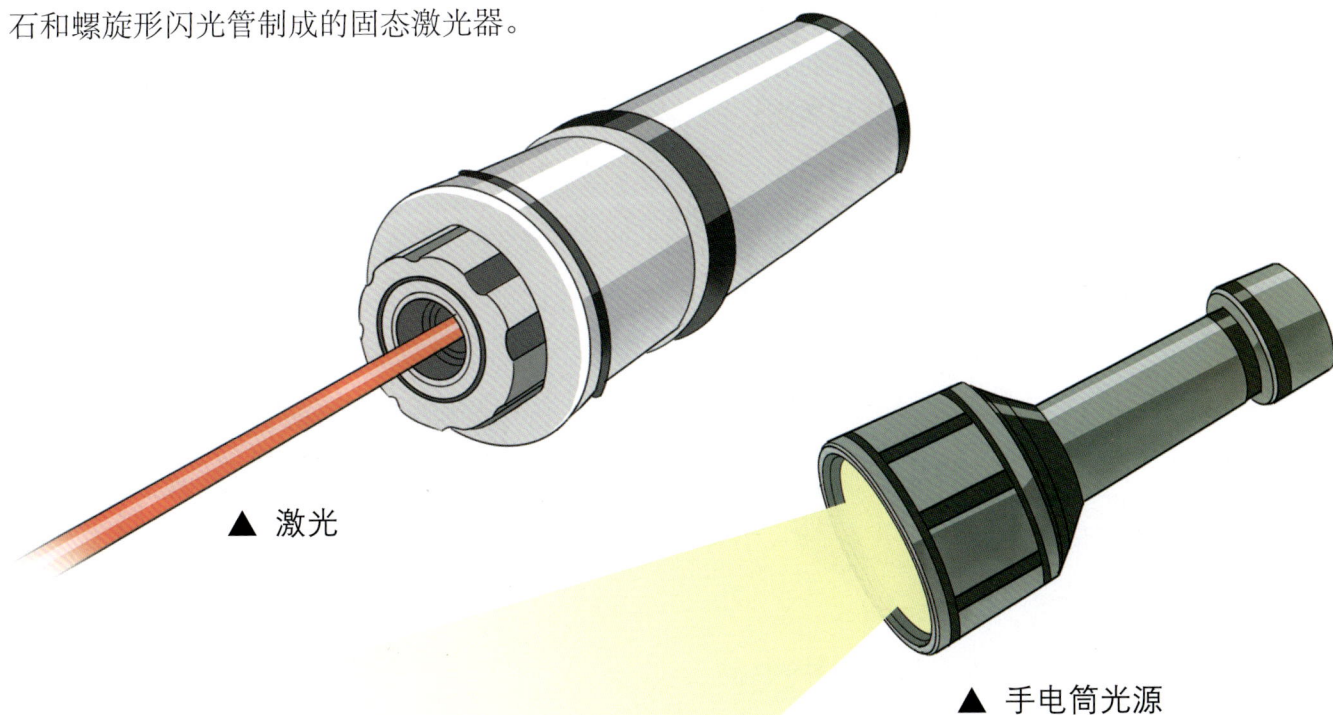

▲ 激光

▲ 手电筒光源

特别的激光

虽然激光和灯光、太阳光等都是光子在运动，但激光又与它们有着截然不同的特点。激光是单色光，不像太阳光，由七种颜色构成。这决定了激光中每个光子的运动都是同步的，因为它们的波长相同。最后，激光的光束密集又强烈，不像手电筒的光，分散且暗淡。

二氧化碳激光器

二氧化碳激光器是一种气态激光器，它以红外线的形式发出能量，多被用来切割坚硬的物质，如金属、钻石等。

乐 器

有一些美妙的声音能够消除人们的疲劳感和紧张感，譬如很多乐器发出的声音，小提琴流出的哀婉乐声，大提琴发出的低沉乐声，以及钢琴弹奏出的轻快乐声，这些都能使人神经放松，心情舒缓。

弦乐器

弦乐器的发声方式是使拉紧的弦振动发音，不同的弦发出的音不同，比如长而粗的弦发出的音调低，短而细的弦发出的音调高；绷紧的弦音调高，不绷紧的弦音调低。

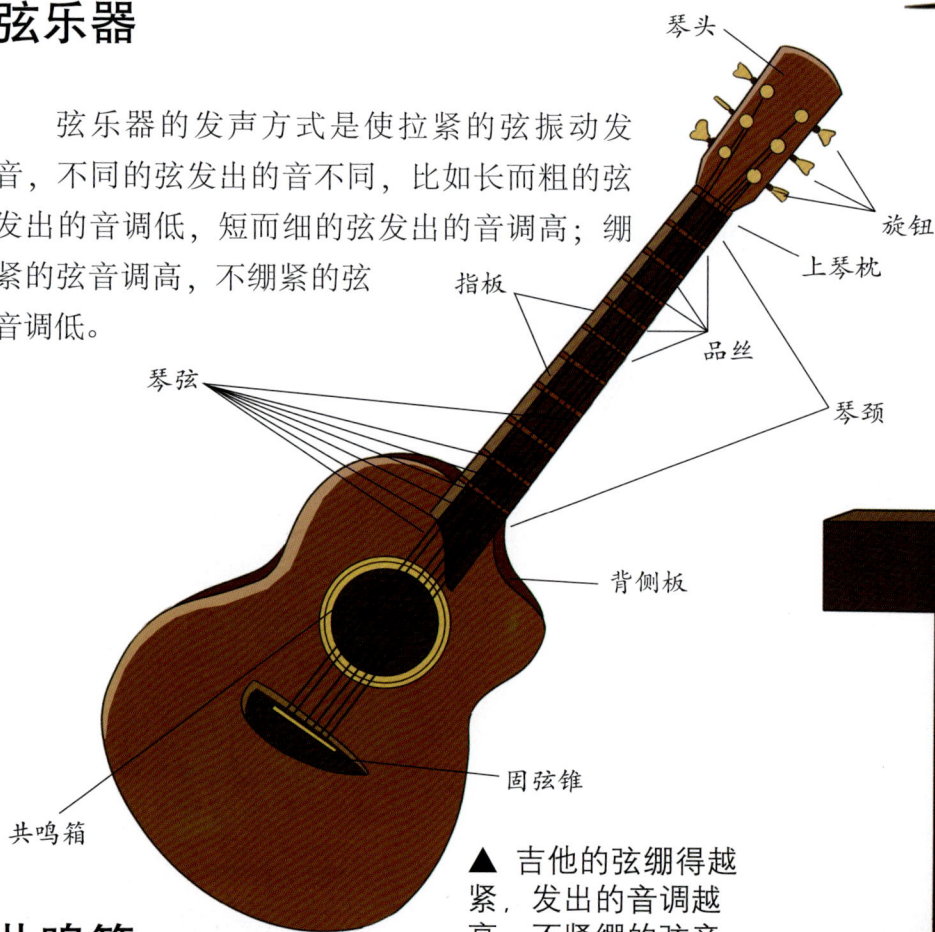

这样工作

乐器主要分为三类：弦乐器、管乐器和打击乐器。弦乐器包括吉他、小提琴等；管乐器包括长笛、小号等；打击乐器包括架子鼓、编钟等。这些乐器不仅模样不同，发声的原理也不尽相同，让我们分别来看看。

琴头

旋钮

上琴枕

指板

品丝

琴颈

琴弦

背侧板

固弦锥

共鸣箱

▲ 吉他的弦绷得越紧，发出的音调越高，不紧绷的弦音调低。

共鸣箱

不管发音低或高，弦发出的音量都很小。必须要由木质腔体共鸣才能产生更大的音量，这就好像两个声音叠加在一起，一定会比原声大一样。此外，腔体的形状和材质对音色及音调高低都有影响。

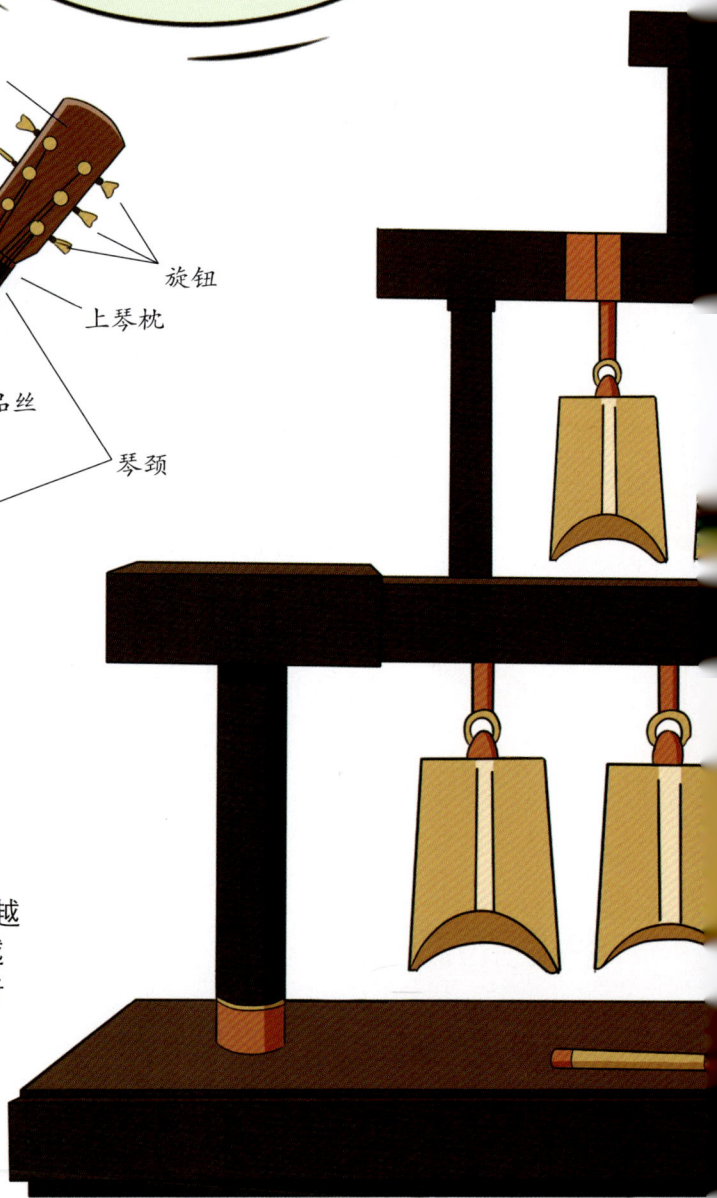

管乐器

管乐器是靠使空气柱振动发出声音的，空气柱越长越不容易振动，因此发出的声音音调比较低；空气柱越短越容易产生共振，所以听起来乐声就洪亮。

以横笛为例，它的木管内就有一段空气柱，当你从吹孔吹入空气时，腔体内按一定频率振动而发出不同的音调。如果你把笛子上的六个按孔全堵住，此时笛子的空气柱最长，发出的声音音调最低，如果你把按孔逐一放开，便能听到不同音调的声音。

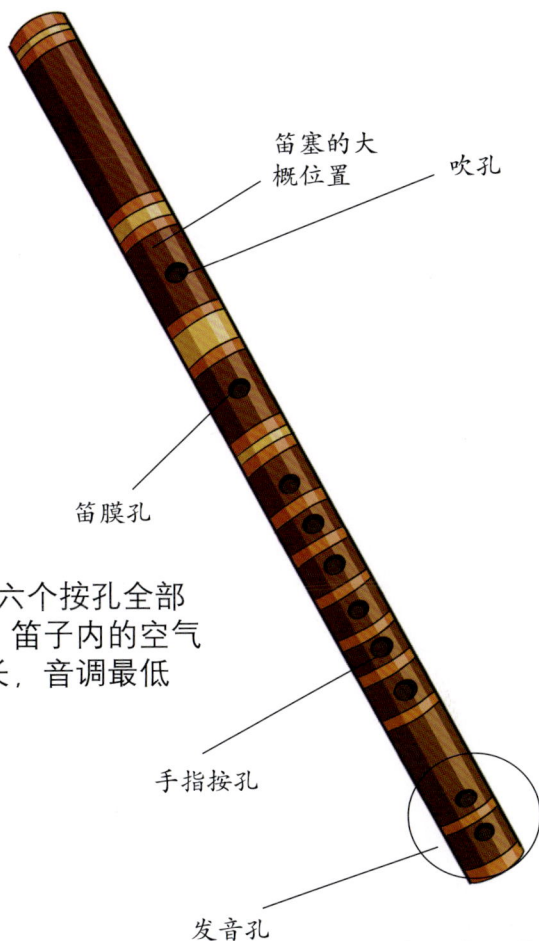

笛塞的大概位置

吹孔

笛膜孔

▲ 将六个按孔全部堵住，笛子内的空气柱最长，音调最低

手指按孔

发音孔

打击乐器

鼓、锣及编钟等都属于打击乐器，这类乐器受到打击时，会发生振动，从而产生声音。以编钟为例，它是中国古代著名的打击乐器。所敲打的编钟钟体小，音量就小，音调则高；所敲打的编钟钟体大，发出的音量就大，音调相对较低。

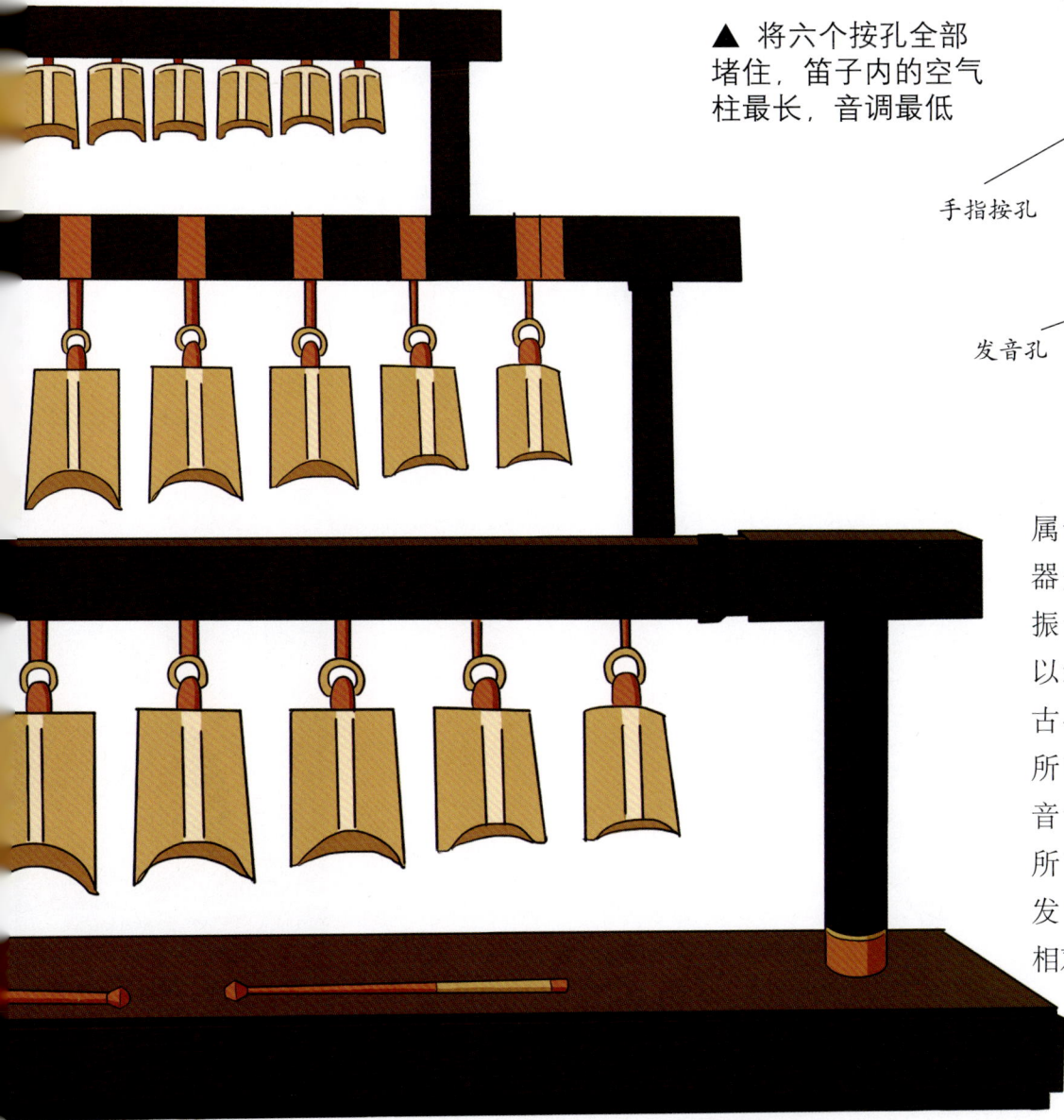

▲ 多个编钟构成一个编钟组，编钟按大小顺序依次排列

音 箱

　　音箱就像一个能够发出声音的箱子，这个箱子有大有小。箱子中有很多部件，其中最重要的一个叫作扬声器，它能够把声音放大，让人们一边看书，一边欣赏悠扬的音乐。当然，如果你不想让别人跟你一起听音乐，那可以选择戴上耳机自己听，而不是用音箱把音乐外放。

吸音材料

　　海绵、腈纶棉、泡沫塑料等都能当作吸音材料，吸音材料的作用是改变音色。

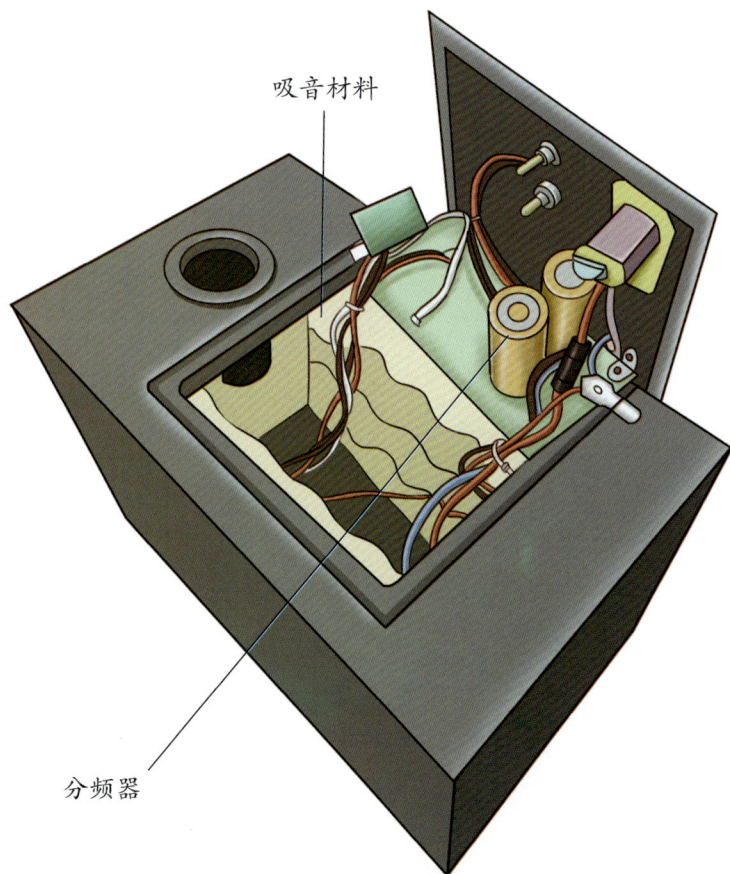

这样工作

音箱能够将记录声音的电信号还原成声音传播出来。过程是，当音箱中的扬声器接收到电信号后，电流会通过扬声器上的线圈，促使电信号变成声波，从而发出声音。

吸音材料

分频器

箱体

　　音箱的外壳就是箱体部分，箱体有大有小，形状不一，有的就像长方体盒子，而有些竖在电视机旁边，像两根柱子一样。

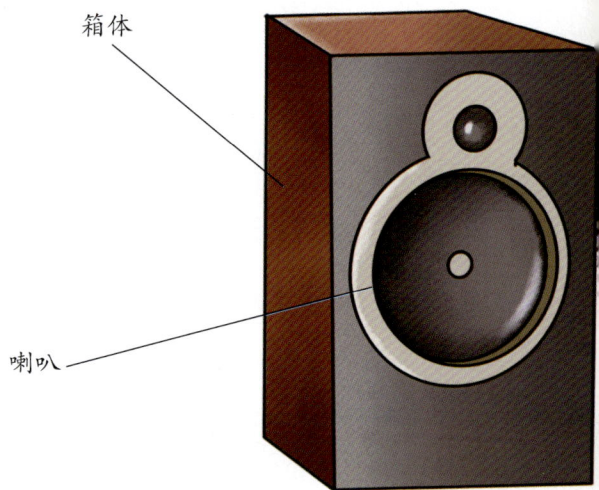

箱体

喇叭

分频器

　　分频器是音箱中的电路元件，它负责把音频电流分开传送，高频电流传给高音喇叭，低频电流传给低音喇叭。

喇叭

　　一般情况下，每个音箱都有两个喇叭，一个低音喇叭，一个高音喇叭。

智能音箱

"小爱同学，播放古典音乐""小度小度，明天下雨吗？"这些对话，想必小朋友们都不陌生，而对话对象——智能音箱，现在也是很多家庭的常备品。智能音箱不仅能播放音乐，还具有查资料、网购及控制家居用品的功能。

小爱同学，明天下雨吗？明天考试吗？明天能吃冰激凌吗？明天……

耳 机

耳机是一种小巧便携的声音播放设备，它的一头有一个接口，可以与手机、CD机或电脑等媒体播放器连接。如果你戴着耳机听音乐，别人是听不到的，只能独自欣赏。有些耳机能塞进耳朵里，当你使用时，千万不要调太大音量，否则会对听力造成损伤。有些耳机是头戴式的，戴上后虽然模样很怪异，但音响效果要远远超过其他耳机。

这样工作

耳机的工作原理跟喇叭一样，每个耳机里都有一团线圈，里面有流动的电流，电流变化时线圈会受永磁体磁场影响振动，带动膜片振动产生声音，这是我们从耳机中听到声音的关键。

发声单元

外壳

耳机的外壳分为开放式、封闭式和半开放式三种，一般入耳式耳机的外壳都是封闭式的。

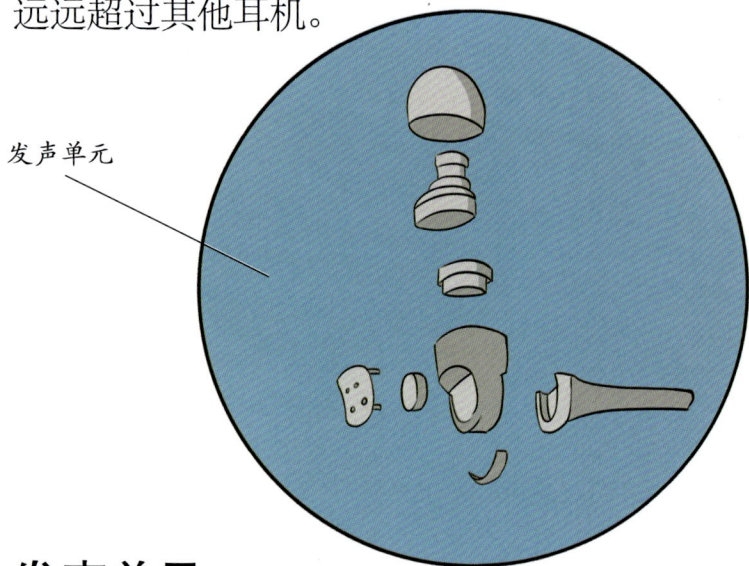

外壳

左声道

发声单元

发声单元被包裹在耳机外壳中，它是耳机特别重要的一部分，分为左、右两个发声单元。

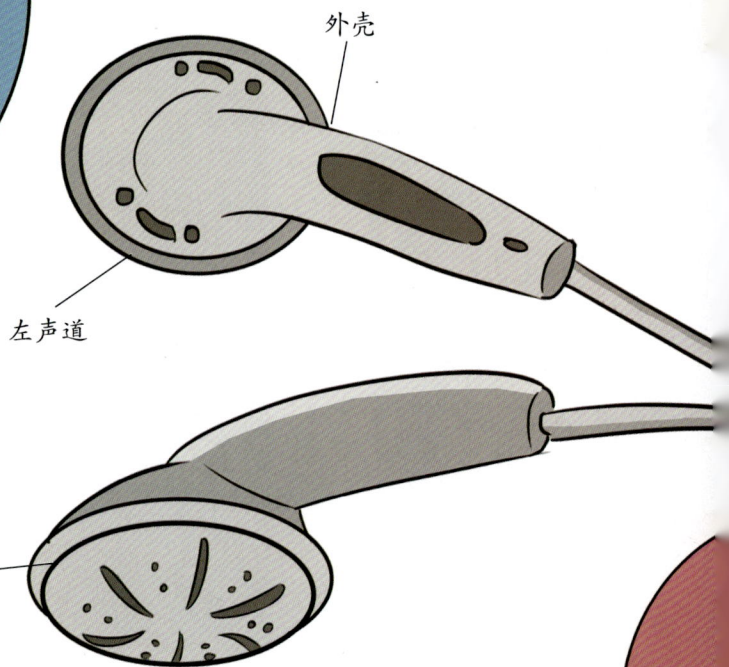

右声道

"R"和"L"

耳机外壳上一边标着"R"，另一边标着"L"，它们分别代表右声道和左声道。

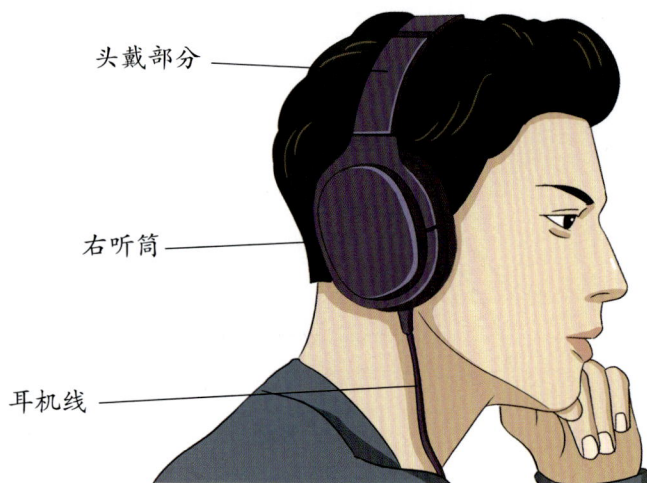

头戴部分

右听筒

耳机线

头戴式耳机

头戴式耳机不需要塞入耳道内，能够更好地保护听力，相比较其他耳机，听觉的舒适性更好。很多音乐专业人士会选用头戴式耳机。

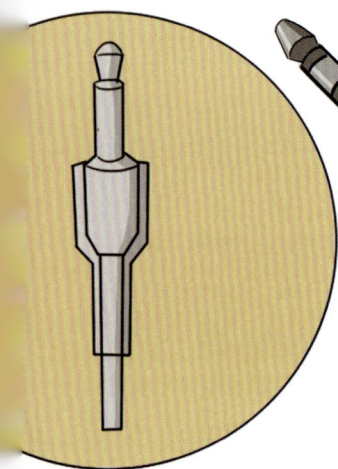

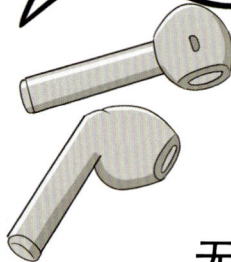

我既是耳机的保护壳，也是充电盒。

无线蓝牙耳机

无线蓝牙耳机小巧、隐蔽，而且还能免除引线的牵绊。当你第一次使用它时，需要将手机的蓝牙系统和耳机同时打开，使它们成功配对。以后每次使用，只要打开蓝牙，便能通过耳机听歌或拨打电话了。

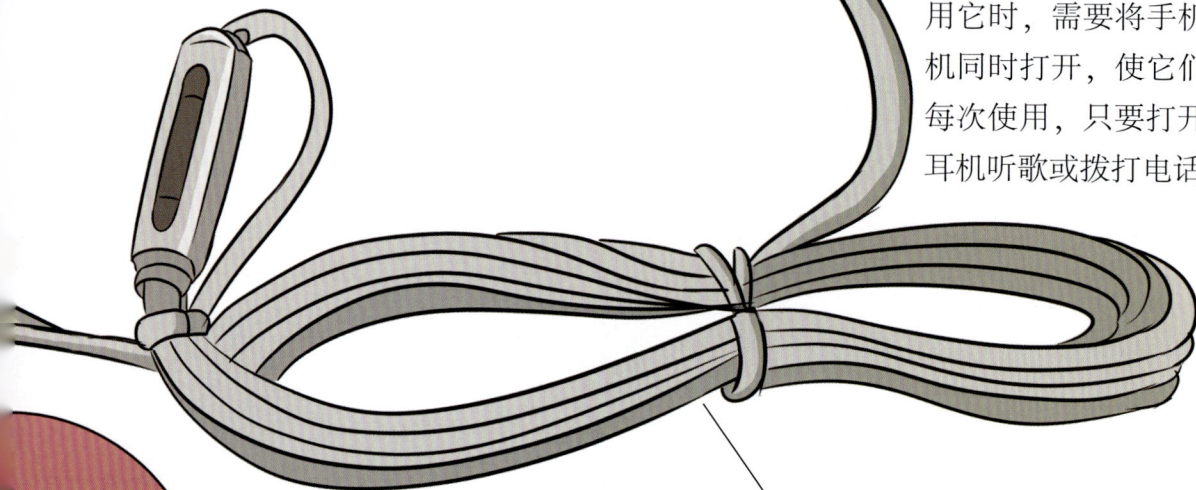

引线

引线

引线连接着发声单元和插头，有些耳机没有引线，如蓝牙耳机。

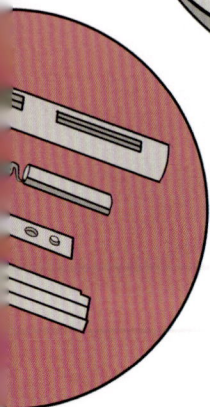

麦克风

麦克风也叫话筒，它是一种可以将声音转换为电信号的转换器。经过麦克风的转换，你的音量不仅提高了，仔细听时，会发现音色也有改变。如果你想体会一下这神奇的现象，在学校举办活动时，你可以去竞聘，当一位手持麦克风的小主持人。

这样工作

当我们对着麦克风说话时，振动的声波传到麦克风的振膜上，推动里面的线圈在磁场中振动形成变化的电流，变化的电流被传送到后面的声音处理电路中进行转化，再传出的声音就变大了。

防尘罩

振膜上罩着一层泡沫棉，它既能阻止风和气流与振膜接触，还能起到防尘的作用。

防尘罩　　膜片

S　N　S　线圈

永久磁体

振膜

振膜是一个很薄的、柔软的膜片，它振动的速度特别快，当声波作用在振膜上时，会使振膜带动附着在它上面的线圈一起振动。

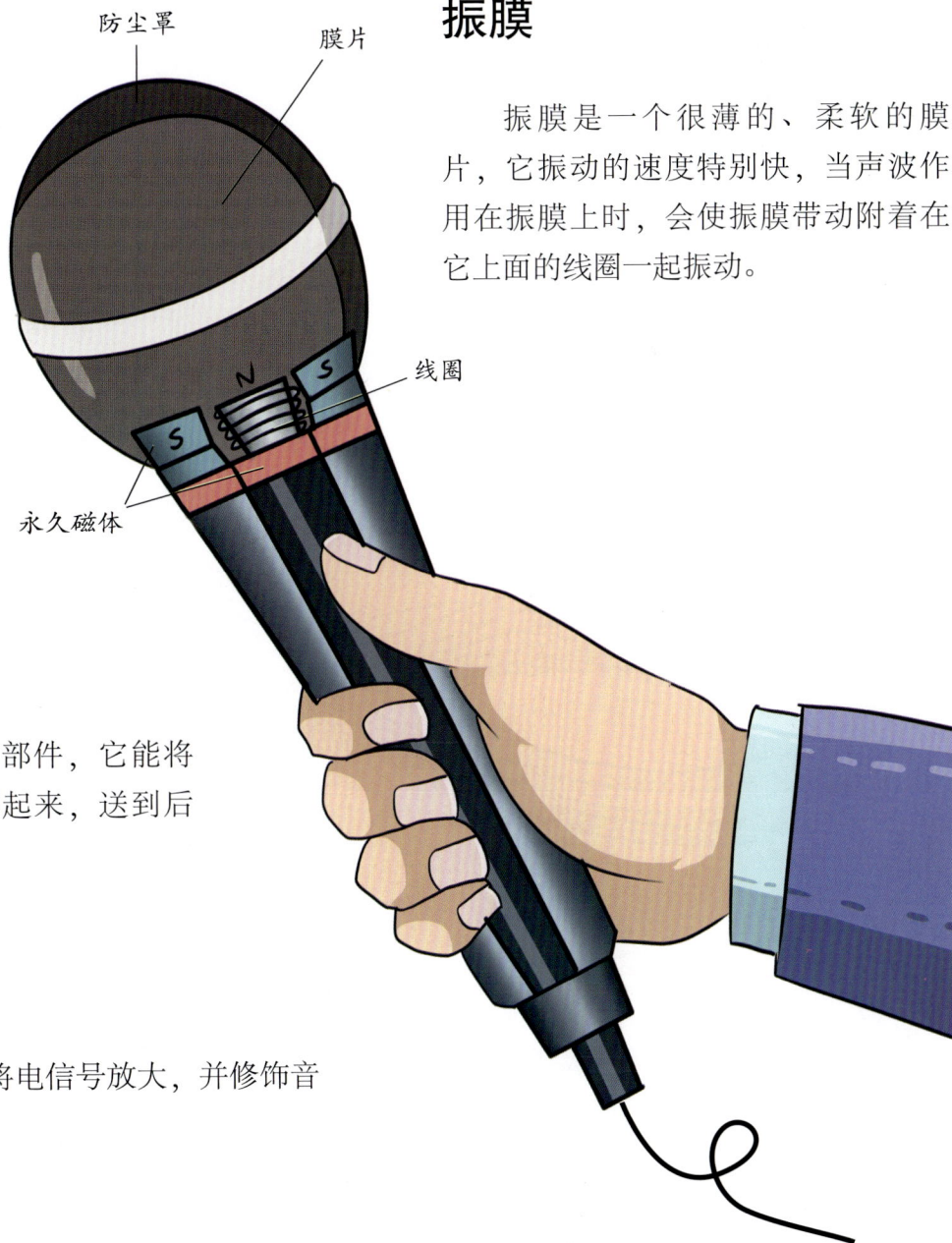

拾音器

拾音器是捡拾声音的部件，它能将话筒周围的环境声音收集起来，送到后端设备处。

信号放大电路

也叫信号放大器，能将电信号放大，并修饰音调和音色。

无线麦克风

无线麦克风跟有线麦克风原理一样，只是它不用拖着一条长长的电线，用起来更加灵便。由于没有电源线，无线麦克风需要由电池来供电。

▲ 史上第一个麦克风

第一个麦克风

历史上第一个麦克风是由埃米尔·贝林纳在1876年发明的。这个麦克风的外形更像一面小鼓，它既能传送声音，也能对声音进行放大。

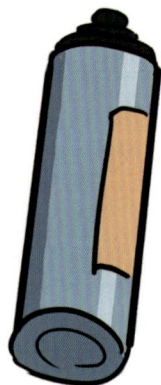

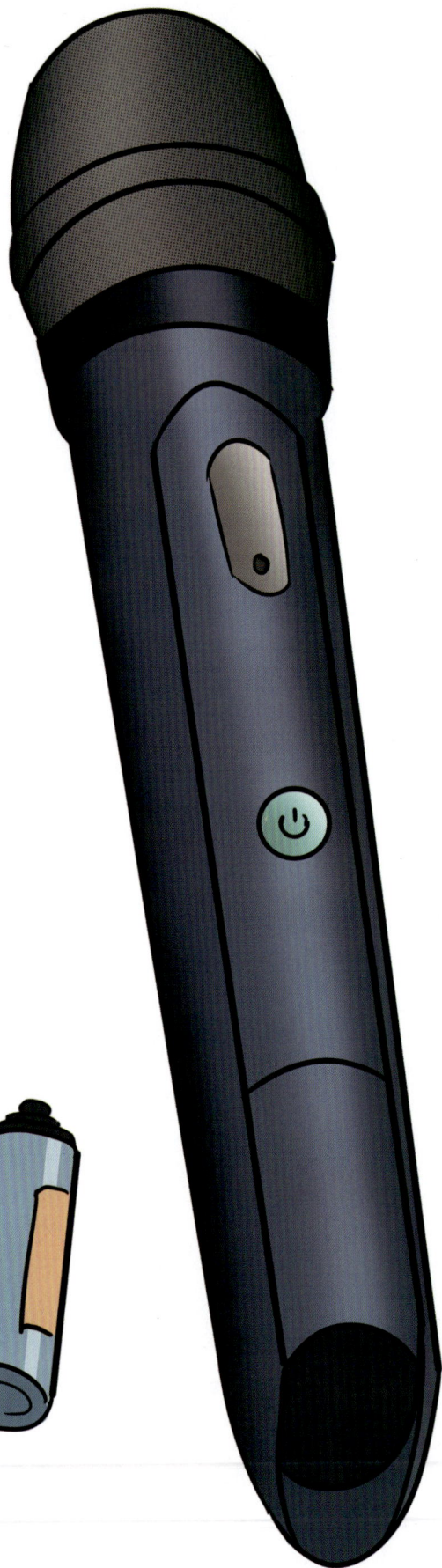

喇 叭

最早的喇叭叫号角，战士们冲锋陷阵时，嘹亮的号角催人奋进。后来号角改名叫作喇叭，向外扩展的圆筒能将声音放大。再后来，扬声器出现，它的作用跟喇叭一样，但外形不再局限于外扩的圆筒状，它可以用各种形状做外壳，于是我们看到了圆柱形喇叭、长方体喇叭、球形喇叭，等等。

磁铁

磁铁能够产生固定磁场，它是喇叭重放声音的关键部件。

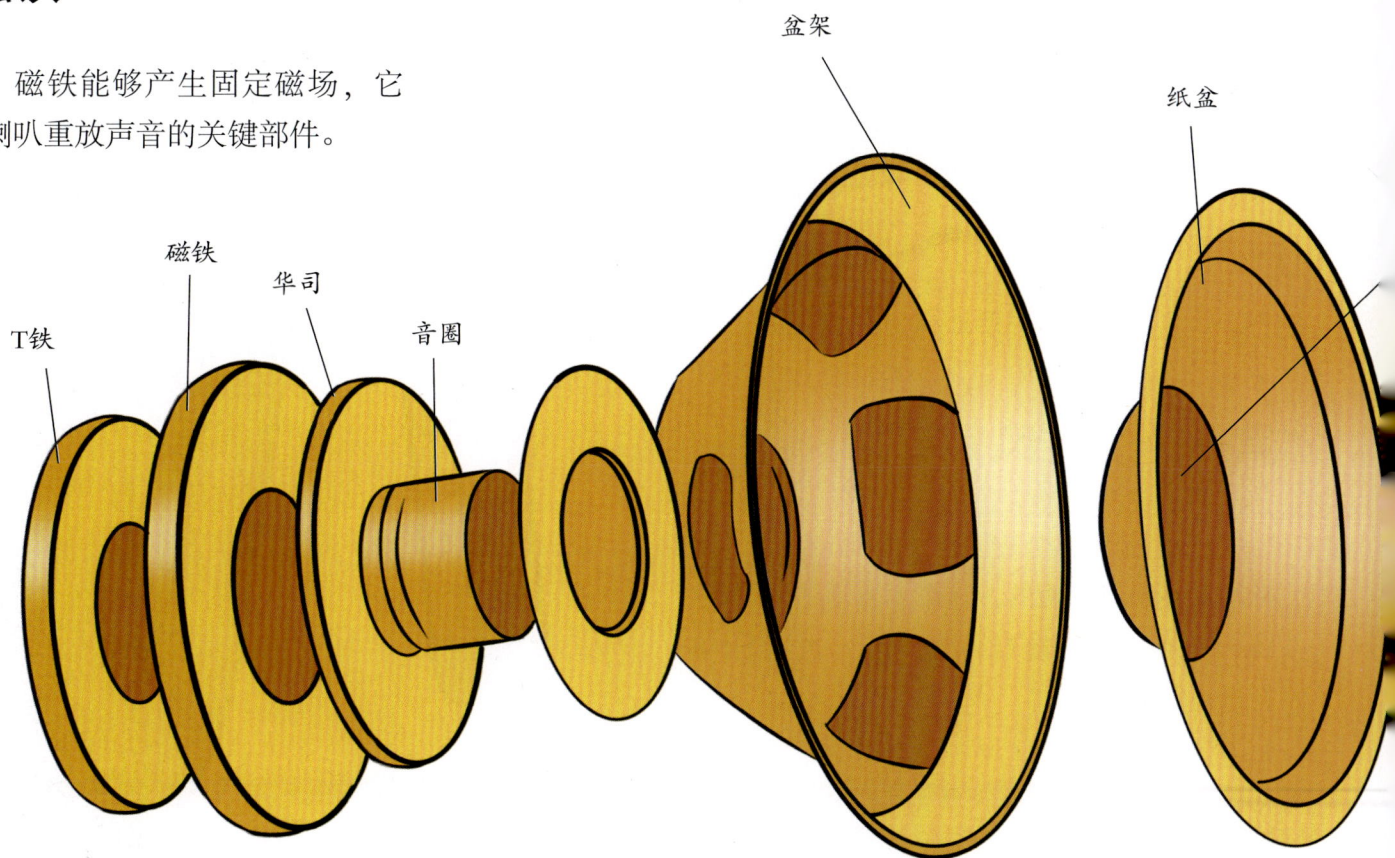

音盆

音盆的振动能够推动空气振动，从而产生声波，实现声音重放。

支片

支片是喇叭的振动支撑，也叫弹簧片或弹波。

T铁

磁铁

华司

音圈

盆架

纸盆

这样工作

喇叭里有一个环形的永磁铁，磁铁中间有个线圈，它连接着又薄又硬的锥形片。当电子信号传送到线圈时，线圈产生磁场，这个磁场与永磁铁相互排斥或相互吸引，从而引起锥形片振动。当然，振动频率与传入声波的频率相同，所以我们就能听到与原来音调相同的、被放大的声音了。

防尘帽

防尘帽一般是半球形的，它能有效阻止灰尘和杂物进入磁铁缝隙中。

防尘帽

▲ 动物号角——牛角号

号角

最初的号角是由动物角做成的，如牛角，它发出的声音极其高亢，在战场上能振奋士兵的斗志。后来，竹木质号角、金属号角逐一诞生。尤其是金属号角，它的模样与现代喇叭很像，对声音的传送及放大作用也很强。

折环

折环连接着音盆与盆架，它能够支撑音盆的振动系统。

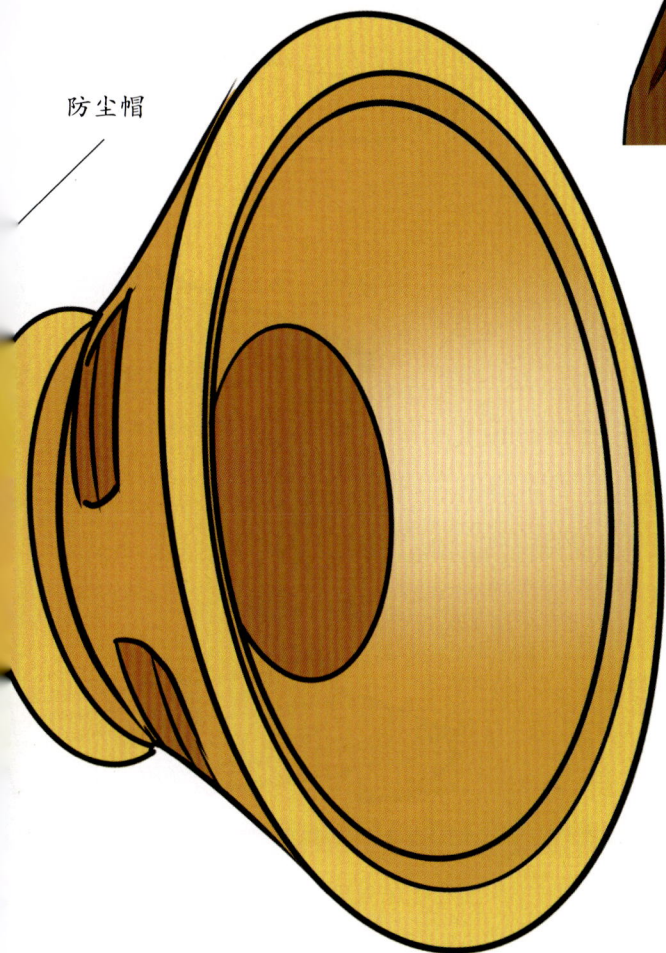

171

留声机

爱迪生是个伟大的发明家，他一生的发明专利有一千多项，留声机就是其中一项。虽然有些笨重的留声机早已退出历史舞台，取而代之的是更轻薄小巧的CD机。但它的出现，引导人们开始研究声音重放问题，如果没有前人的研究，我们就不能听到录播的歌曲和故事了。

这样工作

留声机是一种播放唱片的电动设备，它必须要与唱片配合才能发出声音。在灌录唱片时，因为音频强弱不同所以在唱片上留下的痕迹深浅不一。放在留声机上播放时，唱针会感应出这些刻痕，再通过线圈感应出电流，最后就能把唱片上的刻痕还原成声音了。

如果把磁带拉扯成这样，它就不能播放音乐了！

大喇叭

大喇叭

花朵形状的大喇叭是留声机上非常醒目的部件，它能起到扩大声音的作用。

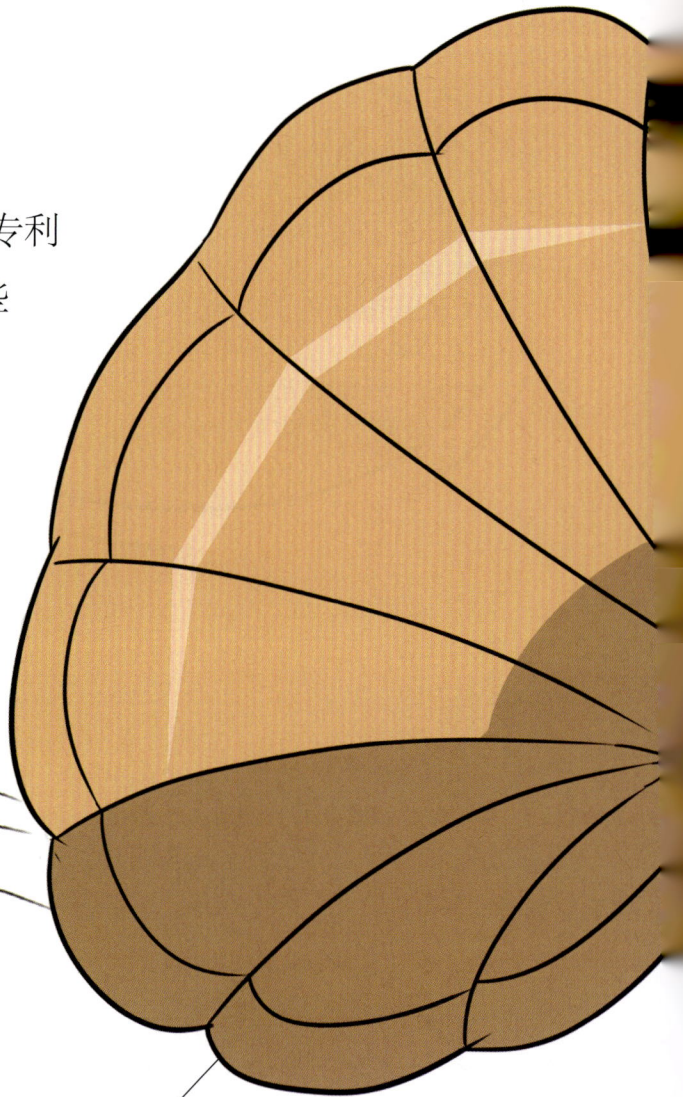

磁带

磁带和光盘一样，能够把声音录制上去再播放出来，这主要是靠磁带上的磁性物质。如果磁性物质消磁了，磁带就会失去录音和播放声音的功能。

CD机

CD机可以说是留声机的升级产品，它像留声机一样，能够播放唱片。先将唱片上的光信号转换为电信号，再传给音箱变成声音信号。

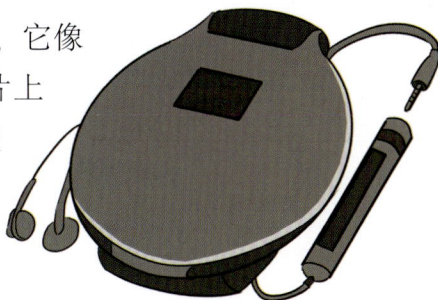

我是CD机，只能播放声音。

唱臂

唱臂的作用是搭载唱头，它的前端是唱头，后面是一个回旋装置。

我是DVD，声音和画面都能播放。

唱臂

唱头

唱头上有个唱针，当它搭到唱盘上时，能够将振动信号转换为声波，从而变为要播放的声音。

唱头

唱盘

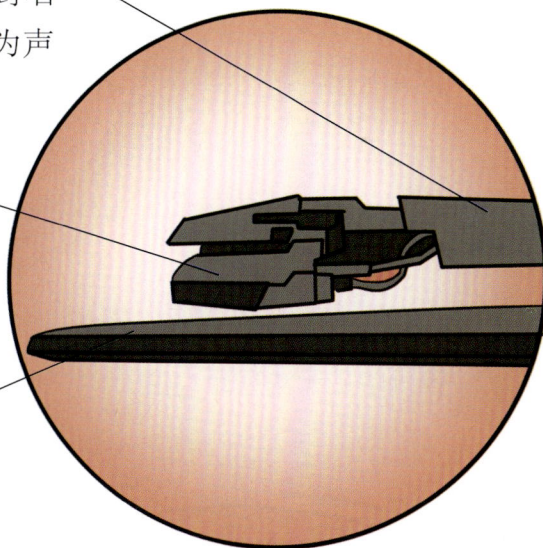

唱盘

唱盘是留声机上非常重要的部分，它能带动唱片旋转，使唱针读出唱片上的信号，从而发出声音。

电话机

声筒和主机被一根电话线连接起来，这就是电话机。通过电话机，你能跟远在千里外的好朋友通话，但这必须依靠一条连接两地的电话线。随着光纤技术的发展，我们既能进行语音通话，还能看到彼此的模样，进行视频通话。

液晶显示屏

键盘

电话键盘包括数字按键、重播键、免提键、记忆存储键等。

键盘

电话线

电话线

电话线是连接两部电话机的线路，如果没有线路是无法远距离通话的。

话筒

这样工作

当我们拿着电话机对着送话器讲话时，声音的振动会形成声波，声波作用在送话器上，产生话音电流，电流沿着电话线传送到对方的受话器内，受话器将话音电流转化为声波，这样对方就能听到我们的讲话了。

话筒

话筒与听筒通过一根横杆连接在一起，连接电话线的一头是话筒，另一头为听筒。

第一台电话机

历史上第一个申请电话专利的人是亚历山大·贝尔，他所发明的电话机听筒和话筒是分离的，你需要一只手拿着听筒放在耳边，另一只手握着话筒靠近嘴边，才能完成彼此间的通话。

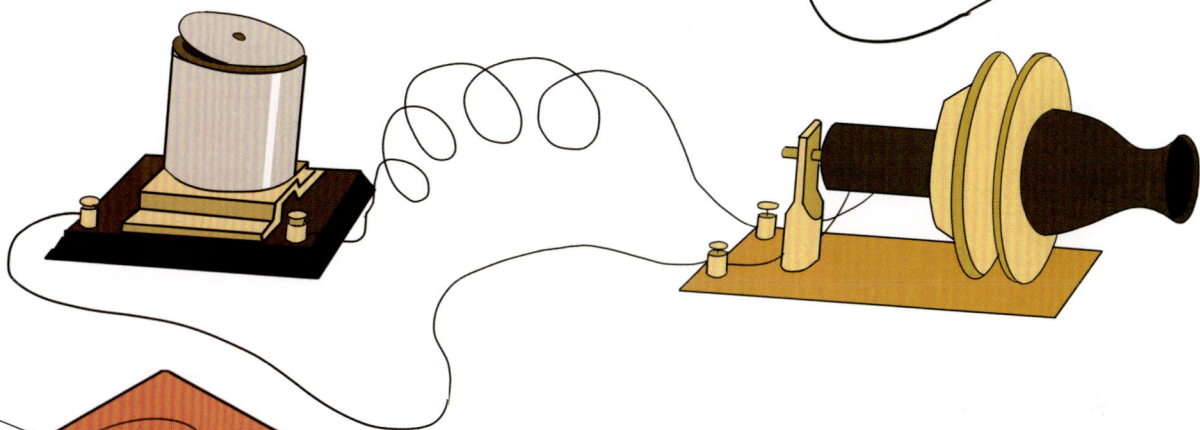

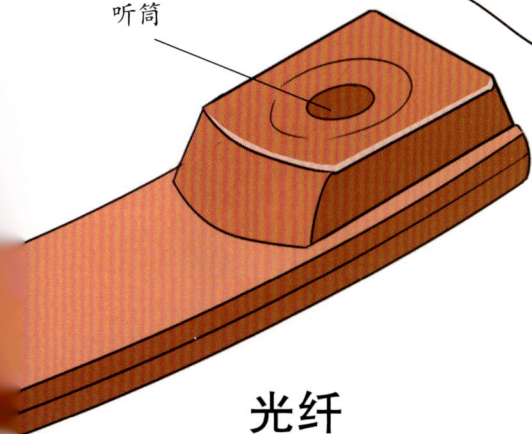

听筒

可视电话

可视电话跟普通电话机模样相似，但它多了摄像设备和图像接收显示设备，能够帮助人们实现面对面通话的梦想，但与手机的视频通话效果还是无法比拟的。

光纤

光纤是光导纤维的简称，你可以将其理解为是一种纤维制品，它比人的头发丝还要细，但可不要小瞧它，利用光的全反射，这条细细的导线可以同步传输几万路电话和几千套电视节目。

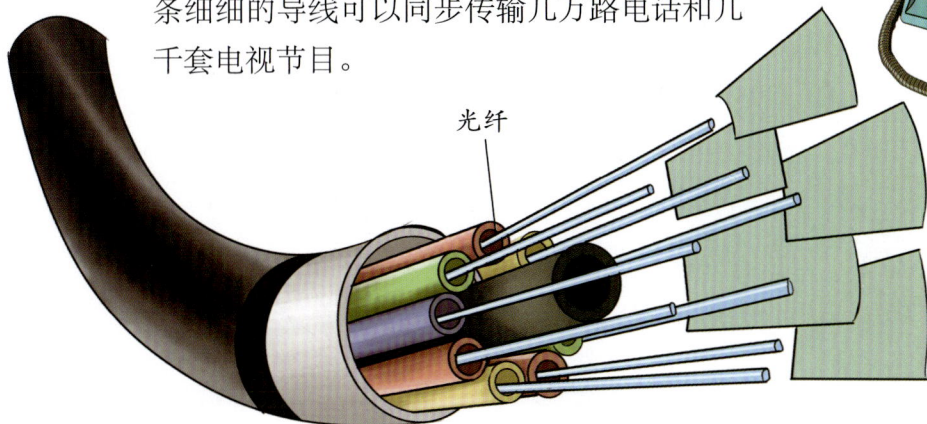

光纤

收音机

可能很多小朋友都没有见过收音机，去问问爷爷奶奶，他们可能会给你讲讲这个神奇的宝贝，因为倒退五六十年的话，收音机可能还是家里的"大物件"。它的模样像个长方体盒子，边角处有一条能竖起的天线，如果广播信号接收不良，调一调天线的位置就好了。

这样工作

电台播音员对着麦克风说话，声波经由各种器件先转换为电信号，再转换为无线电波，通过天线辐射出去。当我们打开收音机时，它的接收天线会收到空中的无线电波，这时，收音机中的解调部件会发挥作用，先将无线电波转换为电信号，再将电信号转换为播音员的声音，我们就能顺利地听到广播了。

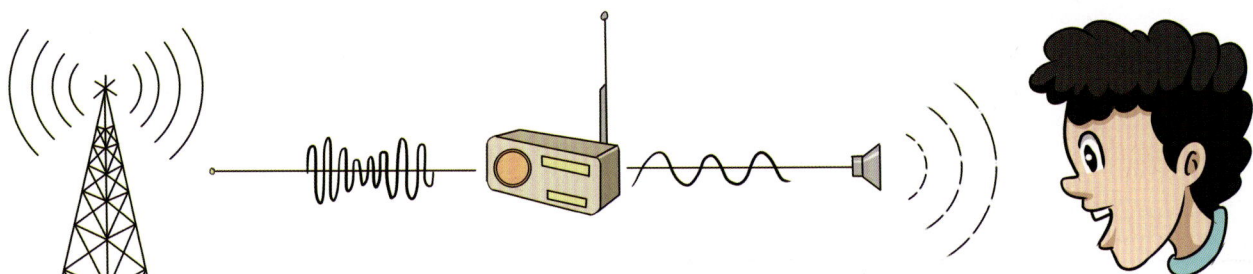

无线电波

无线电波是光与波大家庭中的一部分，它跟雷达波、微波、红外线、紫外线等都属于电磁波。无线电波能以30万千米/秒的光速传播，而且它还能在太空中传播。

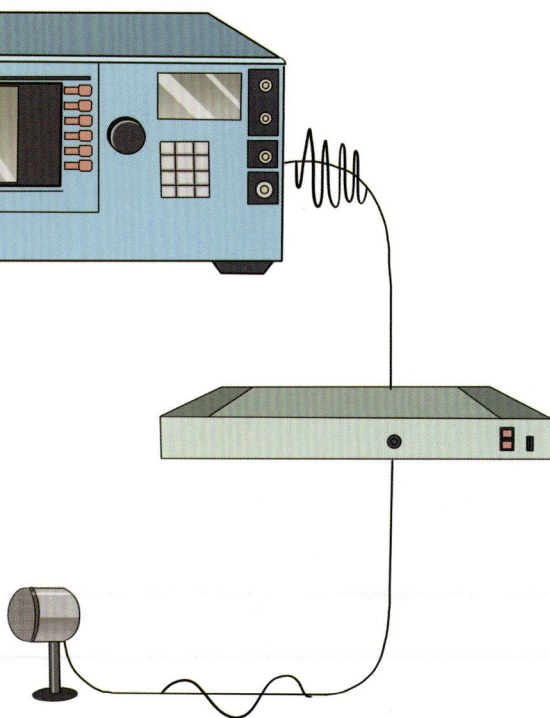

伸缩天线

收音机的伸缩天线既能向某个方向发射电磁波，也能有效接收电磁波。

波段

收音机的波段一般分为调幅和调频两种，调幅用AM表示，调频用FM表示。

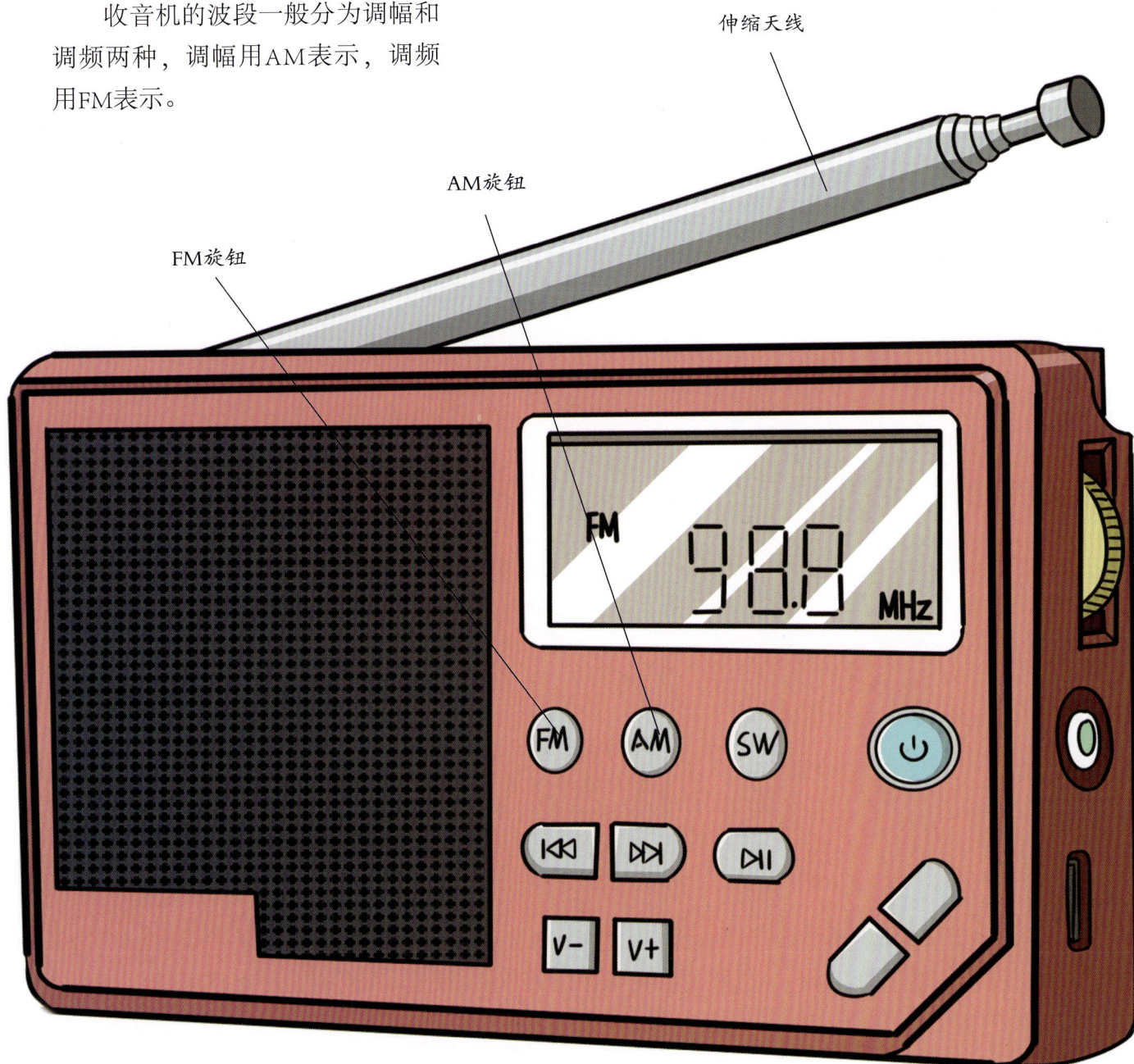

伸缩天线

AM旋钮

FM旋钮

FM

98.8 MHz

FM AM SW

V− V+

收听常识

如果有人喜欢用收音机听广播，你可以把这个小常识告诉他：AM可以收听到国内其他省市或海外的广播，但有时清晰度不好；SW比AM频率高，也可以听到国内或国外的广播，清晰度比AM稍好；FM是立体声广播，主要收听到的是本市或本省内广播，声音清晰度很高。

听诊器

听诊器是医生最常用的也是最简单的诊断工具，它的听诊头就像一个声音的收集放大设备。当轻轻贴在你的心肺或静脉处时，医生能听到这些部位发出的异常声音，并由此对病情进行初步判断。

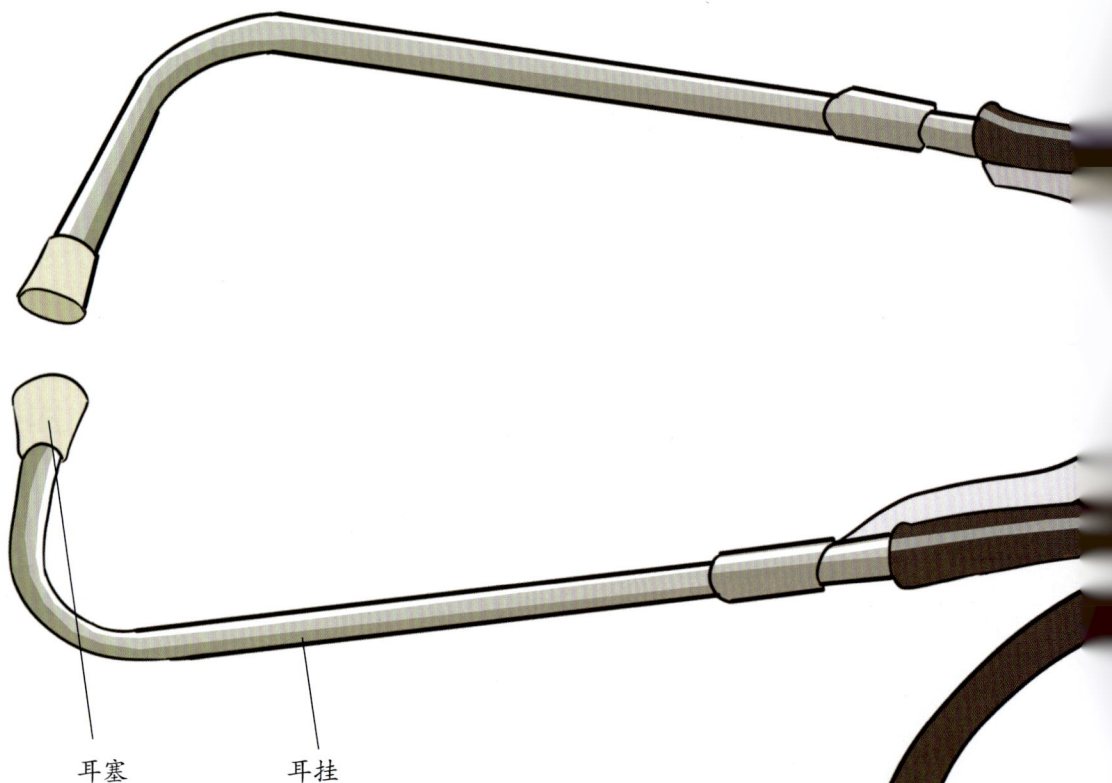

耳塞　　　　　　耳挂

耳挂

耳挂是能够放在医生外耳道中的部件，它能将放大的声音传到医生的耳中。

这样工作

人体内的心跳声、肠鸣音或是血液流动的声音频率过低且音量很小，人耳很难听到。听诊器的前端是一个面积较大的膜腔，身体内的这些声波鼓动膜腔后，听诊器内的密闭气体随之震动，气体振动的幅度要比传入声波的振动幅度大很多，所以人耳就能听到了。

多普勒听诊器

这是一种新型的电子听诊器，它的模样跟挂在医生脖子上的听诊器完全不同。多普勒听诊器主要用来听胎儿的胎心音，它的一端是一个麦克风形状的拾音器，通过一段导线连接着电子显示器。

导音管

导音管是传递声音的部件，管子的内径越大，管壁越厚，长度越短，听音效果越好。

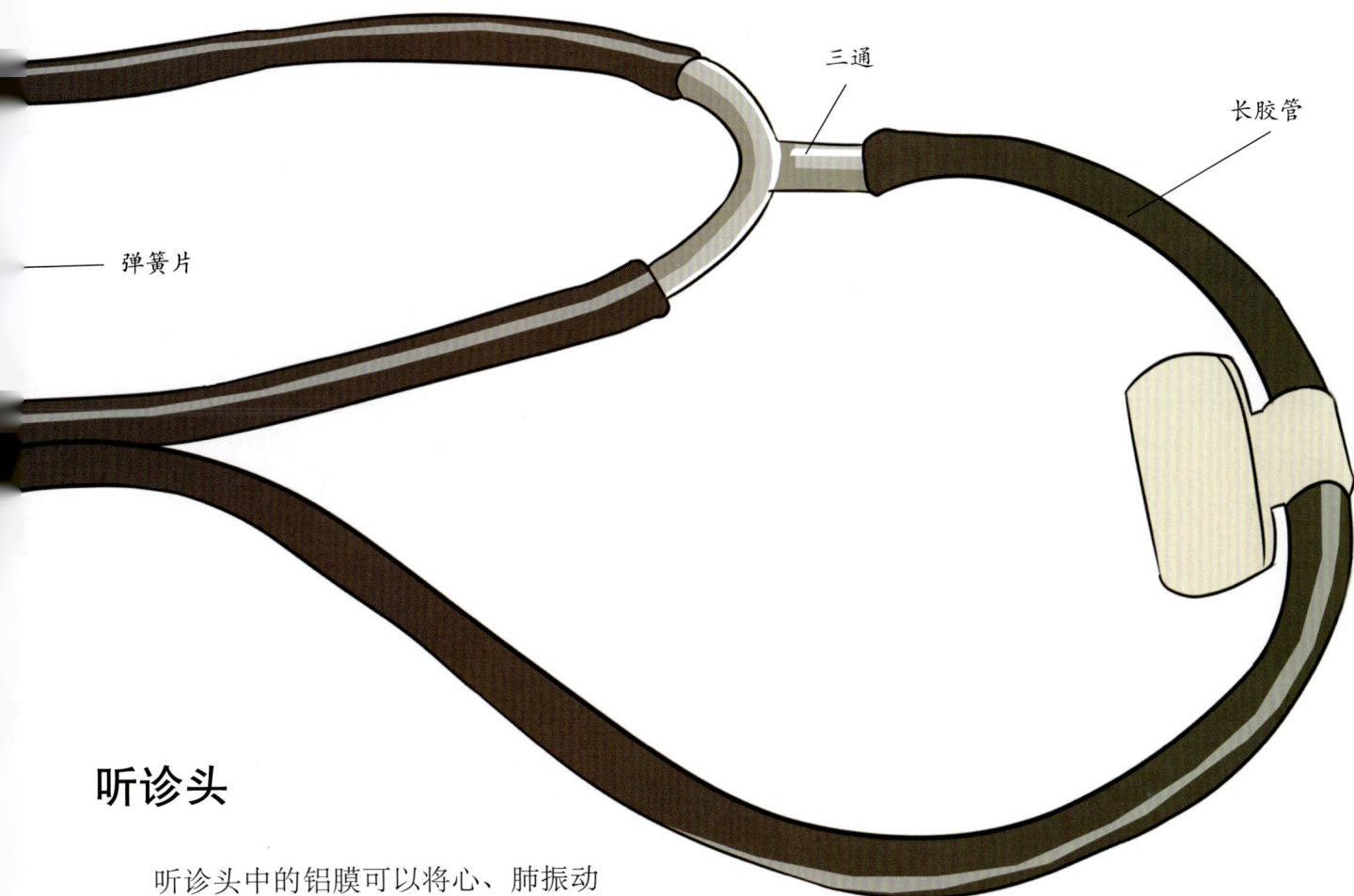

三通

长胶管

弹簧片

听诊头

听诊头中的铝膜可以将心、肺振动产生的声音放大。听诊头与身体的接触面越大，拾音效果越好。

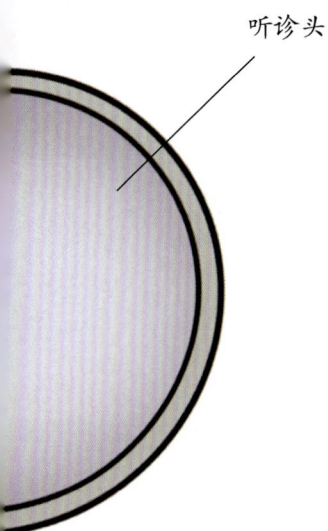

听诊头

第一只听诊器

历史上第一只听诊器是一位叫雷内克的医生发明的，它是由一根长约30厘米的中空直管和两个喇叭形状的木质听筒构成的。两只听筒分别安装在直管的两端，一只紧贴患者的身体，另一只紧贴医生的耳朵。

179

B超机

　　B超机是医院的一种检查机器，它利用超声波来帮身体做检查。孕妈妈在怀孕期间，会做很多次超声检查，以此来了解腹中胎儿的生长发育情况。可能你会问，胎儿那么脆弱，超声波会伤害到他吗？只要在专业医生的建议下，不做超出范围的检查，超声波几乎不会给胎儿带来危害。

万物运转的秘密

主机

主机

　　主机是B超机的大脑，它看上去跟普通电脑无异，内部由微处理器、存储器和放大器等组成。检测图像会在CPU的屏幕上显示，图像及相关数据则存储在CPU的硬盘上。

这样工作

　　超声波将高频声波脉冲传给身体，有些声波穿过肌肉、骨骼等，到达组织的边界，然后反射回超声波探头；另外一些声波会继续传播，直到到达另一个边界并反射回来。超声波仪器通过对所有反射回来的声波进行分析，计算出回声的时间和距离，从而在电脑屏幕上形成一个二维的简单图像。

超声波

　　频率在20～20000赫兹的声波是人类可以听到的，我们将其称为可听声波；低于20赫兹的声波称为次声波；而高于20000赫兹的声波则是超声波。虽然人类听不到次声波和超声波，但有些动物是可以听到的，比如蝙蝠。

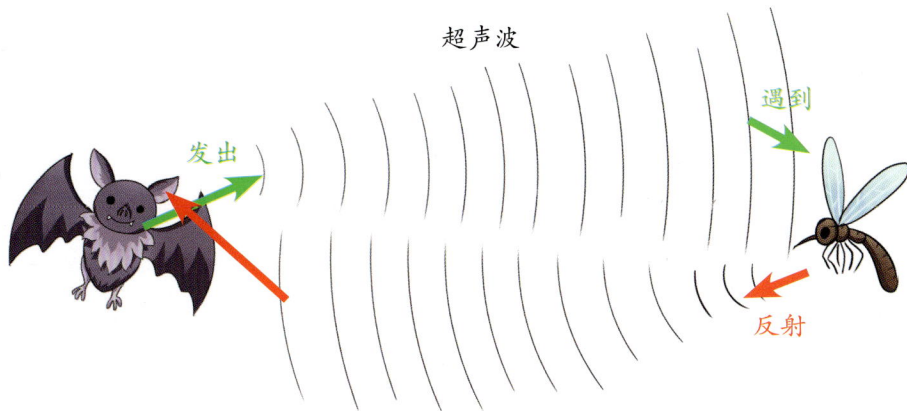

超声波

发出

遇到

反射

蝙蝠的特异功能

黑暗使者蝙蝠跟其他动物不太一样，它飞行和捕食不靠眼睛，而是靠它天生的特异功能——超声波。蝙蝠发出的超声波在传播中遇到障碍物后会反射回来，依据反射波，蝙蝠能够判断前方是飞蛾还是一堵墙，还能估算出距离。

三维立体图像

以前的超声波仪器只能产生二维图像，现在的仪器更加先进，可以产生三维立体图像。它的工作方式是，先得到二维图像，再经过专门的电脑软件处理，便可以合成一张三维立体图像。

凸阵探头

线阵探头

▲ 不同形状的探头

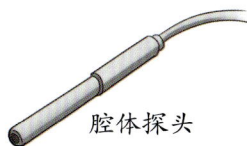

腔体探头

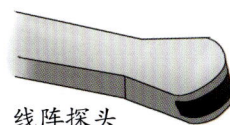

线阵探头

传感器探头

传感器探头

传感器探头形状多样，它是B超机的重要组成部分，它既产生声波，又接受回声。

181

安检仪

去乘火车或飞机时，为了保证自己和他人的安全，我们通常要在进站口或登机口处进行安检。安检的设备很多，有检查行李和背包的安检仪，也有专门检测金属物品的安全门，还有手持的安检仪，经过层层的安全检查，你可以放心地乘坐交通工具了。

X射线发射器

这个装置能够发射X射线。

红外线传感器

安检门

安检门利用红外传感器发射出的红外线来探测金属物质，在公共场所，它的作用是检测金属材质的危险品，如管制刀具和枪支等。

这样工作

依靠X射线的帮助，安检仪才拥有一双"慧眼"。当行李被送入检查通道时，检测传感器立即指令系统控制器激发X射线。X射线穿过输送带上的被检测物品，到达双能量半导体探测器上。探测器把X射线转变为信号，信号被放大后送入信号处理机箱做下一步处理。

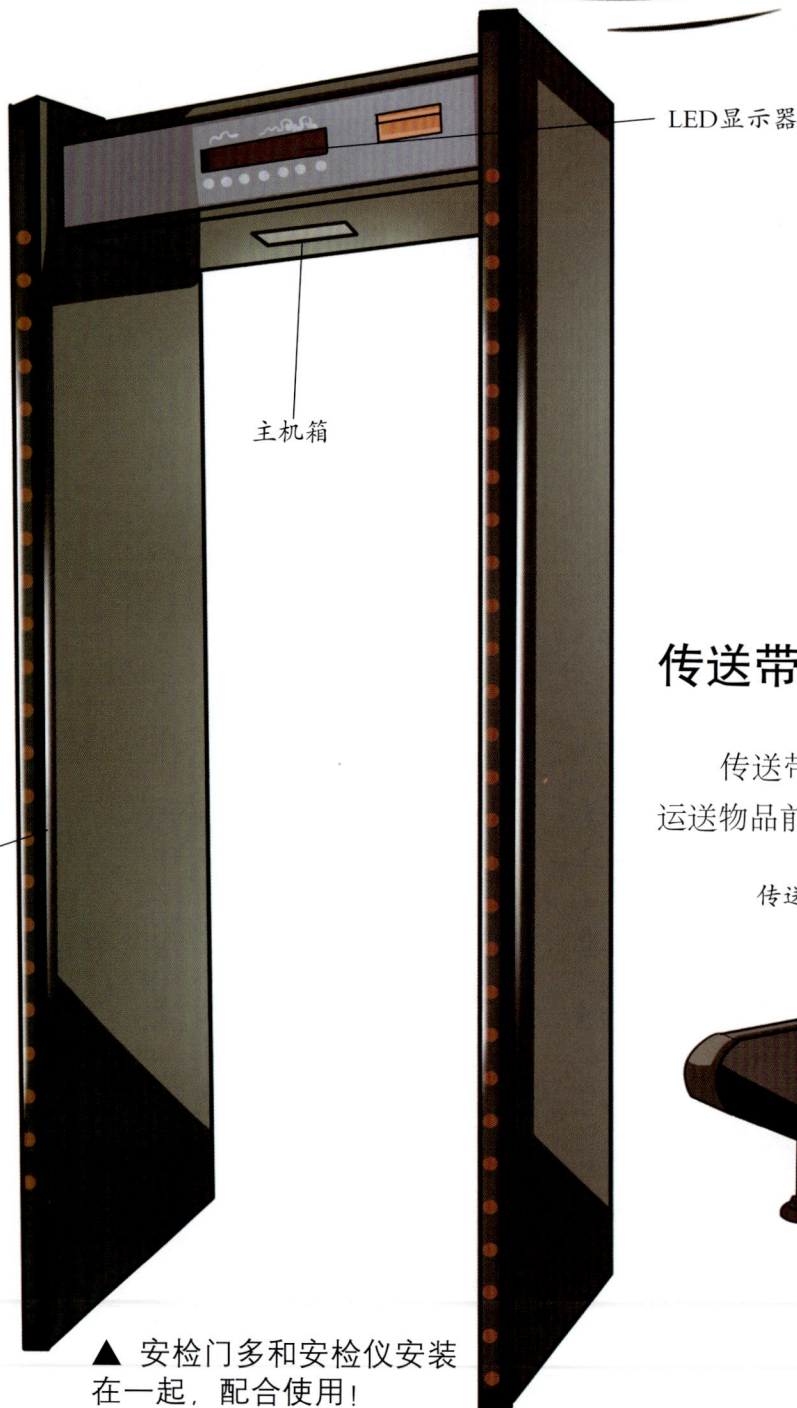

LED显示器

主机箱

传送带

传送带的作用是运送物品前进。

传送带

▲ 安检门多和安检仪安装在一起，配合使用！

手持安检仪

手持安检仪很小巧，工作人员可以把它拿在手中，用来检查是否随身携带了违禁物品。

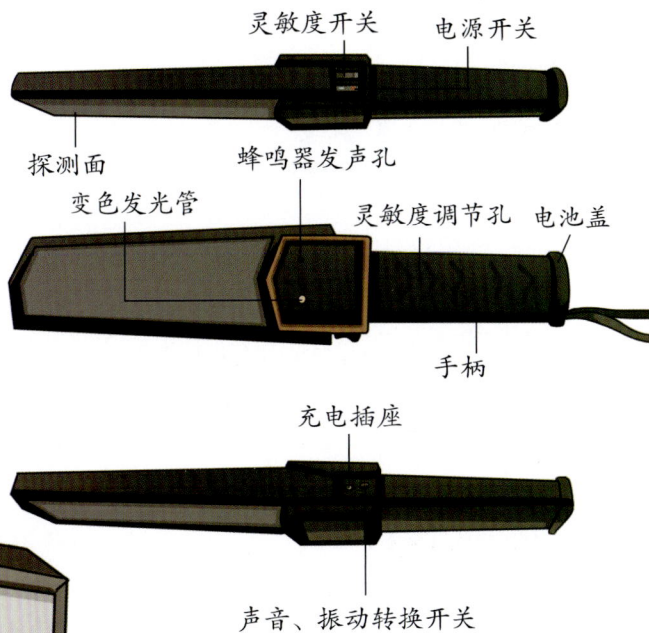

灵敏度开关　　电源开关

探测面　　　　蜂鸣器发声孔

变色发光管　　　灵敏度调节孔　电池盖

手柄

充电插座

声音、振动转换开关

电脑显示器

通过电脑显示器，安检人员能够查看到行李中是否有金属和液体危险品。

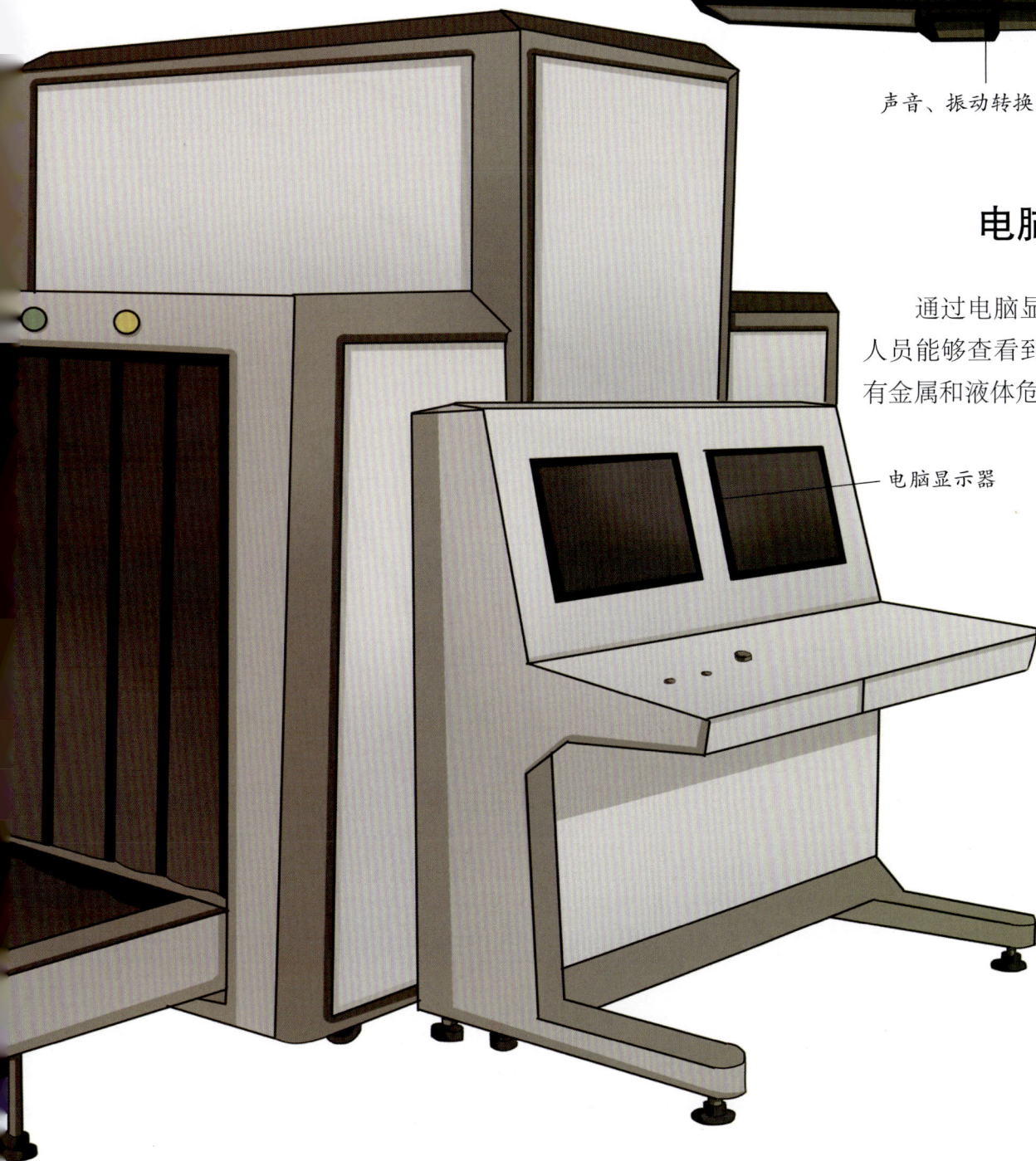

电脑显示器

雷 达

　　雷达围绕在我们身边，似乎什么都离不开它。船舶上有雷达，飞机上有雷达，潜入深海的潜艇上有雷达，甚至太空中也有雷达的身影。它与人们如此密切相关，但我们却很少有人见过它，雷达到底长什么样子？能做些什么事呢？

雷达能做什么

　　一般情况下，雷达可以为人们做以下三件事：探测物体速度；对一个物体的外形进行测绘；探测某个范围内物体的动向。

遥远的天体
发出电磁波

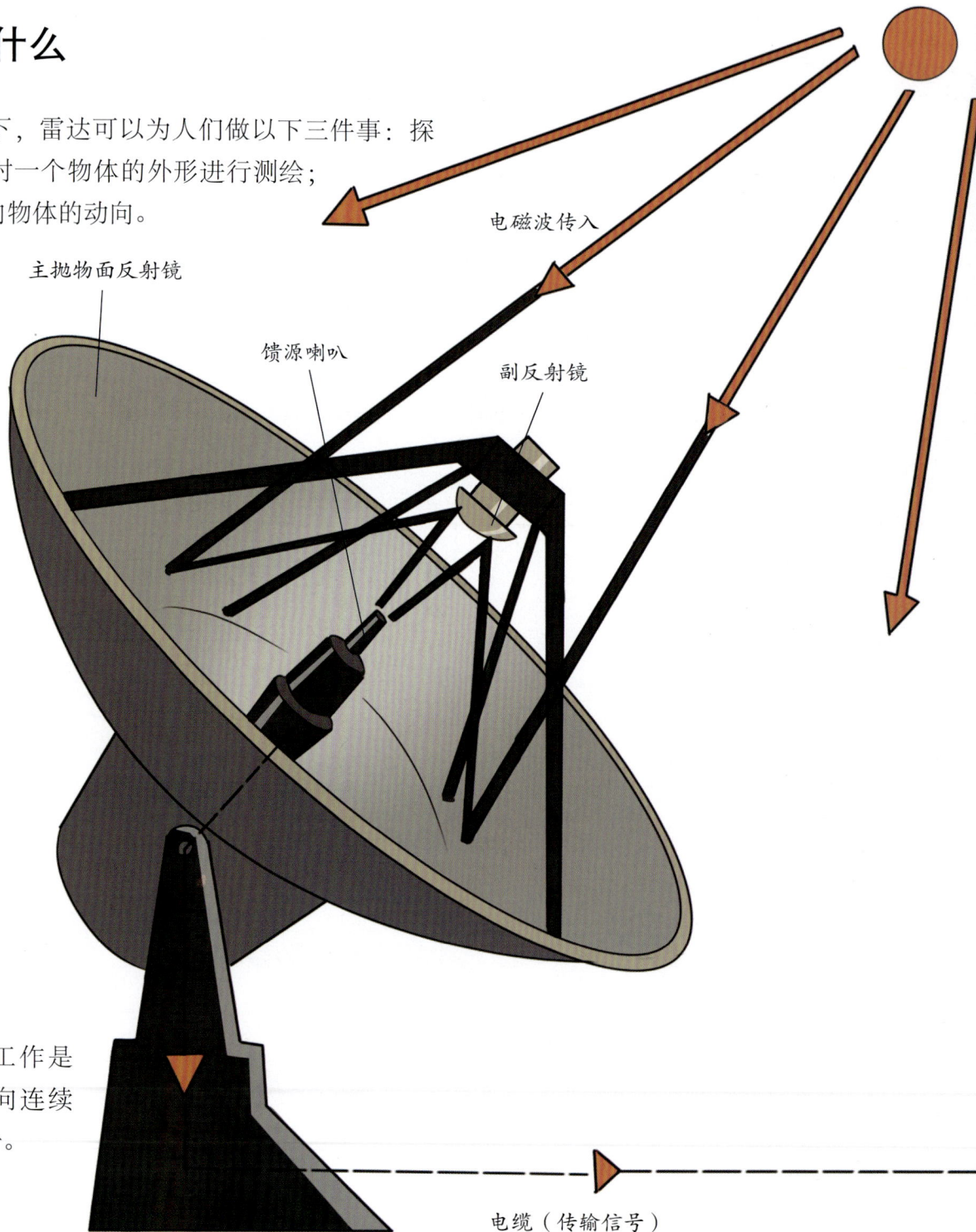

电磁波传入

主抛物面反射镜

馈源喇叭

副反射镜

发射器

　　发射器的工作是朝着特定的方向连续发射电磁波信号。

电缆（传输信号）

倒车雷达

倒车雷达也叫"倒车防撞雷达"，它由超声波传感器（探头）、控制器和蜂鸣器组成。司机倒车时，利用超声波传感原理来侦测车尾与车后障碍物的距离，并发出警告声来提示司机。

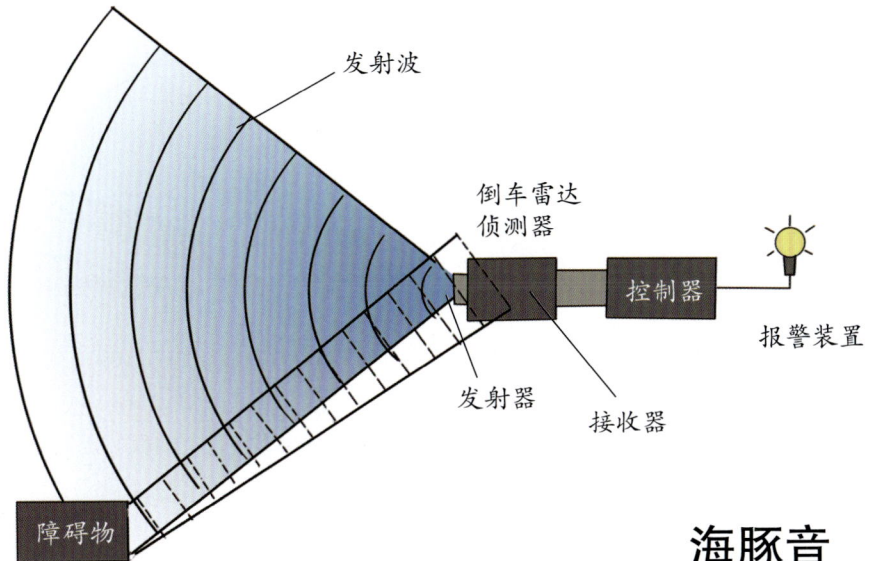

这样工作

雷达发射器工作时，会通过天线向指定方向发射出传播速度极快的电磁波，电磁波遇到目标后，小部分反射回接收器，接收器根据反射波的信号强弱和接收到的时间，分析出目标物的大小和距离。

发射波

倒车雷达侦测器

控制器

报警装置

发射器

接收器

障碍物

海豚音

海豚或是鲸鱼能够发出音调很高的尖叫声，我们常常把它叫作海豚音。那你知道它们为什么要发出尖叫声吗？原来海豚和鲸鱼就是利用发出的声波碰到岩石或鱼群时产生的回声，来辨别物体的位置，这跟蝙蝠飞行的原理一样。同样，也是雷达工作的原理。三者的唯一区别是，海豚发出的是声波，蝙蝠发出的是超声波，而雷达发出的是电磁波。

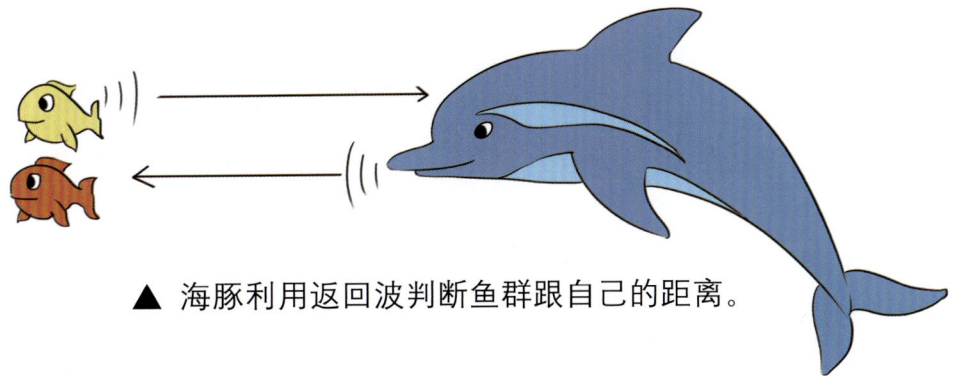

显示器

磁带

显示分析系统

计算机、记录装置

接收器、放大器

▲ 海豚利用返回波判断鱼群跟自己的距离。

接收器

接收器的工作是时刻监测返回信号，并与数据处理设备相配合完成后续工作。

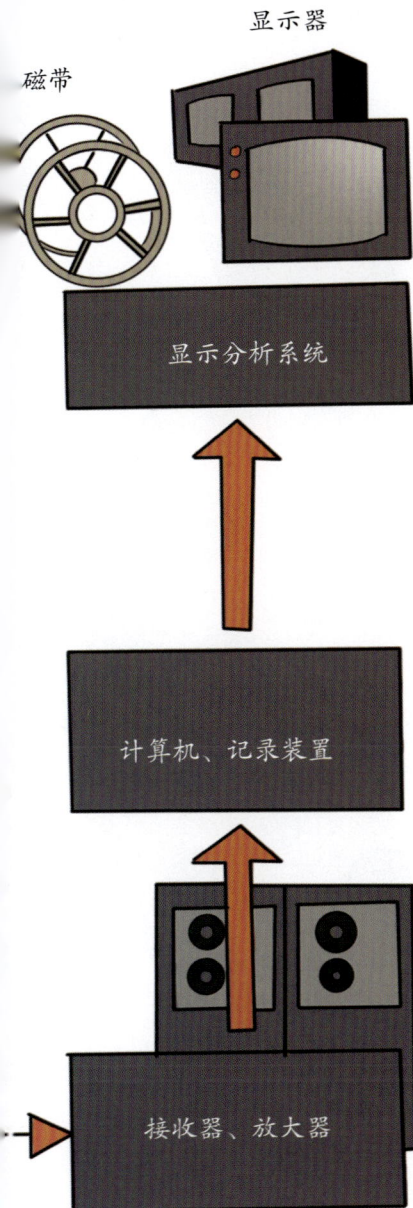

185

声呐

如果说雷达是陆地上的探测器，那么声呐便是水中的探测器，你可以将其视为"水中雷达"。声呐是利用声波在水中的传播和反射特性，来对水下目标进行探测和分析的设备，很多船舶、潜艇等都会安装声呐。

基阵

基阵的功能是发射声波和接收回波。

换能器

换能器是声呐系统中非常重要的部件，它既能帮助声能、电能等相互转化，也能起到"扬声器"或"听筒"的作用。

安装在哪儿

声呐设备一般会安装在舰船的前部，这样更利于发出和接收声波。同时，由于船舶的动力系统多安装在尾部，工作时噪声较大，声呐安装在船的前端也能远离噪声。但新型的声呐设备则可以安装在舰船的任何水下部位。

这样工作

声呐的换能器发出声波，声波传递到水中的物体后反射回来，因为不同物体反射声波的强度和频谱是不一样的，声呐接收设备接收到这些信息后，再与数据库中的信息作比较，就能分析出物体大小、距离等，由此更改航向与航速。

球形声呐

声呐的分类

声呐分为主动声呐和被动声呐两类，主动声呐可以发射声波，利用回波来获取目标的信息，而被动声呐不能发射声波，仅靠接收海洋中物体的声音，由此来判断具体位置。从判断准确性来说，主动声呐要优于被动声呐。但主动声呐不会一直开着，因为容易被敌人发现，所以被动声呐要比主动声呐更利于隐蔽。

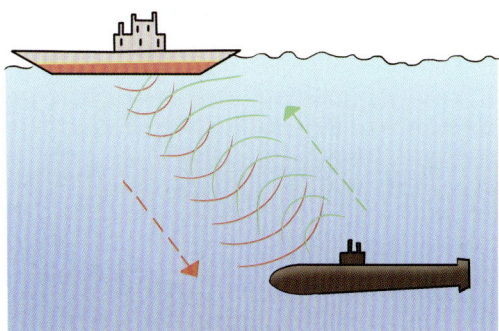

▲ 主动声呐

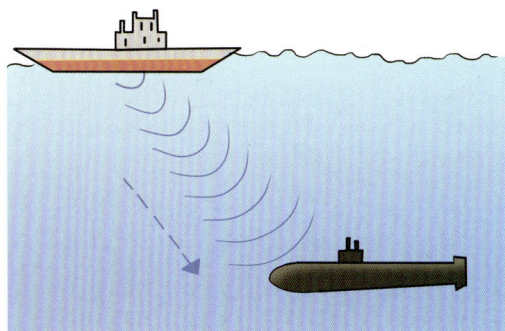

▲ 被动声呐

柱形声呐

▲ 这两种常见的声设备都安装在舰船前部。

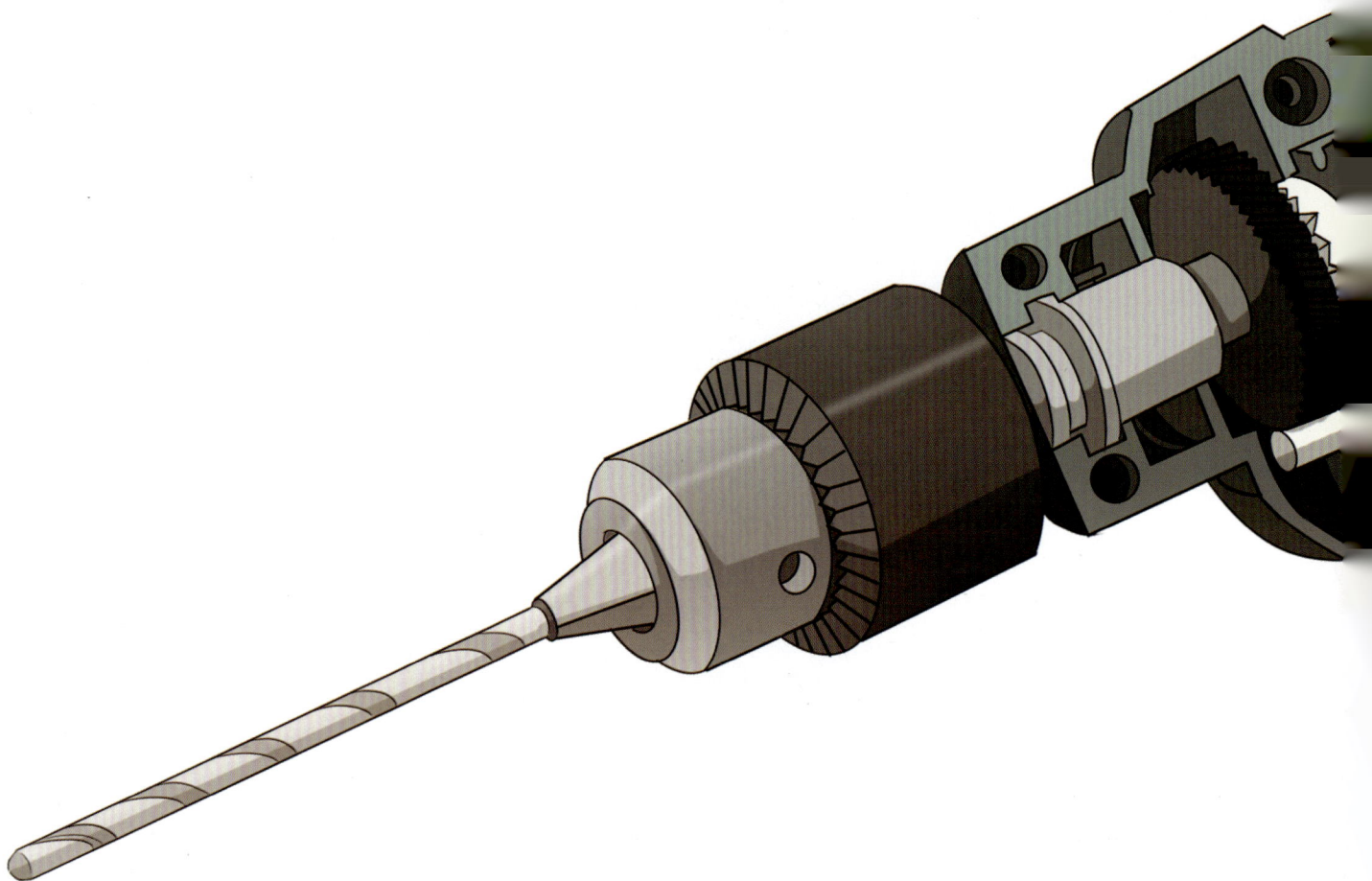

神奇的电与磁

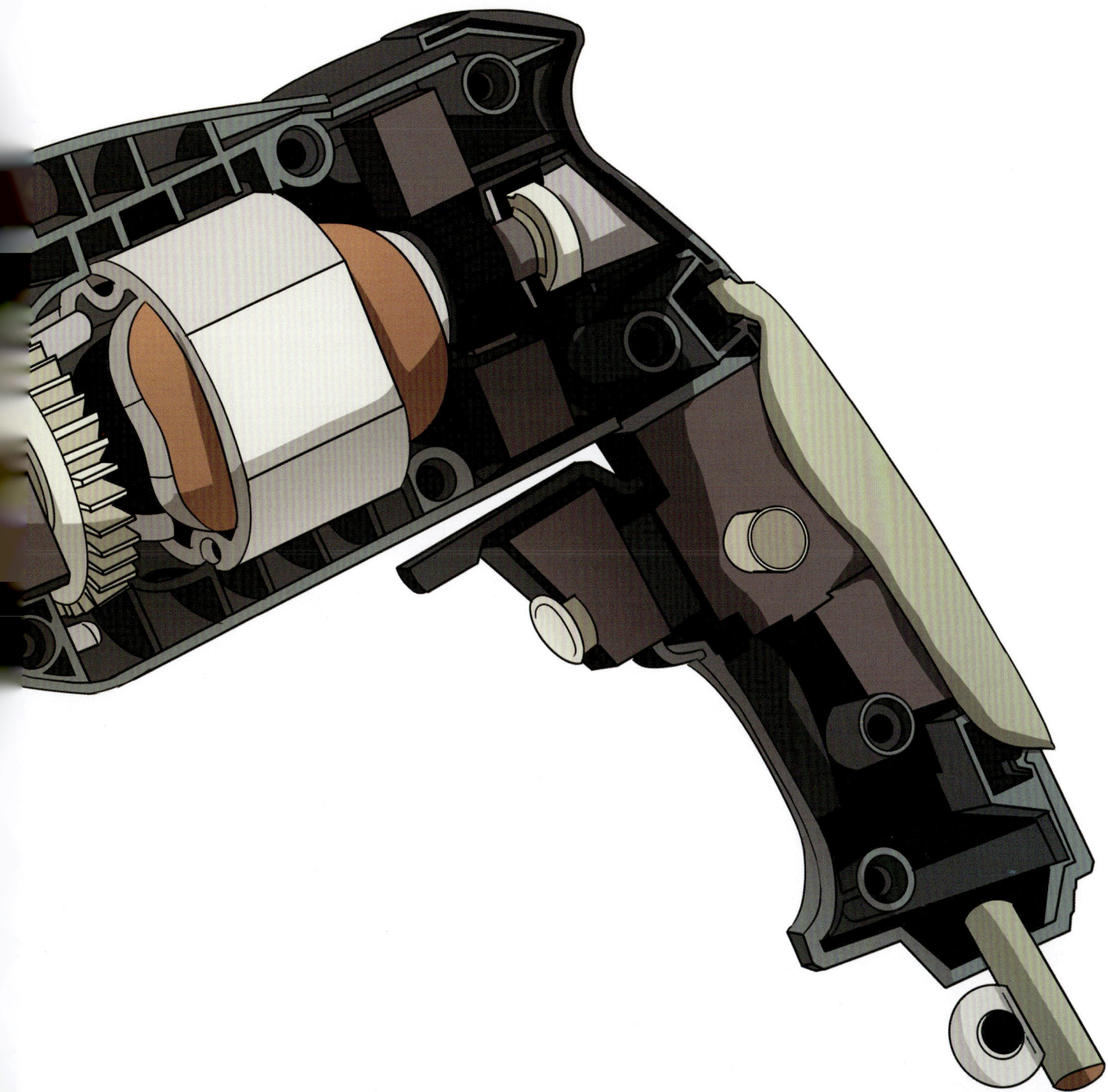

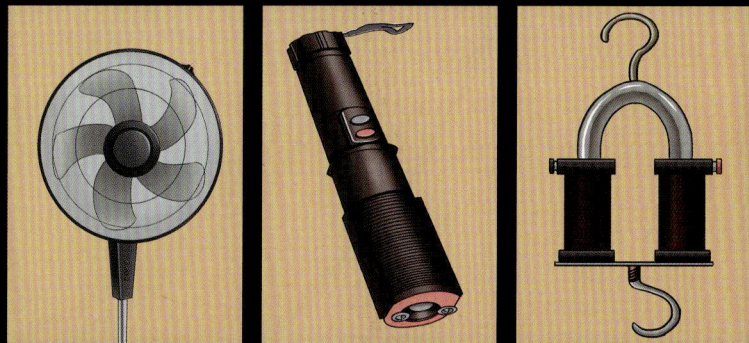

我们生活的现代社会，时时刻刻都离不开电。电灯、电视、电冰箱、电脑，这些用电器离开电是无法运转的，就连小小的手机，没有电的支持，也只有关机一条路，可见电是多么的重要。但你知道什么是电吗？

指南针

不论是我国古代的指南车、司南，还是现代的指南针，它们都是利用地球磁场的作用来指示南北方向的。我们生活的地球就像一块巨大的磁体，而磁体的南极和北极恰好与地理上的南北极非常接近，正是利用这一特点，聪明的人们制成了辨别方向的指南工具。

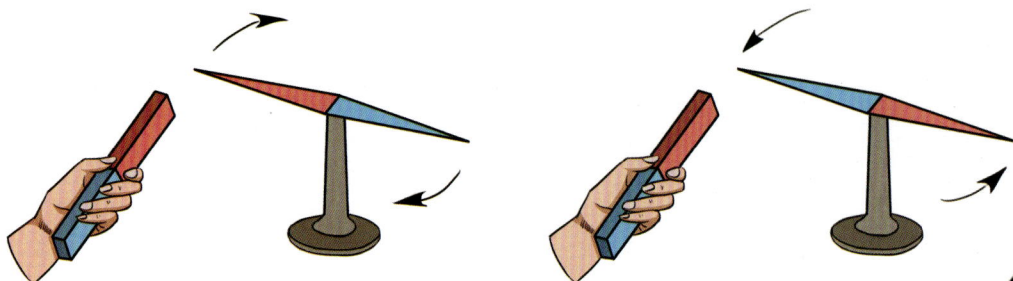

万物运转的秘密

▲ 同极相斥　　　　　　▲ 异极相吸

这样工作

地理上的南极和北极与磁场中的南北极非常相近，根据磁极之间互相作用的规律，指南针的南极与地磁的北极相互吸引，而指南针的北极则永远与地磁的南极相互吸引。虽然存在磁偏角，指南针所指示的方向并不是正南和正北，但当指南针静止时，它的北极总是指向地球北端，南极总是指向地球南端。

W

基板

定向线

基板

指南针的塑料底盘就是它的基板。

定向线

罗盘罩内和导航箭头呈45°的线就是定向线。

我是指南针的始祖，厉害吧！

司南

司南是我国古代的一种指南工具，它用天然磁石磨制成一把勺子形状的工具，并将其放置在光滑的盘面上，盘上刻有方位，人们通过勺柄来辨别方向。

磁针

磁针是指南针罗盘内具有磁性的指针，指针的一端是红色的指示方向箭头。

磁针

罗盘罩

罗盘罩

将磁针等包裹在里面的外壳就是罗盘罩。

刻度盘

刻度盘

刻度盘能够用手转动，边缘处标示着360度的刻度。

电磁铁

我们都知道磁铁是一种具有磁性的矿石，它能吸引铁钉、铁丝等铁质金属。而电磁铁要比磁铁更厉害，你可以将其理解为通了电的磁铁，比起只能吸铁的磁铁来说，电磁铁更为神通广大，能够吸引很多金属物质。

这样工作

线圈通电后，铁芯与衔铁被磁化，它们变成极性相反的两块磁铁，彼此之间产生电磁吸引力。当这种吸力大于弹簧的反作用力时，衔铁向铁芯方向运动；当中断供电，电磁吸力小于弹簧的反作用力时，衔铁返回原来的固定位置。

磁性有多大

电磁铁的磁性大小，跟通电电流大小、线圈匝数关系密切。在电流强度固定的情况下，线圈匝数越多，越密集，产生的磁场越强。同样，在线圈匝数不变的情况下，也可以通过调节电流强弱，来改变磁力大小。

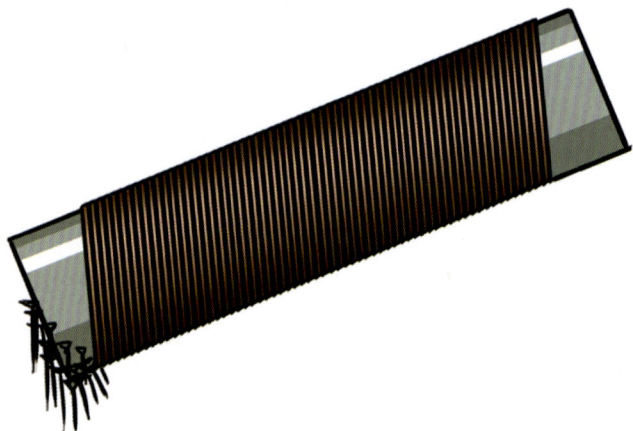

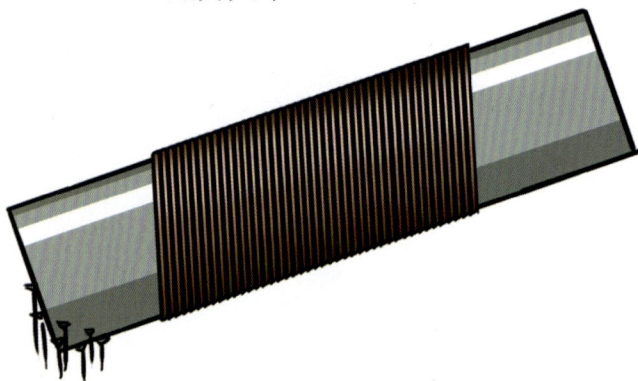

▲ 电流固定的情况下，匝数越多，磁力越强。

生活中的电磁铁

生活中的很多用品都用到了电磁铁这个元件。如电风扇、吹风机、电冰箱、吸尘器等，还有飞驰的磁悬浮列车，力量巨大的电磁起重机，无一不是电磁铁的"忠实用户"。

铁芯

铁芯多用软铁制成，它是静止不动的。

铁芯

线圈

线圈一般装在铁芯上，线圈匝数的多少根据实际需求而定。

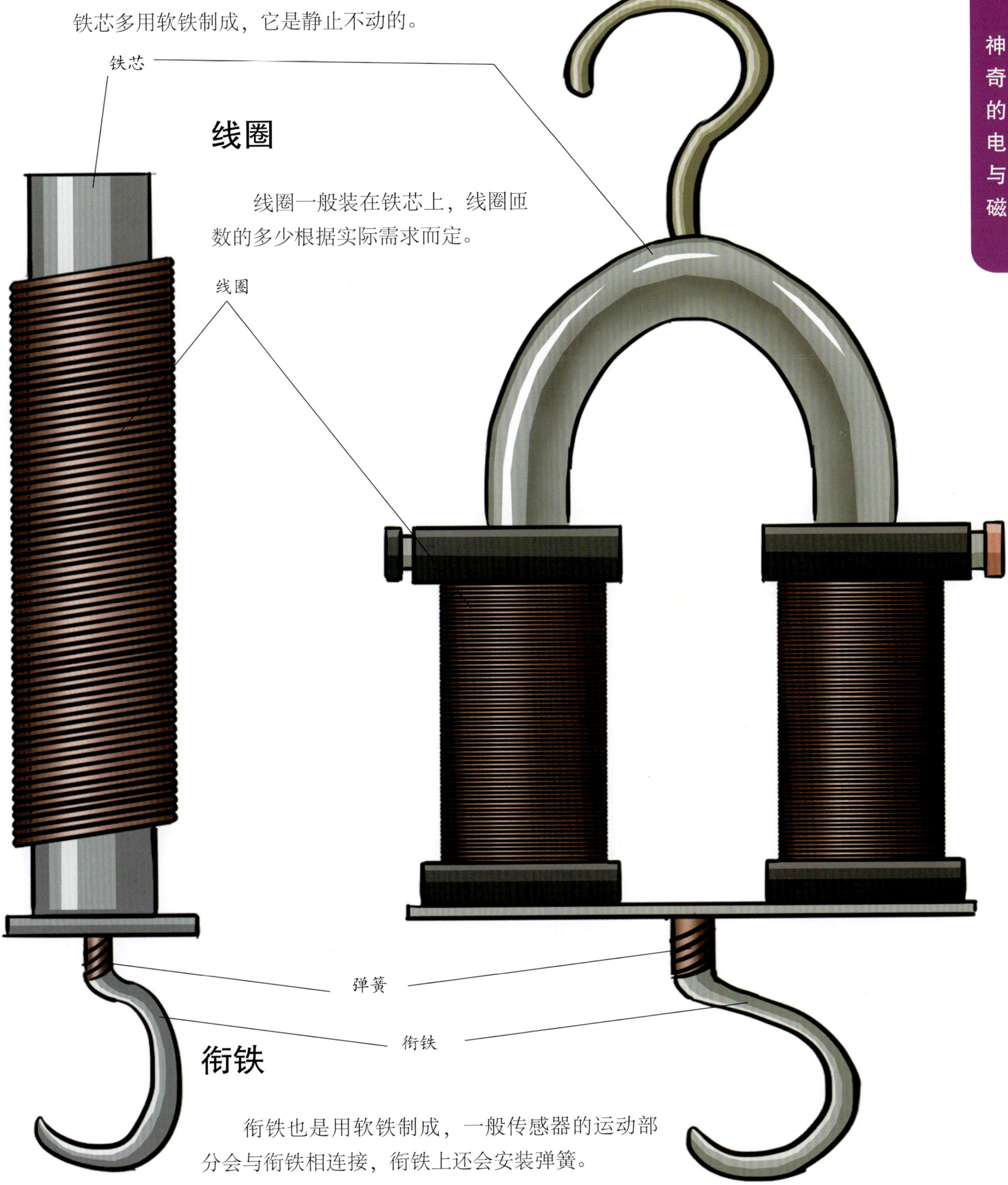

线圈

弹簧

衔铁

衔铁

衔铁也是用软铁制成，一般传感器的运动部分会与衔铁相连接，衔铁上还会安装弹簧。

电　池

电能便利了人们的生活，但偶尔断电带来的不便，也让人们很苦恼。于是科学家们开始思考，有没有一种设备能够替代电源，或具有储存电能的功效，电池便在这种需求中应运而生。

这样工作

电池是将化学能转换为电能的装置。当它工作时，电流由正极经过外电路流到负极，而在电解液中，正负离子分别向着两极迁移，电流从负极流到正极，电池开始放电，用电器则开始运转。

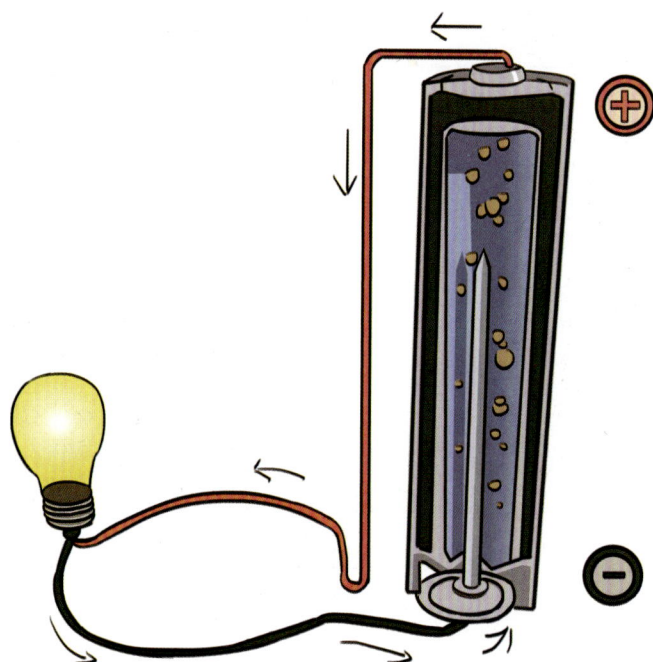

▲ 电池与灯泡连接后，正负离子的运行

蓄电池

蓄电池是能够重复充电的电池。使用前先进行充电，充电后可放电使用，放电完毕后还可再次充电使用。充电时，电能转换为化学能；放电时，化学能转换为电能。

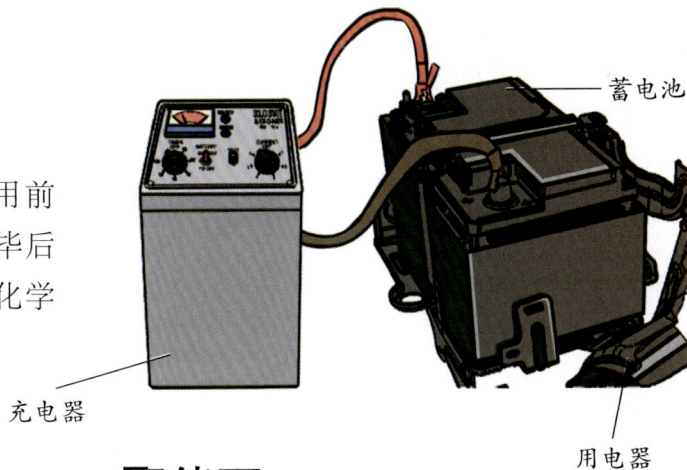

蓄电池

充电器

用电器

片

正极帽

电池芯

废气排气阀

电流阻断装置

正极标签

聚能环

常在电池广告上听到"聚能环"这个词，你知道什么是聚能环吗？听起来非常高大上，其实它就是一个具有绝缘效果的塑料片，这个塑料片能够防止短路和漏电。有些电池将聚能环放在电池内部，而有些则将其放在外部。

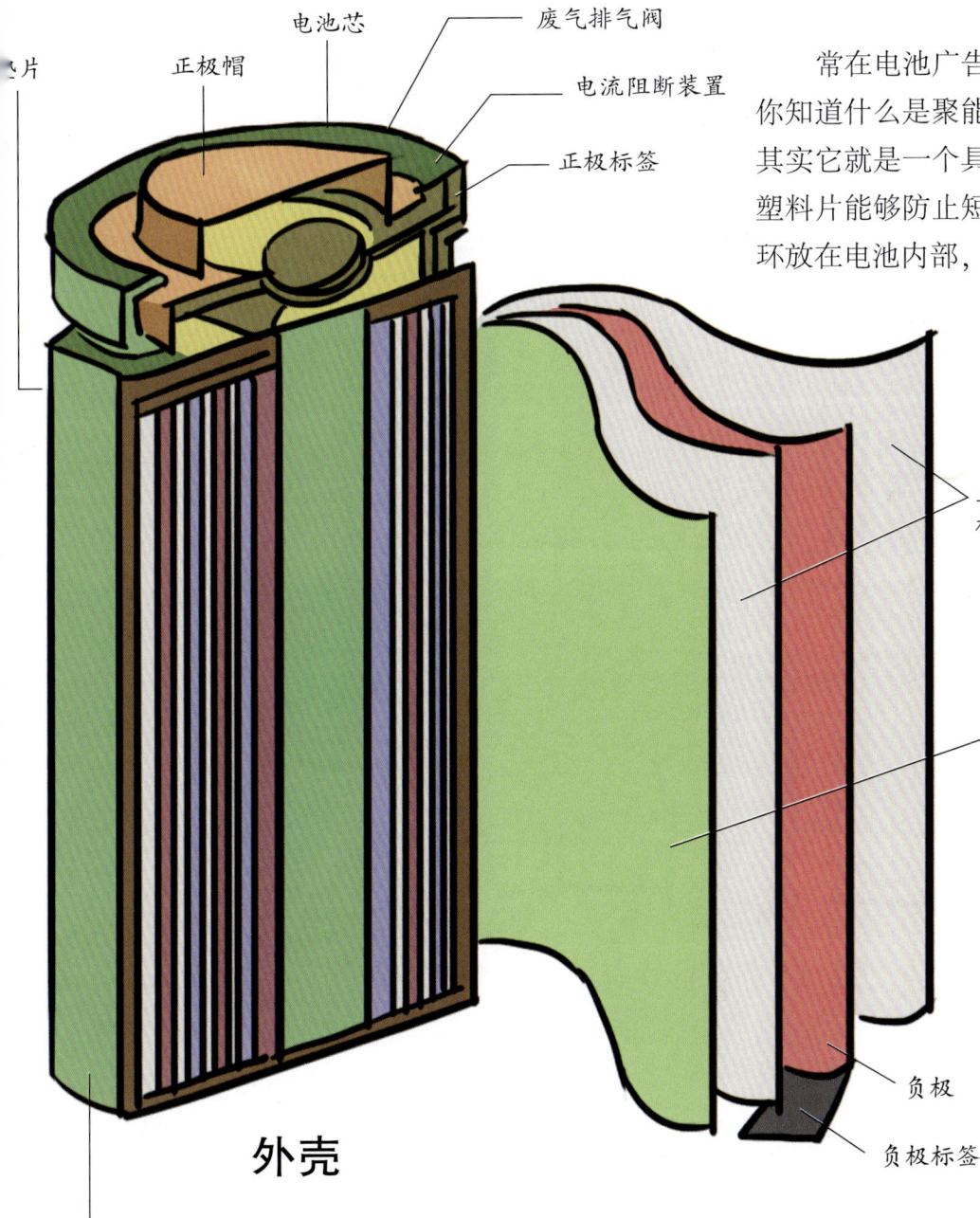

电解质

最常用的电解质溶液是由氯化铵、少量氯化锌、惰性填料和水调成的糊状物质。

正极标签

正极

正极

正极也叫阴极，有一个向外突出的金属帽。

外壳

负极

负极标签

负极

负极也称为阳极，这一面是比较平的。

外包装壳（负极）

电池的外壳通常是由镀镍钢制成的，它的密封性极好。

电表

每家每户门前的墙壁上都安装着一个长方体的小盒子，它是用来计量家庭用电量的电表。通过它，供电公司能够准确地统计出家庭用电量，用户也可以直接在网上输入电表编号，进行电费缴纳。

这样工作

电表是利用电压线圈和电流线圈在铝盘上相互作用产生的电磁力，来驱动铝盘转动，由于磁通与电路中的电压和电流成正比，圆盘在它的作用下，转速与负载功率也成正比，再根据铝盘转数来测定出耗电量的设备。

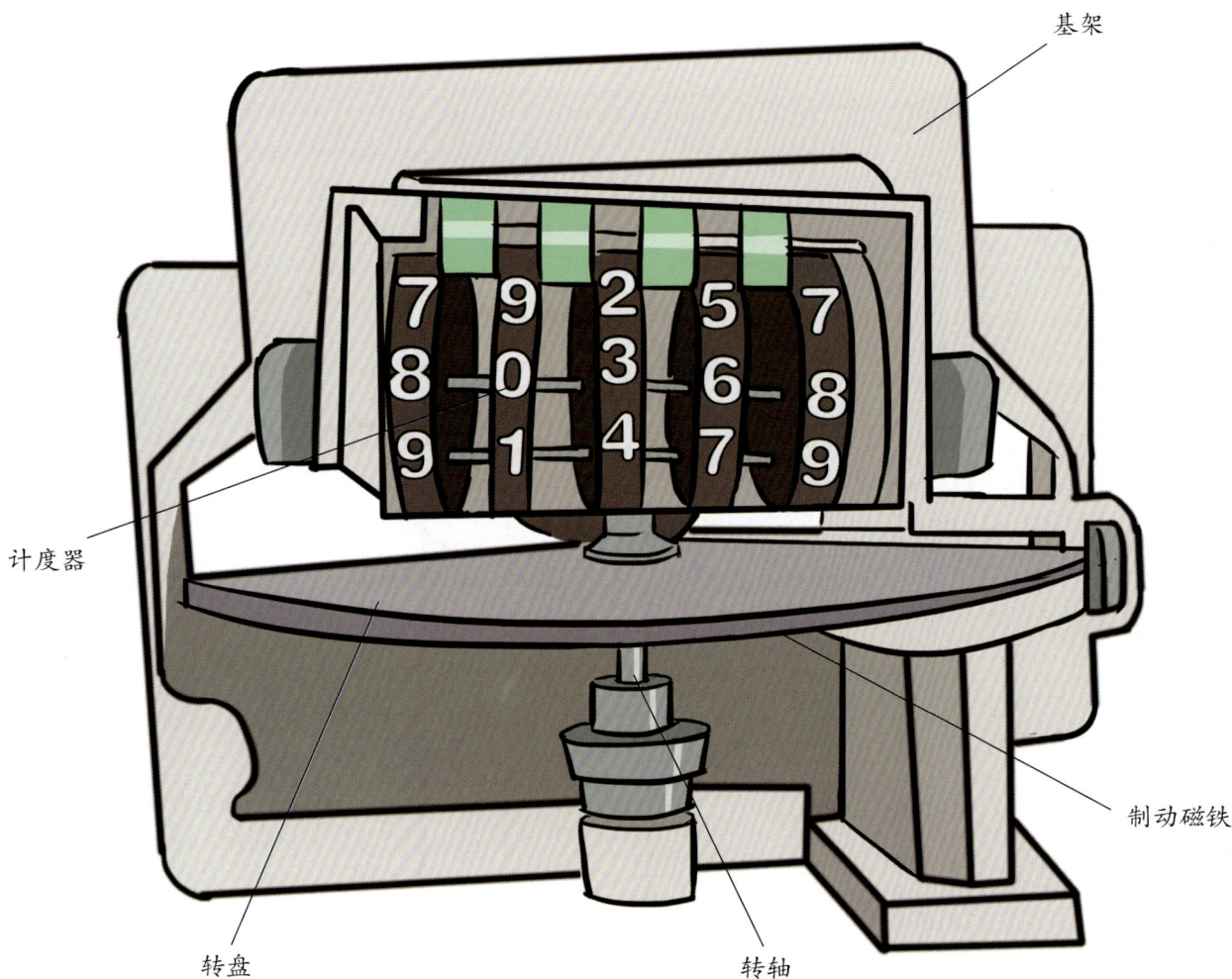

基架

计度器

制动磁铁

转盘

转轴

不太精准

虽然上面这种利用电磁力驱动测量设备转动的机械式电表曾经很普及，几乎每家每户都在用。但它的缺点太明显，即精准度比较低，也就是计数不准确，有时还会神经错乱般地直接罢工。

智能电表

自从电工叔叔发现机械电表总不好好工作后，便产生了让它们集体下岗的想法，于是智能电表登上历史舞台。智能电表相当敬业，它不仅计量精准，而且更为直观，费用余额、剩余电量、总用电量等通过液晶显示器便能一目了然。

读数窗口

这是一块液晶显示屏，从上面能够看出累计电量、余额、日期和时间等信息。

卡槽

把电卡插入卡槽，能够将新购买的电量输入电表当中。

脉冲指示灯

脉冲指示灯可以表示用电频率，不亮时说明没有用电，一闪一闪时说明正常用电，指示灯闪得越快，说明电表走得越快。

跳闸指示灯

如果家里的电费余额不足，或是电路故障，跳闸指示灯会亮起。正常用电时它是不会亮的。

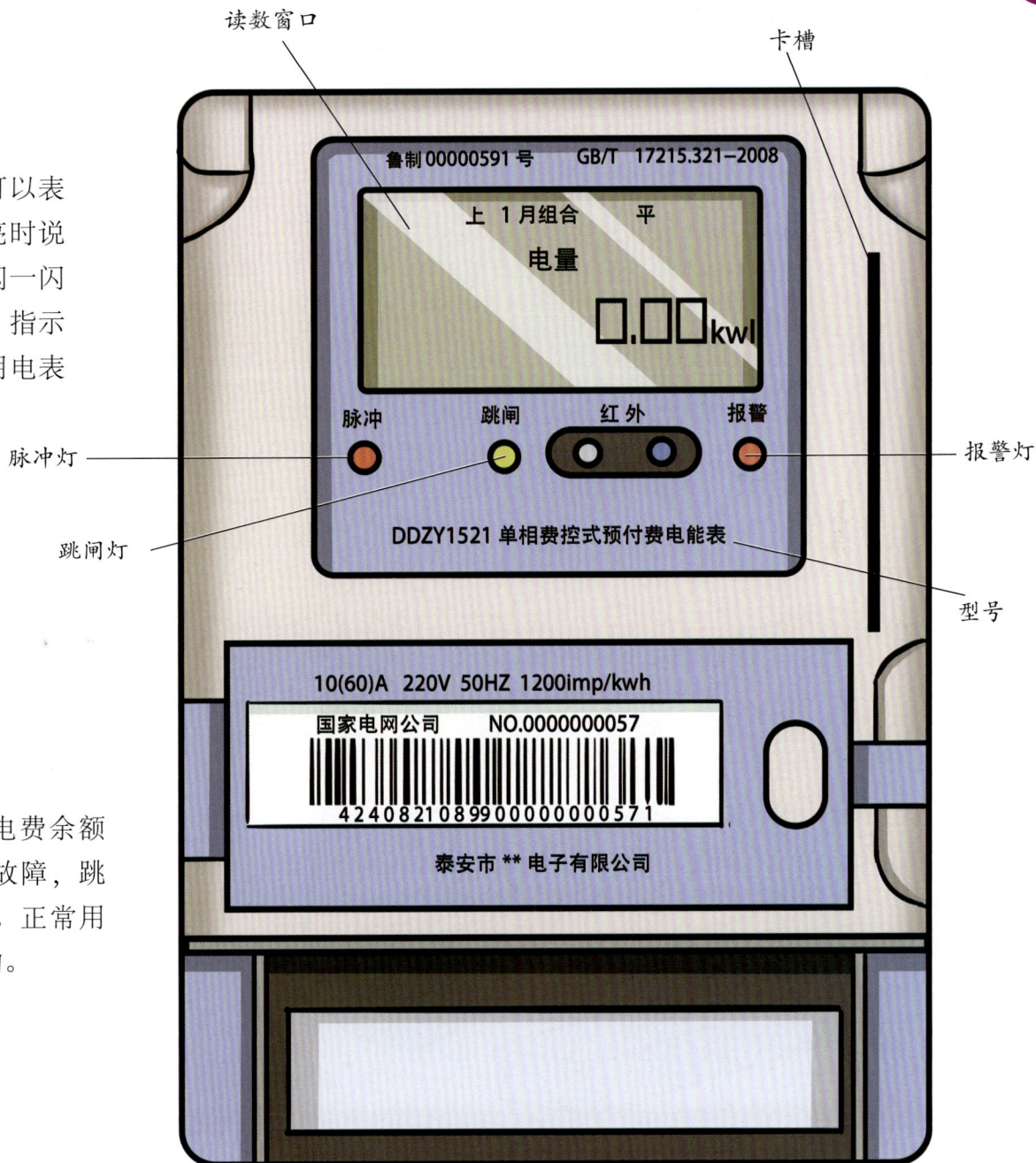

读数窗口

卡槽

鲁制 00000591 号　　GB/T　17215.321－2008

上　1 月组合　　平

电量

0.00kwl

脉冲　　　跳闸　　　红外　　　报警

DDZY1521 单相费控式预付费电能表

脉冲灯

跳闸灯

报警灯

型号

10(60)A　220V　50HZ　1200imp/kwh

国家电网公司　　NO.0000000057

4240821089900000000571

泰安市 ** 电子有限公司

发电机

发电机是利用电磁感应来发电的，它是发电厂里的主角。我们熟悉的很多自然力量都能发电，如风、水、潮汐以及很多可燃物都能够成为电力能源，但这些物质必须要经过发电机才能将其他形式的能转换为电能。

这样工作

通过很多部件将发电机的定子和转子组装起来，使转子能在定子中旋转，从而形成一个旋转的磁场，转子线圈做切割磁感线的运动，由此产生感应电势，通过接线端子引出，接在回路中，电流便产生了。

永久磁铁

磁场

灯泡

▲ 转子在磁场中转动，产生电流

交流电与直流电

电流输出接触器

流向不随时间改变的是直流电，直流电只能单向传输。大小和方向都会做周期性改变的是交流电，大多数发电机发出的都是交流电。每一秒钟，电流的流动方向都会发生几十次的改变。

绕组

绕组

缠绕在定子和转子装置上的金属丝是绕组，绕组都是电力工程师精心设计的，以保证发出更多的电。

定子

定子

位于金属线圈外围，固定不动的装置就是定子。从电路传输到定子上的电流，会在定子周围产生磁场。

主轴

主轴

转子围绕着主轴转动，主轴的稳定为转子带去稳定的转速。

转子

外壳

转子

转子是发电机中一套旋转的金属线圈，当转子在定子产生的磁场中旋转时，电流从转子中产生。

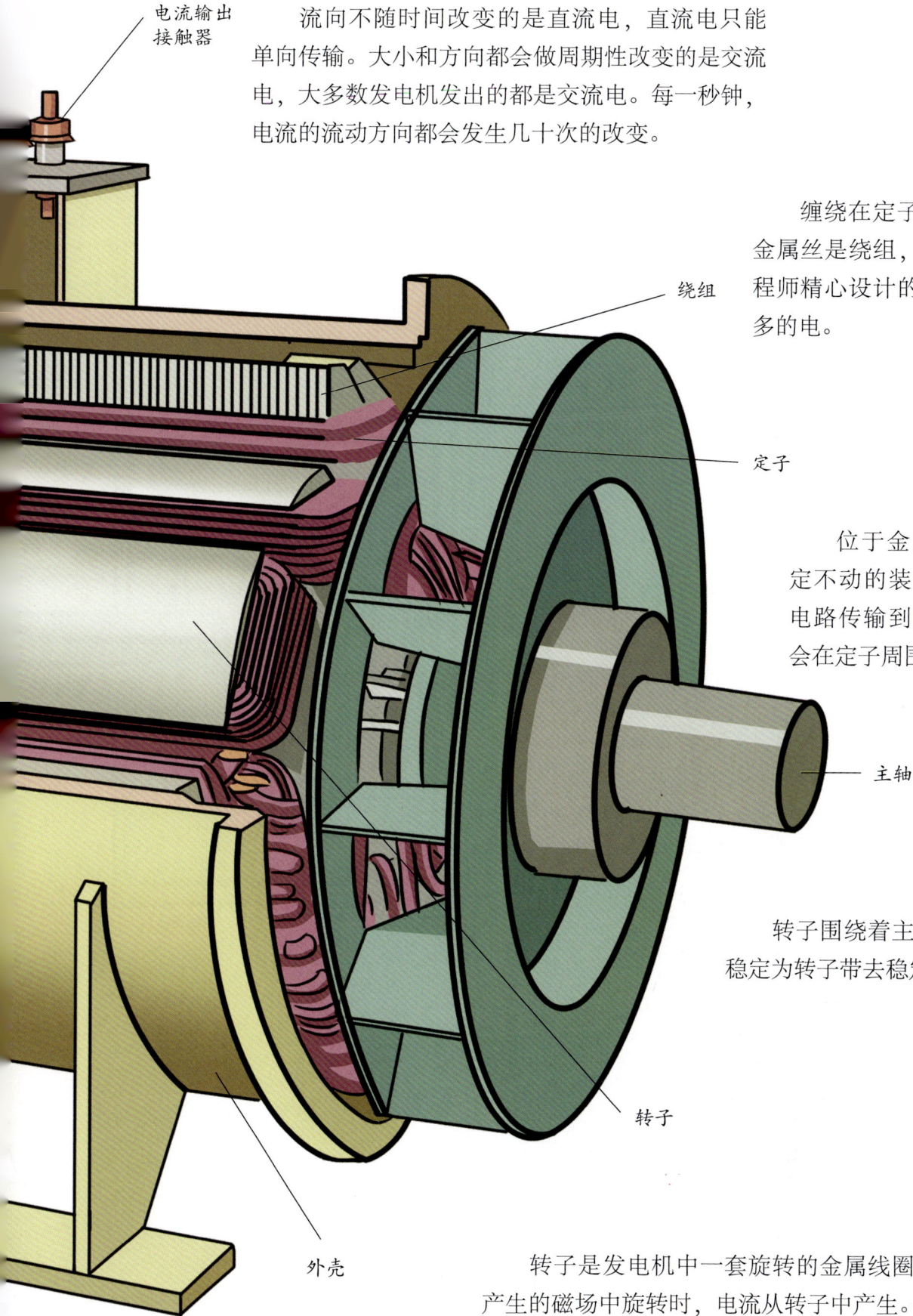

电动机

电动机也叫马达，它是一种将电能转换为机械能的设备。在火车、汽车、飞机、轮船上都有电动机的存在，而且它还是毋庸置疑的主要角色。因为它是驱动车船的动力系统，如果没有它，汽车无法奔跑，飞机不能飞行。

这样工作

电动机工作时，外部电源产生的电流通过线圈，通电的线圈在磁场中受力转动，旋转的磁场进一步推动转子转动，从而产生驱动机械运转的动能。

定子

定子是电动机中静止的部分，定子中有通上电流的线圈，线圈同样也为转子提供电流。

轴承

轴承是连接定子和转子的部件。

电刷装置

轴承

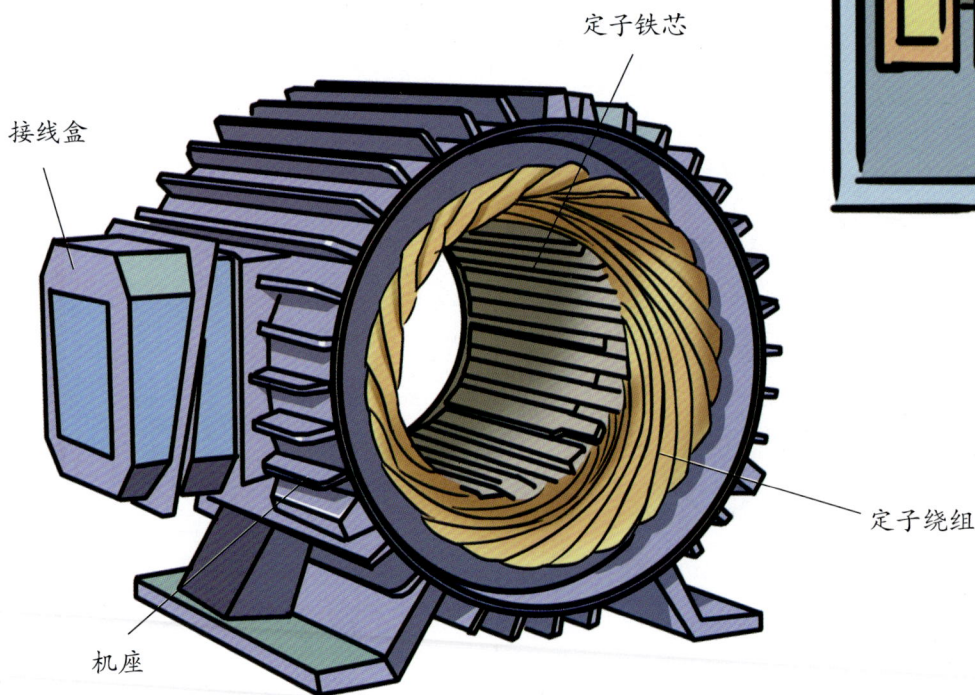

接线盒

定子铁芯

定子绕组

机座

底座

▲ 电机定子

端盖

端盖是电动机外面的前后盖子，它主要起支撑的作用。

转子

转子是电动机中旋转的部分，当它转动时，为每个线圈通过换向器的电刷提供电流。

风扇

风扇是用来给电动机散热的，一般安装在电机尾部。

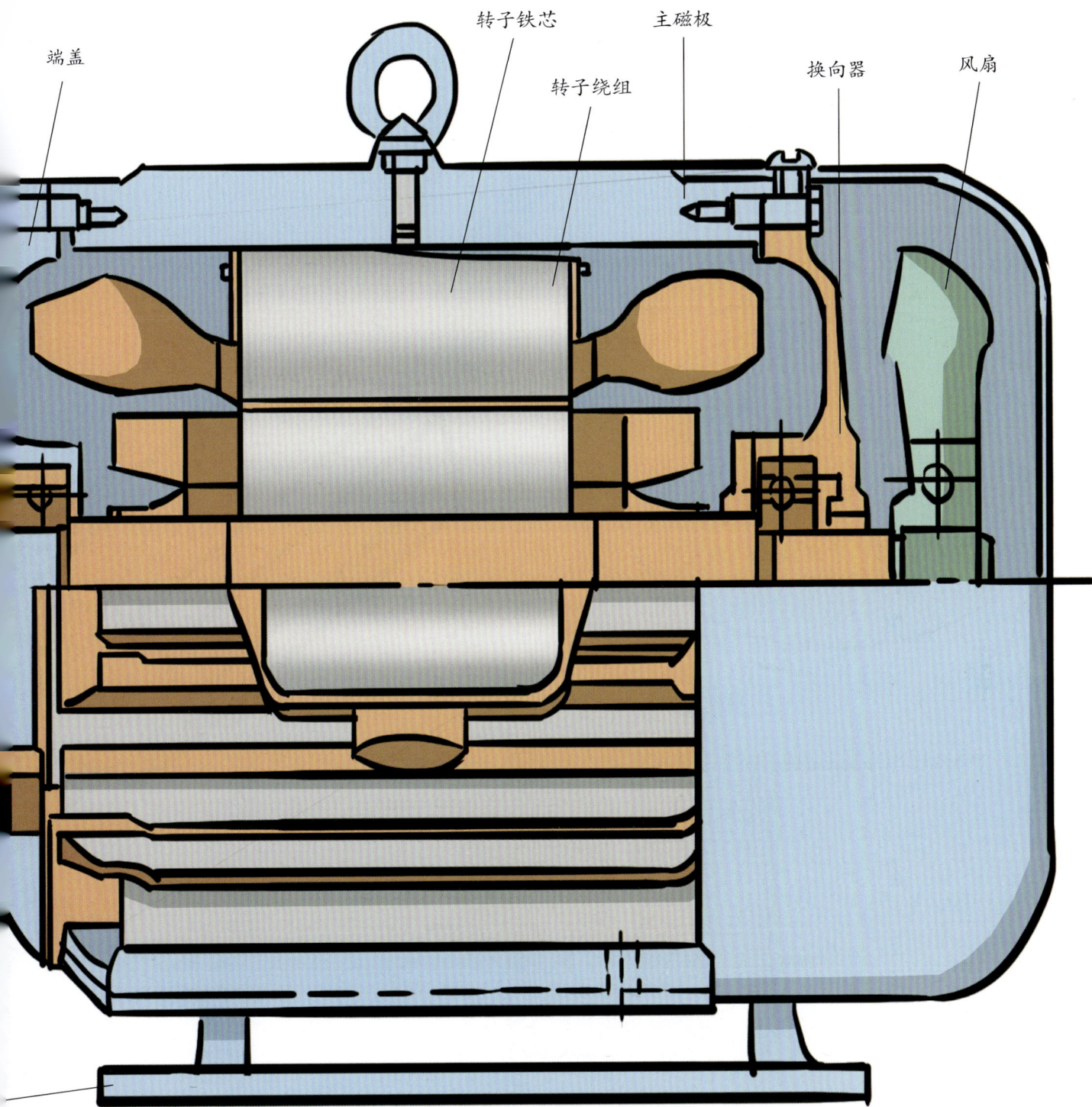

端盖

转子铁芯

转子绕组

主磁极

换向器

风扇

第一艘电机船

1838年，在俄国的涅瓦河上，第一艘用电力驱动的电机船首航成功，它上面安装了40部电动机和320块大电池。

变压器

变压器是一种能够变换交流电压的设备。为什么要变换电压呢？发电厂发出的电为什么不能直接使用呢？这主要跟距离有关系。

从发电厂发出的电能要想输送到城镇乡村中，必须要将其电压升高，因为电压越高，在传输中的损耗越小。但我们生活中使用的电压多为220V，这跟高压线上的高压电完全不在一个量级，此时，就需要变压器出马了。在变压器的作用下，高压电转换为低压电，才能为人们所用。

万物运转的秘密

这样工作

变压器的铁芯上绕着两组线圈，它们的匝数不同，匝数多的一边连着高压电，匝数少的一边连接终端用户。当输入电流通过高压线圈时，会产生一个持续开或关的磁场，从而诱导终端用户线圈产生一个输出的低压电流。

储油柜

断电器

高压电进入

低压电流出

变电的场所

要想改变电流的电压必须在专门的场所，即变电所或变电站，变电站的规模要比变电所大很多。在靠近发电厂的变电站中，传送变压器将电压升高到几十万伏。电流传到靠近城市的变电所中，里面的分配变压器能将高压电降至几千伏。

电压比

一般情况下，初、次级线圈的电压比等于初、次级线圈的匝数比。假如初级线圈有12匝，次级线圈有4匝，那么电压降低为原来的1/3。

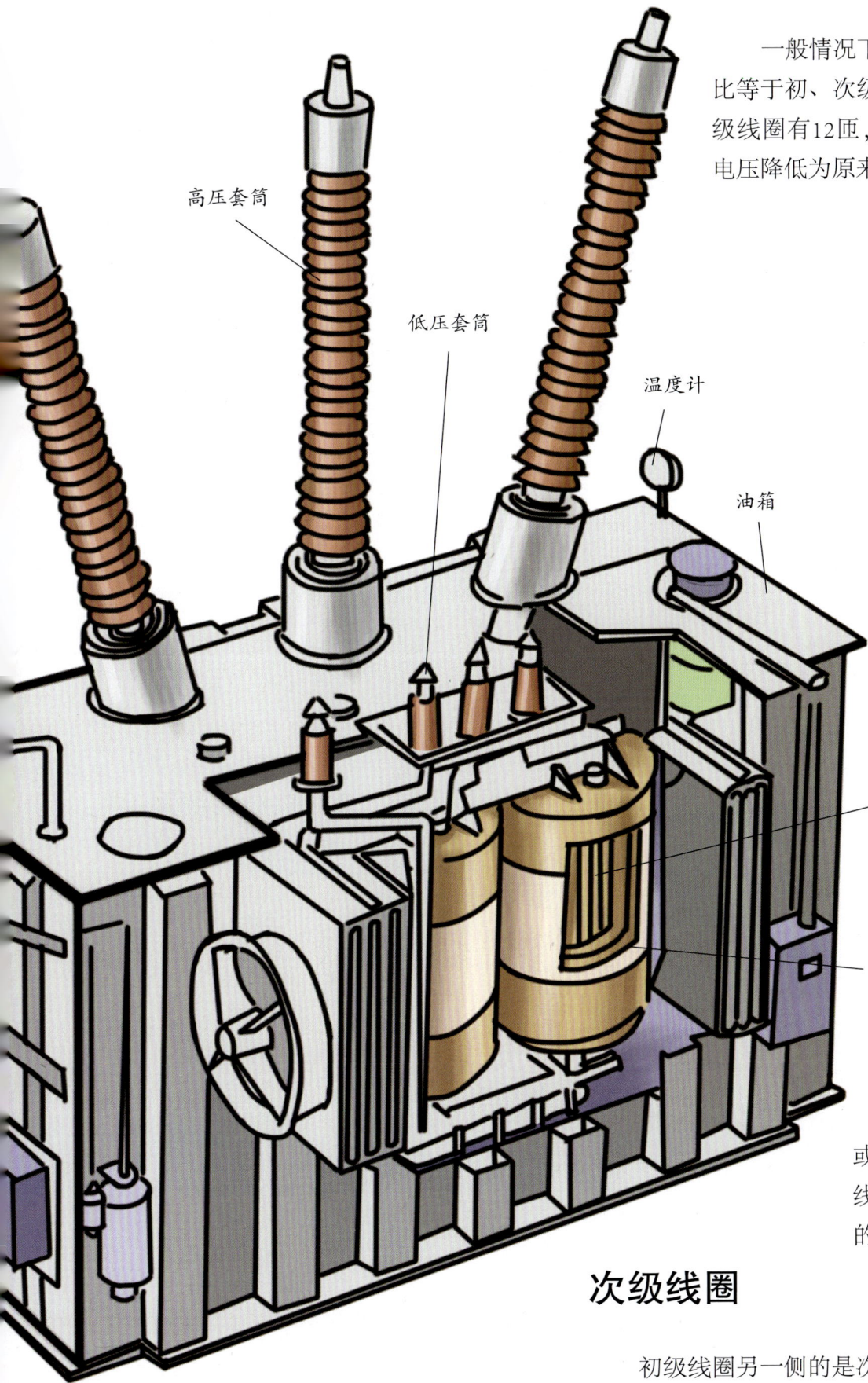

高压套筒

低压套筒

温度计

油箱

铁芯

铁芯既是磁路，也是绕组的骨架，它的两侧分别缠绕着匝数不同的线圈。

铁芯

初级线圈

初级线圈

绕组是由绝缘的铜线或铝线缠绕而成的，也叫线圈，一般连接着电源端的线圈是初级线圈。

次级线圈

初级线圈另一侧的是次级线圈。

电车

说到交通工具，有轨电车绝对是个特殊的存在，它拖着长长的辫子，每天都在固定的道路上行驶。如果电路突然断电或出现故障，那可糟糕了，电车只能停在原地，等待电路恢复。

这样工作

有轨电车靠电力作为驱动能源，不会排放废气，是一种绿色环保的交通工具。当它开始工作时，车辆上部的集电杆从架空电缆上获得电力，提供给电车的电动机。电动机输出驱使车辆前行的动力，电车就能运行了。

集电杆

制动设备

现在的电车多采用电气—机械联合制动装置，有些车辆上还安装有电磁轨闸，这种设备能够发挥紧急制动的作用。

转向架

转向架是一个由多个部件构成的整体，它由牵引电动机、传动装置和两副轮对构成。在转向架的中间部位安装着立轴，立轴与车厢连接，可以引导车厢调节方向。

电动汽车

作为家庭代步工具的小轿车，也有电动车型。如果想让车辆行进，不用去加油，只需要充电。跟有轨电车一样，电动汽车不排放污染空气的有害物质，将成为未来最主流的交通工具。

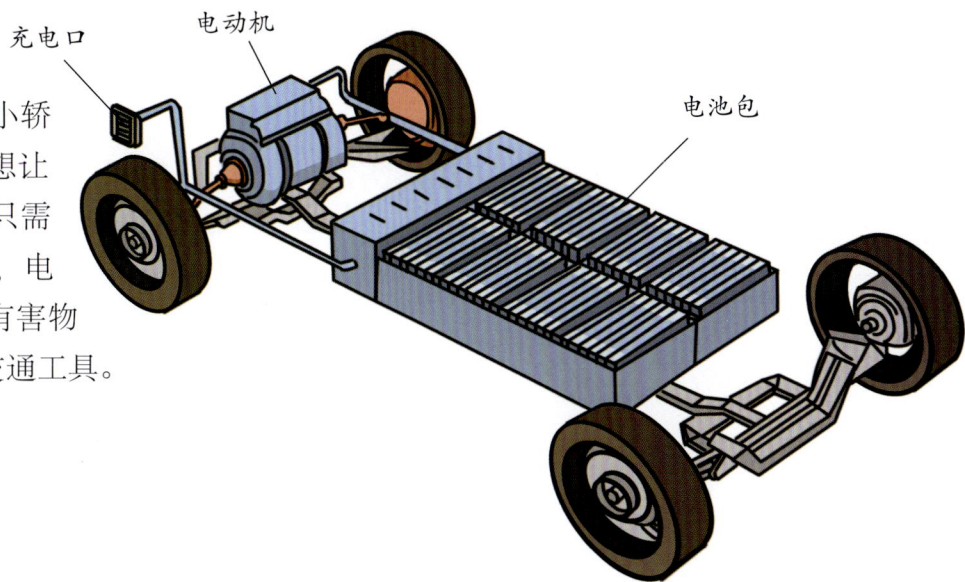

充电口

电动机

电池包

▲ 电动汽车电气设备

车厢

电车的车厢跟普通巴士车厢类似，车厢内有座椅、照明设施等，它通过一根或多根立轴与转向架相连接。

车厢

最早的公交车

18世纪出现的四轮运货马车可以说是历史上最早的公交车，在车辆的中间部位安放着两把长椅，乘客可以背靠背坐在一起。这种公交马车既没有车顶也没有侧面围挡，日晒雨淋都需要乘客自己承担。

汽车点火系统

点火系统是汽油发动机的重要伙伴，发动机能否正常运转或超常发挥，跟点火系统密切相关。如果点火系统不支持发动机的工作，那么发动机的功率、油耗都会受到影响，由此看来，点火系统与汽车的心脏——发动机还真是关系密切呢！

分电器

分电器的作用是接通或切断发动机工作时的电路。

火花塞

火花塞安装在发动机的燃烧室内，它能将点火线圈产生的高压电引入燃烧室，并用产生的火花点燃燃烧室内的可燃性气体。

点火线圈

它的作用相当于变压器，将蓄电池提供的低压电转换为高压电。

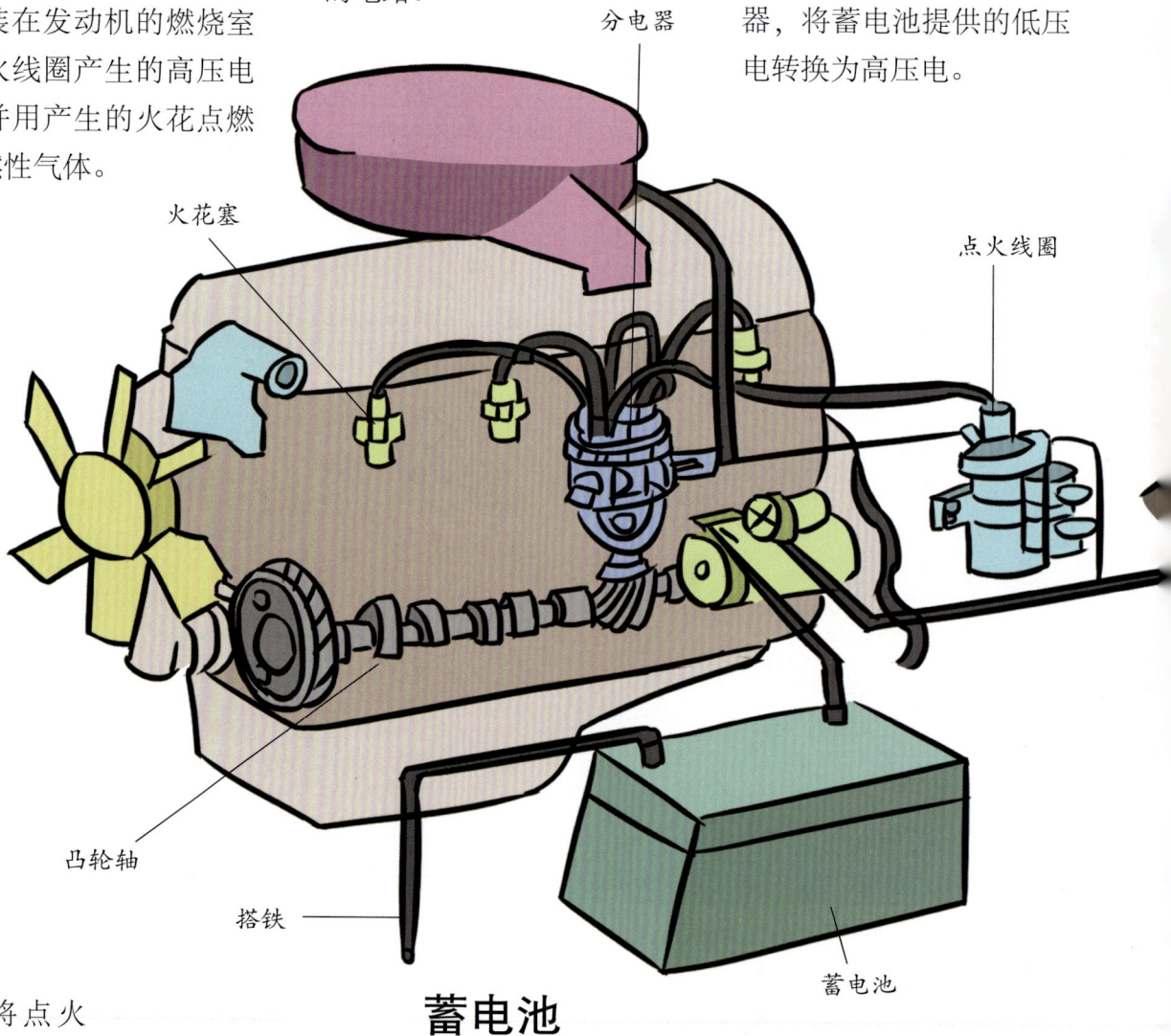

分电器

火花塞

点火线圈

凸轮轴

搭铁

蓄电池

配电器

配电器会将点火线圈产生的高压电分配给各缸的火花塞。

蓄电池

点火系统工作时，蓄电池给它提供能量。

没有点火系统的柴油发动机

并不是所有汽车都有点火系统，如果一辆汽车使用的是柴油发动机，那么它就不需要点火系统。因为柴油的燃点低，依靠气体压缩后的温度升高，可以直接发生自燃，而不需要火花塞来引燃。

这样工作

接通点火开关后，发动机开始运转。此时，车载电脑系统会接收到各传感器发出的信号，向点火系统发出准备点火的指令。点火系统通过点火线圈产生的高压电来产生火花，点燃已经被压缩的可燃性混合气体，发动机获得工作的动力。

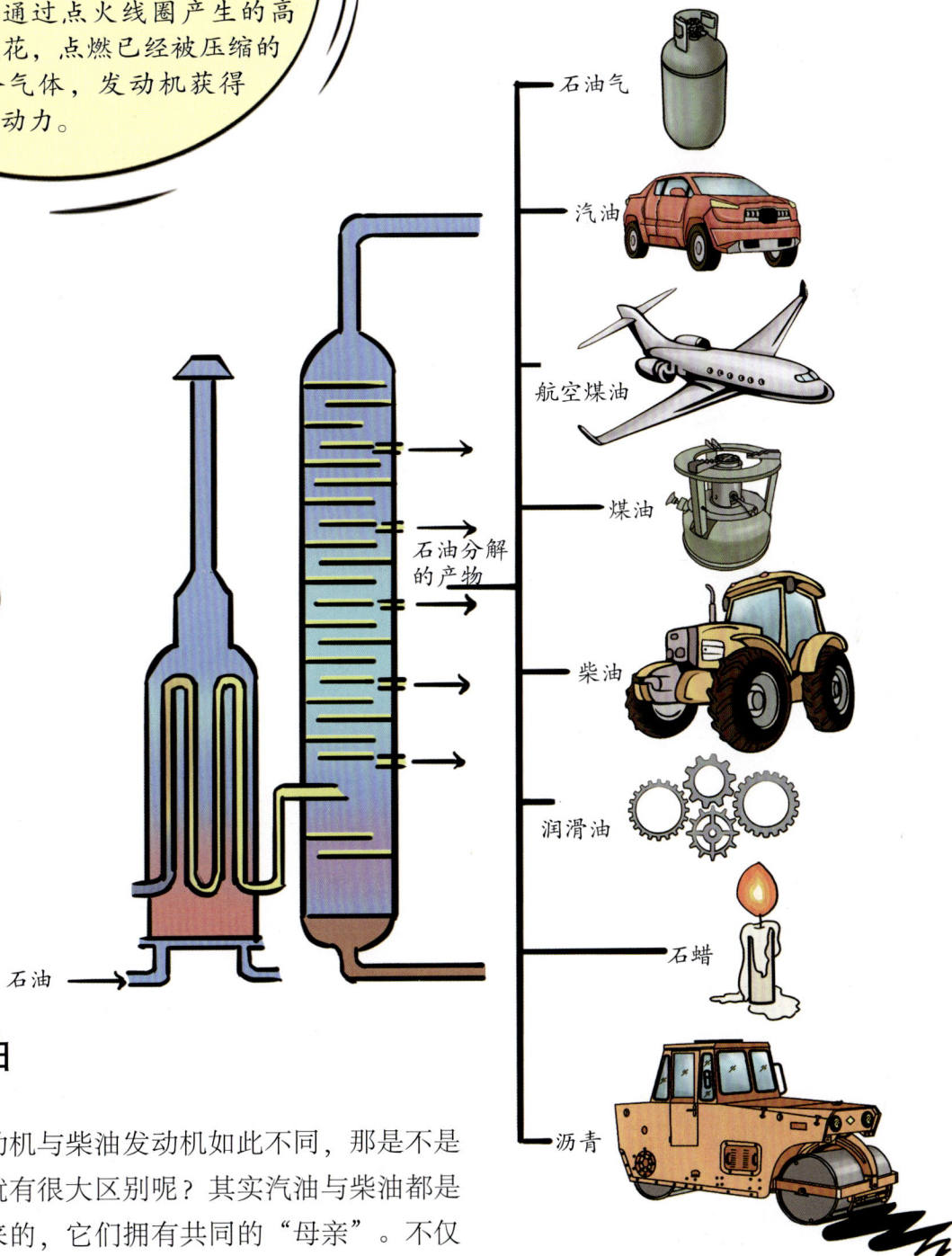

石油气

汽油

航空煤油

煤油

石油分解的产物

柴油

润滑油

石蜡

沥青

石油

汽油VS柴油

既然汽油发动机与柴油发动机如此不同，那是不是说明汽油和柴油就有很大区别呢？其实汽油与柴油都是从石油中提炼出来的，它们拥有共同的"母亲"。不仅这两种物质，煤油、润滑油和沥青也都是石油衍生品。

磁悬浮列车

目前，在公共交通工具中，除了飞机，磁悬浮列车的速度是最快的！由于它没有车轮、轮轴和其他的机械运动部件，不受轨道摩擦力的影响，因此能够达到更快的速度。

这样工作

磁悬浮列车的车厢上安装着超导磁铁，铁路底部安装着线圈。通电后，铁轨线圈产生的磁场极性与车厢的极性相同，同性相斥，所以列车保持悬浮状态。而轨道两侧也装有线圈，一通电它们就变成了电磁铁，当车辆前行时，车头的磁铁（N极）与轨道上稍靠前的磁铁（S极）相互吸引，起到拖拉车厢的作用，而轨道上稍靠后的磁铁（N极）与车头极性相反，起到一个推动的作用。当列车向相反方向行驶时，只需要改变电流流向就可以了。

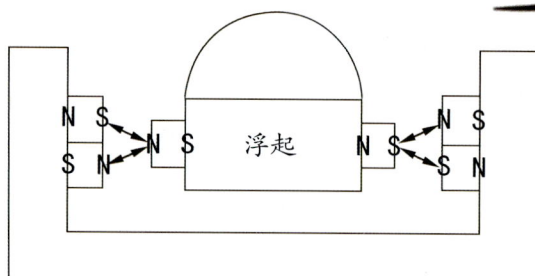

列车线圈

列车线圈

安装在列车上的线圈，分为悬浮线圈与推进线圈，它们与铁轨上的线圈相互配合，共同工作。

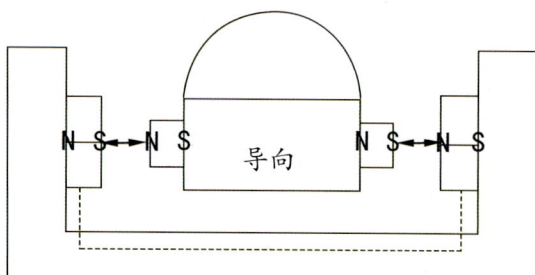

推进线圈

推进线圈

推进线圈也安装在轨道上，线圈中的电流能够改变流向。

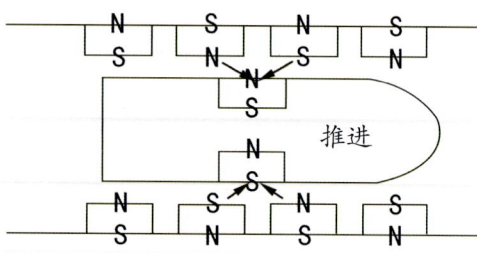

飞驰的速度

目前，最快的磁悬浮列车在中国成都，它的时速高达620公里，拥有地表最快的速度。而我们熟知的高铁，平均时速仅有350公里。

辅助车轮

辅助车轮

列车车厢两侧安装着成套的小橡胶车轮，当供电中断或是紧急停车时，列车不再悬浮于空中，这些小车轮可以起到避免碰撞、减小摩擦的作用。

悬浮线圈

悬浮线圈

悬浮线圈安装在轨道上，它与列车上的悬浮线圈相互作用，使车厢悬浮于轨道上几厘米的位置。

电子灭虫器

夏天虽然有玩不够的水和冰爽的冷饮，但炎热的高温同样使蚊虫滋生，它们时常围绕在人们身边，"嗡嗡嘤嘤"地发出恼人的噪声，趁你不注意，还靠过来在皮肤上咬几个痛痒难耐的小红包。所以，人们总是想尽办法消灭蚊虫，杀虫剂、驱蚊液、捕虫网，当然，还有一种新型的电子灭虫器。

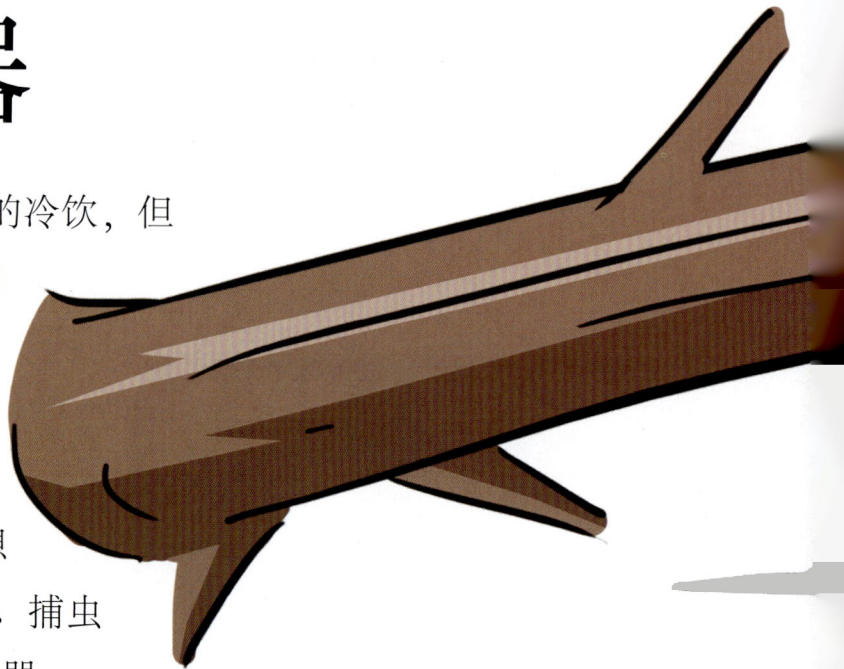

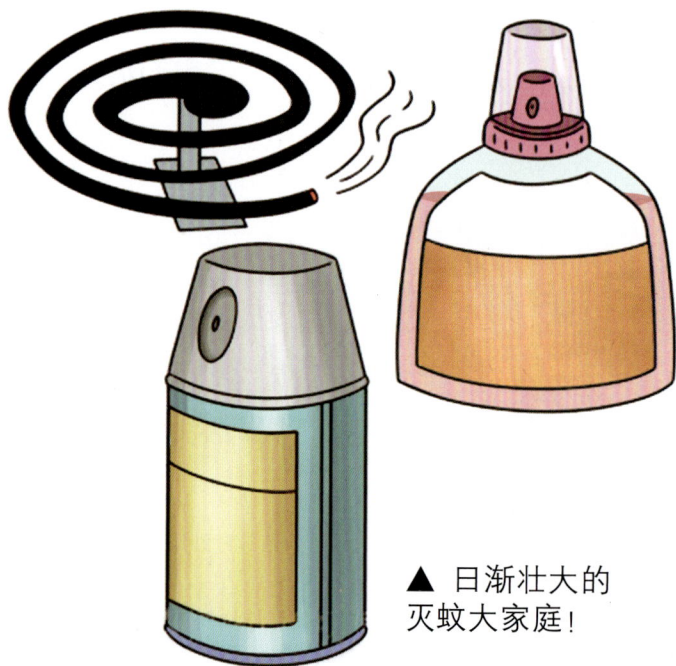

▲ 日渐壮大的灭蚊大家庭！

这样工作

灭虫器的中心有一个荧光灯，它能发散出蚊虫易看清的紫外线，荧光灯的外围有一层通电的金属网格，当飞虫扑向灯光时，一旦穿过或碰触到金属网格，都会被电死。

框架

荧光灯

框架

电子灭虫器的框架一般要多出网格很大一部分，这样可以避免人或其他动物误碰到而引起触电事故。

荧光灯

灭虫器的荧光灯主要用于吸引蚊虫，多为紫外线灯或氖灯。

变压器

灭虫器上的小变压器可以将民用的低压电转换为2000伏以上的高压电，它连接着金属网。

变压器

电蚊拍

电蚊拍也是一种利用高压电流将蚊子杀死的小工具，它看上去像一把小型的羽毛球拍，使用起来超级方便。电蚊拍使用干电池，电网周围只存在静电场，因此对人畜无害，只有蚊子被吸入网格中并发生短路时，才会引起暂时释放高压电将蚊子电死。

金属网

金属网

金属网包裹在荧光灯周围，网格上有电流。

电磁炮

电磁炮是一种威力强大的武器。跟传统大炮使用火药喷射作为推动力不同，电磁炮是利用电磁场中的电磁力来对金属炮弹进行加速的，它的速度和射程要远比传统大炮优秀很多。但目前世界上，能够制造出电磁炮的国家很少，中国便是其中一个。

这样工作

电磁炮分为两种，即导轨炮和线圈炮，它们的工作原理不太一样，我们主要来说说导轨炮。导轨炮是由一对平行的导轨和其中可移动的电枢构成，导轨相当于炮管，而电枢则相当于弹丸。开关接通后，一股强大的电流从一根导轨经过电枢流向另一根导轨，两导轨之间产生强磁场，磁场与电流相互作用，产生强大的电磁推力，将电枢发射出去。

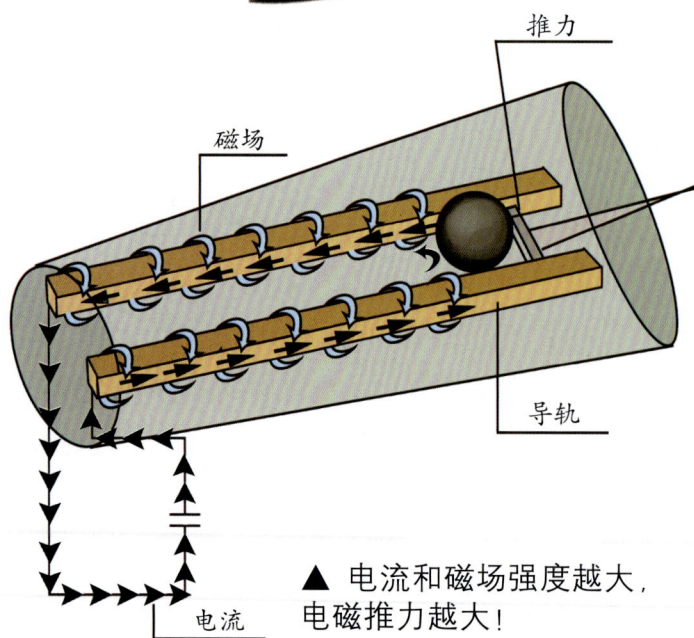

加速装置

加速装置

电磁炮的加速装置主要是加速器，它能把电磁能转换为推动弹丸发射的高速动能。

推力

磁场

导轨

电流

▲ 电流和磁场强度越大，电磁推力越大！

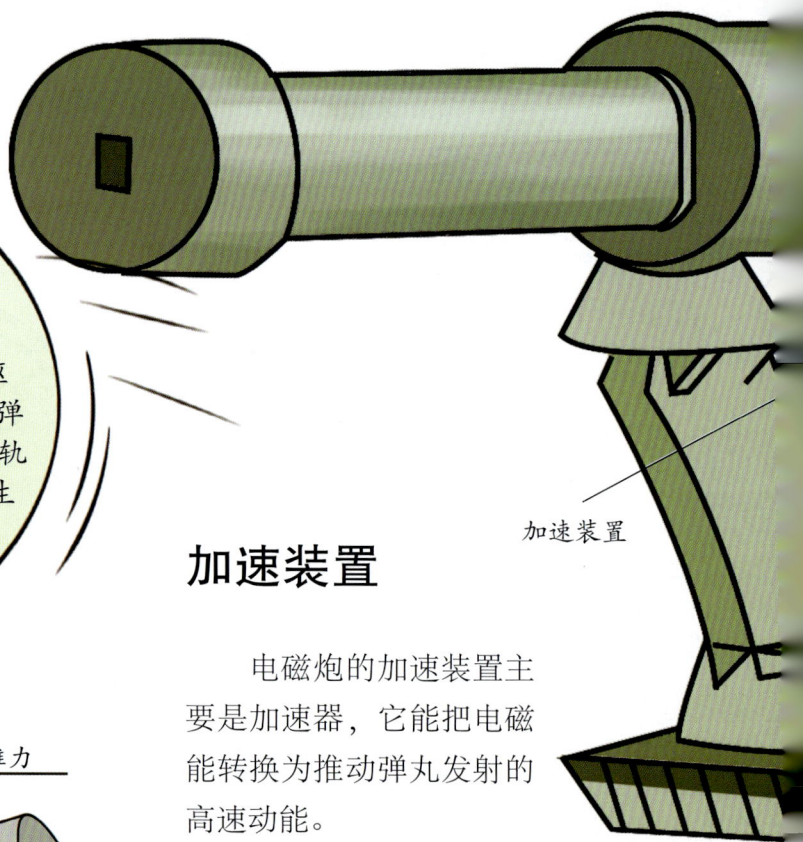

激光炮

跟电磁炮一样，激光炮也是一种新型的战斗武器。它利用超强电流产生的高强度激光束，给予敌方致命打击。激光炮是速度最快，转移火力最迅速的新型武器之一，但激光容易受到天气影响，所以至今尚未普及。

导轨

导轨是两根平行的金属条，因为电枢卡在中间，它们之间才会形成闭合电路。

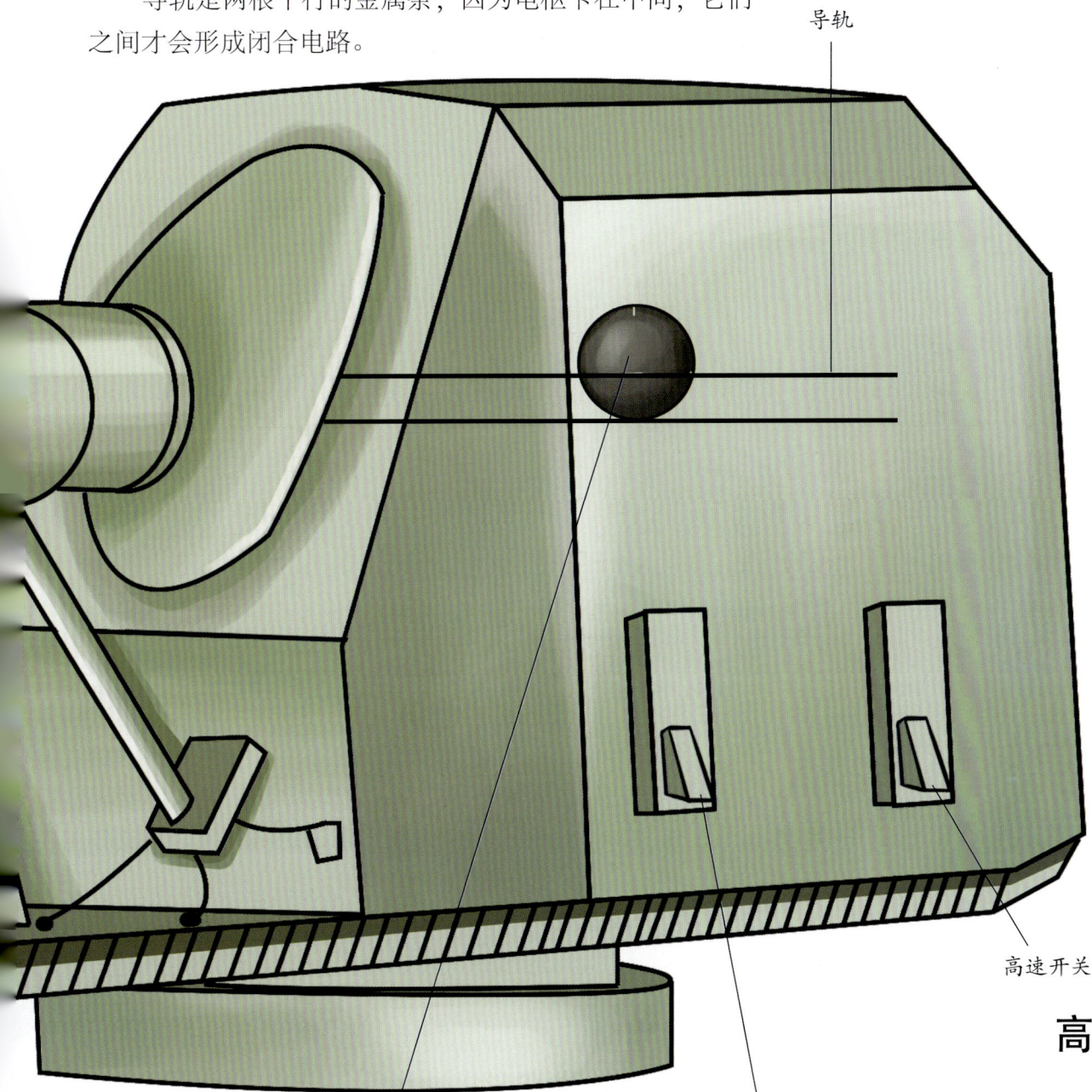

导轨

弹丸

发动电源

高速开关

弹丸

电磁炮的弹丸是一个实心的金属球，里面不装火药，完全靠巨大的动能带给目标致命伤害。

发动电源

电磁炮的电源目前最常用的是蓄电池组，但单极发电机是最有前途的能源。

高速开关

开关连接着电源和加速装置，它能将电流引入加速器中。

电 棍

电棍是执法人员使用的一种非致命性武器，它没有枪支的危害性大，但也能给对方一定的心理威慑。从外形上看，电棍小巧轻便，有些型号跟强光手电筒相仿，但它产生的瞬间电流，足以使人退后或摔倒！

这样工作

当用电棍接触人体并按下开关时，高压电荷会穿过衣物和皮肤进入人体，将人体的内部神经信号打乱，出现全身麻木、浑身无力的触电情况。但电棍的电流强度一般比较低，不足以对人体造成严重的身体伤害，除非你多电他一会儿。

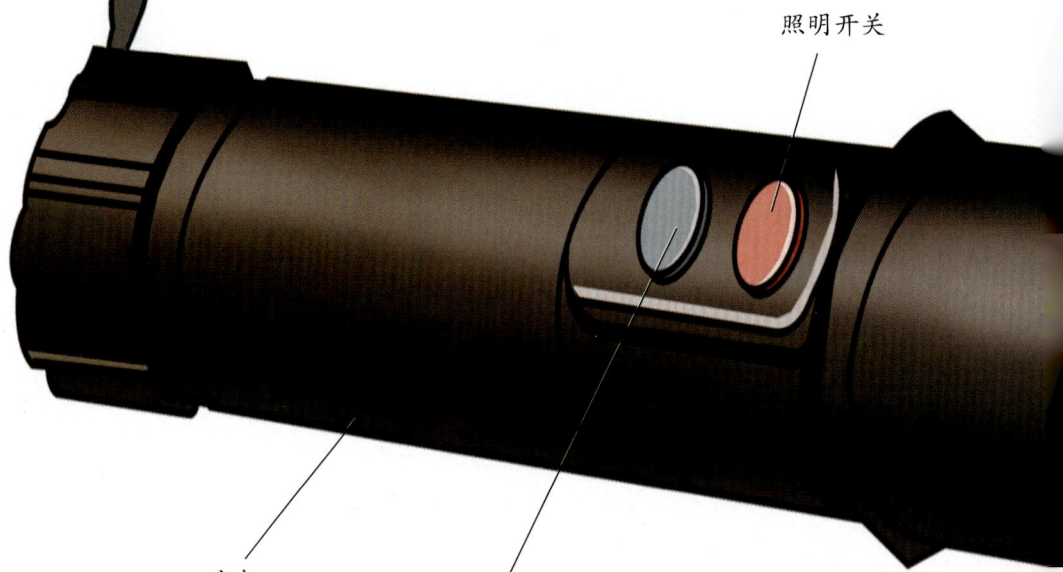

照明开关

外壳

电击开关

外壳

电棍的外壳多由ABS硬橡胶注塑和金属材料构成，非常坚硬，即便不通电也能起到防身的效果。

电击开关

开关位于电棍的末端，被打开后，会使电击头产生电流。

我不能发射子弹，但能发射带电飞镖！

泰瑟枪

泰瑟枪也是一种利用电流攻击敌人的武器，它与电棍的不同之处是能够发射"带电飞镖"，"飞镖"一头有个倒钩，挂在衣服上后，便像电棍一样电击人体。由于需要弹射飞镖，所以泰瑟枪是有射程的，距离7米之内都可以攻击对手。

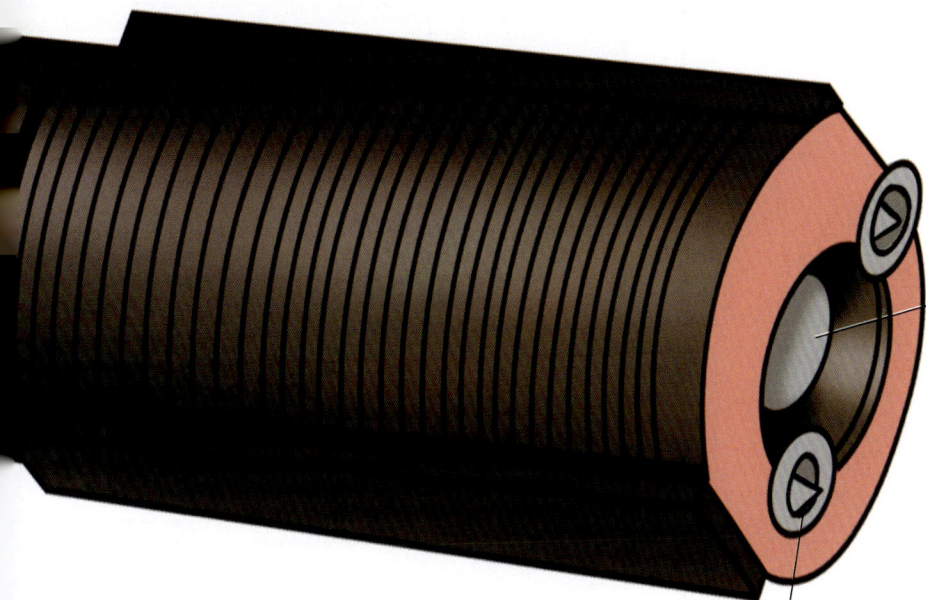

照明灯

电击头

电击头

电棍的前端有一对或几对金属电击头，由此产生高压电荷。

增压变压器

其实，给电击枪供电的只是普通的9伏电池，它之所以能瞬间产生高压电，主要依靠增压变压器的帮助。当电池将电荷传送至增压电路时，经过变压器的增压，电流电压可增高几千倍。

自动存取款机

除了业务大厅，每个银行的旁边都会设置一间小房子，里面安装着自动存取款机，它可以为人们提供便利的存取款业务。

这样工作

所有存取款机都要在接通电源的情况下使用，如果突然停电，那些有独立电源的存取款机可以正常使用，其他则要暂停工作。当我们把带有磁条的银行卡插入存取款机中，它会先读取出合格的磁条信息，然后提示用户输入密码和存取款金额，获得这些信息后，它与银行计算机中心联系，发出需求指令，计算机中心通过指令后，便开始指挥存取款机实现点钞、验钞、吐钞等一系列操作。

便捷服务心体验

请选扌

余额查询

转 账

存 款

显示器

电脑

跟普通的家用电脑不同，存取款机电脑系统是专门定制的。

滚轴

滚轴位于出钞口处，现金会随着滚轴的转动而被运送到出钞口。

滚轴

钞箱

存取款机的底部一般放着4个钞票箱，3个取款箱和1个存款箱。

安全吗

存取款一体机的下部有一个重达200千克的保险柜，柜门内装有2厘米厚的实心钢板，当关闭保险柜的柜门后，大型螺栓会自动滑下锁死保险柜，打开的唯一方式是输入保险柜密码。所以，人们将钱存入一体机中，是非常安全的。

读卡器

将银行卡插入读卡器，它能读出磁卡信息。

读卡器

商银行SRCB

取　款

更改密码

公积金查询

取　卡

我很安全，谁也别想把钱拿走！

键盘

我们输入密码或存取款金额时，都需要用到键盘，存取款机上的键盘采用的是硬件加密，安全性能很高。

键盘

记忆卡

每一台存取款机中都有一张记忆卡，它的作用是将所有存取款操作全部记录下来。

核磁共振仪

核磁共振仪是一种医学仪器，它能把人体的内部情况看得非常清楚。在"奇妙的光与波"中，我们讲过CT机与B超机，它们也是医学仪器，是利用光、波原理来工作的，而核磁共振仪则是利用磁铁产生的电磁场来透视人体的。

谱仪系统

它是核磁共振仪的中心系统，非常重要。射频发射、成像处理等都需要这个系统发出指令。

计算机及控制台

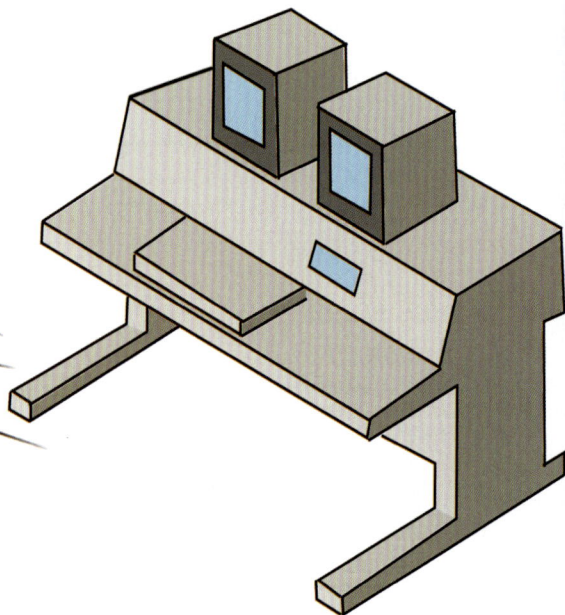

这样工作

核磁共振仪是一个由磁铁构成的管状仓，当人体躺进去之后，就如同处于一个巨大的磁场中。仪器上的无线电射频脉冲能够激发人体内的氢原子核，引起原子核共振，并吸收其能量。当脉冲停止后，氢原子核会按照之前的共振频率发出电信号且释放能量，这些电信号被接收器收录，经由电脑转换为人体图像。

磁铁

目前，核磁共振仪中最常使用的是超导磁铁和梯度磁铁，其中超导磁铁更节省电能，同时还能增大成像的分辨率，让医生看得更清晰。

磁体

接收器

接收器先将收集到的磁共振信号进行放大，再转到数字系统进行成像处理。

检查床

射频线圈

特斯拉与高斯

特斯拉可不是那个电动汽车品牌，它是磁感应强度的单位。1特斯拉等于1万高斯，由于特斯拉的单位比较大，平时常使用高斯来表示磁感应的强弱程度。

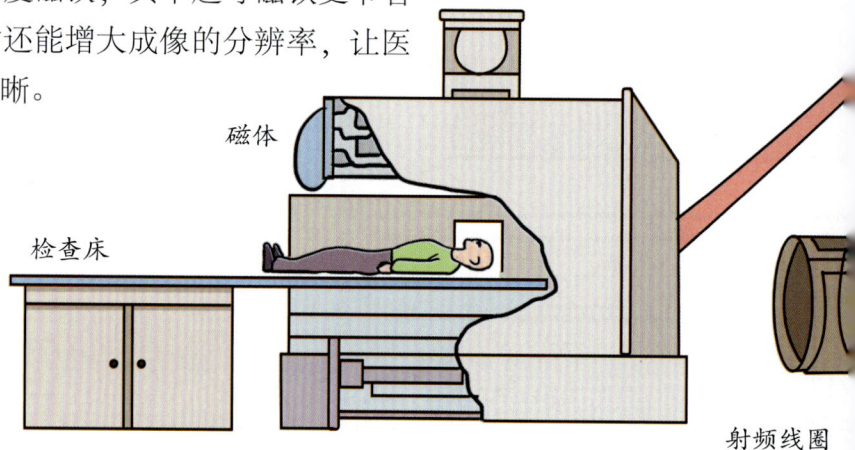

射频发生器

　　射频发生器能够产生RF脉冲，通过发射线圈将脉冲发射到患者的检查部位。

射频控制器

梯度放大器

y向梯度圈

请不要带着我们进入核磁共振室！

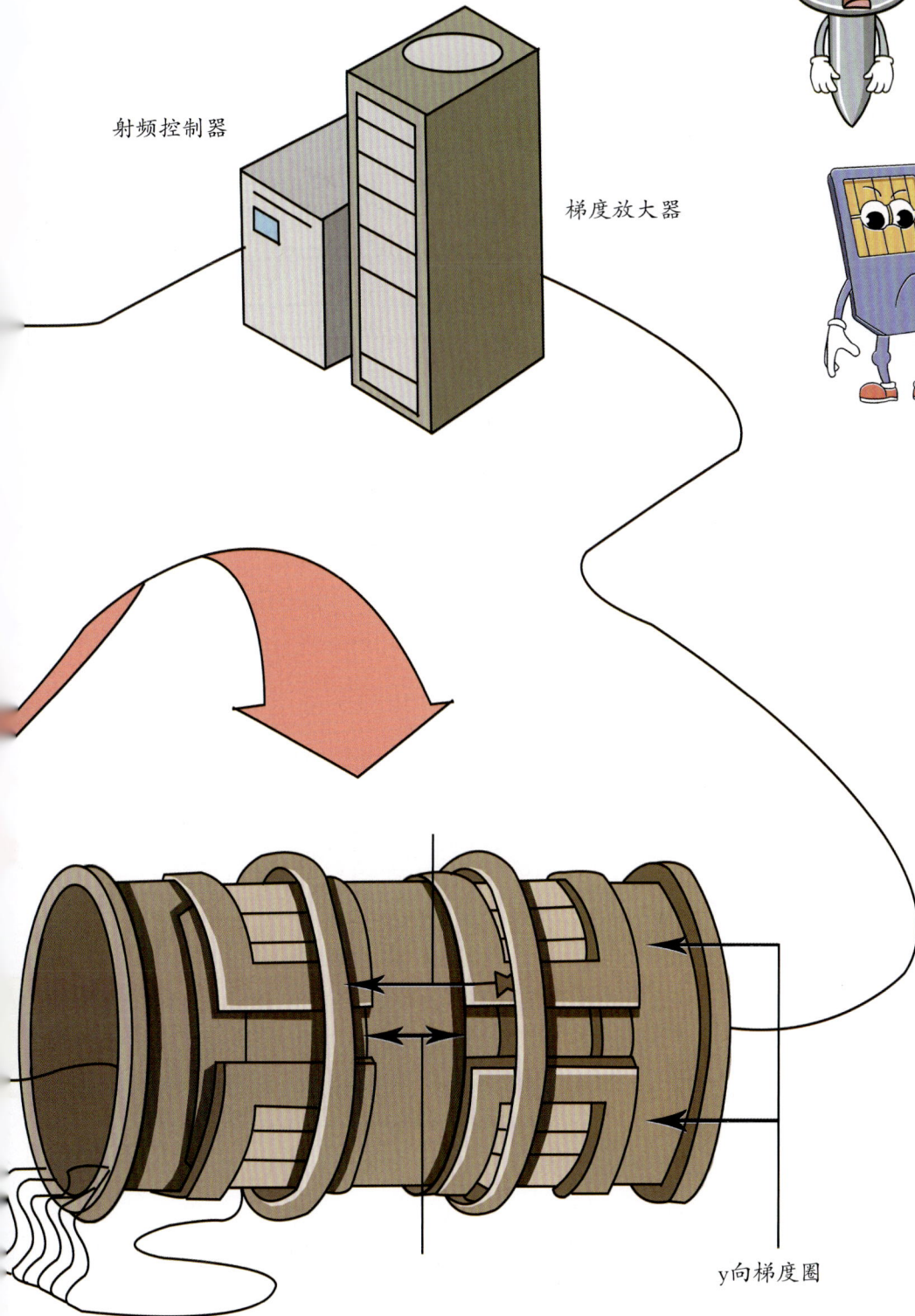

别带金属物品

　　去做核磁共振时，千万不能带金属物品，如果患者身体内有金属质地的支架或铁丝，也是不能进行核磁共振检查的。因为任何金属物品在强大磁场的作用下，可能会飞到房间的任意角落。如果你带着银行的磁卡，它会被消磁，无法正常使用。

电 铃

电铃是一种电磁装置，生活中很多地方都能看到它的身影。家门口安装一个电铃，当访客按响它时，我们便知道有客来访。学校也会使用电铃，设置好上课时间以及下课休息时间，电铃便会为师生们准时提供提醒服务。

万物运转的秘密

这样工作

通电后，电流流经电磁铁，电磁铁产生磁性，把小锤下方的弹性片吸引过来，这样小锤就会敲击电铃发出声音，同时电路断开，电磁铁失去磁性，小锤会被弹性片带回去，电路再次闭合，小锤又被吸引过去，这样不停重复，电铃就会连续发出敲击声。

开关

弹簧片

当弹簧片受力时，它会发生形变。

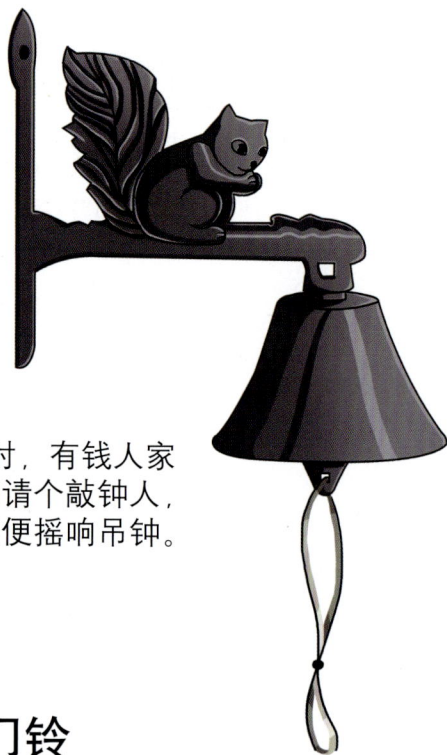

▲ 古时，有钱人家会专门请个敲钟人，访客至便摇响吊钟。

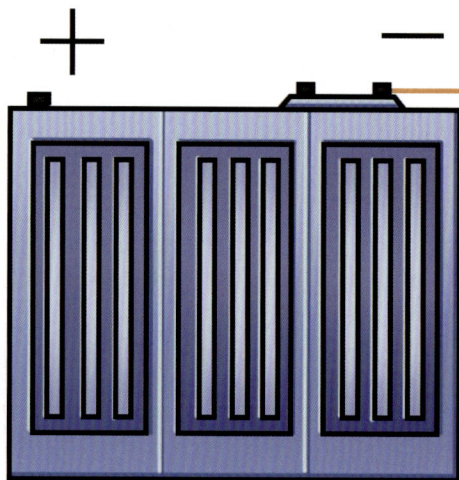

电源

最早的门铃

电在被利用之前，人们已经发明出了门铃，它的外形就像一口吊钟，里面悬着铁块，铁块一头系于钟顶，另一头系着一条绳子，访客摇动绳子时，铁块就会撞击吊钟，发出声响。

车铃

安装在自行车上的车铃，跟电铃的外形非常相似，但它们的工作原理却完全不同。按下扳手的时候，里面的齿轮会带动铁片敲击到金属外壳，从而发出声响。车铃是纯粹靠力学原理来工作的。

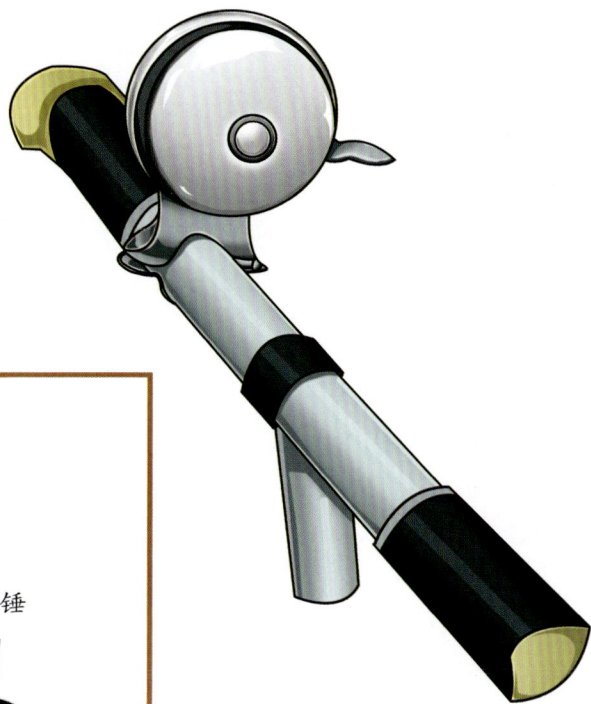

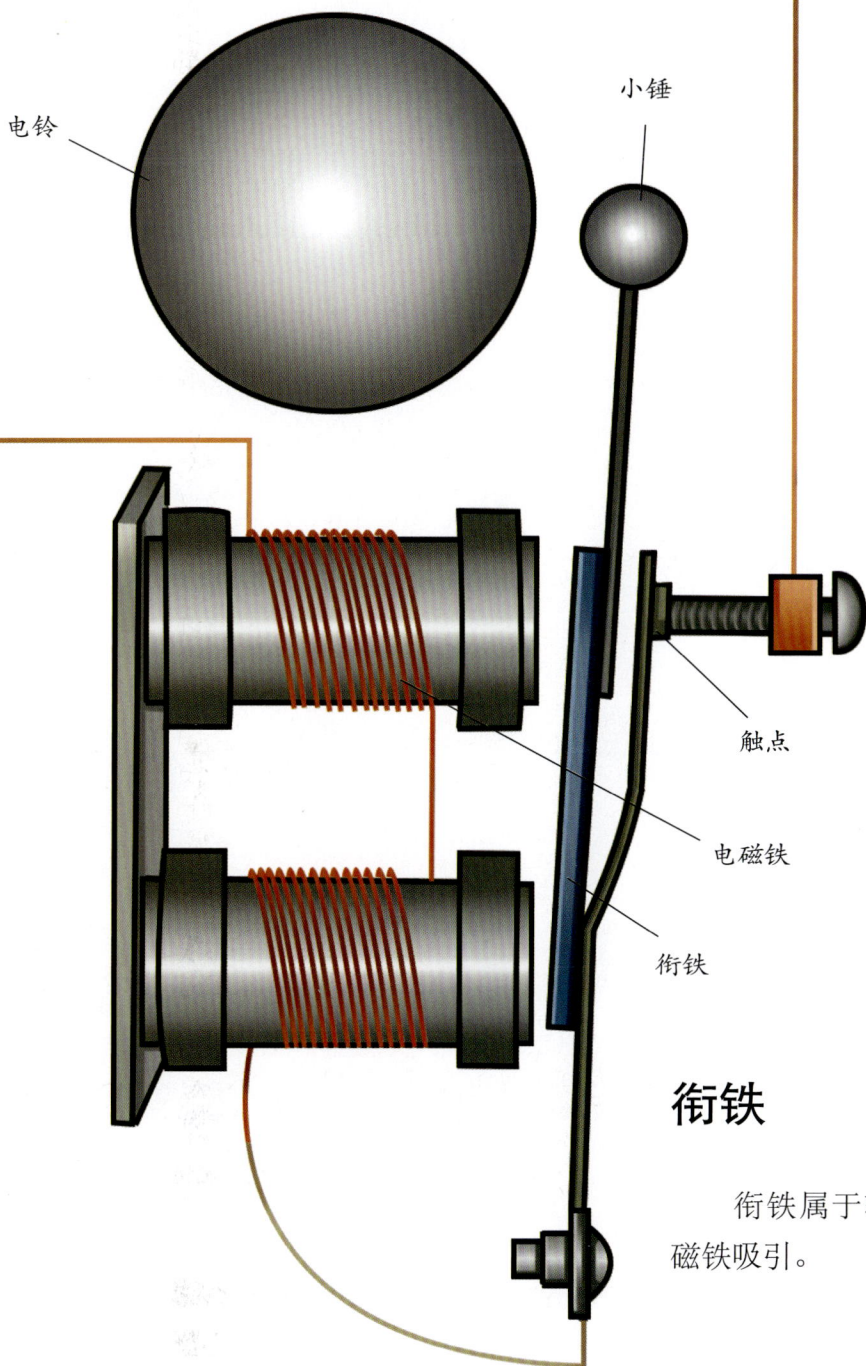

电铃

小锤

触点

电磁铁

衔铁

电磁铁

通电后，电磁铁能产生磁性。

衔铁

衔铁属于软磁性物质，它能被电磁铁吸引。

烟雾报警器

也可以叫它烟雾探测器，当发生火灾，烟雾出现时，探测器能够敏锐地感应到空气中的微小烟雾粒子，并及时发出警报，以便第一时间寻求救援帮助，及时控制火情。现在，很多大型商超、写字楼及住宅楼中都安装了烟雾报警器，它是最基本的公共设施之一。

万物运转的秘密

这样工作

烟雾报警器主要有两种，一种是利用红外线的光电烟雾报警器，还有一种是离子探测器，它是利用电学感应器来工作的。今天，我们主要来说离子探测器。

在离子探测器中，有一个检测室，里面存在着微弱的电流。当有烟雾粒子进入检测室时，它会增加空气的电阻，从而使检测室内电流减小。电流小到一定程度，探测器的芯片就会打开警报器，人们就能听到蜂鸣声了。

1.室内沙发起火

5.消防员扑灭火源

优势

如果发生快速燃烧的大火时，空气中的微小粒子会非常多，离子探测器对这种微小的粒子最为敏感，它会比光电探测器先发出警报。

2.探测器感应到烟雾

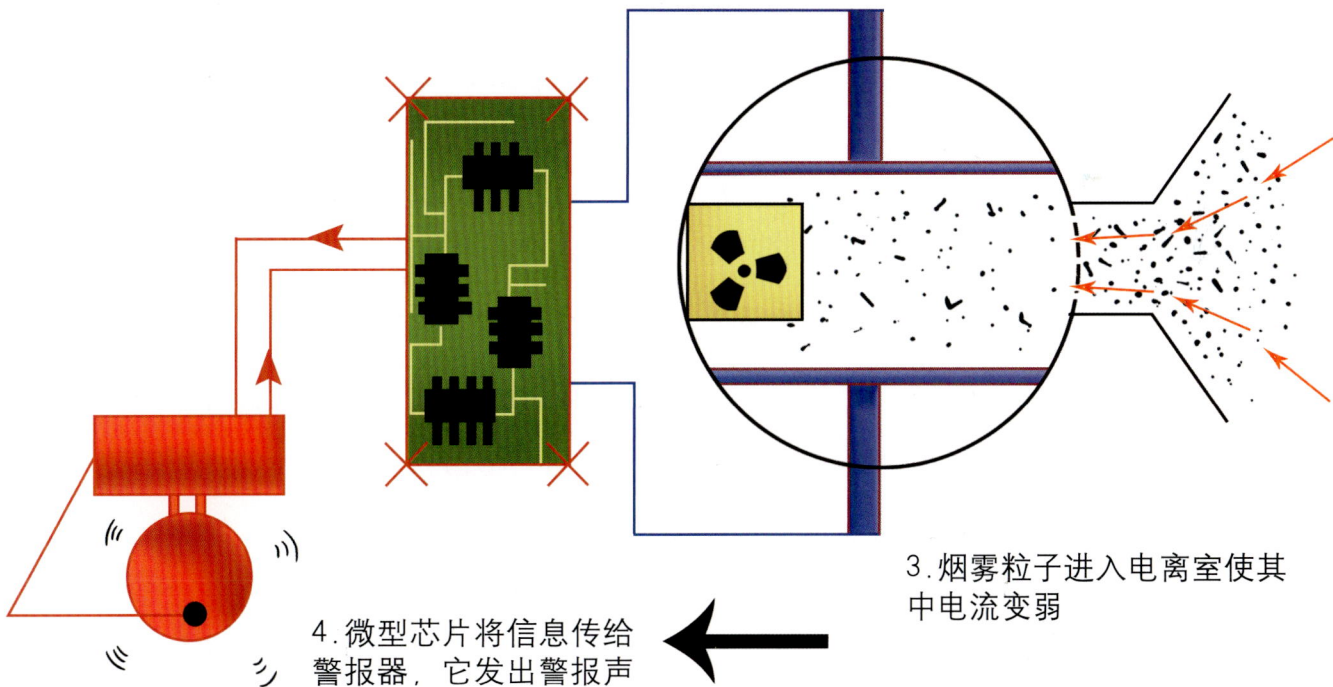

3.烟雾粒子进入电离室使其
中电流变弱

4.微型芯片将信息传给
警报器，它发出警报声

电子扬声器

当传感器将异常情况传送给警报器时，扬声器会发出非常响亮的警报声。

电离室

电离室就是烟雾粒子检测室，它感应到烟雾粒子后会将信息传递给报警电路。

双控开关

你一定见过很多开关，它们存在于各种物品上。有时候是你的玩具，必须要拨开开关，小汽车才能向前开，娃娃才能跳舞；有时候在家用电器上，按下开关键，电水壶才开始烧水，电脑才会启动。当然，我们每天接触最多的开关，应该是电灯，无数次开与关，控制着电灯的明与灭。单向开关很常见，但你见过双控开关吗？

单控与双控

单控开关中只有两根线，一根火线和一根零线；而双控开关则需要三根线，两根火线和一根零线。同理，如果变成三控开关，则需要三根火线和一根零线。

这样工作

其实，双控开关就是安装在两个不同地方的开关，但它们共同控制着一个用电器，多数是电灯，无论按下哪个开关都可以打开或关闭电灯。当使用一套开关控制电灯时，另一套开关与电灯是断开的状态。

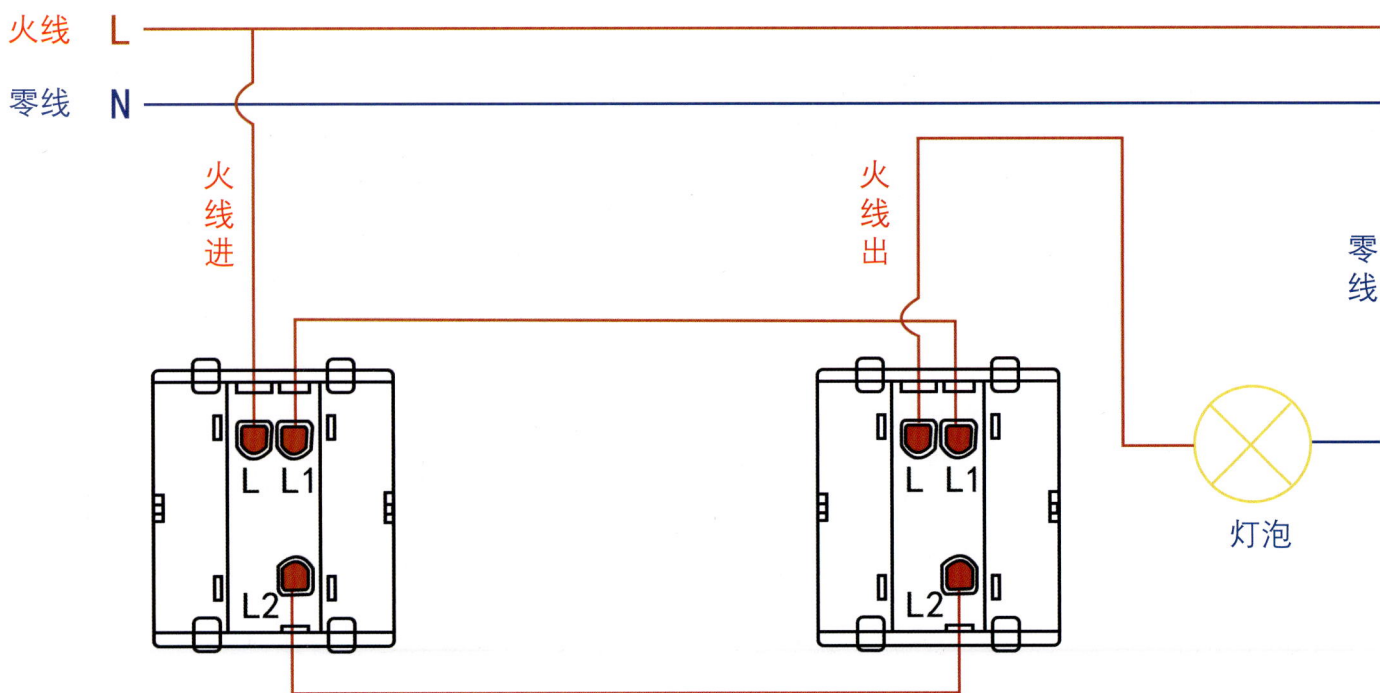

火线 L

零线 N

火线进

火线出

零线

L L1

L2

L L1

L2

灯泡

▲ 火线是发电机输出的相线，零线是和大地相接通的。

更省事

安装双控开关的目的是让自己和家人更省事。躺在床上时，可以通过床头的开关就能关掉卧室的灯，而人在楼下也可以关闭楼上的灯。

插座

家里的墙壁上不仅有开关，还少不了插座。通过插座，用电器才能接通电源，正常使用。多数的家用插座上都有两种接口，一种适合两脚插头，另一种则适合有三脚插头。

电动牙刷

电动牙刷并不能解放双手，如果你想用电动牙刷刷牙，还是要用手来辅助。但电动牙刷能够帮你深度清洁牙齿，还能起到按摩牙龈的作用。你只需要轻轻移动电动牙刷的位置，它就能非常出色地完成清洁牙齿的任务。

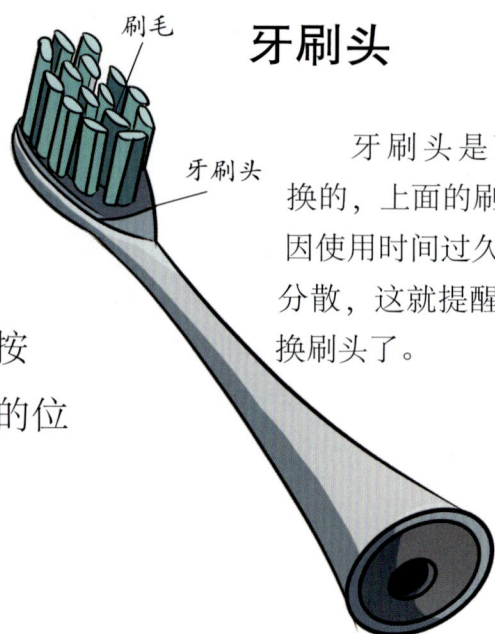

刷毛

牙刷头

牙刷头

牙刷头是可以更换的，上面的刷毛如果因使用时间过久而向外分散，这就提醒你要更换刷头了。

这样工作

当按下开关后，电动牙刷的电动机便开始驱动内部齿轮组工作，齿轮带动圆形刷头开始转动。由于旋转式的电动牙刷需要齿轮组共同工作，这些齿轮间会发生巨大摩擦，所以这种牙刷的噪声比较大。

当你刷完牙齿后，要把电动牙刷放到基座上充电，你可能会奇怪，它们都是密封的，要如何充电呢？其实基座内含有一套感应线圈和一个金属芯，牙刷内部则安装着另一套感应线圈，当牙刷坐于基座上时，会形成完整的变压器结构，电荷也将流动起来。

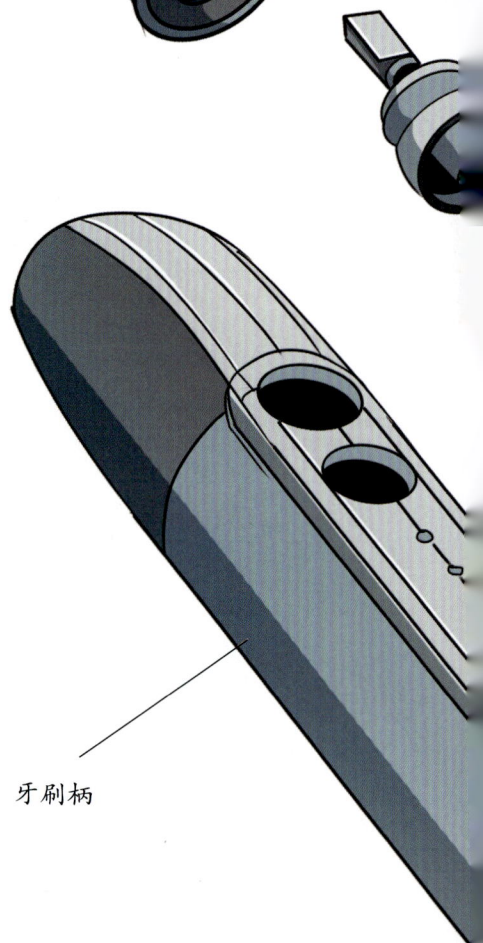

牙刷柄

牙刷柄

牙刷柄由充电电池、电动机和齿轮组构成，防水外壳将这些内部结构包裹起来。

各有千秋

从运转方式上看，电动牙刷分为旋转式和振动式两种，它们各有千秋，旋转式牙刷能把牙齿表面清洁得特别干净，但同时存在磨损牙釉质的问题。振动式牙刷能让口腔内部产生丰富的小气泡，因此清洁牙缝的效果极佳。

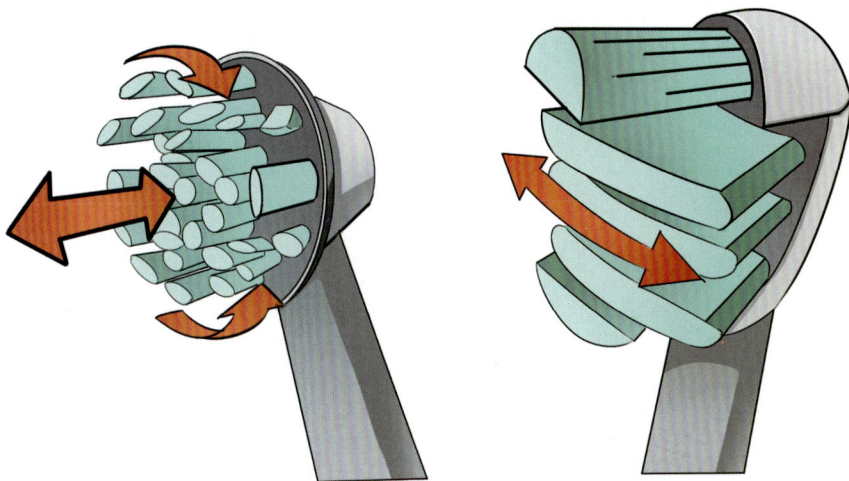

开关

冲牙器

冲牙器里面有一个电动水泵，它对水进行加压，于是高强压的水柱从喷嘴喷出，清洁齿缝。这个小电器非常实用，几乎可以替代牙线。

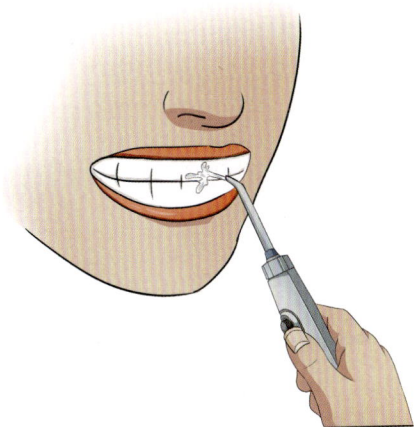

充电底座

每一款电动牙刷都有其标配的底座，底座能为牙刷中的充电电池补充能量。

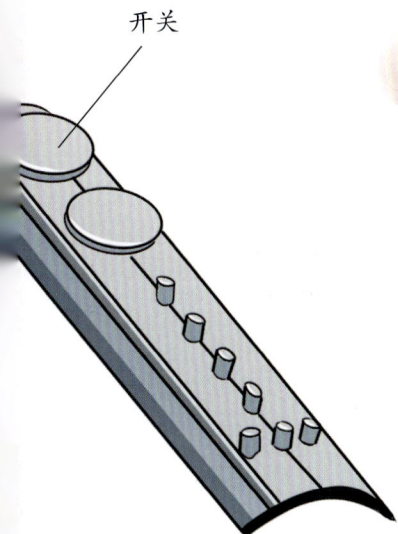

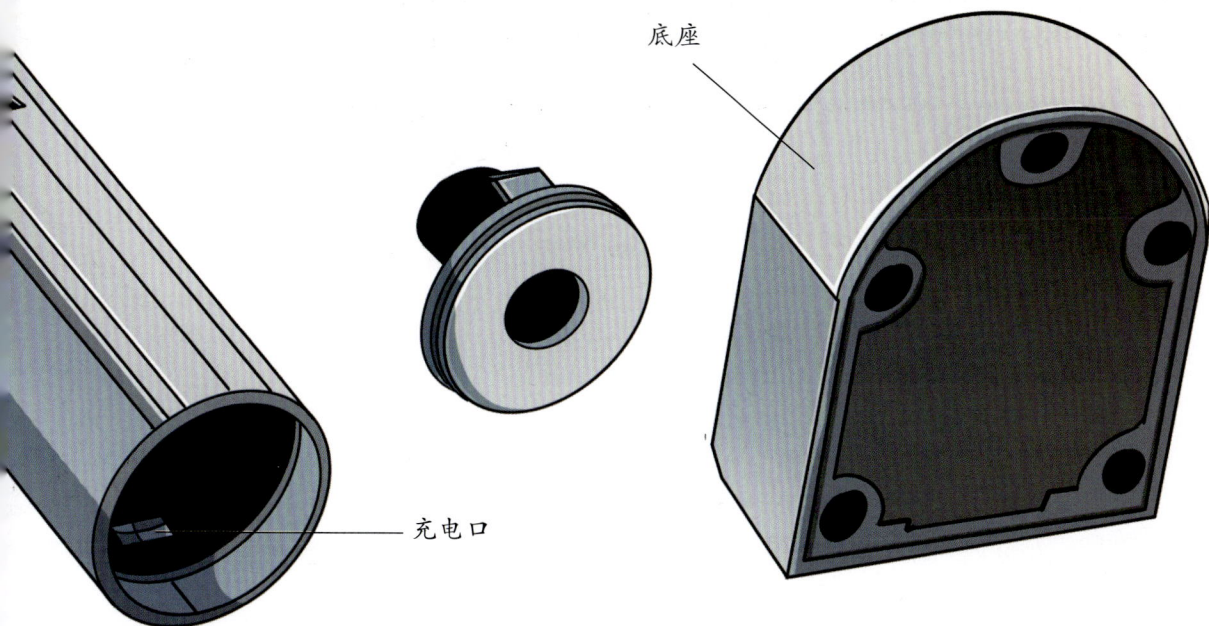

底座

充电口

电磁炉

　　电磁炉也被称为电磁灶，它的出现改变了传统明火加热的烹饪方式。也就是说，用电磁炉做饭，你将看不到火焰，对于有小朋友的家庭来说，这可能更安全。同时，没有火焰的燃烧，就不会产生污染气体，也更加绿色环保。

这样工作

电磁炉的底板下布满了线圈，接通交流电后，线圈会产生交流磁场。磁场内的磁感线穿过铁锅或不锈钢锅时，会产生涡流，使锅底发热，达到加热食物的目的。

锅具

　　并不是所有材质的锅都能用在电磁炉上，譬如陶瓷锅或砂锅，这些材料不会发生电磁感应现象，所以无法用电磁炉加热。想用电磁炉烹饪，你只能选择铁锅或不锈钢锅。

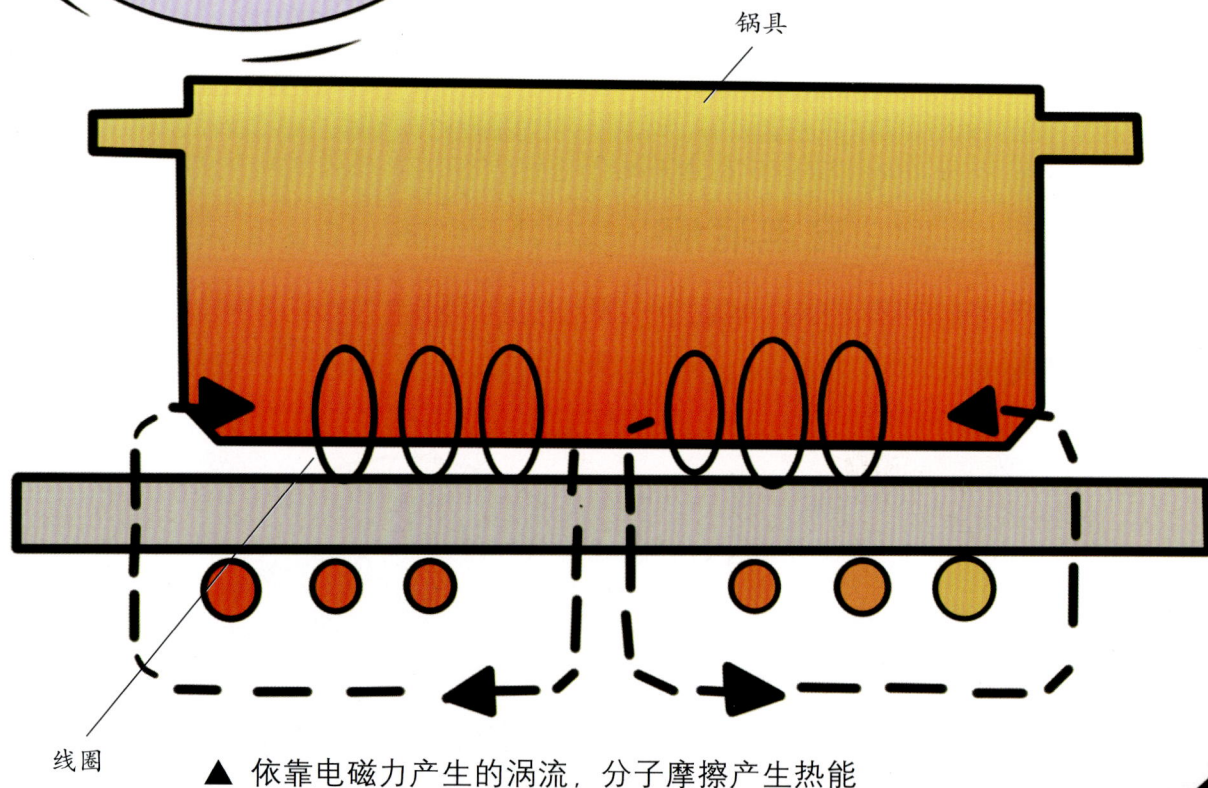

锅具

线圈

▲ 依靠电磁力产生的涡流，分子摩擦产生热能

灶台板

线圈

　　加热线圈能够产生交流磁场，把电流转化为电磁场。

　　电磁炉的灶台板多是陶瓷板或黑晶板，其中，黑晶面板是最好的。因为它具有超强的耐磨性和隔热性，能够提高电磁炉的使用效率。

灶台板

电陶炉

从外形上看，它与电磁炉很相像，而且，它不挑锅，什么材质的锅都可以使用。由于使用红外线技术发热，所以不用担心有辐射。但使用过后，它的表面温度比较高，要警惕别烫伤皮肤。

有危害吗

电磁炉或多或少会辐射电磁波，所以，在使用它的时候，还是要有一些温馨提示。如果戴着比较高级的手表，建议摘掉它再去使用电磁炉。如果身边有人装有心脏起搏器，请一定提醒他，不要使用电磁炉。

液晶面板

操作按键

电烤箱

我们在前面讲过微波炉，从外形上看，微波炉和电烤箱似乎是一模一样的，没有太大差别。但从功能上讲，它们却有着天壤之别，微波炉多半用来加热食物，而电烤箱主要用来烹制食物，松软的蛋糕、面包，香甜的饼干，以及香喷喷的烤鸡都是用电烤箱制作出来的。

这样工作

电烤箱是利用发热管散发出的热能来烘烤食物的。当接通电源后，电流流过电阻丝，使它变红变热，将电能转化为热能，使箱体内的温度升高，进而对食物进行从外到内的加热。

烧烤位

烤轴支架

发热管

箱门

电烤箱的箱门是由金属框架和一块钢化玻璃构成的，通过箱门能够看到烤箱内部情况。

钢化玻璃

门把手

我是美食专家！

我是加热小能手！

微波炉与电烤箱

微波炉加热食物是由内而外的，食物里面的水分子先发热，最后热到外面，所以食物摸上去很软，但里面很干。电烤箱加热食物是从外到内，食物外面有一些硬，但里面很柔软，能够达到外焦里嫩的效果。

箱体

散热孔

温度调节器

定时器

上下热管旋钮

炉脚

箱体

电烤箱的箱体一般由三层构成，最外层是外壳，然后是中间层和内胆，三层结构能够最大限度地保持密封性，使热量不流失。

温度调节器

通过温度调节旋钮，可以选择最适合的烹制温度。

定时器

通过旋转定时器，可以设定烤箱工作的时间。

电热元件

电热元件主要指的是加热管，一般烤箱上下各有两只加热管，有些型号箱侧也有。

电热水器

　　我们每天都要使用热水器来洗澡，如果热水管连接着家里其他管道，那么洗衣服、洗菜、洗碗都会用到它。只要一直连接着电源，热水器就会有源源不断的热水流出，除非它发生故障坏掉了，或者是热水器的容量太小，根本不够使用。

万物运转的秘密

内胆

　　热水器的内胆一般是钢制的，用来装水，它既要轻便密封，还需有一定的保温效果。

温控器

　　它的主要作用是调节温度，什么时候该烧水了，什么时候可以保温了，全由它来控制。

镁棒

　　镁棒的作用是保护加热管和内胆不受水中的酸性物质腐蚀。当内胆中的水出现酸性物质时，镁会与其结合，变成可溶性盐。

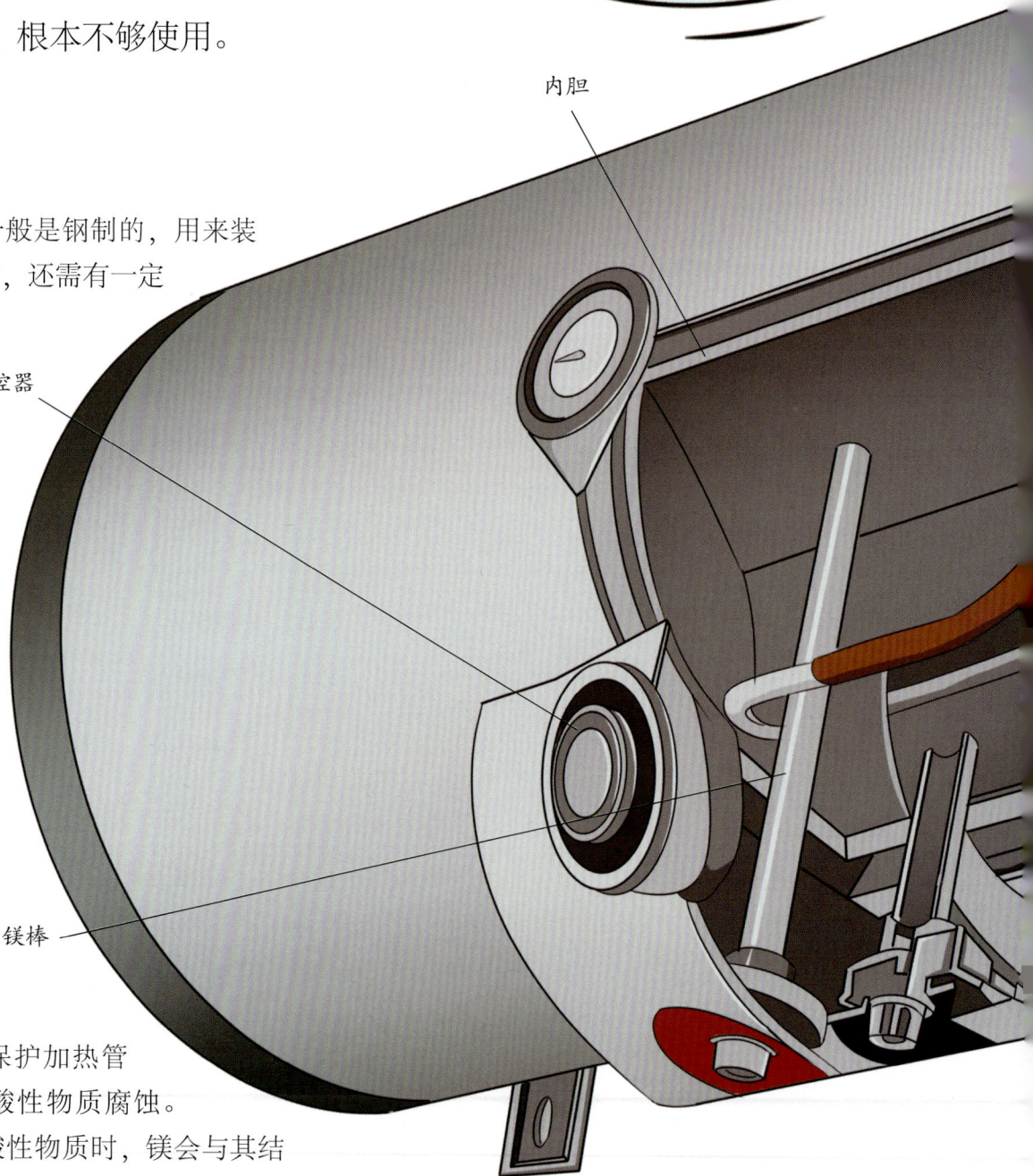

这样工作

接通电源后，电流流经热水器内的加热管，这根加热管在电流的作用下产生热量来加热容器中的水。当加热到所设定的温度时，电路会自动断开，加热管停止加热，热水器进入保温状态。当容器内的水温降低到某个特定值时，加热管再次启动开始工作。

内胆

温控器

镁棒

容量大小

　　热水器内胆容量有大有小，一般为75～300升不等。如果使用频率高，或家庭中人口众多，最好选购容量大的热水器。当然，容量大体积就大，还要考虑安装空间是否合适。

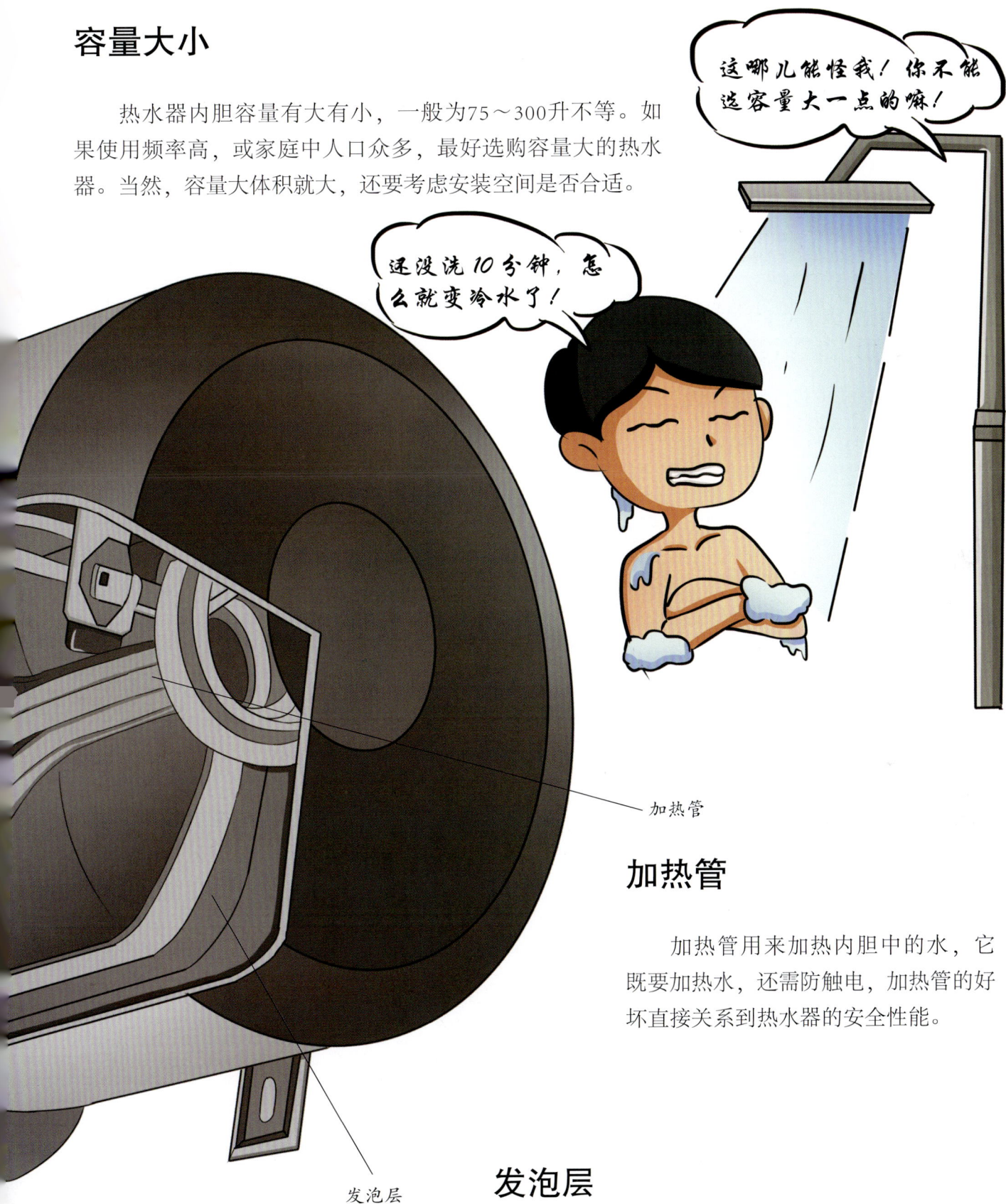

这哪儿能怪我！你不能选容量大一点的嘛！

还没洗10分钟，怎么就变冷水了！

— 加热管

— 发泡层

加热管

　　加热管用来加热内胆中的水，它既要加热水，还需防触电，加热管的好坏直接关系到热水器的安全性能。

发泡层

　　发泡层就是保温层，它是热水器能够保温的关键。

洗衣机

如果让我们选择家中只能留下一种家用电器，很多小朋友一定会选电视机，但大多数妈妈，则多半要选洗衣机。因为洗衣机这个小帮手，无怨无悔地干了很多脏活儿、累活儿，如果没有它，妈妈可能要更辛苦！

这样工作

洗衣机波轮的旋转完全靠驱动机构在操纵，当接通电源后，电动机带动变速箱齿轮运转，如果电动机不断变换方向运转，变速箱会带动波轮开始搅动衣物，以实现洗衣的目的。如果电动机朝一个方向高速运转，变速箱就开始旋转内缸，洗衣机实现脱水目的。

水管

洗衣机的水管系统包含两部分，进水管和排水管。

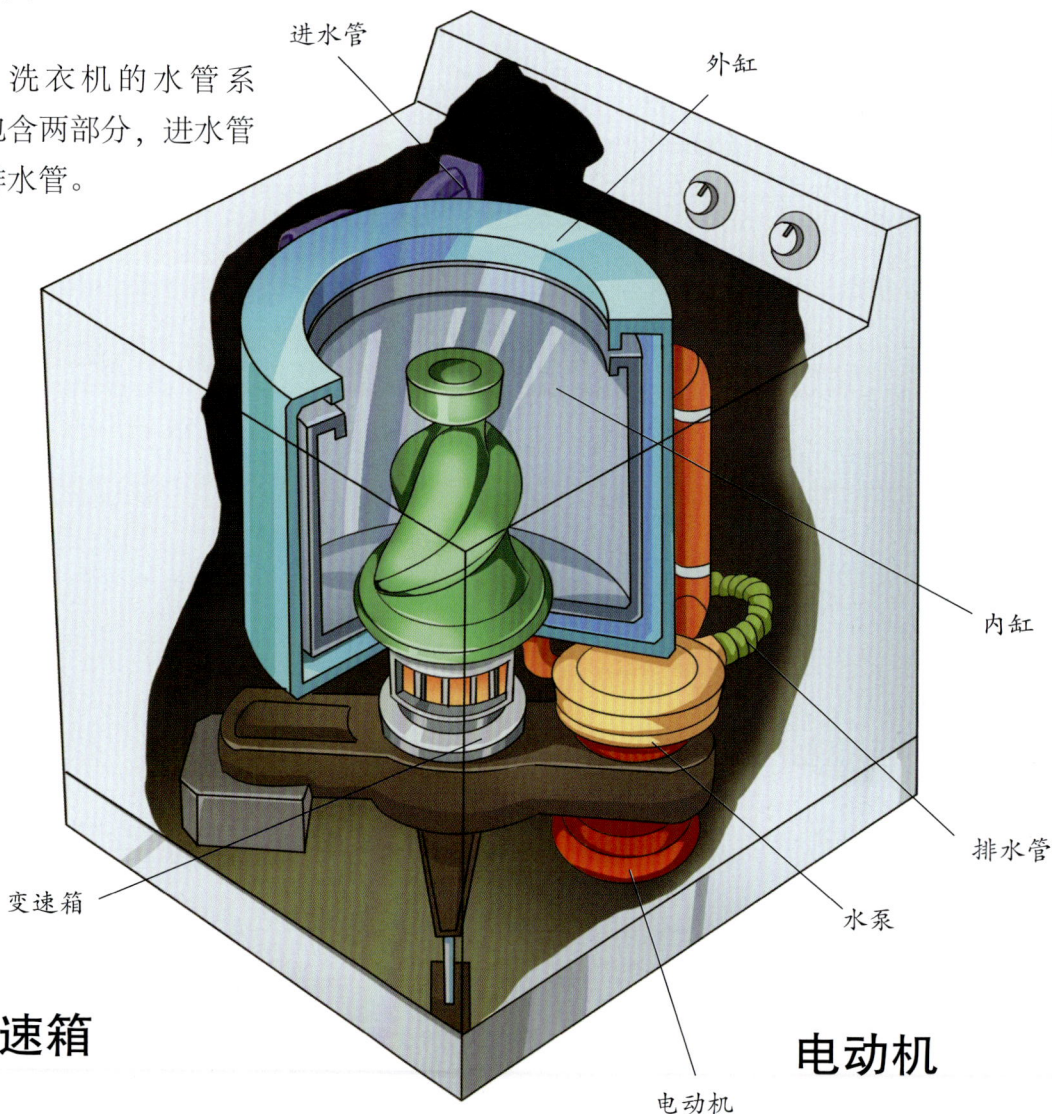

进水管

外缸

内缸

排水管

水泵

电动机

变速箱

变速箱是洗衣机的动力机构，它在电动机的驱动下，完成最关键的洗衣和脱水两个步骤。

电动机

电动机为动力系统提供能量。

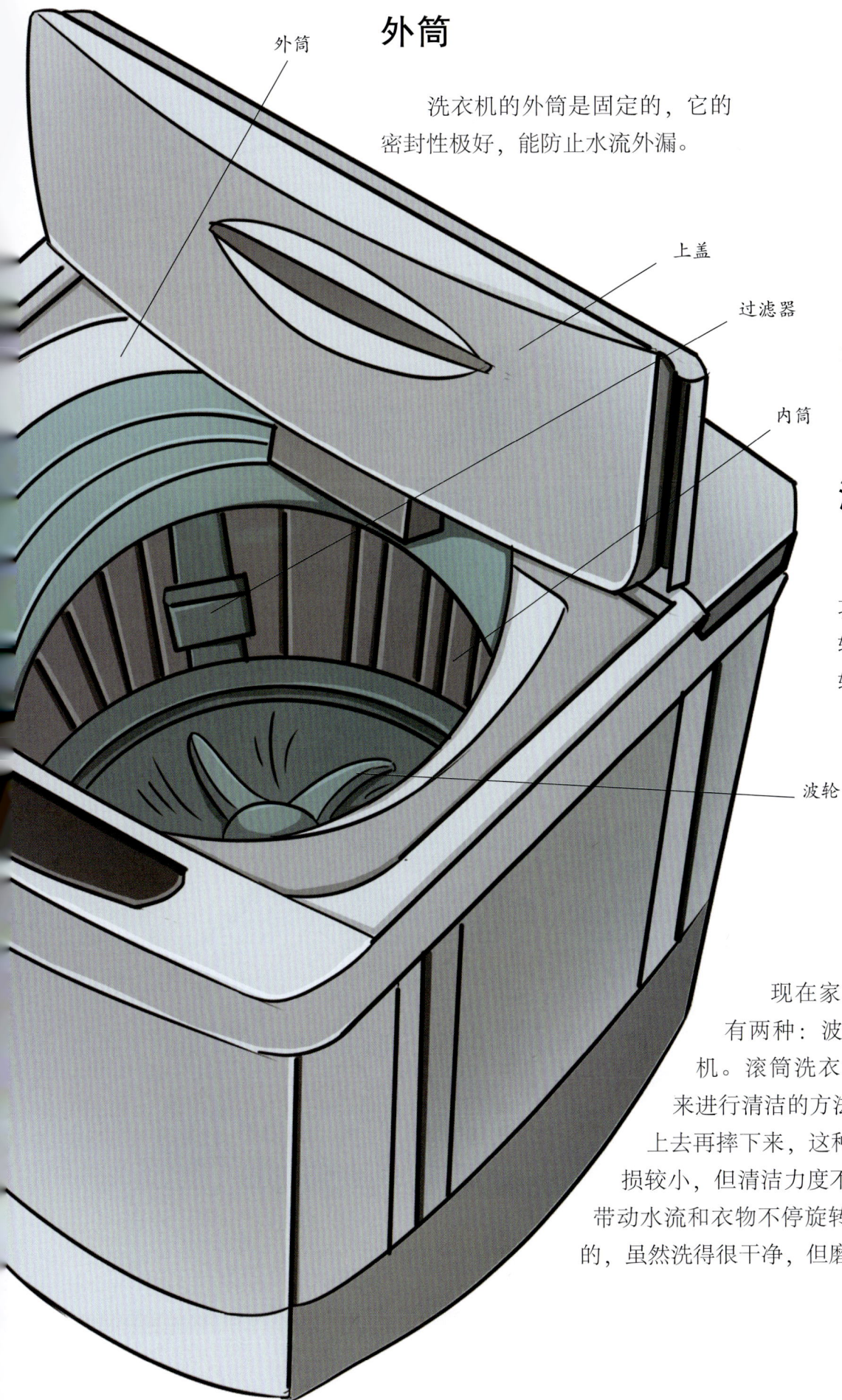

外筒

外筒

洗衣机的外筒是固定的，它的密封性极好，能防止水流外漏。

上盖

过滤器

内筒

内筒

内筒与外筒相连，要洗的衣服放在内筒中。

波轮

波轮是实现清洗功能的部件，它的旋转带动衣物和水流旋转，达到洗衣目的。

波轮

洗衣机大PK

现在家中常用的洗衣机主要有两种：波轮洗衣机和滚筒洗衣机。滚筒洗衣机模拟棒槌击打衣物来进行清洁的方法，衣服不断被滚筒带上去再摔下来，这种洗衣方法对衣物的磨损较小，但清洁力度不高。而波轮洗衣机是带动水流和衣物不停旋转摩擦，以达到清洁目的，虽然洗得很干净，但磨损概率增大了。

电风扇

在空调出现之前，电风扇是最主要的去除暑热的家用电器，它也叫风扇，可以被放置在桌面或地面上，也能安装在墙壁或悬挂在屋顶上。酷热的夏天，能带来丝丝凉意的电风扇和冰镇西瓜绝对是最佳伴侣。

这样工作

带动扇叶转动的是电动机。接通电源后，交流电正负交变产生磁场，促使电动机的通电线圈受力而转动，电动机转轴与风扇连接在一起，于是风扇转动起来，风将人体散发的热量吹散，人便会感觉凉爽了。

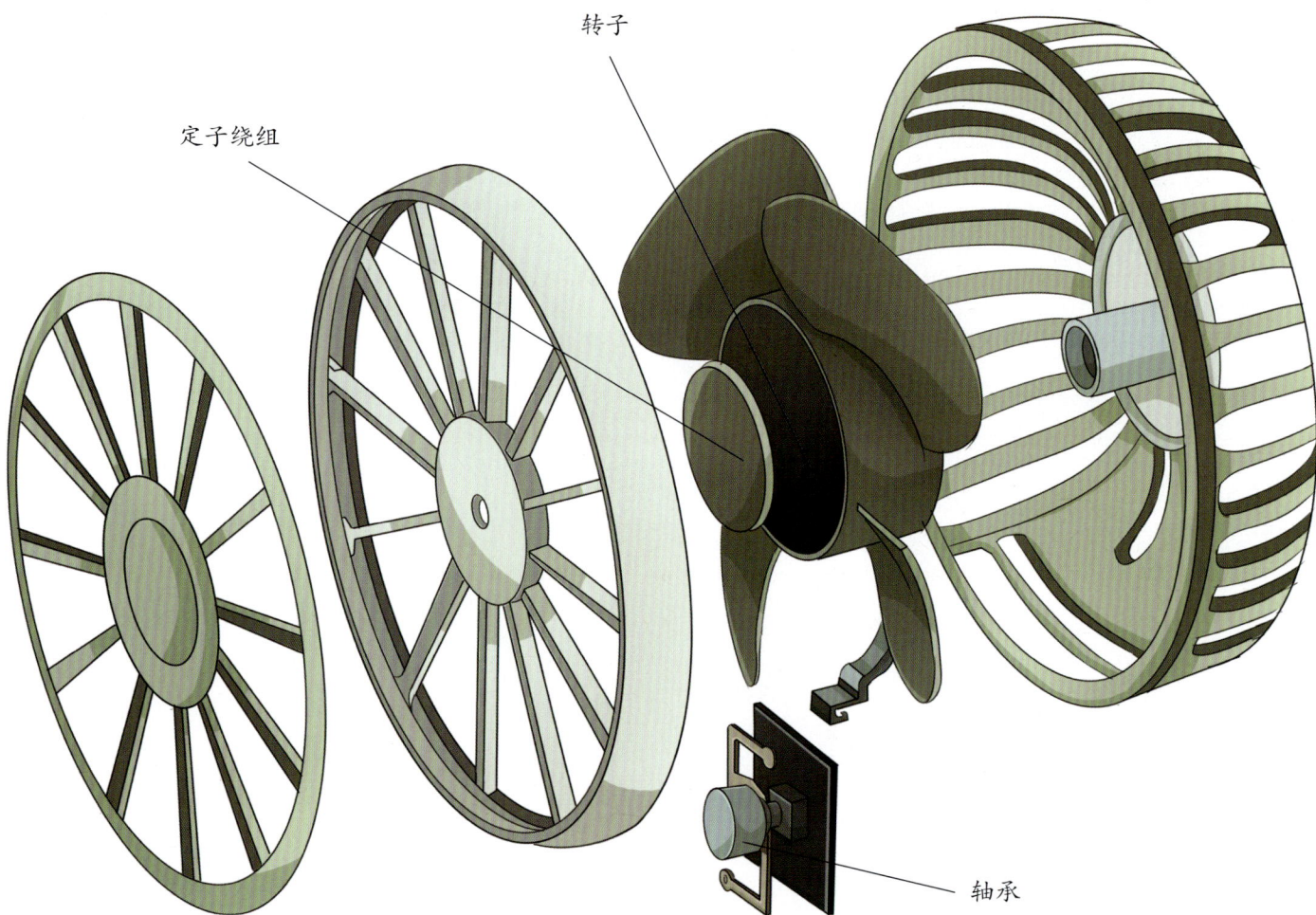

定子绕组

转子

轴承

保暖衣

我们人体就像一个大的散热器，每时每刻都在发出热量。人体的基本温度在37℃左右，假如处在30℃左右的环境中，靠近身体表面的空气也会被加热到37℃左右。电风扇的作用就是吹散保温层，脱掉一层"保暖衣"后，人体自然会觉得凉爽一些。

236

扇头

扇头是风扇的重要部件，电动机和摇头机构都安装在扇头上。

扇头

扇叶

扇叶由叶片、叶架和叶片罩组成。扇叶是风扇的重要部分，它的大小与形状对风速、风量及噪声都有决定性影响。

扇叶

扇罩

扇罩

扇罩主要由多条金属线构成，它起到一定的美观作用，但主要的作用是保证安全，防止人体与扇叶直接接触。

控制按钮

我是底座立柱一体式风扇；我需要小小螺丝的帮忙才能站得稳！

控制按钮

风扇的控制按钮主要有两类，一类用来控制开关、调节速度，另一类用来定时。

底座

底座

风扇的支架一般包括立柱和底座，有些风扇底座与立柱合为一体，有些则需要螺丝来固定一下。

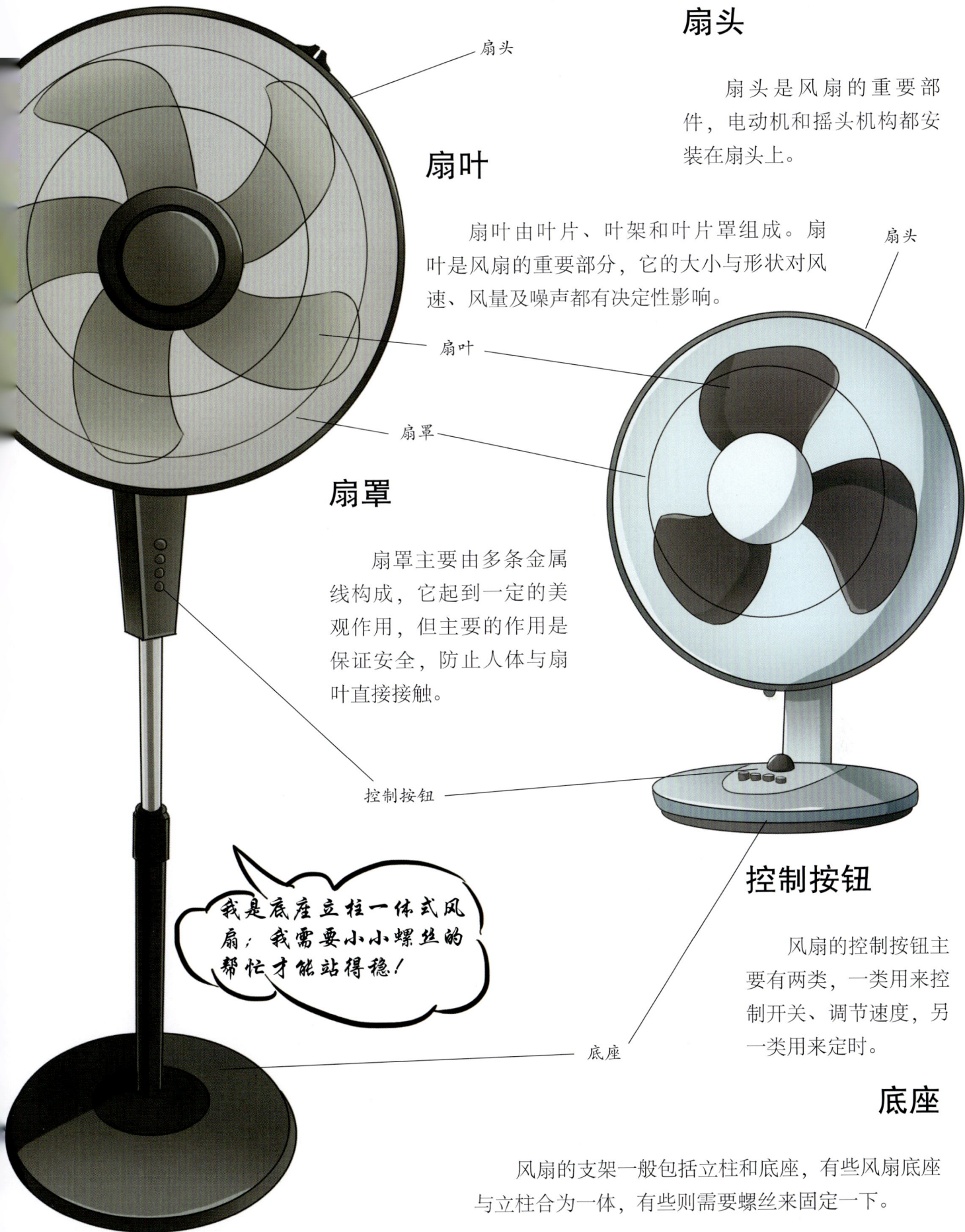

神奇的电与磁

洗碗机

享用美食是一件超爽的事情，但风卷残云后，还要清洗盘碟碗筷就让人有些为难。幸好科技足够发达，很多小发明都是为了解决人们的苦恼而出现的，洗碗机就是其中一种。

这样工作

把需要清洗的碗盘放在洗碗架上，接通洗碗机电源，通过电动机驱动洗涤泵对水进行加压，形成高压水流，同时加热管对箱内的水进行快速加热，此时，在电子元件控制下的喷淋臂将带有洗涤剂的高压热水，均匀而密集地喷射到餐具表面，进行碗盘清洁。

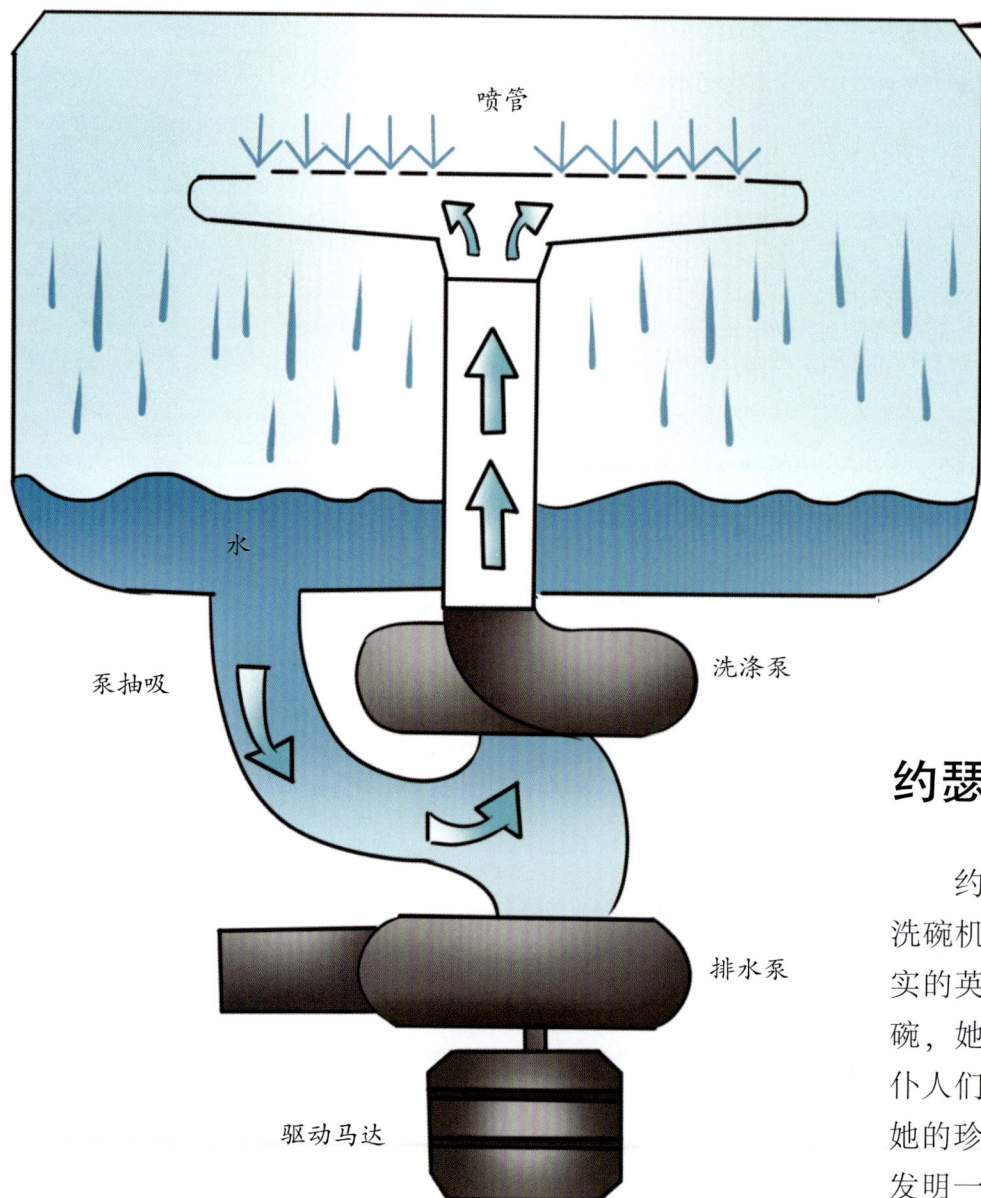

喷管

水

泵抽吸

洗涤泵

排水泵

驱动马达

▲ 喷管喷出的水仍落回水箱，热水循环使用

约瑟芬·科克伦

约瑟芬·科克伦是发明洗碗机的人，她是一位家境殷实的英国主妇，其实并没洗过碗，她发明洗碗机的初衷是，仆人们经常在洗碗过程中摔坏她的珍贵餐具，这使她萌生了发明一套安全又高效的洗碗设备的想法。

喷淋臂

喷淋臂是洗碗机的关键部件，每个喷淋臂上都有很多出水孔，从里面喷出高压热水。

餐具架

根据碗、盘、刀、叉、盆等形状和大小的不同，餐具架设置了不同分区。

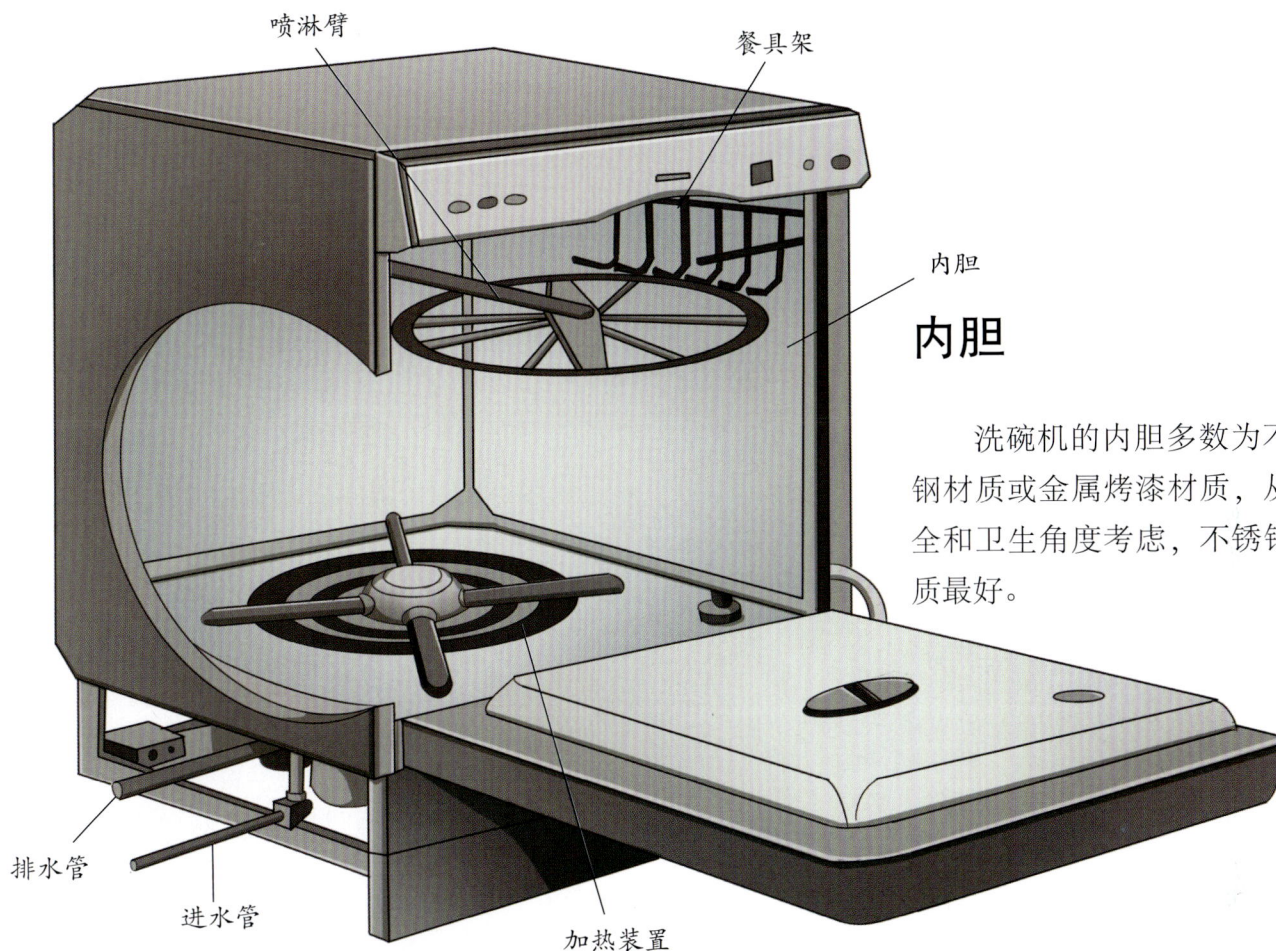

喷淋臂

餐具架

内胆

内胆

洗碗机的内胆多数为不锈钢材质或金属烤漆材质，从安全和卫生角度考虑，不锈钢材质最好。

排水管

进水管

加热装置

消毒柜

虽然很多洗碗机同时兼具烘干和消毒功能，但其消毒效果，远不及消毒柜。消毒柜多是用红外线或紫外线来杀菌消毒的，消毒速度快，杀菌效果强，大多数常见病毒和细菌都躲不掉它的"追杀"。

饮水机

水是生命之源，我们每天都要喝很多杯水。但生水一般是不能直接饮用的，必须要加热烧开。最早烧开水的办法是用火直接加热，但必须要有人在一旁盯着，否则水开后一直沸腾会发生危险。之后电水壶被发明出来，水开后自动断电，这要方便多了。但心急想要喝水，你只能等着，凉到温度合适才能饮用。在人类需求的驱动下，饮水机出现了，它安全、卫生，而且随时能够喝到温度适中的水。

这样工作

接通饮水机的电源后，按下功能按键，当红灯亮起时，电热盘发热，热水罐中的水温升高，当水温升至100℃时，温控器触头断开，切断加热供电，热水罐中的水开始保温。当热水减少，水温下降时，温控器触头会自动闭合，电流接通，加热管再次开始工作。

收到指令，马上执行！

水开了，快断电！

厉害的发热盘

电水壶之所以能烧开热水，主要靠底部的发热盘。发热盘里面是发热的电阻丝，接通电源后，电阻丝加热发热盘，进而烧开壶中的水。而电水壶能够自动断电是因为沸水产生的蒸汽使蒸汽感温元件收到断电指令。

指示灯

热水器的指示灯一般有三个：红色是加热指示灯、黄色保温指示灯、绿色电源指示灯。

聪明座

连接水桶和饮水机的部件叫聪明座，它容易被污染，要经常清洁。

聪明座

中水箱

中水箱

连接着聪明座，当桶水坐落在聪明座后，水便流入中水箱。

水管

水管

中水箱上连接着两根水管，一根与水胆相连，另一根与冷水龙头相连。

水胆

水胆

桶装水经过软管流入水胆中进行加热，由于会沉淀杂质，所以要经常清洗内胆。

机身

不安全的水

饮水机虽然很方便，但它烧出的"千滚水"却并不安全。饮水机循环的时间越长，桶内细菌越多，水中矿物质活性越低，所以，一桶水尽量在三四天内就要喝完。

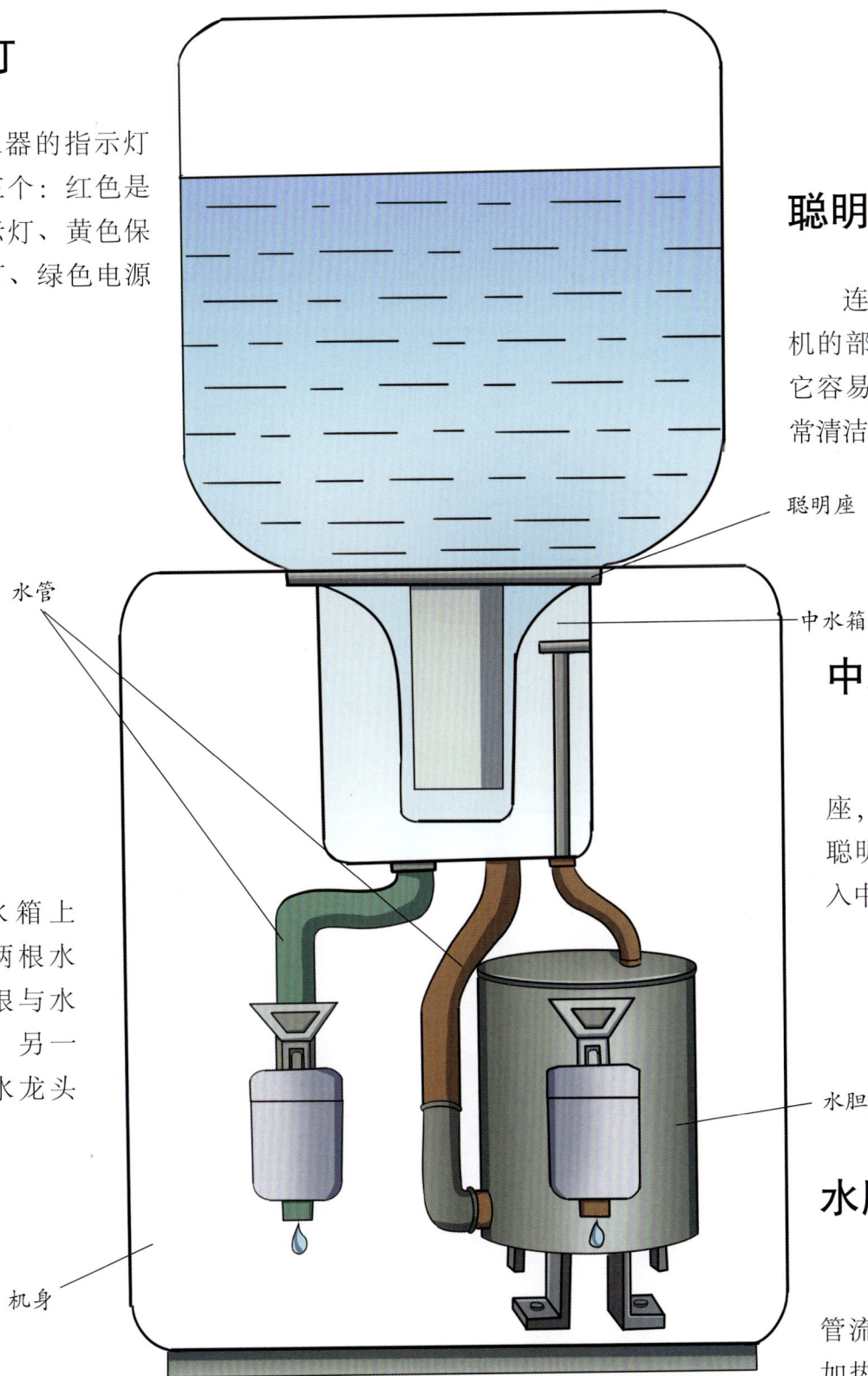

电 钻

　　玩具汽车上有很多螺丝钉，相信不少小朋友在好奇心的驱使下，不止一次去拧过螺丝钉，当你用螺丝刀拧得特别费劲儿时，一定想过，要是有个力气大的人来帮忙就好了！你的想法很容易实现，因为爸爸就能解决。可如果爸爸也拧不动怎么办呢？别担心，电钻可以来帮忙！

这样工作

　　电钻是个能让人节省力气的工具。它工作时，电动机的转子在磁场作用下转动起来，并带动传动齿轮旋转，以加大钻头的动力，这样，电钻就能轻松地穿过木头或金属板了。

钻夹头

　　它是电钻的重要部件，不同类型的钻头有不同的用处。如麻花钻头适合钻木头和金属，玻璃钻头适合在玻璃上打孔。

钻夹头

外壳

外壳

　　电钻的外壳多为硬质塑料，外形易于手握。

冲击钻

一听这个名字，就知道它更加厉害！电钻仅是用旋转的方式增强动力，冲击钻则是用旋转和冲击两种方式共同完成工作。当然，这么厉害的冲击钻肯定也要去对付更坚硬的对手，那就是石头和混凝土。

> 我们的力气不同，各自在不同领域发光发热。

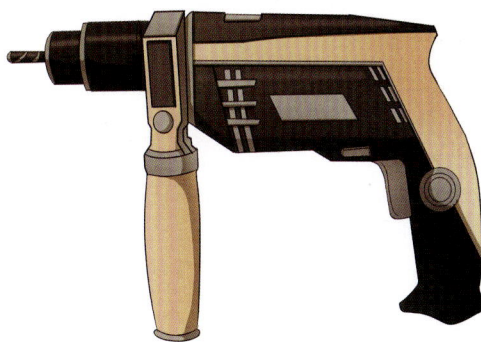

电锤

虽然电钻、冲击钻和电锤的外形都有些相似，但它们各有自己的特点，虽然冲击钻也有冲击力，但远远不及电锤。电锤的内部有一套独立的活塞系统，它能在发动机的驱动下产生强大的冲击力，甚至能破碎最坚固的钻石。

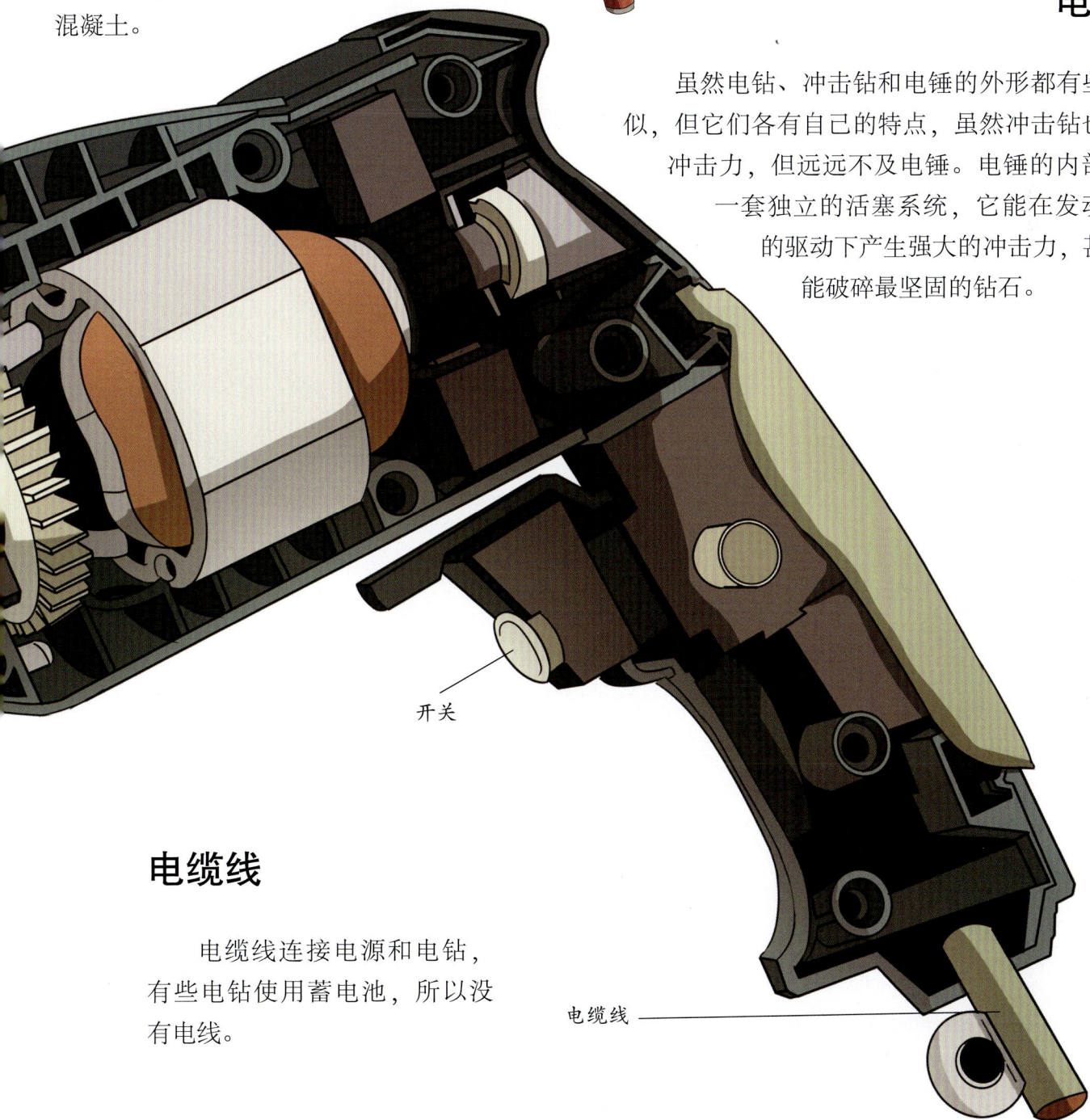

开关

电缆线

电缆线连接电源和电钻，有些电钻使用蓄电池，所以没有电线。

电缆线

电锯

在电锯出现前，人们使用带有锯齿的手工锯子切割木料，要锯开一根粗大的木头，可能需要两个人配合，耗费几十分钟甚至几个小时的时间。电锯被发明出来后，一个人不费吹灰之力，几分钟就能锯断大树。

这样工作

多数电锯使用蓄电池作为动力能源。按下开关后，电池驱动电动机启动，电动机给电锯内的联动系统供能，高速旋转的转子带动锯链沿着导轨高速运动，锋利的锯齿同时开始切割木材。

齿轮

齿轮被安装在锯链上，它与木材直接接触，如果齿轮磨损严重，需要及时更换。

链条

油壶

挡板

副手柄

碳刷

主手柄

导板

开关

导板

导板由三层构成，外面两层是薄的金属板，中间一层为镂空金属板，经过焊接，三层紧密结合在一起，构成导板。

外形

电锯一般都是钢制的，边缘处有锐利的尖齿，但形状不一，有些是圆形的，有些是条形链式的。很多手持式的电锯都是条形的，就像动画人物光头强使用的那种。

▲ 固定式电锯动力更强，多用于大型的木材加工基地。

动力锯之父

1926年，德国人安德雷阿斯·斯蒂尔发明了用电力驱动的电锯，这大大节省了人力和时间，而他自己，也因发明了第一个动力锯而被称为"动力锯之父"。

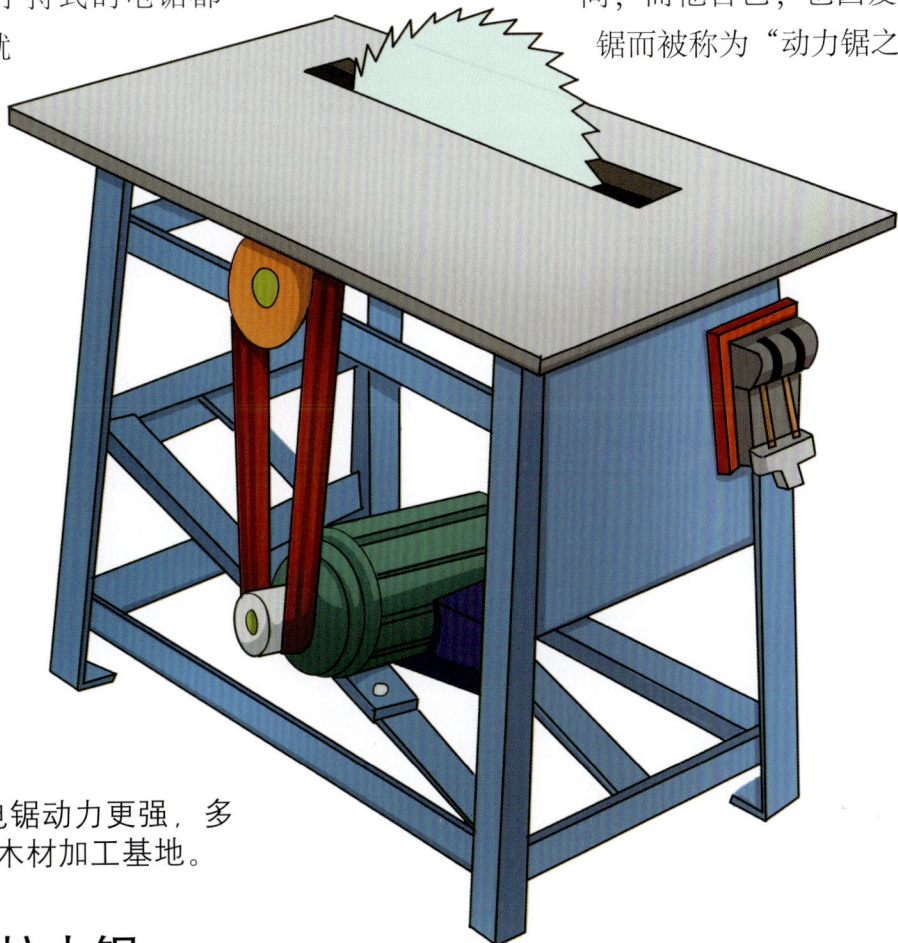

拉大锯

在中国的东北林区，人们把伐木叫作"拉大锯"，形象地表现出这项工作的内容，这是当时最辛苦的工作之一。根据拉大锯的形式，还编出了小朋友手拉手互动的"拉大锯、扯大锯"游戏。

电 泵

要想搬运砂石，我们可以用铲斗车或铁锹。但要想输送水或油等流体物质，我们要怎么办呢？你可能会说，用桶或盆去舀，很少的水可以这样做，假如很多水，这样做肯定是不实际的。此时，泵就能派上用场了。虽然泵这个机械我们不太熟悉，但看完上面的描述，你应该知道，它能够帮忙输送水等流体物质。而电泵就是利用电驱动的泵。

这样工作

在电泵的泵壳内有泵轴，叶轮紧固在泵轴上，泵轴由电动机直接带动。当通电后，泵轴会带动叶轮飞速旋转，泵内的液体也随之转动，产生吸力，不断将液体吸入，再从另一边的排水口排出。只要叶轮不停旋转，液体就能不停被吸入和排出。

出水管

泵体

叶轮

泵体

泵体也叫泵壳，它是电泵的重要组成部分，多是由特别结实牢固的铸铁或铸钢制成的。

叶轮

叶轮是电泵的核心部件，从外形上看，它像一个铸铁材质的圆轮。

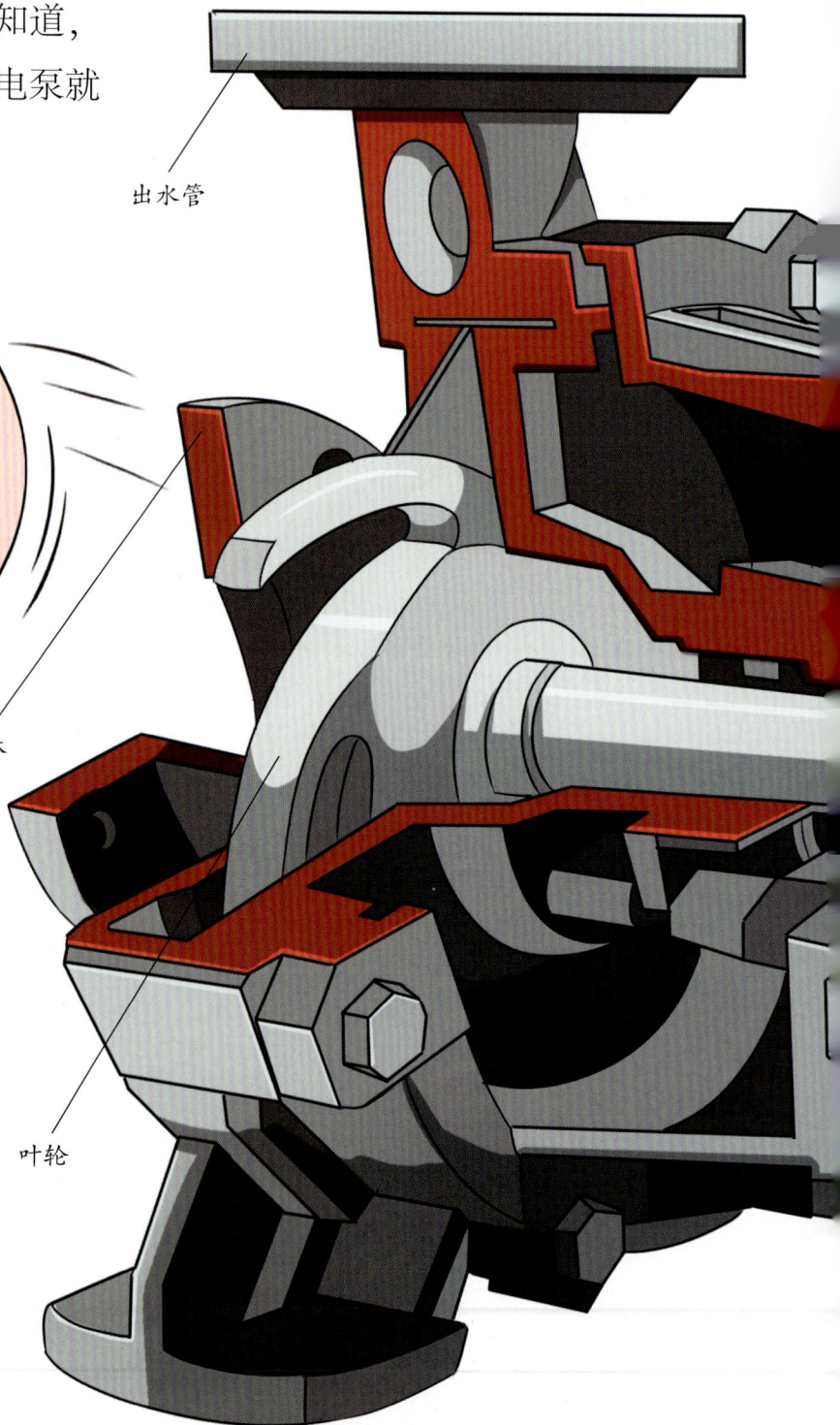

潜油电泵

这种电泵只用来输送原油，它是一种重要的采油设备，一般被石油工人带到井下去使用。它通过地面的电源设备，给泵内电动机提供电能，把油井中的原油抽出输送到地面上。

我动力超强，抽取空气不在话下！

压缩袋小帮手

真空压缩袋是特别常见的日用品，把棉被叠好放进去，本来又厚又大的真空袋，被抽走袋内的空气后，会变成薄薄的一层，无形中节省了储存空间。要想把袋内的空气抽取干净，你就要依靠家用电泵这个小帮手。

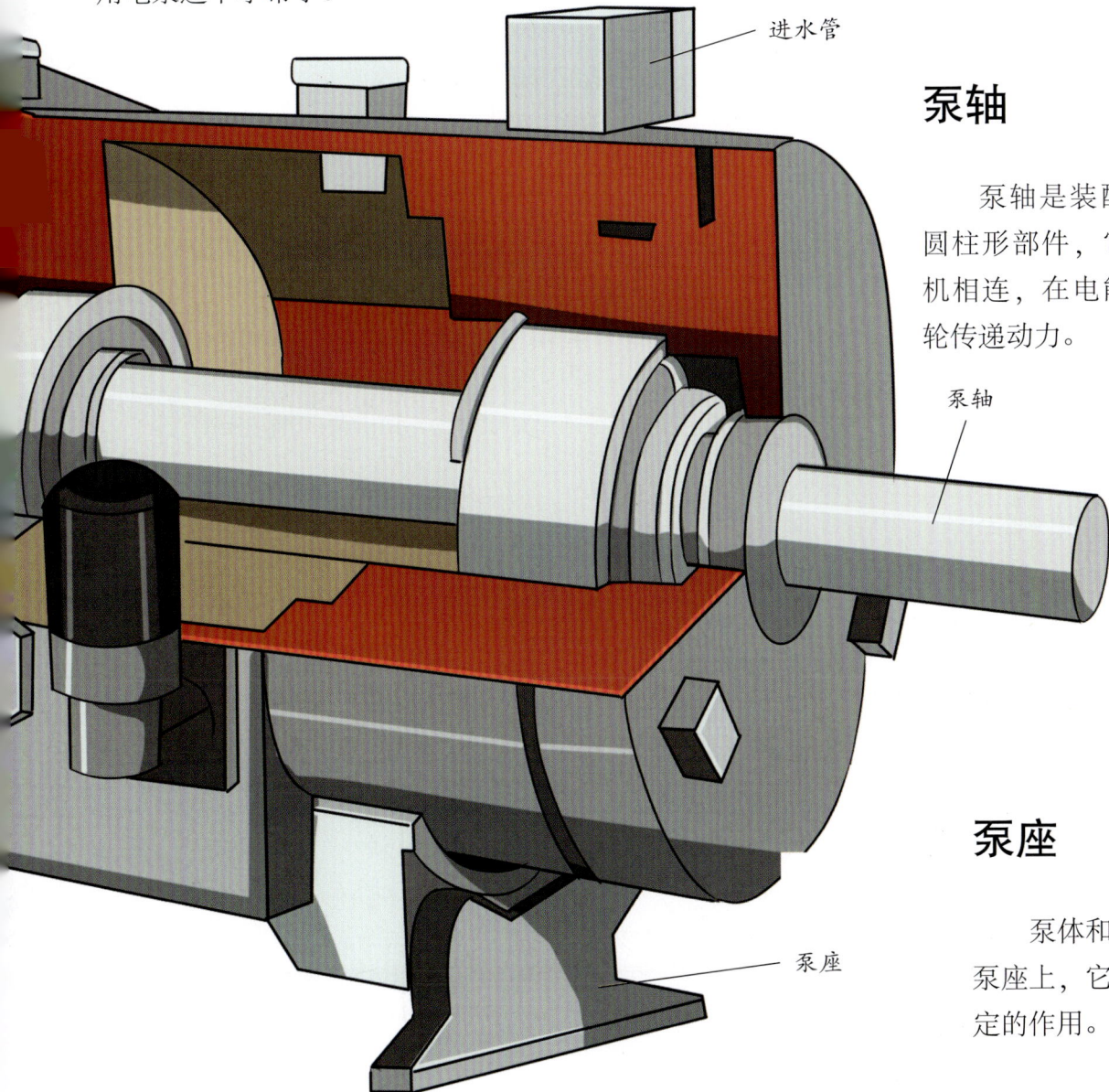

进水管

泵轴

泵轴是装配在叶轮中间的圆柱形部件，它的一端与电动机相连，在电能的驱动下给叶轮传递动力。

泵轴

泵座

泵体和电动机都安装在泵座上，它主要起支撑和固定的作用。

泵座

碾米机

水稻成熟后，被收割机带回谷粒，其他部分则作为秸秆肥料与土地合而为一。被带回的谷粒包裹着厚厚的外壳，需要碾米机的帮助，才能帮它脱去层层"外衣"，变成白胖的大米粒。将碾好的大米淘洗干净，放入电饭煲蒸，不需太久，你就能吃到香喷喷的大米饭了。

这样工作

接通电源后，碾米机的电动机将能量通过带轮传给传动轴，传动轴带动滚筒转动，里面的稻谷因受到强大的挤压力和摩擦力，外壳便会逐渐脱落，米粒变白。在滚筒中螺齿条的带动下，脱壳的米粒被送到出口处源源不断流出。谷糠则从机壳底部漏出，被带走去制作饲料或肥料了。

料斗

料斗 —

料斗一般有正方形和筒形两种，稻谷从这里进入碾白室。

螺旋输送器

在螺旋输送器的推动下，谷粒从料斗进入碾白室。

螺旋输送器

机壳

磨面机

谷物脱壳成功后，可能还不是最后一步，因为有些谷类我们不能食用它的实体，需要把它磨成粉末，比如小麦，要磨成面粉才能制作包子、馒头等食物。古时，人们用石磨来磨面粉，现在则省事多了，把干净的麦粒送到磨面机中，很快就能得到细滑的面粉了。

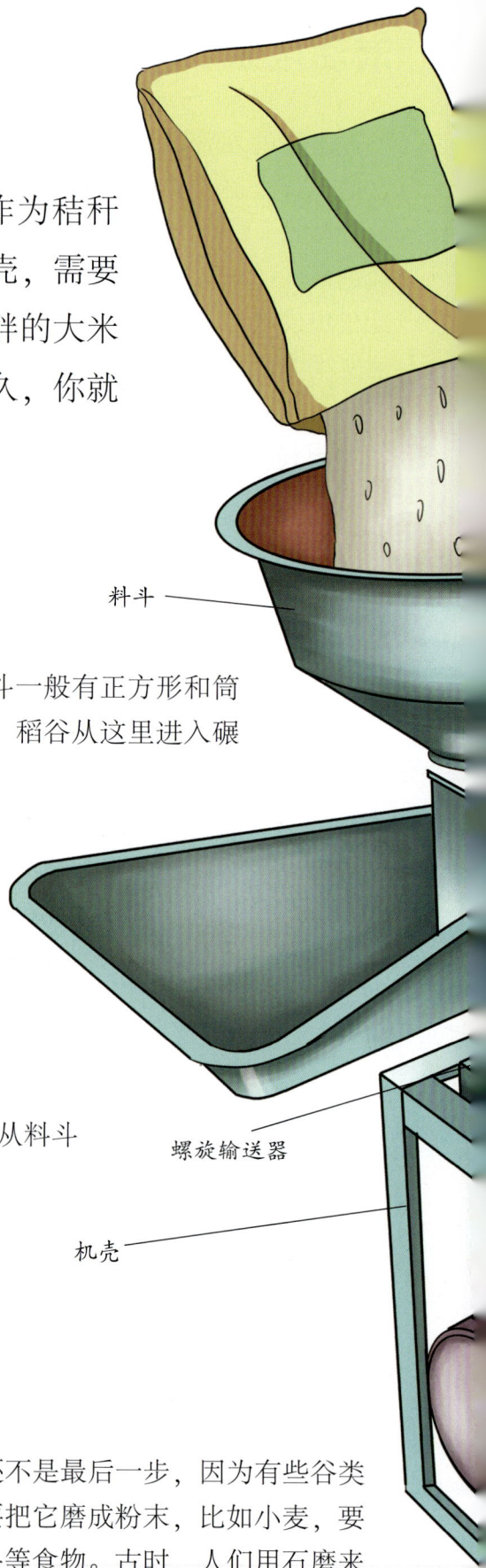

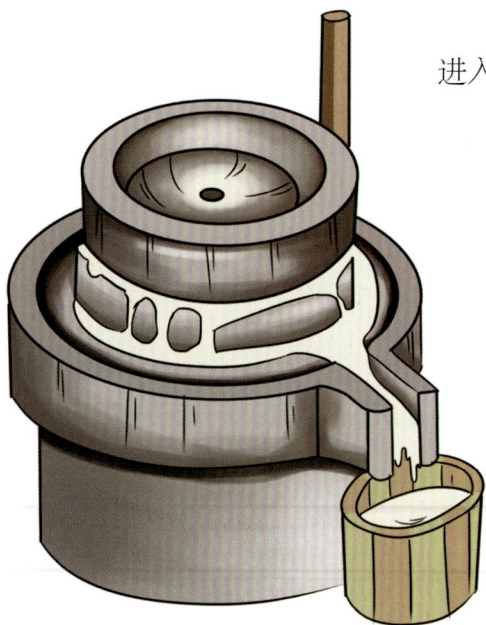

碾白室

碾白室由碾辊、米筛、米刀等构成，它是碾米机上特别重要的一部分。带着谷壳的稻谷变成大米就是在这个机构中完成蜕变的。

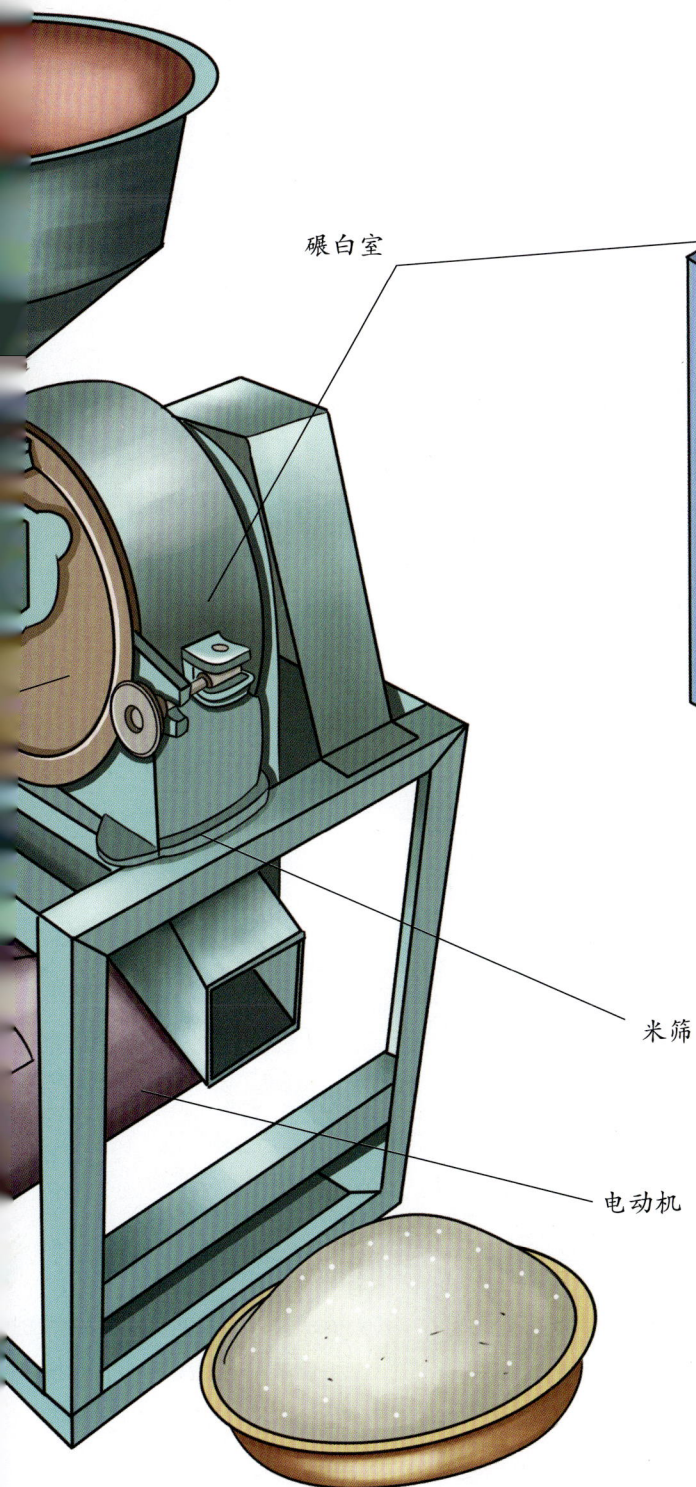

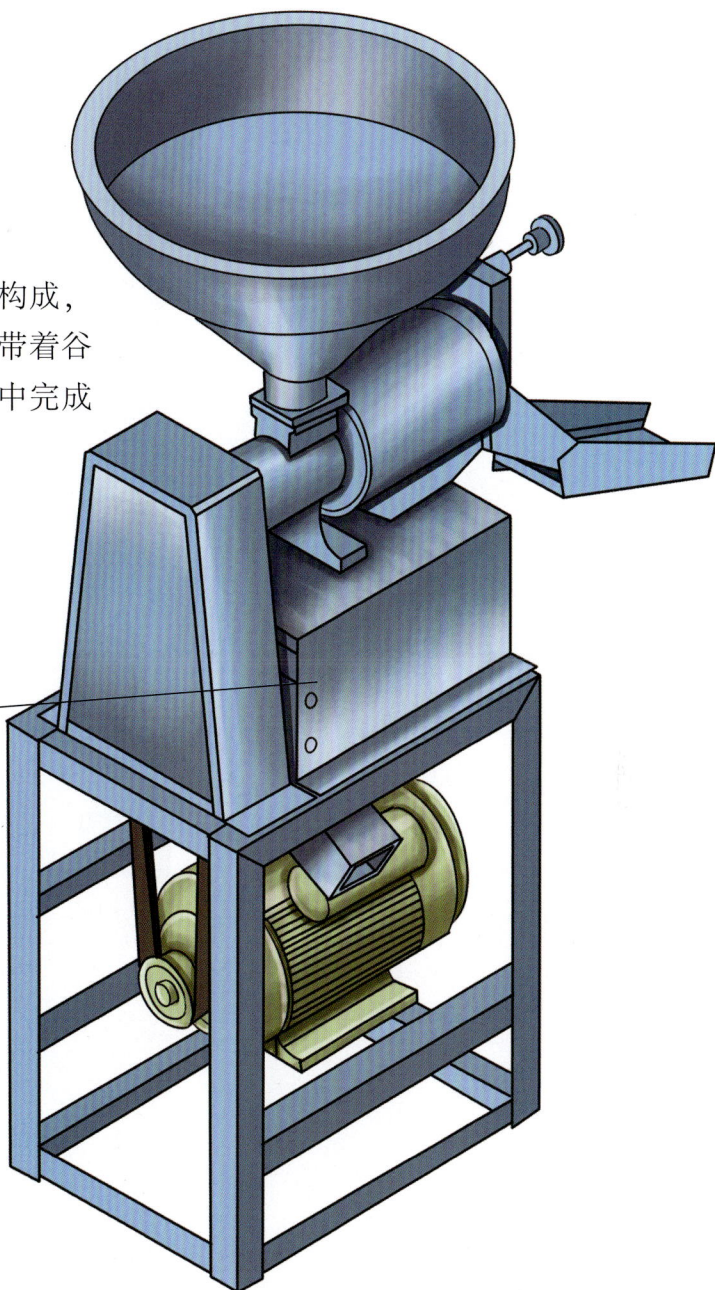

碾白室

米筛

电动机

米筛

米筛是碾白室中的一个部件，它安装在碾辊的外围，碾辊转动时，谷粒脱壳，碾下的米糠通过米筛上的小孔被排出碾米机外。

传动装置

碾米机的传动装置为碾米机提供动力，主要由V形带、带轮和电动机构成，通电后，电动机将电能转换为机械能。

数字的秘密

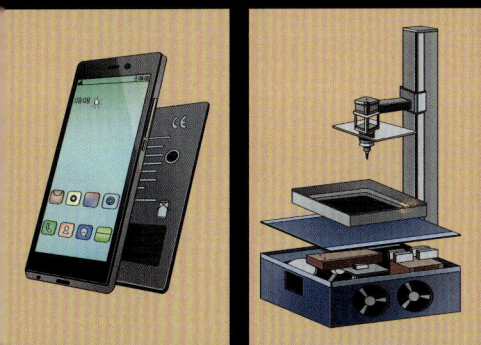

数字是个新领域，它那么神秘莫测，却又与人类息息相关。

早上起床后，向天猫精灵询问天气情况，去吃早餐时扫码支付，乘坐公交刷个电子乘车卡，进入公司使用指纹打卡，打开电脑开始新一天的工作……

这样看来，生活在现代的人们，根本离不开"数字"。

数字是什么呢？

可不是我们熟知的1、2、3、4、5、6、7……

数字电视

与传统显像管电视不同的是，数字电视从最初的制作环节，一直到显示在用户屏幕上，使用的全部是数字信号。一片薄薄的芯片就能装载几百套电视节目，所以被压缩后的数字电视非常轻薄。

这样工作

数字电视之所以能够正常使用，依靠的是数字机顶盒。电视台把节目制作成数字信号，先传送到用户的机顶盒中，机顶盒将数字信号转换成模拟信号输送给电视机显示屏，我们就能根据自己的需求选择观看节目了。

后玻璃板

地址电极

地址保护层

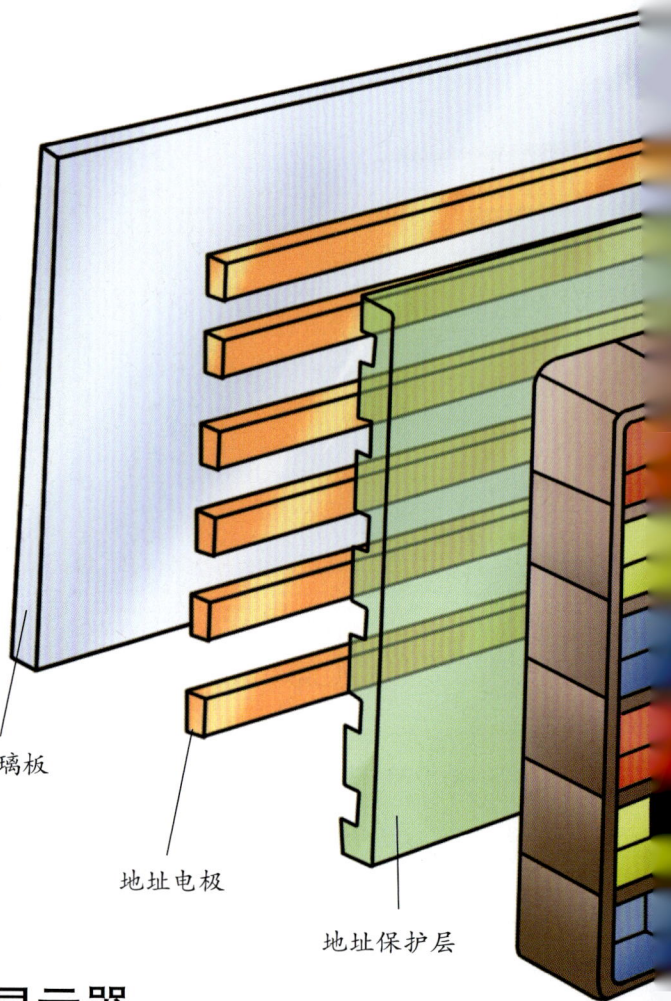

等离子显示器

不管是等离子显示器，还是液晶显示器，它们只是一个用来呈现视频的显示器，要想让它播放电视节目，必须要连接机顶盒。等离子显示器中含有数百万个小型的彩色荧光灯，它们共同工作形成人眼所见的电视图像。

机顶盒

机顶盒与数字电视机是关系密切的好朋友，它能将接收到的数字信号转换成电视机能够显示的模拟信号。如果不连接机顶盒，你会发现数字电视机一片蓝屏，没有任何声音与画面。

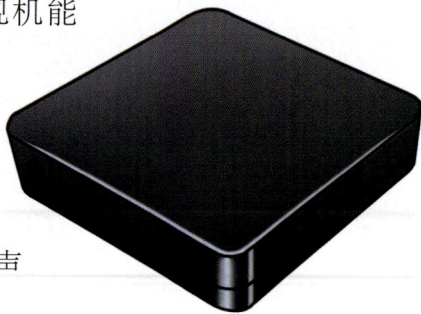

每个像素的成像都是由红、绿、蓝三种不同颜色的荧光灯来实现的

标清与高清

在数字世界中，我们常听到标清和高清两个名词，最简单的解释就是它们的像素不同。高清的有效像素是标清的五倍，这意味着高清电视接收信息量是标清的5倍，所以高清更适合大屏幕来观看。

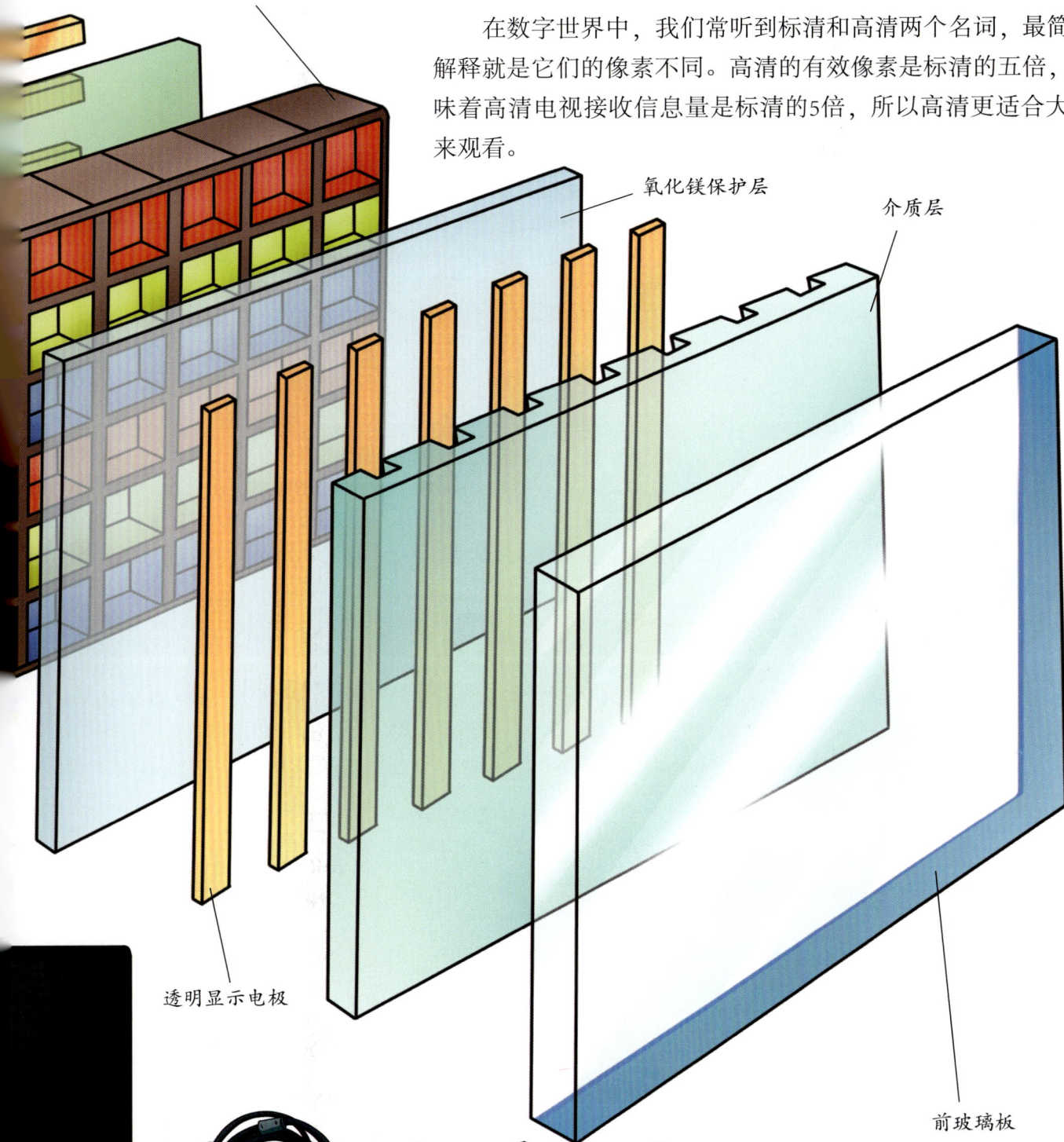

氧化镁保护层

介质层

透明显示电极

前玻璃板

遥控器

很多数字电视拥有两个遥控器，一个控制电视机，另一个控制机顶盒。

电子计算器

不得不承认，小小的电子计算器给我们帮了大忙！如果没有它，人们将在加减乘除的世界里焦头烂额，尤其是以计算为主要工作内容的人们。

这样工作

电子计算器中有一块已经编程好的数字电路板，可以把它叫作微型芯片。它先判断出并储存外部的按键信号，再根据这些信号进行运算，最后将得出的结果输出到显示屏上。

显示屏

按键

计算器上的按键是有标准位置的，除了数字按键，还有运算功能键，如加、减、乘、除等。

按键

外壳

外壳

计算器的外壳多半是塑料制成的，较为坚固，橡胶按键镶嵌在塑料外壳内。

算盘

最早的"算盘"出现在古希腊和古罗马，那时人们用摆在地上的小鹅卵石或小珠子来进行计算。显然，这与我们熟知的算盘还相距甚远。直到我国发明出一种竹木框架，金属或木质算珠的算盘，帮助计算的算盘才正式被发明并使用。

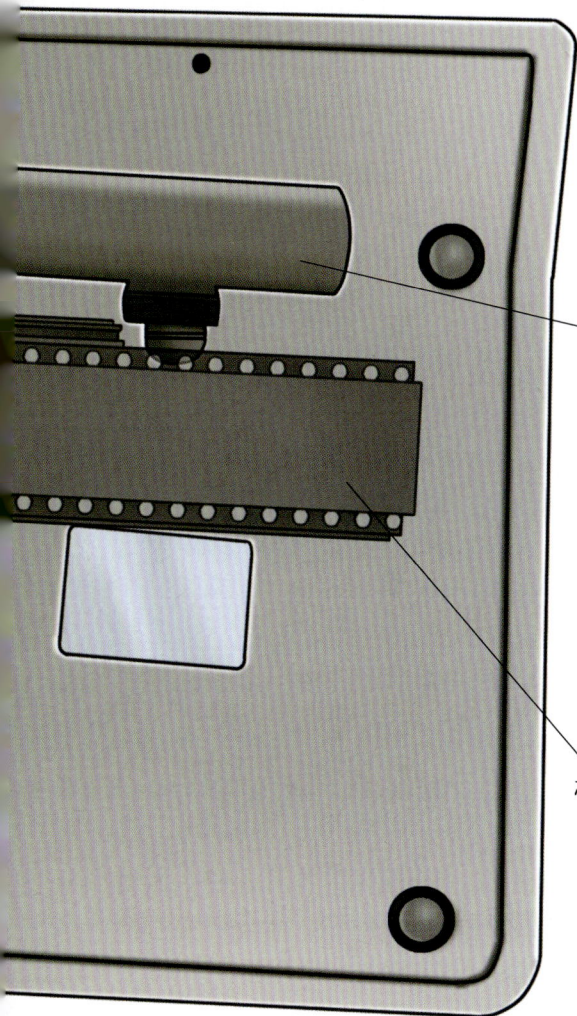

电池盒

芯片

电池

电子计算器的电池大小不一、型号不一，有些计算器使用干电池，有些则使用充电蓄电池，还有些太阳能计算器不需要任何电池。

芯片

芯片是电子计算器的大脑，它是一块微型的集成电路板，也被称为微处理器。有时，在一块指甲大小的芯片上就有一千多万个电子元件。计算器如何运算完全听它指令。

电　脑

我们最早接触到的台式电脑是分体的，一台主机，一台显示器，一个键盘，一只鼠标，有这些还不够，如果需要上网，还需要一根网线。现在的台式电脑简单多了，主机与显示器合二为一，它被叫作一体机。

这样工作

电脑运行时，它先从内存中取出一些代码，然后通过控制器对这些代码进行翻译，翻译成功后，电脑按照指令要求，对这些翻译过的代码进行运算或逻辑操作，最后将加工好的代码再传送给内存，这样一条指令就操作完成了。然后电脑会用同样的方法来继续操作下一条指令。

主板

这是个很重要的部件，很多微型芯片和电路都在主板上。

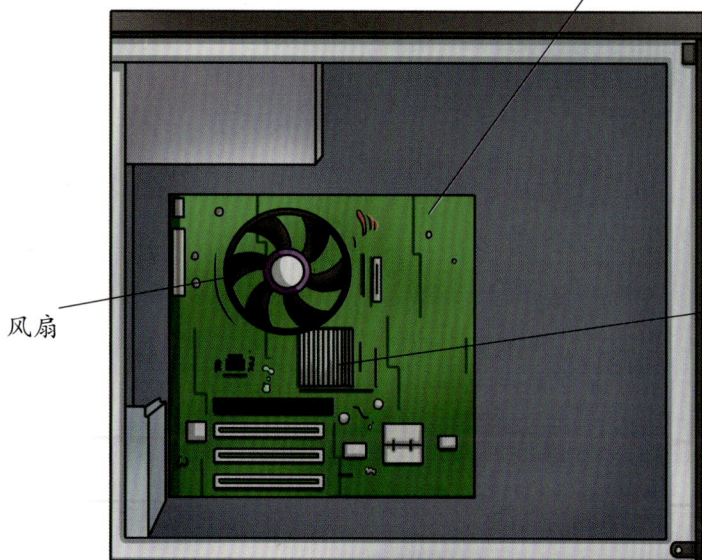

主板

风扇

CPU

光驱

如果你想从CD中听音乐，或从DVD中看视频，就需要把CD或DVD插入光驱中。里面的激光束会读取光盘上的凹点，你就能听到音乐或看到视频了。

光驱

中央处理器CPU

它是电脑的"大脑"，根据指令来进行运算或逻辑操作等工作。

硬件与软件

　　电脑是由硬件和软件共同配合工作的，硬件是指那些看得见、摸得着的实体部件，如中央处理器、键盘、鼠标等；软件是指所有应用程序，如WORD、PDF等程序。

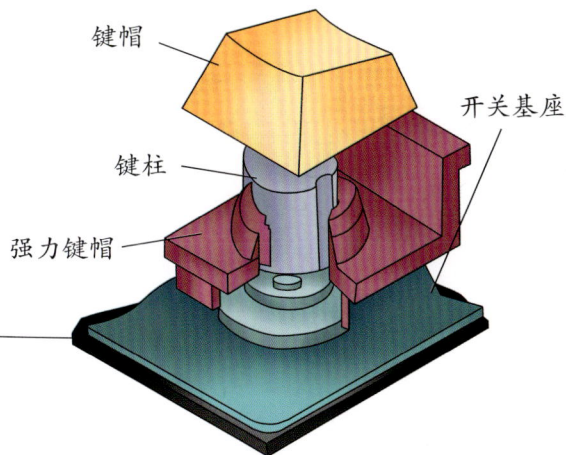

键帽

键柱

强力键帽

开关基座

PCB

▲ 键柱仅需向下移动1.5mm即可完成一次击键动作

显示器

键盘

　　键盘上有数字、字母和很多符号，当你敲击它们的时候，便以编码的形式将信息输入计算机中了。

键盘

鼠标

鼠标

　　鼠标分为有线鼠标和无线鼠标，它们的工作原理是不同的，无线鼠标是利用蓝牙连接的，而有线鼠标则用连接线与电脑连接的。

笔记本电脑

跟台式机比起来，笔记本电脑小巧轻薄，更易于携带，所以它叫作便携式电脑。当爸爸要去见客户，打开笔记本电脑，里面详细的策划案让对方一目了然。当你准备去外婆家，却还需要上网课，只需带着笔记本电脑就能准时进入课堂。当然，现在还有比笔记本电脑更小更轻的电子设备，那就是平板电脑，然而，它们两者的用途却有所不同。

这样工作

虽然叫笔记本电脑，但它终归是一台电脑，所以工作原理与台式电脑并无区别。只是笔记本电脑将所有硬件都紧贴着安装在一个扁平的狭小空间内，所以它的每个零部件产热更少，更加节能，噪声也更小。

虽然我叫平板电脑，但并不适合办公，用我来玩玩游戏，看看视频还是很愉快的！

迷你的平板电脑

平板电脑看起来似乎跟电脑毫无关系，倒像是智能手机的亲戚。因为它没有键盘，不用鼠标，完全靠双手的滑动就能进行操作，除了屏幕比智能手机大一些，没有任何其他区别。

触摸板

　　触摸板是个神奇的部件，当你的手指在上面滑动，操作内容便显示在屏幕上，它的功能跟鼠标是一样的。触摸板实际上是由一对电极组成的格状盘，当你的手指在上面滑动时，电流会顺着一个电极流向另一个电极。

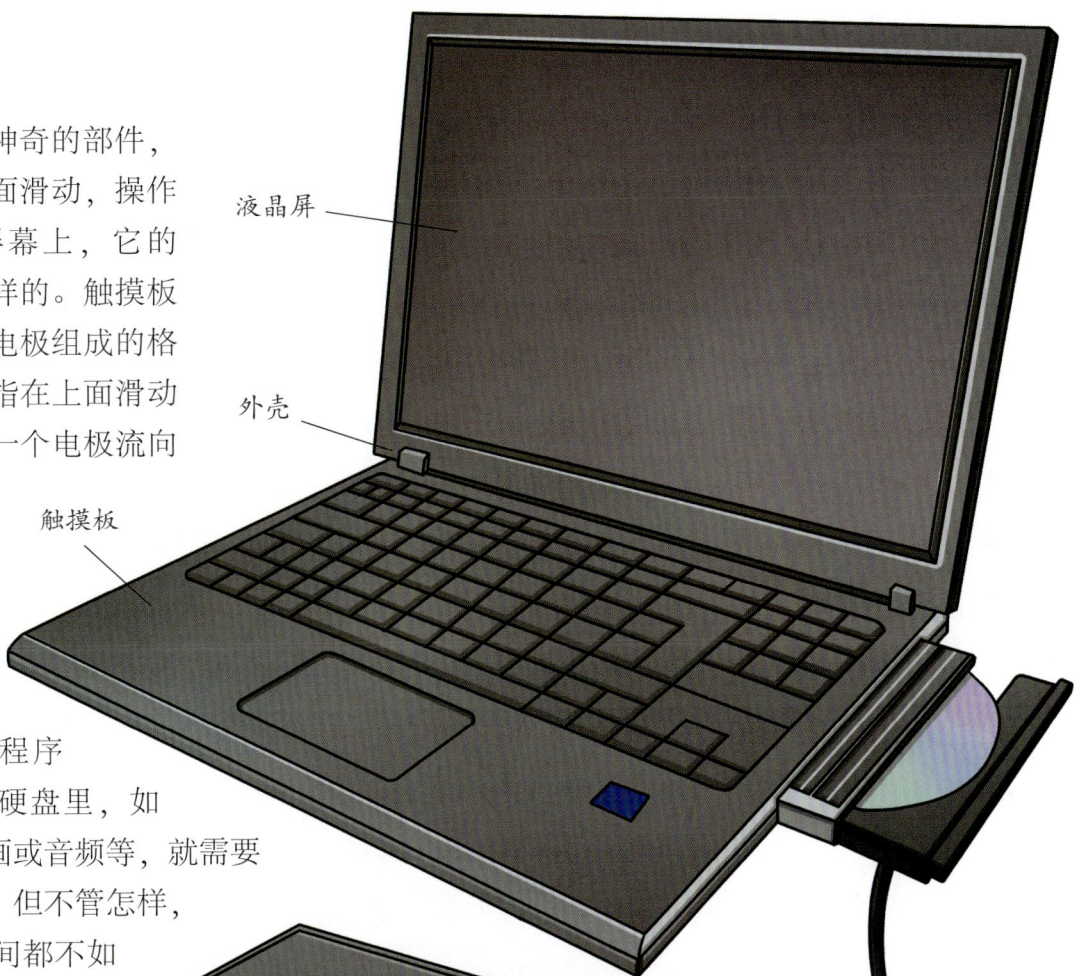

硬盘

　　电脑的应用程序和数据都存储在硬盘里，如果经常要制作动画或音频等，就需要硬盘空间大一些。但不管怎样，笔记本的硬盘空间都不如台式机大。

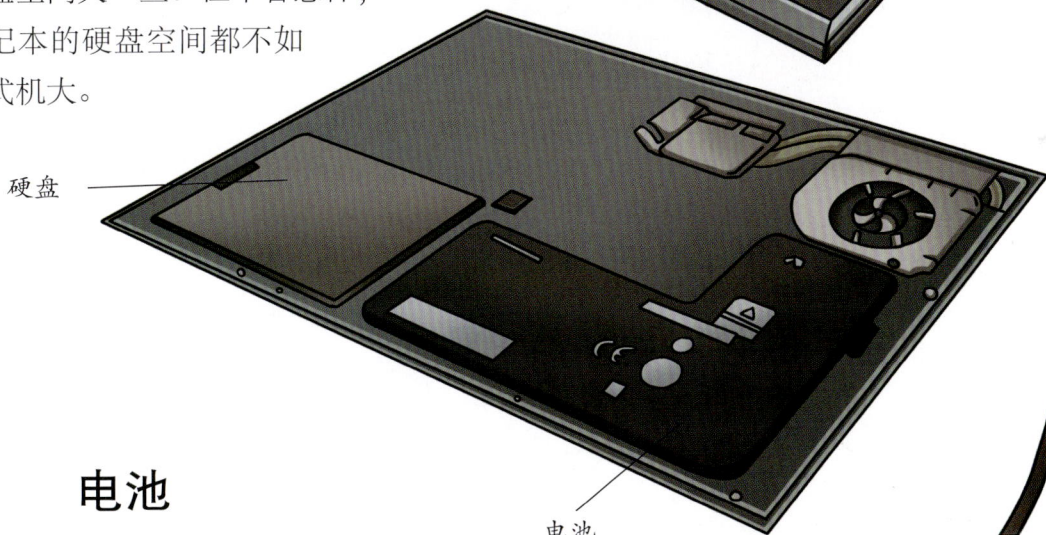

电池

　　笔记本的电池一般为锂电池，它低重量，高能量，非常适宜需要随身携带和使用的笔记本电脑。

液晶屏

外壳

触摸板

硬盘

电池

互联网

如果没有互联网，电脑只能孤零零地做一些简单的运算和存储工作。最重要的，电脑会没有朋友，无法与其他电脑进行互联与沟通。最早出现的互联网并不是给普通用户使用的，它是美国军方传递信息的局域网，随着科技的发展，因特网的出现让我们能够自由自在地在网络上尽情冲浪。

万物运转的秘密

这样工作

互联网是由很多服务器连接在一起构成的。一个服务器就是一台具有存储功能的电脑，电脑硬盘上可能存储着电影、图片、音频等，经过程序员的加工，服务器上包含着一种叫作HTML的代码，它的存在使每个服务器拥有不同的界面。"网线"把很多很多台不同的服务器连接在一起，就形成了互联网。当我们想要在互联网上搜索内容时，只需要输入关键词，便能直接或间接地得到自己想要的东西了。

互联网供应商

互联网供应商是互联网的核心部分，它为所有互联网用户提供服务。这部分主要由很多服务器和连接这些服务器的网络设备构成。

用户

用户是互联网的边缘部分，它们是由很多连接在互联网上的电脑构成的，其中就包括你的电脑和我的电脑。

最小的局域网

利用一根网线，将两台电脑连接起来，使它们形成一个互相联通的网络，彼此间可以实现文件共享、应用软件共享、打印机共享、单机游戏互联。最小的局域网是由两台电脑组成的，它们并不依靠互联网而存在。

E-mail

古时从北京送信至西安，可能要在马背上辗转很多天。但依托互联网，身处地球某处的你，给另一地甚至地球另一端的朋友发一封E-mail，基本上几秒钟对方就能读到你的信件。所以，电子邮件是最快的邮递方式。

物联网

物联网与互联网有密不可分的关系，它是在互联网基础上建立起来的，需要依托互联网而存在。如果你觉得这很难理解，可以简单地想象成，万物都上网，都能通过互联网而相连、沟通，我们在物联网上可以满足绝大多数生活需求。

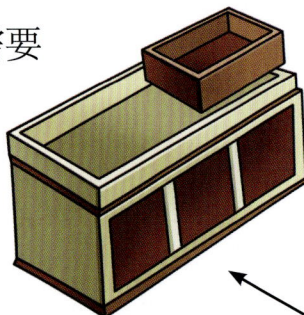

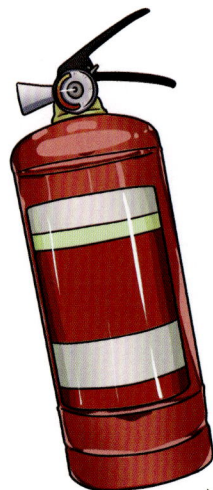

智能手机

在物联网系统中，智能手机的地位非比寻常。网上购物、与各种设备连接，都需要它。

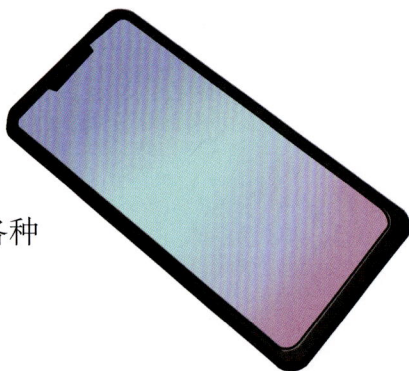

这样工作

物联网上的所有物体、设备，如汽车、电视、冰箱、热水器、图书馆、超市等，通过互联网连接，互联网从中收集有用的数据，再通过数据分析，产生洞察力，然后将正确的指令发回给相应物体或设备，让它们更人性化地来执行任务。

便利生活

如果说物联网最大的优势，那一定是使生活更为便利。通过物联网，我们身边的每一件物品都像能够洞悉人心一样，在最适当的时间提供最便利和贴心的服务。

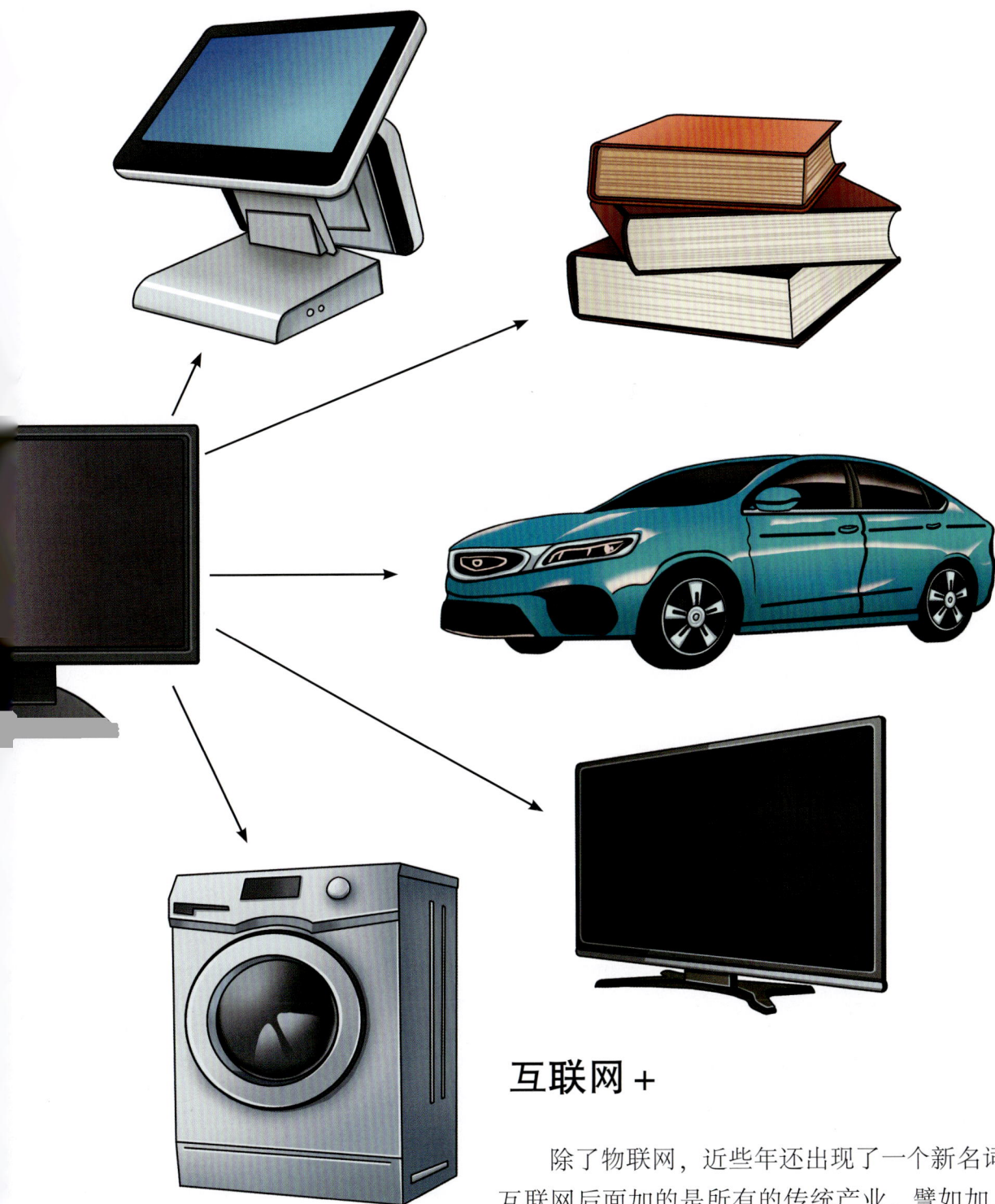

互联网+

除了物联网，近些年还出现了一个新名词——互联网+。互联网后面加的是所有的传统产业，譬如加上医疗，我们就能通过手机网络挂号，并在预约的时段去就诊，这样能节省大量排队挂号和等候就诊的时间。除此外，互联网还能加上交通、购物，等等。

路由器

路由器是一种互联网世界中使用的硬件设备。在网络发展的早期，很少听说路由器，因为家里不常用，但我们常常听说"猫"，通过它，我们的电脑就能拨号上网。随着网络的发展，每个家庭中的电脑、手机、平板电脑都需要同时上网，此时，无线路由器开始大展身手。

外置天线

外置天线

每一根外置天线中都有一个铜片或一段铜线，它能起到增益作用，使网络覆盖范围更广。

这样工作

路由就是信息要走的道路。当网络上的一个数据包传给路由器时，它会根据数据的情况来为其选择最佳的路径，这个"最佳"一般指最畅通便捷的道路，这样能够提高通行速度，减少网络拥堵情况。

网络端口

路由器的网络端口由WAN口和LAN口组成，一般WAN口连接光猫或上一级的路由器。

电源

WAN端口

电脑LAN端口

家里的光纤必须用我进行信号转换，你才能正常上网！

如果你的电脑、笔记本、手机想同时上网，我能帮你哦！

有线路由器

有线路由器的入口端连接着宽带线或光纤，出口端的几个接口可以连接不同电脑，使几台电脑同时上网，由于它们共享网络，可能会导致网速变慢。

无线路由器

无线路由器的入口端与有线路由器没什么区别，都连接着宽带或光纤。但出口端并没有接口，而是Wi-Fi信号，我们的手机、电脑、平板、笔记本只要在Wi-Fi信号的覆盖范围内并接入Wi-Fi，就都能上网。

收银机

当你去超市采购物品，将装满东西的购物篮放在收银台上，收银员便开始工作了。他先拿起扫描器，对准每一件商品的条形码扫描，这时，收银电脑上便会出现物品件数和价格，当确认选购商品没有遗落，电脑系统出现总计金额，你可以支付现金，也可以扫码支付。银货两讫后，这些商品才能被带回家。

钱箱

钱箱是收银系统中非常重要的设备，它是用来放置现金的，里面分成很多小格子，分别放纸币和硬币，钱箱多与收银电脑相连通。

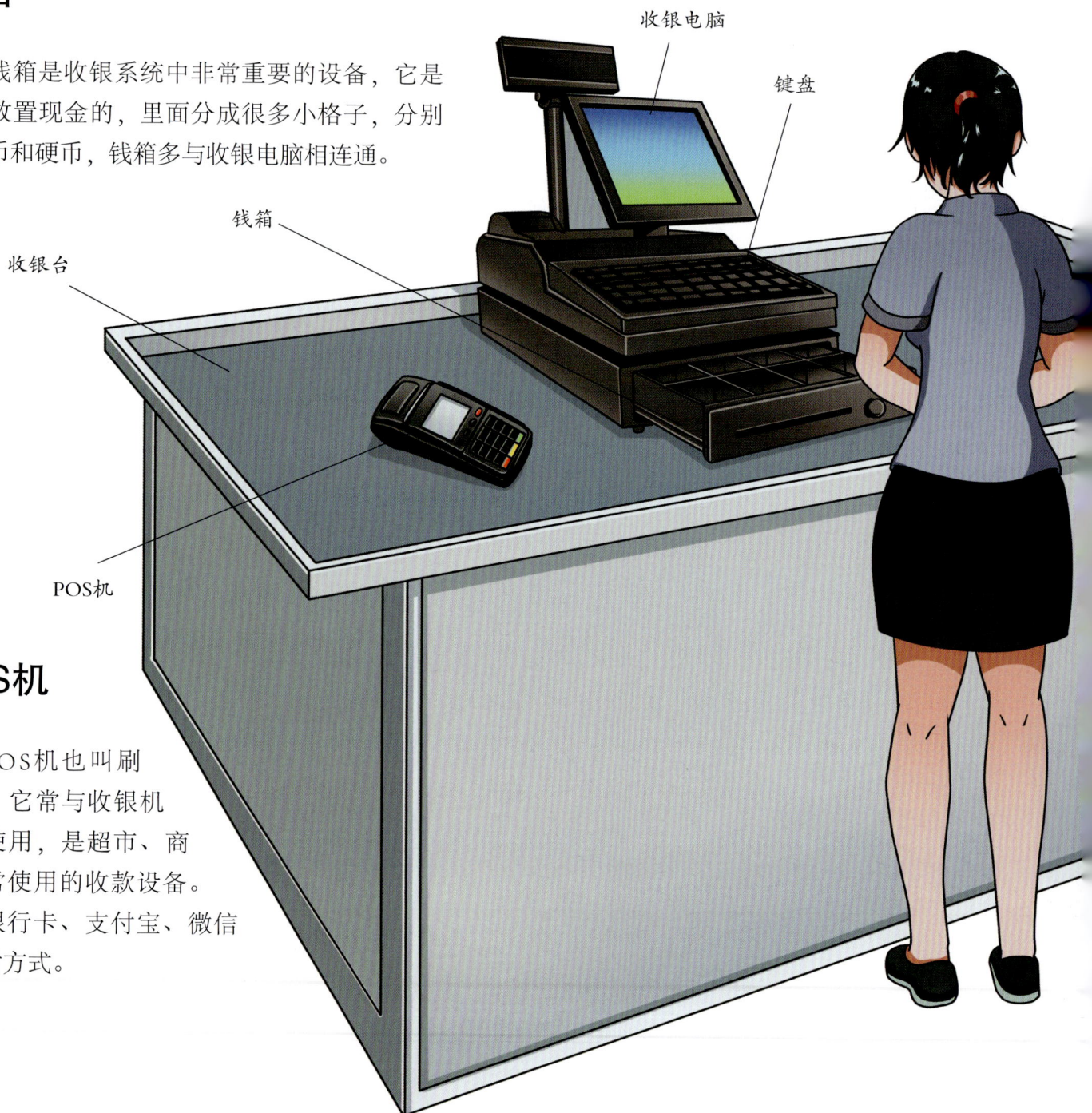

收银电脑

键盘

钱箱

收银台

POS机

POS机

POS机也叫刷卡机，它常与收银机连接使用，是超市、商户最常使用的收款设备。支持银行卡、支付宝、微信等支付方式。

条码扫描器

条码扫描器也叫扫码器，它利用红外线扫描，把图形信息转换为电脑能识别的数字信息。

这样工作

收银系统包括很多设备，它们共同完成收银工作。扫码器先对商品条码进行扫描，将条码图形转换为数字信号，并传到收银电脑中进行处理，收银电脑跟普通电脑一样，都有CPU，可以对数据进行暂时存储。收银电脑一边将账单信息传给POS机，让它收款，一边将信息保存起来，以供后台管理使用。

数字的秘密

自助收银机

很多超市的出口都放置着自助收银机，在这里，你可以体会一下当收银员的感觉。先把商品的条码对准扫描感应区，每件商品都逐一扫过后，就可以结账付款。相比传统的收银机，自助机更智能，更便利。

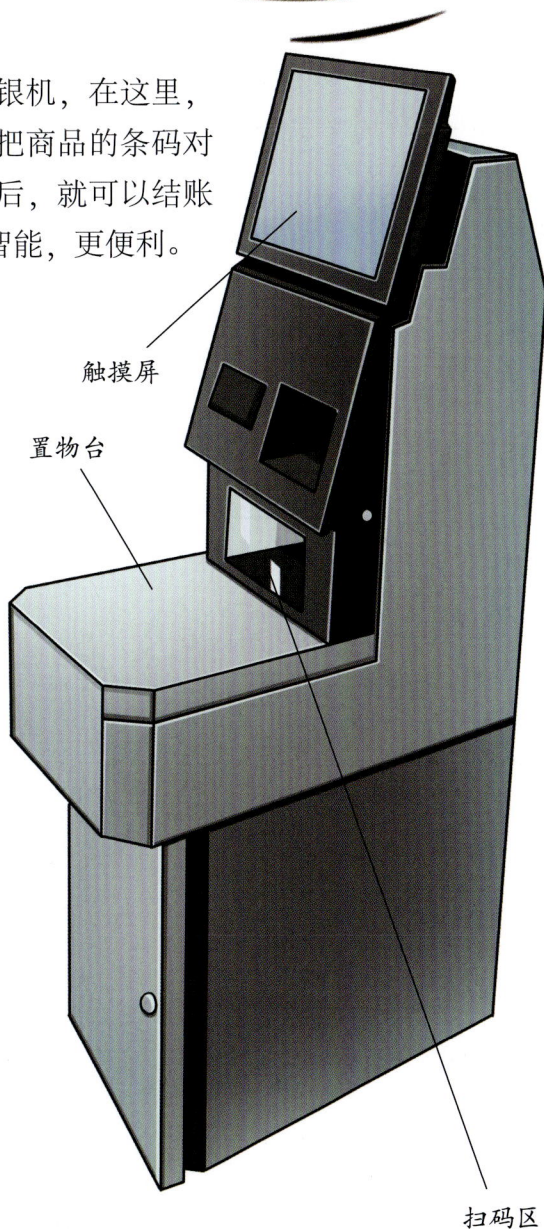

条码扫描器

打印机

触摸屏

置物台

扫码区

扫码器

扫码器是收银系统中非常重要的设备之一，只要对准商品条码轻轻一扫，商品名称、价格、库存等信息便会显示于电脑屏幕之上。有了它的帮忙，收银员可以快速为每一位顾客结账，提高收银速度的同时，也大大增加了准确率。

芯片

这样工作

当扫码器靠近要读取的商品条形码时，里面发射出的激光束会对条形码进行扫描，从而读取出条码所包含的相关信息。并把这些信息传递给扫码器中的解码器，通过解码器的解析，将图像信息转换为电脑可显示的数字信息。

光源

扫码器的光源主要有两种：红光和激光，红光扫描头发出的是一条很粗的线，而激光扫描头发出的线比较细。

光电转换器

光电转换器接收到光信号后，将强弱不同的光信号转换为相应的电信号，随之输出到扫码器的放大整形电路上。

按键

外壳

译码器

经过放大整形电路的工作，电信号转换为数字信号，并被传送给译码器，译码器将其翻译成数字或字符信息，传送至电脑上人眼便可以识别了。

扫码头

条码数字

商品条码由13位数字组成，第1～3位数字表示与国家代码相关的"秘钥"，第4～8位数字是制造商代码，第9～12位数字表示商品信息，第13位数字也就是条码的最后一个数字为校验码。

X XXXXXX XXXXXX

商品生产国家　　　制造商代码　　　商品信息　校验码

自动售卖机

自动售卖机就像个迷你超市，无论你什么时候想要买东西，它都能为你提供服务，只要这种物品有库存。因为自动售卖机的空间有限，它不能像超市一样，摆满各式各样的货品，只能专物专放，譬如专门售卖饮料的叫饮料自动售卖机，专卖袋装食物的叫食品售卖机等。

微型电脑

微型电脑是自动售卖机的核心部件，它与控制面板和自动装置相连，会实时掌控机器中的存货量和现金额。

机身

机身

机身是自动售卖机的外壳，多为金属材质，颜色各异，是一台售卖机的"颜值担当"。

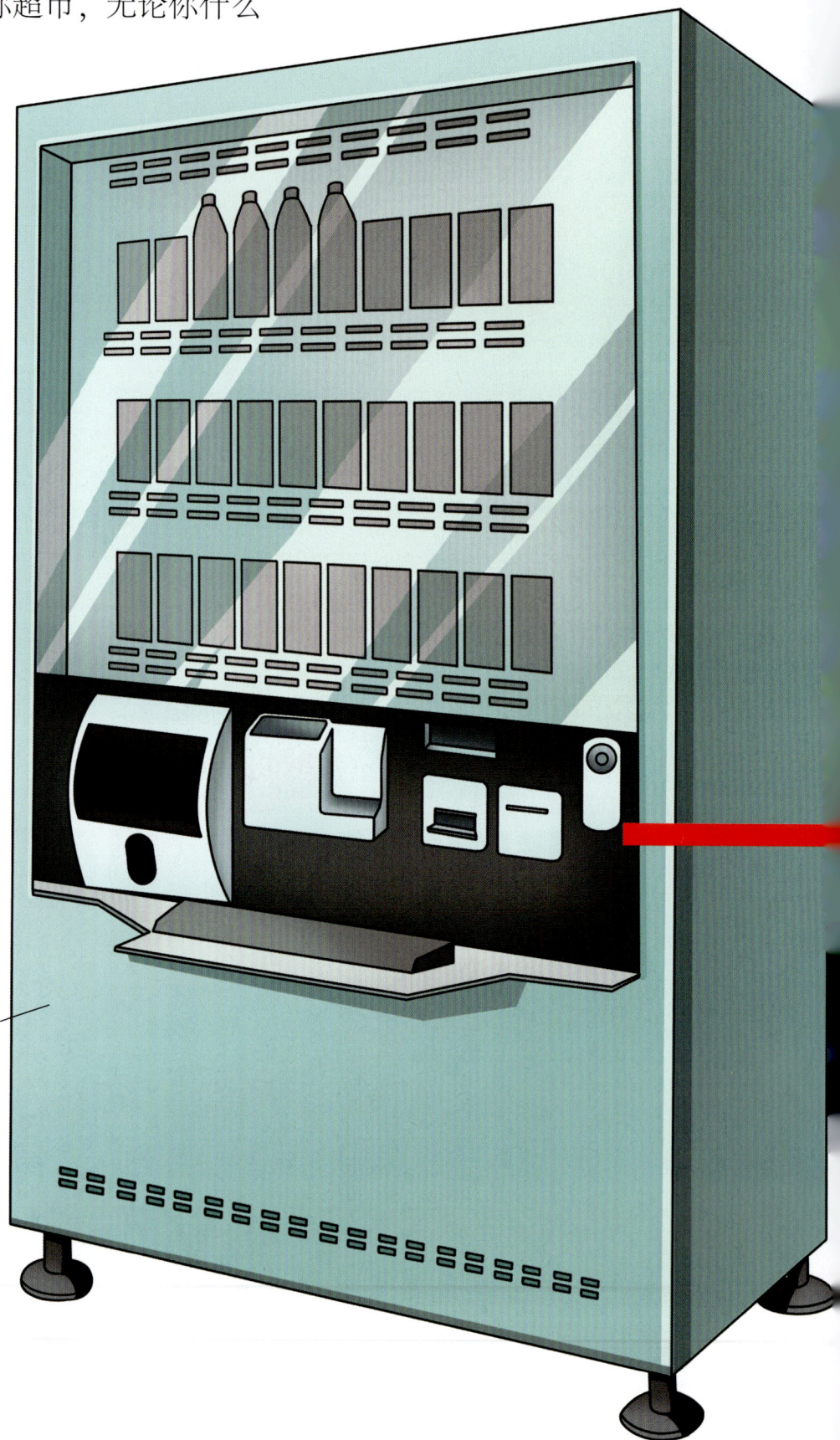

这样工作

在每一台售卖机的后面，都有一台微型电脑，当你在控制面板上选择好要购买的物品后，控制器会向电脑传递信息，电脑确认后将信息返给控制器，让它提示顾客进行下一步付款操作。支付成功后，微型电脑会控制售卖机中的电动机，让它驱动联动设备，把物品推送到出口处。

电机与螺杆

在自动售卖机中，电动机与螺杆共同配合工作。电动机带动螺杆旋转，商品则会在螺杆的旋转中被推出。

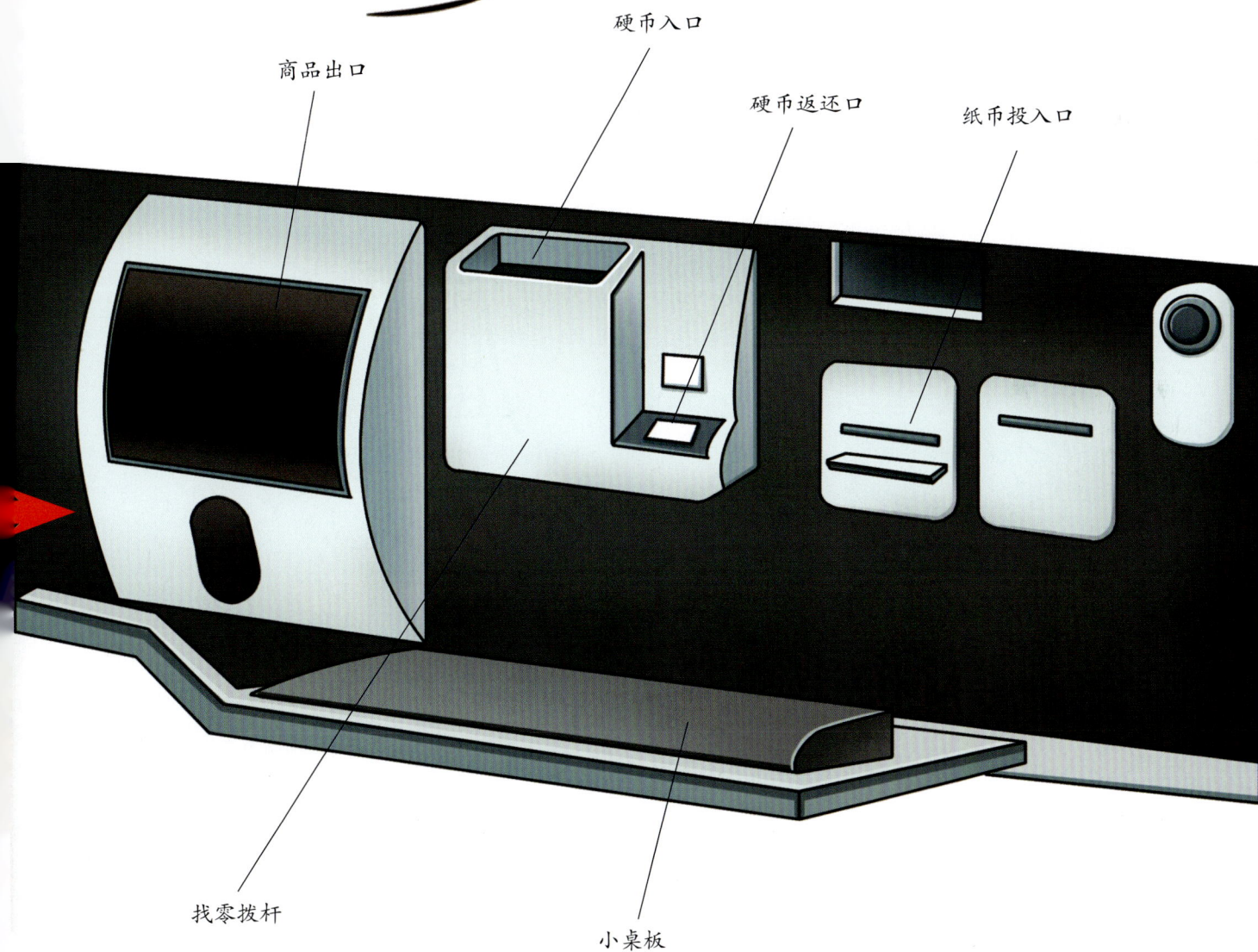

硬币入口

商品出口

硬币返还口

纸币投入口

找零拨杆

小桌板

智能手机

智能手机是现代社会最必不可少的工具之一，它已经脱离了传统手机只能打电话、发短信的简单模式。一部智能手机在手，吃喝玩乐加工作，样样都不用发愁。当然，这必须在App的协助下实现，它是智能手机的好伙伴。

这样工作

虽然智能手机拥有五花八门的应用程序，但我们仍然需要用它打电话。打电话就需要用到信号塔，我们周围有很多通信信号塔，它们时刻发射着各自的识别码，当手机探测到最强的识别码后，会把通话信号或短信发送给它。信号塔再通过无线电、光纤等将内容发给主服务中心，在通信卫星的帮助下，主服务中心在通信网络中搜寻到接收手机，并将通话信号或短信传送给它。

触摸屏

在智能手机上，触摸屏替换了按键，你只需要用手指在触摸屏上轻轻滑动，就能操作手机。

触摸屏

图标

智能手机上的图标代表着不同的功能，或不同的应用程序。

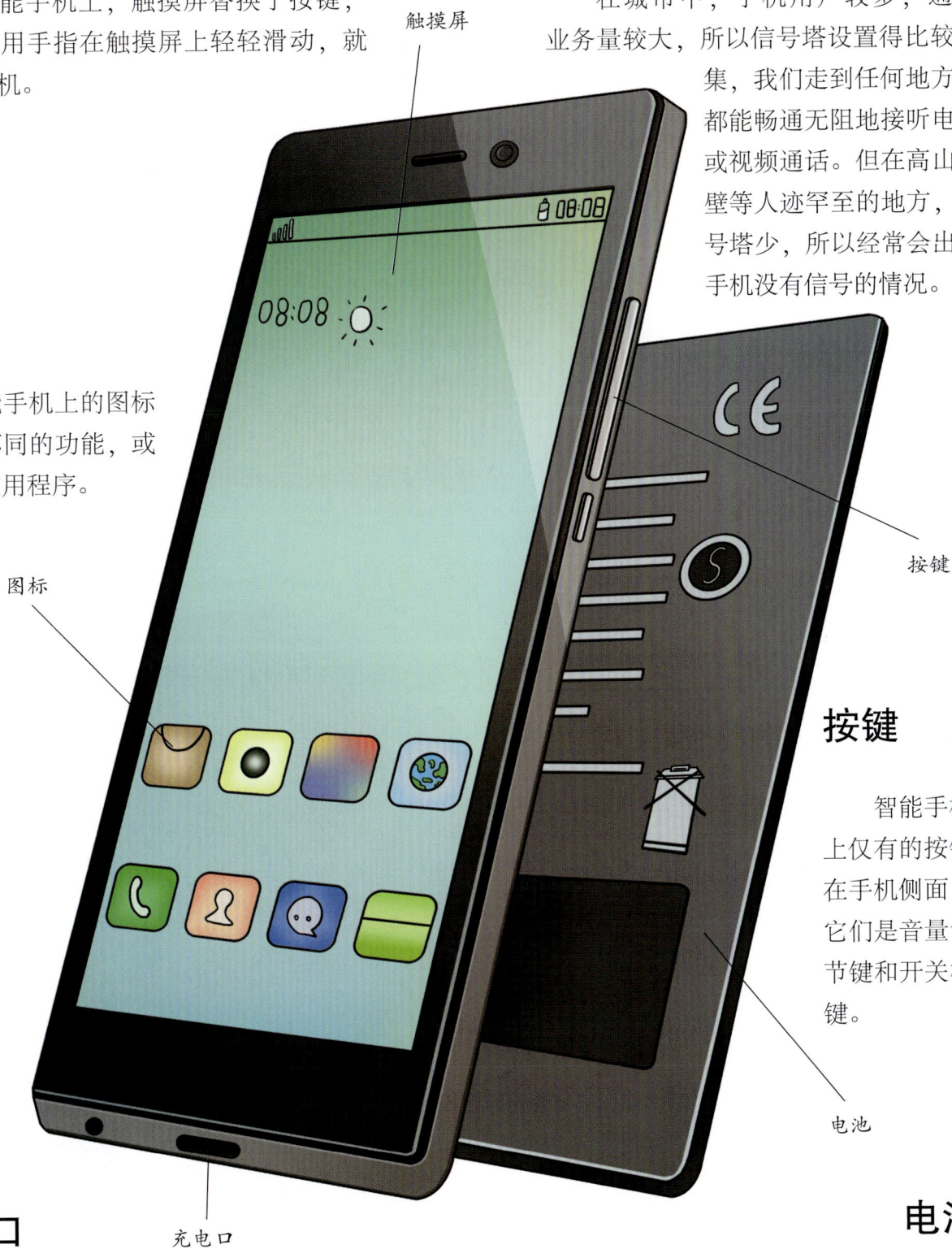

图标

充电口

充电口

通过充电插口，既可以给手机充电，也可以上传或下载图片、音乐、视频等文件，但前提是数据线的一端与电脑相连。

信号塔的多与少

在城市中，手机用户较多，通信业务量较大，所以信号塔设置得比较密集，我们走到任何地方，都能畅通无阻地接听电话或视频通话。但在高山戈壁等人迹罕至的地方，信号塔少，所以经常会出现手机没有信号的情况。

按键

按键

智能手机上仅有的按键在手机侧面，它们是音量调节键和开关机键。

电池

电池

现在的智能手机电池多为锂电池，电池体积小，容量大，同时充电速度快。

智能手表

虽然智能手表有着手表的外形，但功能比手表强大多了。除了指示时间，智能手表还具有导航定位、语音通话、视频通话、发送短信，甚至网上查询等功能。从某种程度上讲，它更像是一个微型智能手机。

这样工作

让智能手表的所有内置系统都变得智能化，是它的主要工作方向。多数的智能手表中都会安装SIM卡，这使智能手表像手机一样可以利用通信信号塔来传递信息，另外，利用通信系统同样可以连接网络，于是上网查询信息、实现GPS定位、进行身体健康监测等都不在话下。

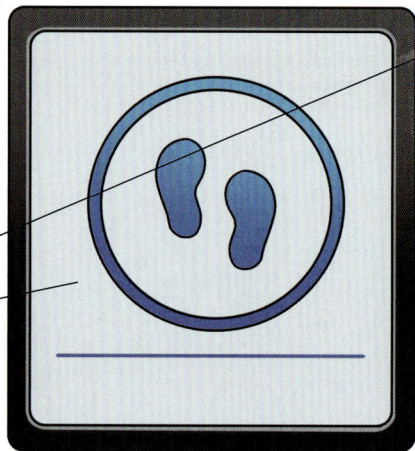

显示屏

显示屏

智能手表的屏幕一般采用LCD或OLED显示器，它们色彩鲜艳，能耗低，其中OLED显示器更高级一些。

传感器

传感器是智能手表的重要部件，它能把从外界环境中采集到的数据，传送给CPU或直接传给显示屏，让用户看到类似心跳、血压、步数等数据。

电池

智能手表锂电池的寿命和充电次数，是智能手表电池的一个很重要的参数。如果使用不当，很容易造成锂电池的过度损耗，影响其使用寿命。

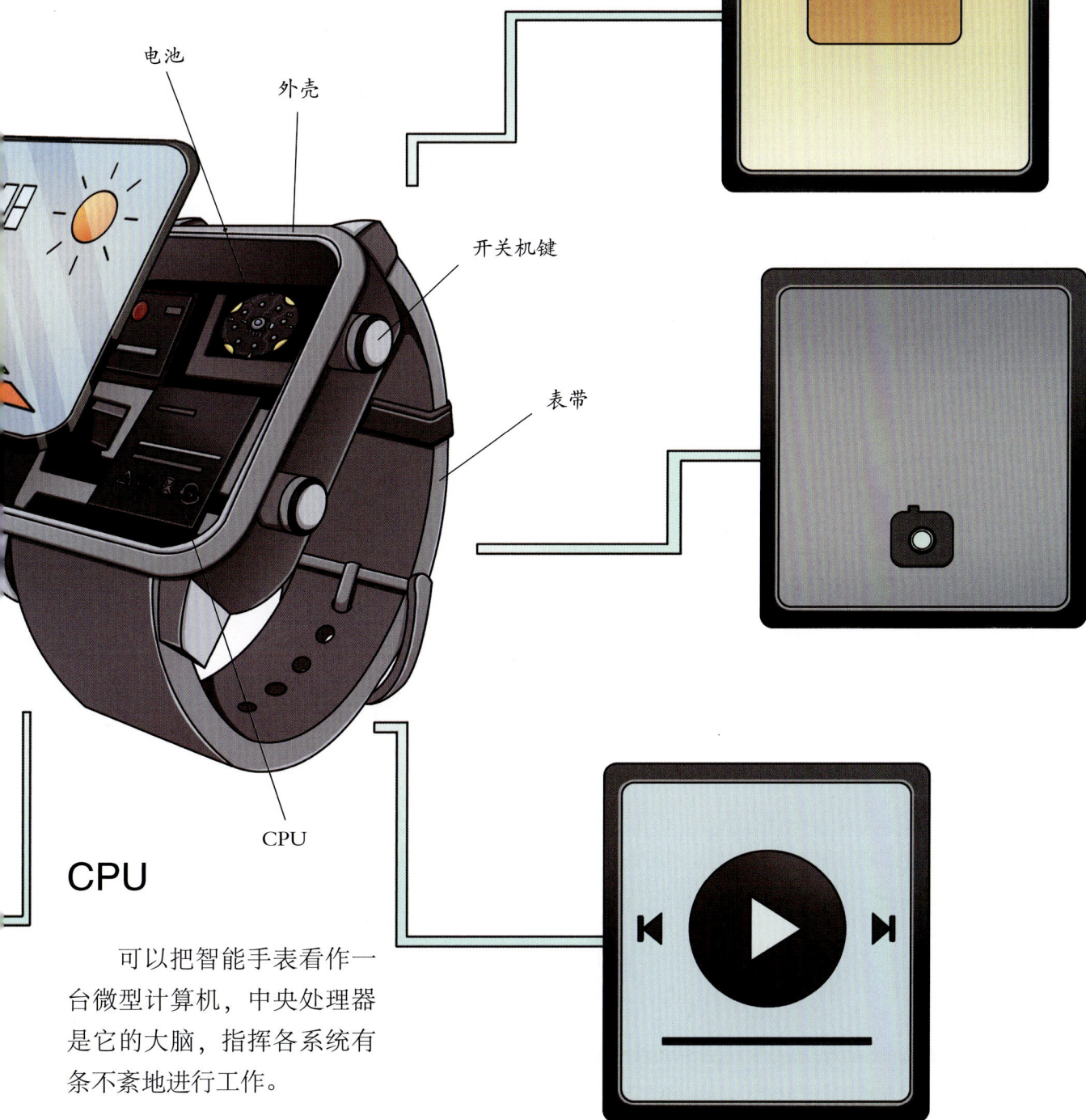

电池

外壳

开关机键

表带

CPU

CPU

可以把智能手表看作一台微型计算机，中央处理器是它的大脑，指挥各系统有条不紊地进行工作。

智能家居

普通家居给人们的生活带来了很多便利，但智能家居会让生活更加便利。在物联网的帮助下，家里的灯、窗帘、空调、电视机、冰箱、洗衣机、暖气，以及厨卫设备、防盗设施等全部连接到网上，通过手机便能操控家中的每一件联网设备，即便人们在千里之外，也能关闭家中的电灯或窗户。

智能设备

智能设备是实现家居智能化的必要条件，它包括智能插座、智能开关、智能遥控器等，用它们替换传统的插座、开关，就能让普通的家用电器智能起来，这是家居实现智能化的第一步。

这样工作

智能家居是一个集合体，它利用综合布线、网络通信、自动控制和音视频等技术，将家里的电器和家居设备等与智能手机连接在一起，通过传感设备接纳传感信号，并经过自动或手动地发送命令来远程操控家里的电器设备。

智能音箱

如果你想对智能家居实施语音控制，把智能音箱连接上就可以了。天猫精灵、小爱同学、小度等，都是智能音箱。

网络

要想对家居实施智能化控制，必须先对其实现网络连接（有线网络或无线网络均可），家里有网是实现家居智能化的第二步。

家庭网关

网关是智能家居的核心部件，它能将所有智能设备连接到一起，形成一个统一整体，让所有家用设备都上网，这是实现家居智能化的第三步。

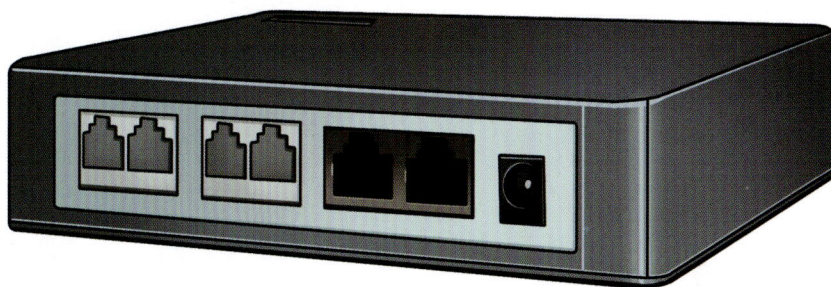

控制中心

控制中心是手机中安装的一个应用软件，通过它，能对家中的智能设备进行集中管控。你可以点开手机中的App，关掉忘关闭的灯，或提前打开供暖设备等，这是智能家居工作的第四步。

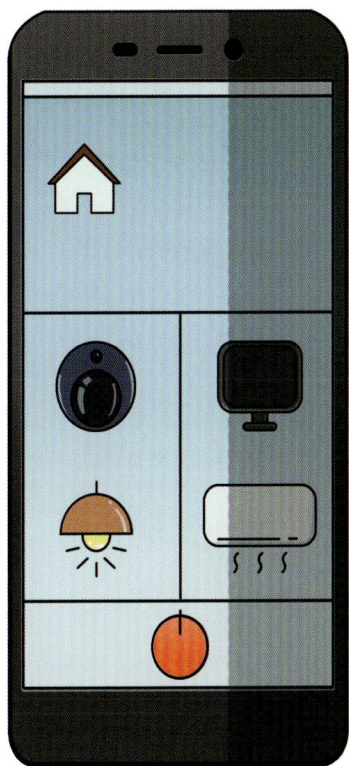

家庭影院

很多人喜欢去电影院里观影，主要是想感受超大屏幕和环绕式音响带来的视觉与听觉冲击。但家庭影院的出现，让人们可以足不出户便能体验到在电影院里看大片的感觉。

音箱

家庭影院一般需要配置两个主音箱、一个中置音箱、两个环绕音箱及一个低音炮。

显示屏

选择一款分辨率高的显示设备，屏幕长宽比例最好为16:9，这个比例的屏幕能使双眼看到完整图像，视觉感受性最佳。

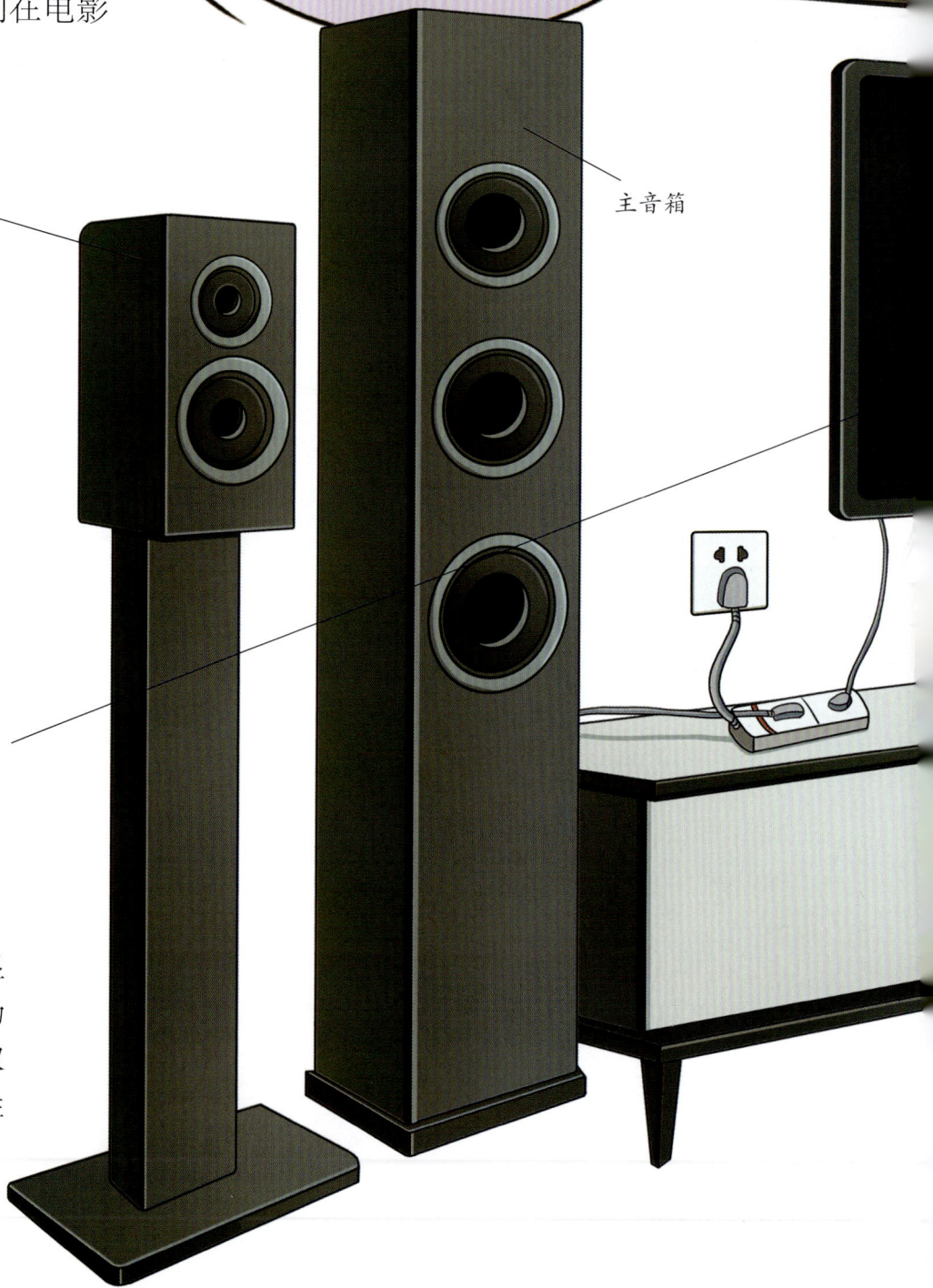

这样工作

DVD光盘是一种存储设备，每张光盘表面都有布满凹点的螺旋磁道，凹点之间存在着很多小平面，数字编码信息就存储在这些凹点或平面上。把光盘放入DVD机中，光盘旋转时，激光读取器便能进行数据读取，最后利用转换器，将数字信息转换为模拟信号传给显示屏幕，我们就能看到影片了。

环绕音箱

主音箱

显示屏

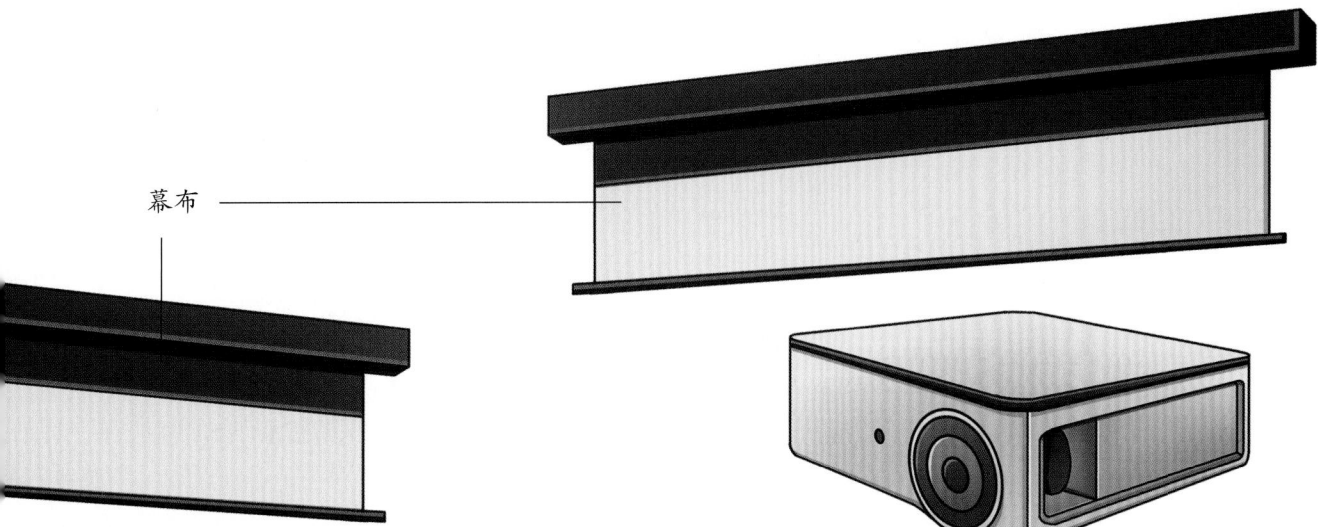

幕布

▲ 投影设备和幕布可以替换
DVD播放器与显示屏。

AV放大器

AV放大器具有
多声道的声音重放功
能，是音箱系统中重
要的组成部分。

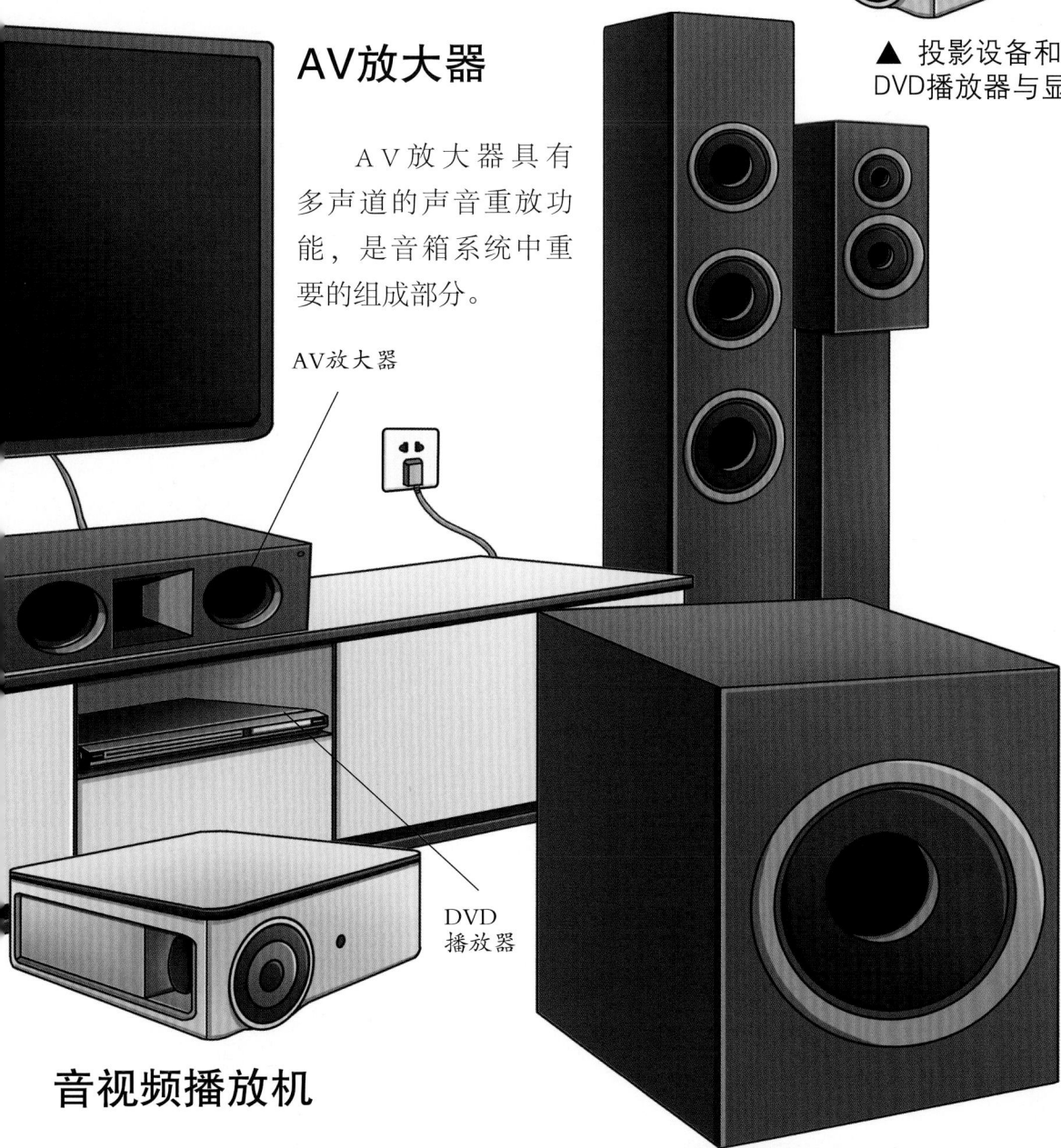

AV放大器

DVD
播放器

音视频播放机

也就是DVD播放器，将普通DVD光盘或蓝光光盘放入其中，便可以播放光盘中的作品。
也可以把视频文件下载到移动硬盘中，连接投影仪直接播放。

蓝牙耳机

蓝牙耳机也叫无线蓝牙耳机，它的突出特点是无线，没有长长的耳机线，使用起来更简单，更方便，当你运动时，不会再因为耳机线而妨碍双手活动。但蓝牙耳机也有一些缺点，如续航时间短，如果你很久没给它充电，那非常有可能在你听着歌时，它就突然关机了。

这样工作

在使用蓝牙耳机前，先要将手机与蓝牙耳机进行配对，配对成功后，手机中的解码芯片会把音频文件转换为数字信号传给蓝牙耳机，蓝牙耳机中的转换芯片，再将接收到的数字信号转换为模拟信号，我们就能听到手机中的音乐了。

充电仓

蓝牙耳机的充电仓有两个作用，一是收纳，二是充电。当耳机没电时，放入充电仓可以补充电量。

充电仓

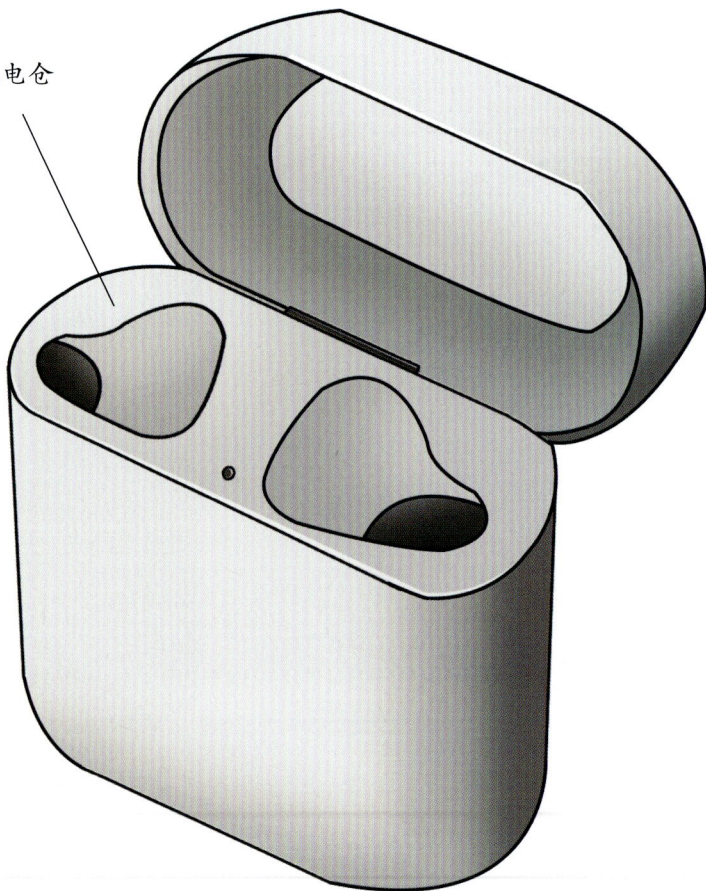

数据线

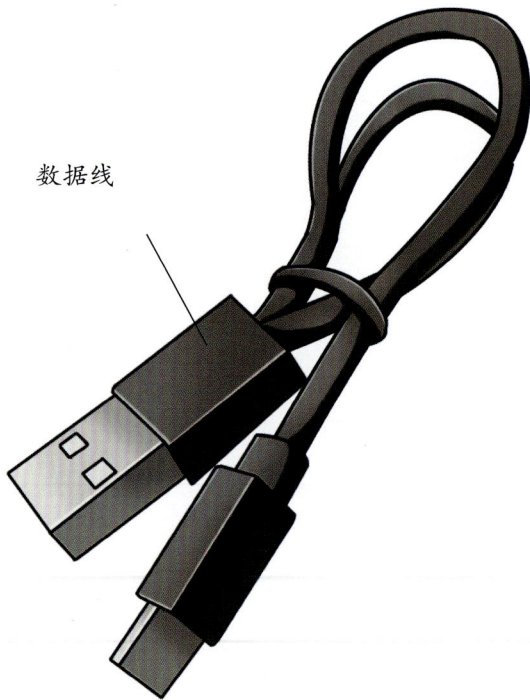

振膜

声波

信号输出

线圈

磁铁

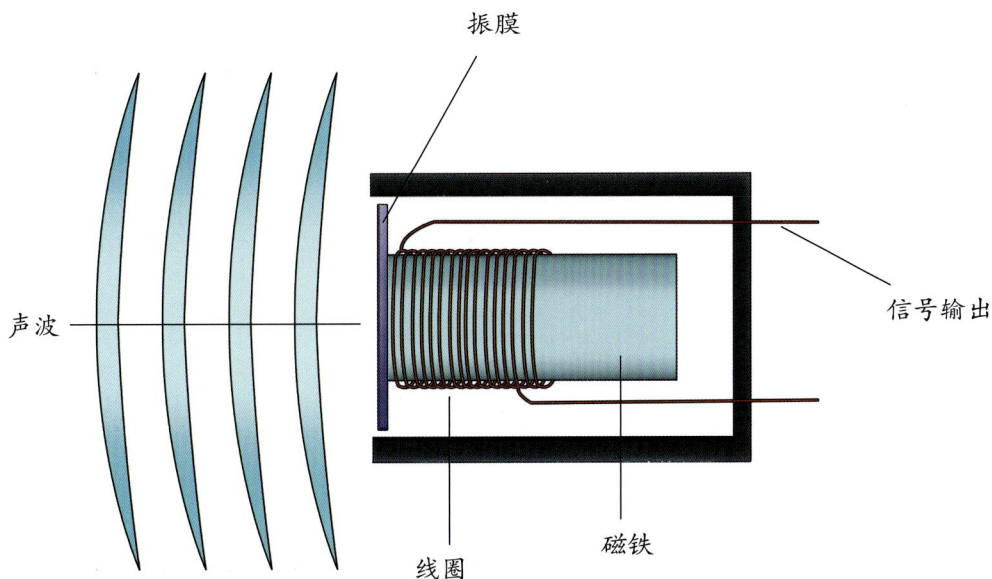

▲ 动圈单元结构

发声部件

动圈单元是蓝牙耳机的发声部件。单元振膜膜片上方有导电线圈，下方是永磁体，通电后，电流流经线圈产生磁场，从而带动振膜振动而发出声音。

蓝牙芯片

蓝牙耳机中的芯片组主要包括接收和发射信号的射频单元、音频解码单元和中央处理器。它们的主要作用是传输音频数据，以及实现近距离的无线通信。

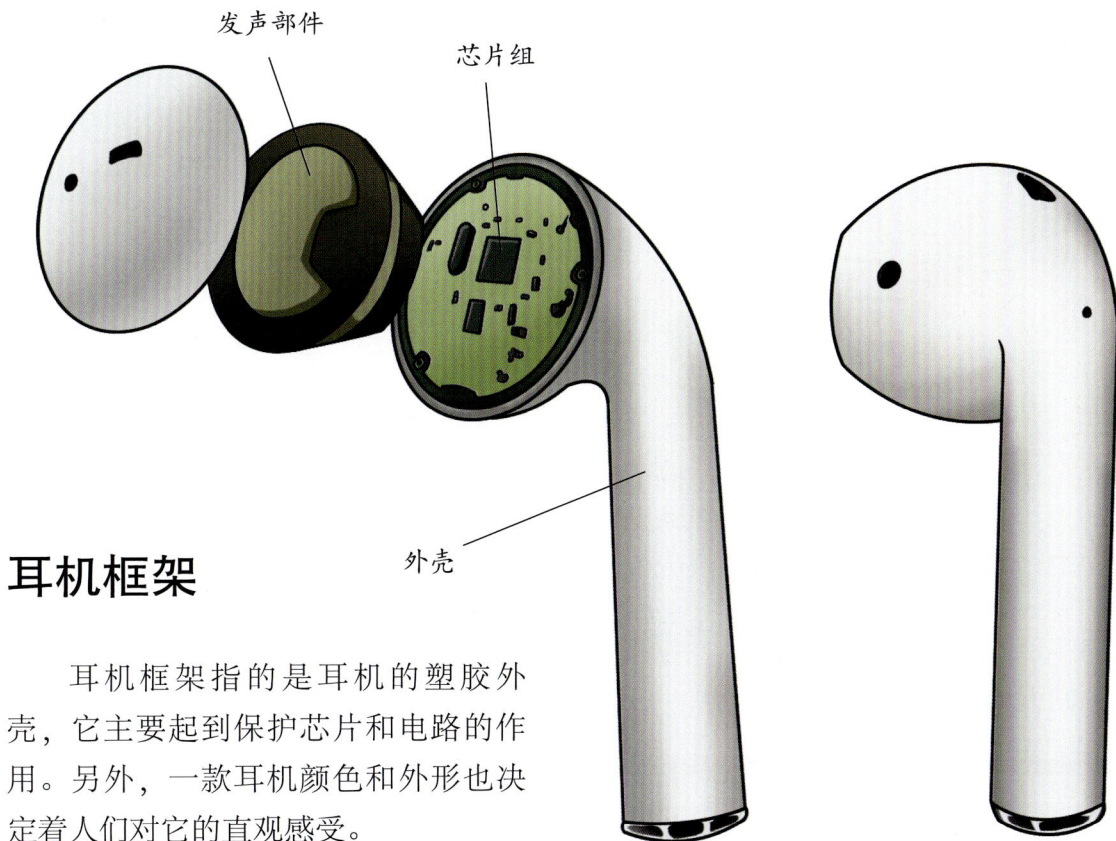

发声部件

芯片组

外壳

耳机框架

耳机框架指的是耳机的塑胶外壳，它主要起到保护芯片和电路的作用。另外，一款耳机颜色和外形也决定着人们对它的直观感受。

可穿戴设备

可穿戴设备的全称是智能可穿戴设备，也就是让我们日常的穿戴物品变得智能化。譬如，脚下穿着智能运动鞋，头上戴着智能帽子，鼻梁上架着智能眼镜，手上戴着智能手表……这些设备，不仅具备最基础的功能，还能通过采集人体信息，提供更多的健康监测服务。

可穿戴扬声器

可穿戴扬声器是一种听音频的新设备，它兼具耳机的轻巧便携和音响设备的超高音质，而且不需要压迫耳膜，轻轻搭在双肩上，就可以不打扰他人而享受美好的音乐。

这样工作

可穿戴设备主要是利用各种传感器、射频识别技术及GPS系统等信息传感设备来进行工作的，在普通的眼镜、扬声器、手表、衣服或鞋子上，植入相应芯片，再利用不同的传感器来采集人体信息，传感器将采集到的信息传给CPU进行分析和比对，就能得出人体的相应信息了。

智能衣服

要想让衣服或鞋子变得智能化，就需要把传感设备内置到其中，既要考虑电路、电源的安全性，还要考虑到人体穿戴的舒适性。目前，量产制作的难度较大，所以尚未普及。

VR眼镜

　　这实际上是一种虚拟现实头戴显示器设备，它主要采用的是计算机和传感技术。当用户佩戴上VR眼镜后，视觉和听觉会被封闭在其中，从而使佩戴者产生一种身处虚拟世界的感觉。

智能手环

　　智能手环是一种常见的可穿戴设备，它像手表一样佩戴在腕部，能够监测人体的相关数据，从而提示人们的健康状况。智能手环内部包括存储器、传感器、无线射频系统和数据处理中心等，与智能手机的内部结构非常相似。

MP3播放器

MP3播放器是一种音频播放器，它超级轻薄小巧，多数能握在手中或装在衣兜里，有些型号甚至能够夹在衣领上。之所以叫MP3播放器，是因为使用MP3这种文件格式可以把声音转换为数字代码进行压缩，这样装进机器里就比较节省空间，还能保证原音音质。

这样工作

解码芯片将存储器中的MP3文件解码后，再通过数模转换器把数字信号转换成模拟信号，模拟音频信号被放大后，经过低通滤波器传到耳机，我们就能从耳机中听到音乐了。

硬盘

硬盘

MP3播放器中也有存储硬盘，所有的音频内容都会存储到这个硬盘中，硬盘空间有大有小，一般会用千兆字节来定义空间大小。

USB接口

USB接口

通过USB接口，可以将播放器与电脑连接，从而下载、更新音频文件。

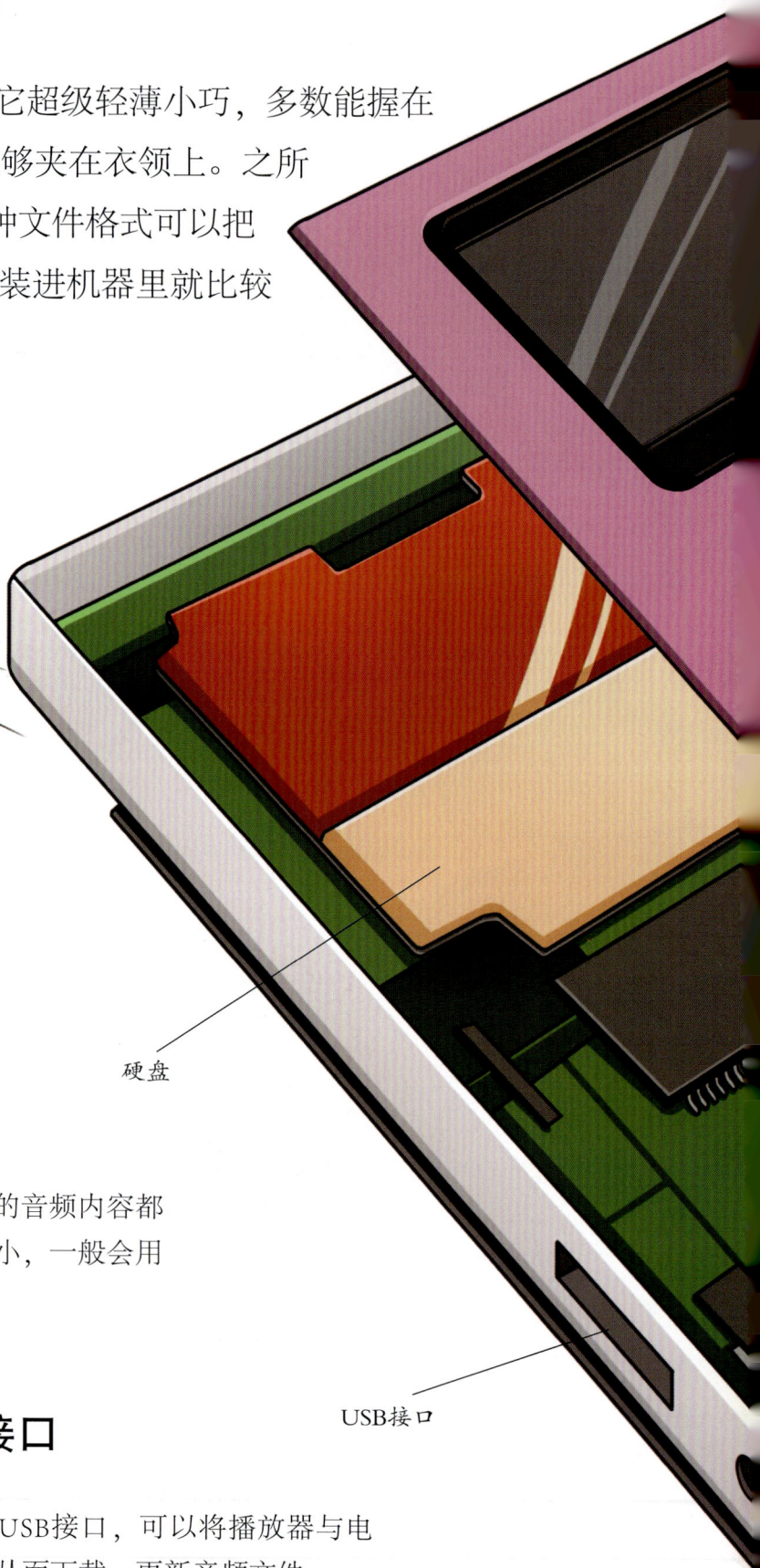

显示器

显示器

通过显示器，我们能看到菜单中的所有选项，如播放曲目、歌词、歌曲时长等。

菜单键

快进键

M

按键

MP3播放器按键非常简单，一般包括菜单键、暂停键、返回键或快进键。

MP3是什么

MP3是一种压缩技术，它的全称是MPEG-1 Layer3，通过一系列的运算法则，将声音转换为数字信息格式。

返回键

MP4播放器

MP4播放器不仅能播放音频文件，还能播放视频文件。它的内存非常大，传输速度极快。现在的MP4播放器不仅能够听歌看电影，还能阅读电子书，或当作掌上词典，更多被学生们应用于学习中。

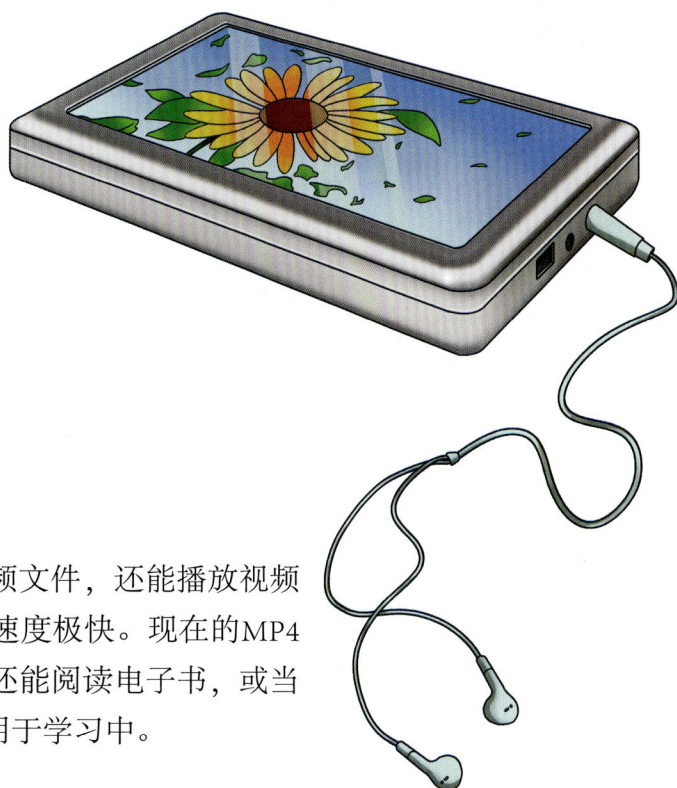

游戏机

我们这里所说的游戏机，跟你用平板电脑或智能手机玩游戏，还是区别很大的。所谓的游戏机是一种专门为游戏而设计制作的设备，虽然它的基础部件也是CPU，但买一台游戏机的价格要比电脑低得多。

这样工作

游戏机其实是一种专用的计算机，它也拥有主板、芯片等基础部件。把游戏光盘插入光驱中，并将游戏机与电视、显示器等相连接后，屏幕上就能显现出游戏界面。操控游戏的不是键盘，而是游戏控制器，它的弯月形状非常利于游戏玩家通过手指来控制各个按键。

显示屏

接口

主板

开始键

控制器

手柄操纵杆

电池

主板

游戏机的主板跟电脑主板类似，也是由很多芯片和线路构成，但要比电脑主板低端得多。

控制器

控制器通过电线与游戏机相连，通过控制器上的按钮移动显示屏上的光标，进而来操控游戏。

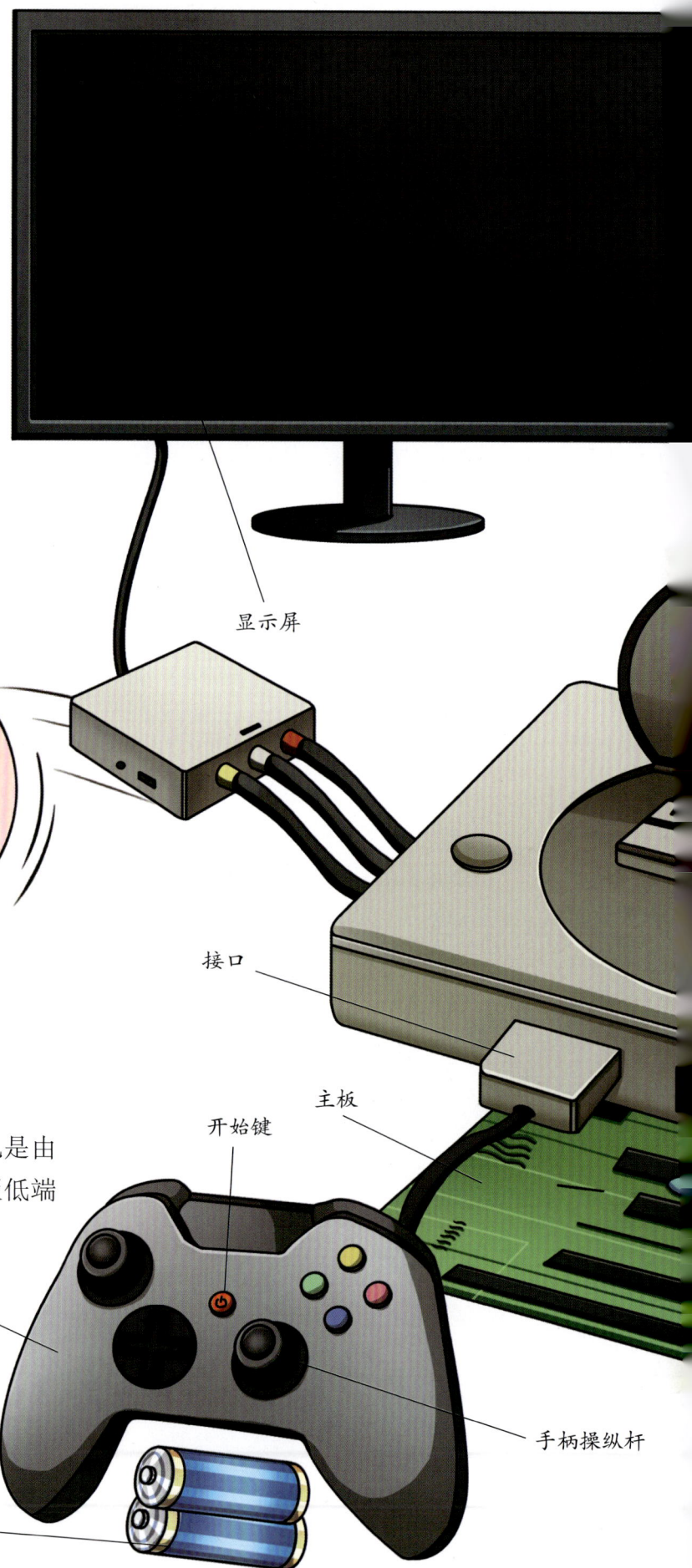

发展

历史上第一款成功的电子游戏叫作《Pong》，它诞生于1972年，两个人可以通过控制器玩类似乒乓球的游戏。2000年后，电脑逐渐替代游戏机，成为最主要的游戏载体。2016年，智能手机一跃成为最新的游戏主机。

光驱

全称是光盘驱动器，它是游戏机的重要部件，插入不同游戏光盘，游戏机才能变成各种好玩游戏的载体。

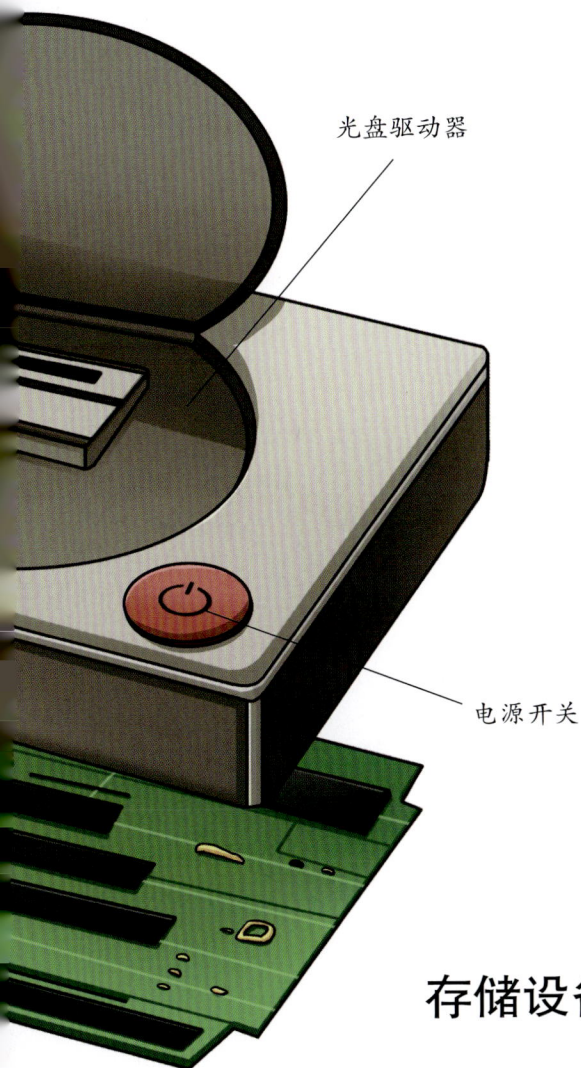

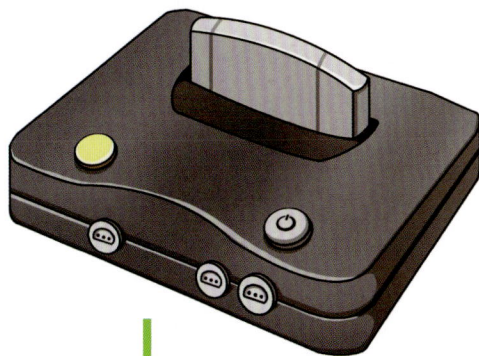

光盘驱动器

电源开关

存储设备

固态记忆卡是游戏机的存储设备，它不仅能存储用户名和用户基本信息，还能将游戏分数和胜负情况记录下来。玩家能从中获得荣誉感，从而增加游戏乐趣。

扫描仪

　　这是一台非常神奇的机器，你将书籍打开平放在上面，按动开关，随着光源的移动，你会发现书籍上的文字全部传送到电脑上，一本纸质书籍不消片刻就会变成能在电脑上阅读的电子书。这台神奇机器便是扫描仪，它与大多数数字设备一样，是电脑的好搭档。

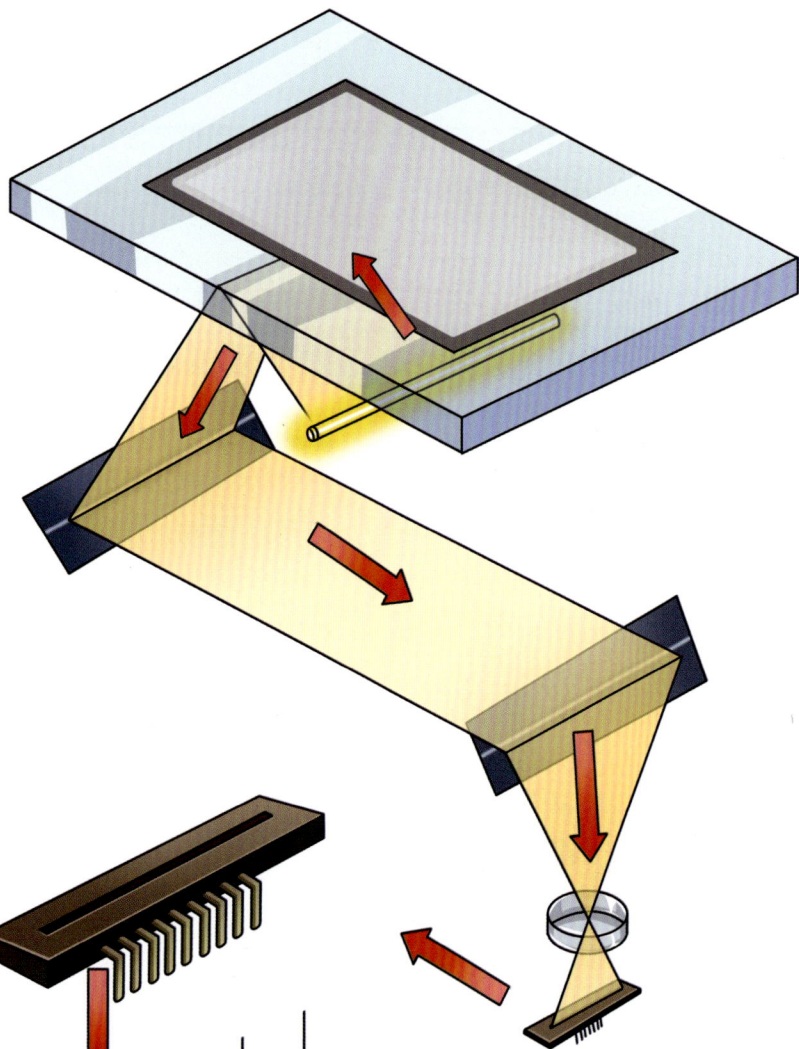

这样工作

　　把图文稿件放在玻璃平板上，扫描仪会利用机器的光源对文稿进行光学扫描。再把光学图像传给光电转换器进行两次转换，第一次转换为模拟电信号，第二次转换为数字电信号，当通过接口传给电脑时，我们就能在屏幕上看到文稿中的内容了。

CCD图像传感器

　　CCD的中文名称是电荷耦合元件，它是一种集成电路，能感应光线，还能将图文转换为数字信号。

288

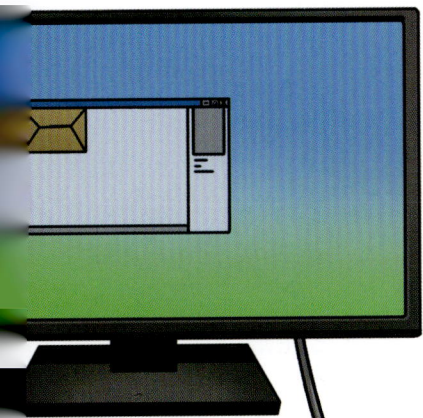

导轨

在扫描仪的金属导轨上，齿形带驱动导轨来回移动。

外壳

扫描仪的外壳一般为硬塑料质地，它能起到防尘的作用，保证内部零件少积灰尘。

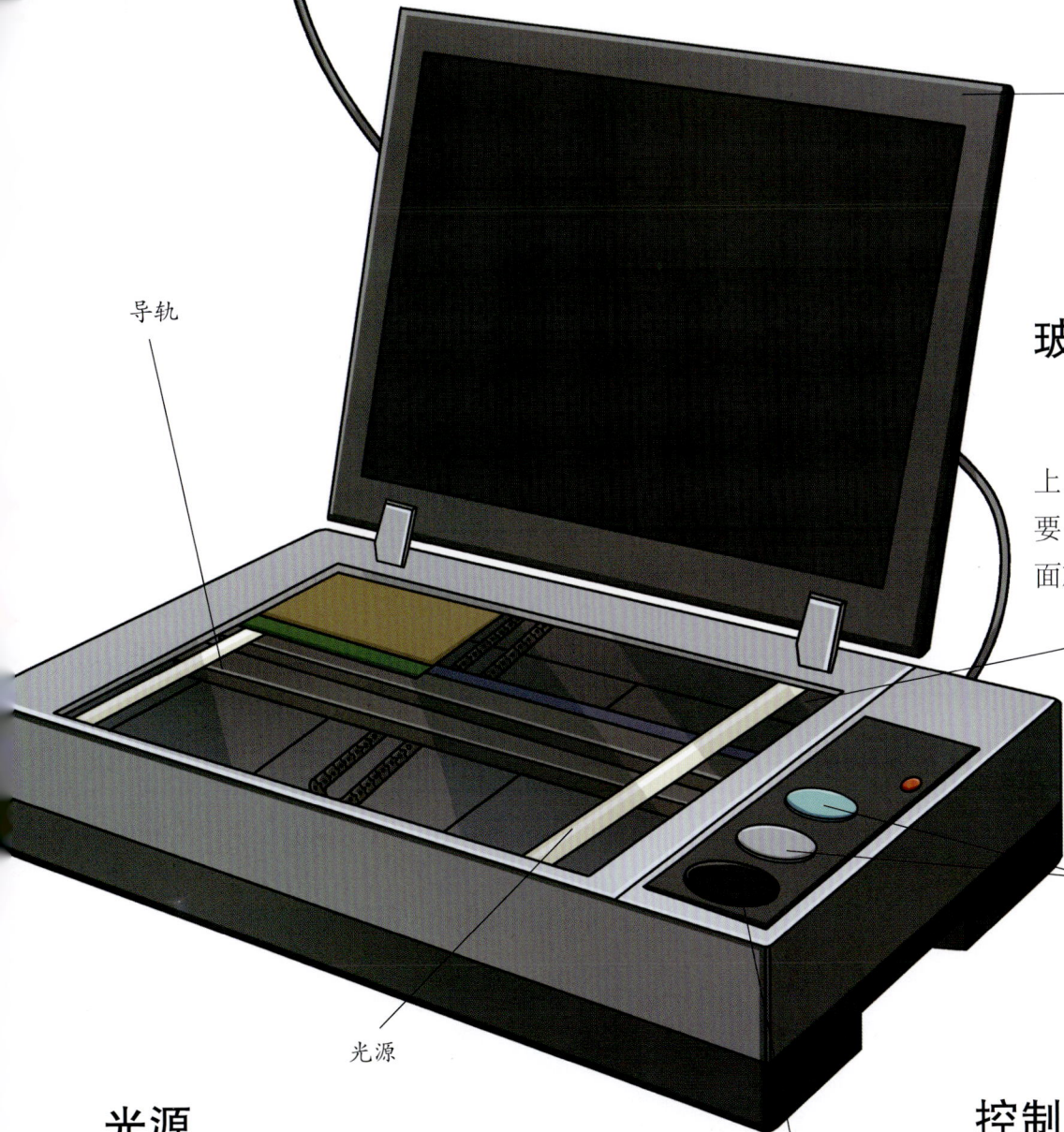

外壳

导轨

玻璃平板

玻璃平板是扫描仪上的重要部件之一，把要扫描的文件平放在上面就可以进行扫描了。

玻璃平板

控制按键

光源

开关机按键

光源

光源是指扫描仪中的灯管，它的作用极其重要。CCD上所感受的光线，完全依赖于灯管的扫描效果。

控制按键

按键有各自的功能，当需要进行调控时，点按相应的按键即可。

传真机

比起扫描仪、打印机等数字设备，传真机要古老得多。早在一百多年前，传真机就已经被应用于通信领域。只要和一根电话线连接，传真机就能把文件、照片等传送给他人，而对方也仅需一台连接着电话线的传真机，同时按下接收按钮，就能在瞬间收到对方传来的文件或照片。

这样工作

传真机上的光传感器，会先将需要发送的文件进行扫描，并把扫描件转化为用编码方式显示的数字信号，并将该信息调制后转换成音频信号，通过电话线传送出去。接收方听到信号后，在自己的传真机上按下接收按键，就能将对方的文件复原并打印出来。

光传感器

光传感器上带有透镜和灯，它对文件进行扫描后，会把图案文件转换为用0和1组成的数字编码。

图像传送装置

在导辊的协助下，要传送的文件被慢慢推进移动，这样能使文件上的字或图案更完整清晰地被发送出去。

传送文件

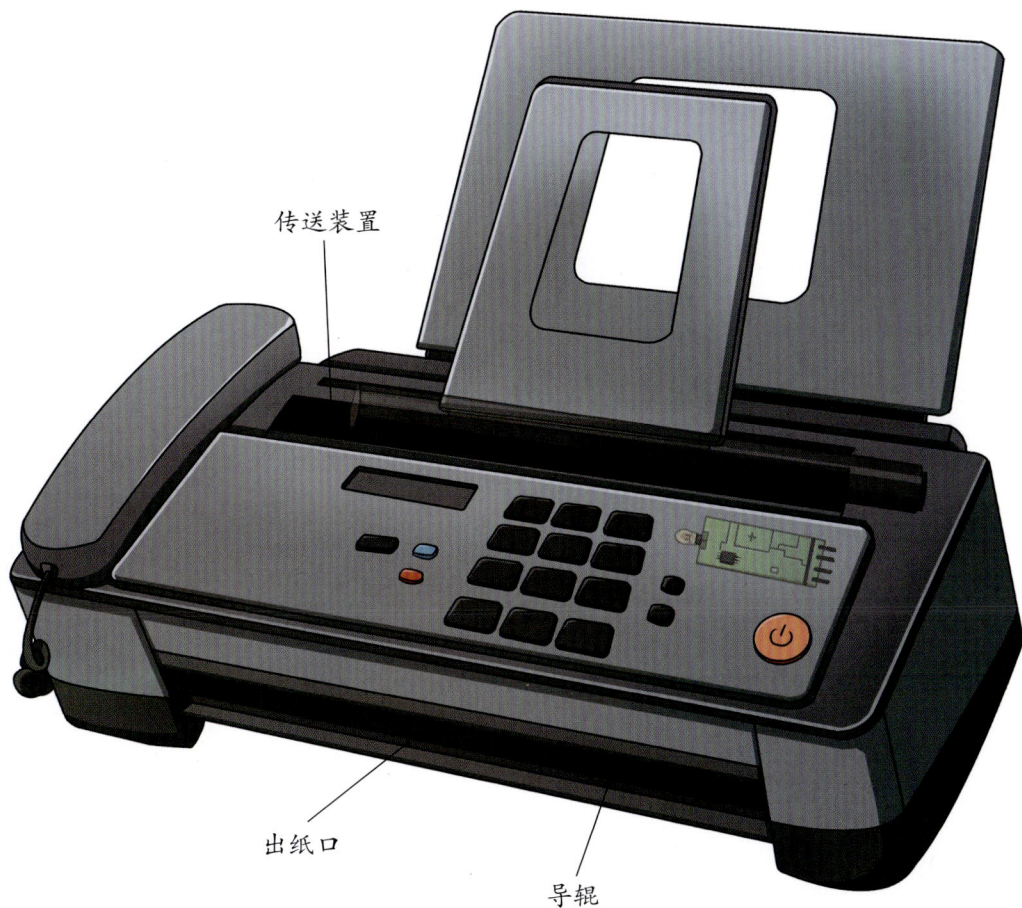

传送装置

出纸口

导辊

话筒

当有传真需要接收时，话筒会发出响铃，提示接收传真文件。但有些传真机能自动接收信号，不需要人为操作。

同步进行

传真机的发送机和接收机必须要同步进行工作，否则是无法传真文件的。如果发送机对文件的扫描顺序和速度与接收机不一致，接收文件可能会出现不完整、不清晰，内容歪斜或缺少的情况。

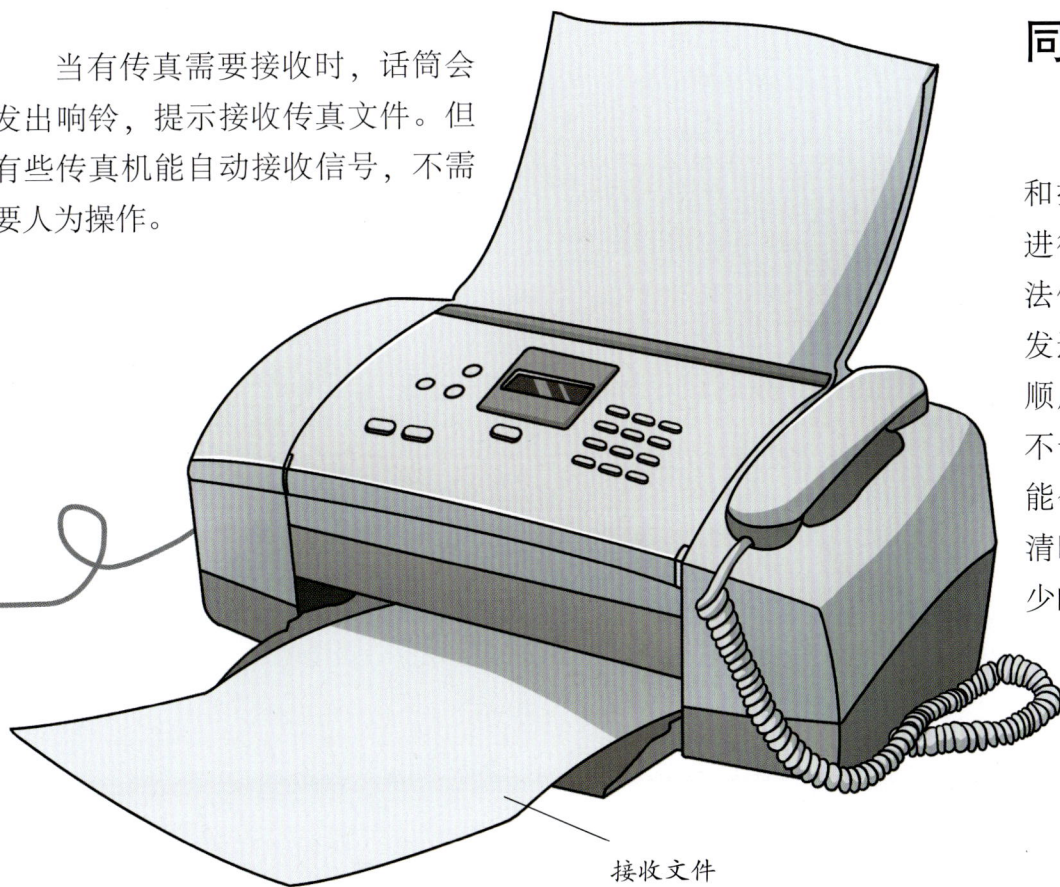

接收文件

打印机

打印机必须要与电脑相连才能使用，这与扫描仪一样。如果你在电脑上看到一张漂亮的图片想要夹在书中永久保存，恰巧你的电脑又连接着打印机，按下图片打印，这张漂亮的图片就能出现在纸张上。我们前面说过的扫描仪是将纸张上的内容传送到电脑上，而打印机是将电脑上的文件打印到纸张上，它们的工作原理正好相反。

这样工作

电脑把要打印的数据以数字编码形式发给打印机，打印机先将接收到的数据暂时缓存，然后把接收完毕的一段数字数据发给打印机处理器，处理器将这些内容转换为打印机激光头能够识别的脉冲信号，在其驱动下内容便被打印出来。

定影器

数据基板

数据基板

数据基板是打印机的大脑，它能将从电脑上接收到的数字数据转换为能驱动打印机工作的脉冲信号。

激光器

激光器

激光器由多棱镜和反光镜组成，它能发射激光束，是激光打印机的重要部件。

感光鼓

感光鼓

感光鼓就是硒鼓，它是打印机中的易耗品，需要及时更换。

▲ 热敏打印机

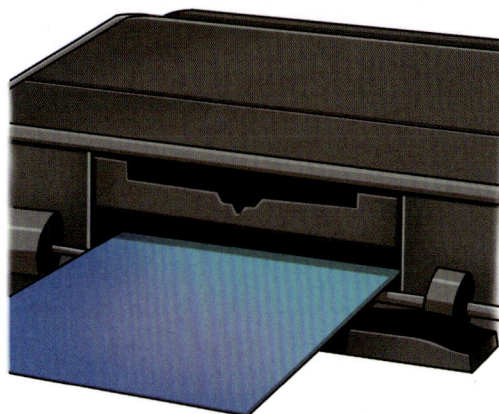

▲ 喷墨打印机

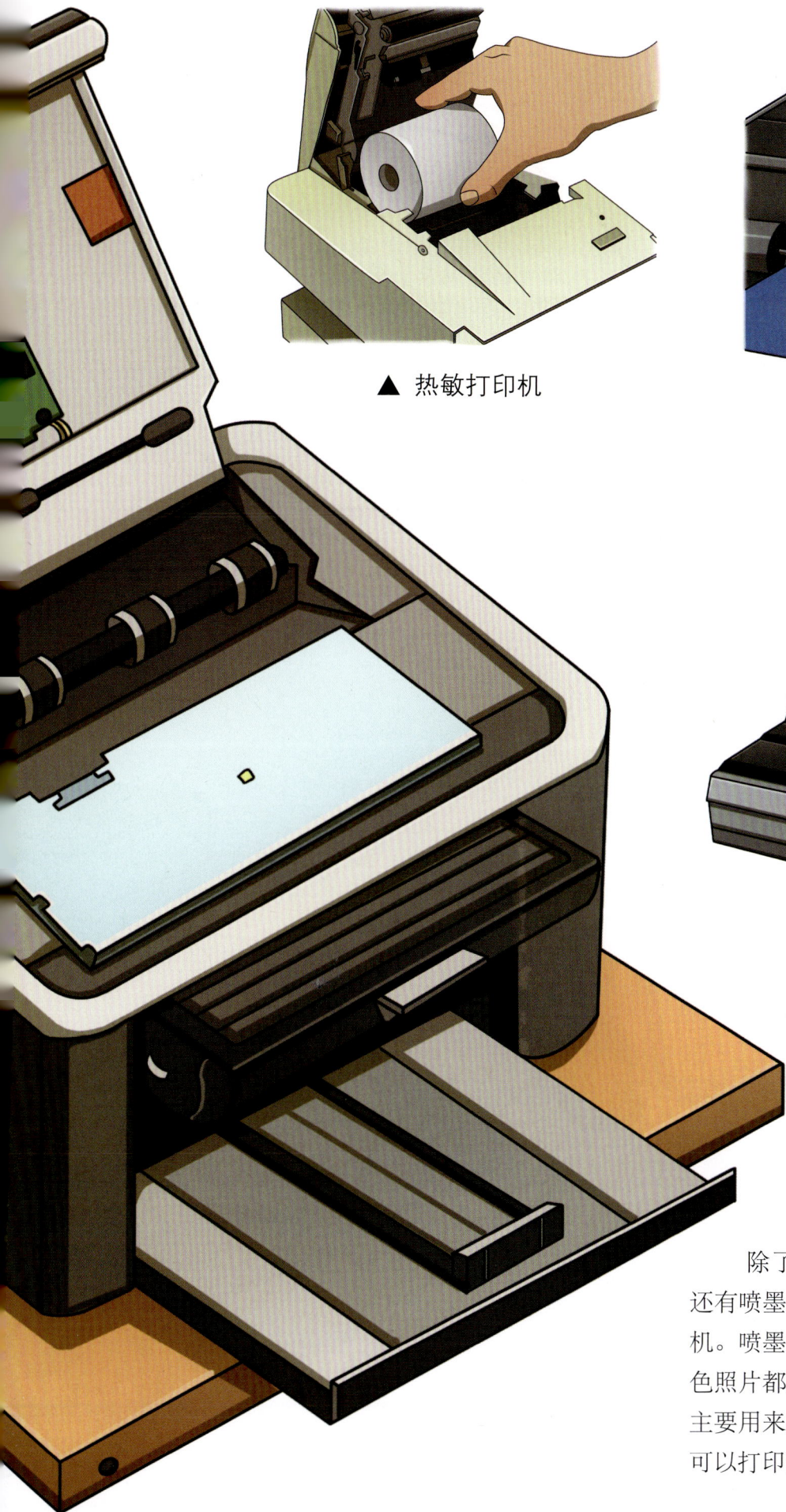

▲ 针式打印机

其他打印机

除了激光打印机，打印机大家庭中还有喷墨打印机、针式打印机和热敏打印机。喷墨打印机我们很熟悉，因为很多彩色照片都是用它打印出来的；针式打印机主要用来打印发票和数据单；热敏打印机可以打印彩票和超市的小票。

3D打印机

3D打印机也叫三维打印机，它像魔术师一样，能够快速地制造出物品的模型。如果你想打印一个玩具汽车，只需将自己的玩具汽车交给3D打印机，它便能帮你复制出一个一模一样玩具汽车。

这样工作

3D打印机与电脑相连，准备打印一个物品时，先要通过电脑中的辅助设计软件将物品的外形描摹出来，再把得到的数字化信息传给打印机，此时完成了非常重要的第一步。接着，打印机把打印材料加热融化，再根据之前收到的数字化信息把材料逐层堆积，塑造成与原物一模一样的复印件。

建模

建造模型主要由电脑上的辅助设计软件CAD来完成，它能把原件的基本信息精准地测量出来并传送给打印机。

挤出机控制器

打印床

Z轴步进电机

▲ 3D打印机的原材料多为塑料、石蜡等热塑性材料。

打印头

打印头上的喷嘴能将热塑性材料匀速地释放出来，以保证塑造出各式各样的物品。

打印头

喷嘴

打印床

打印床也叫打印平台，当打印头堆积好一层材料后，打印床会自动向下移动，以方便打印头塑造物品的第二层。

原材料

其他打印机的原材料基本是纸张，而3D打印机的原材料则多种多样，有金属、塑料、陶瓷、橡胶、砂土等，3D打印更像是机器捏塑，但它不能规模化生产，只能一只一只制作。

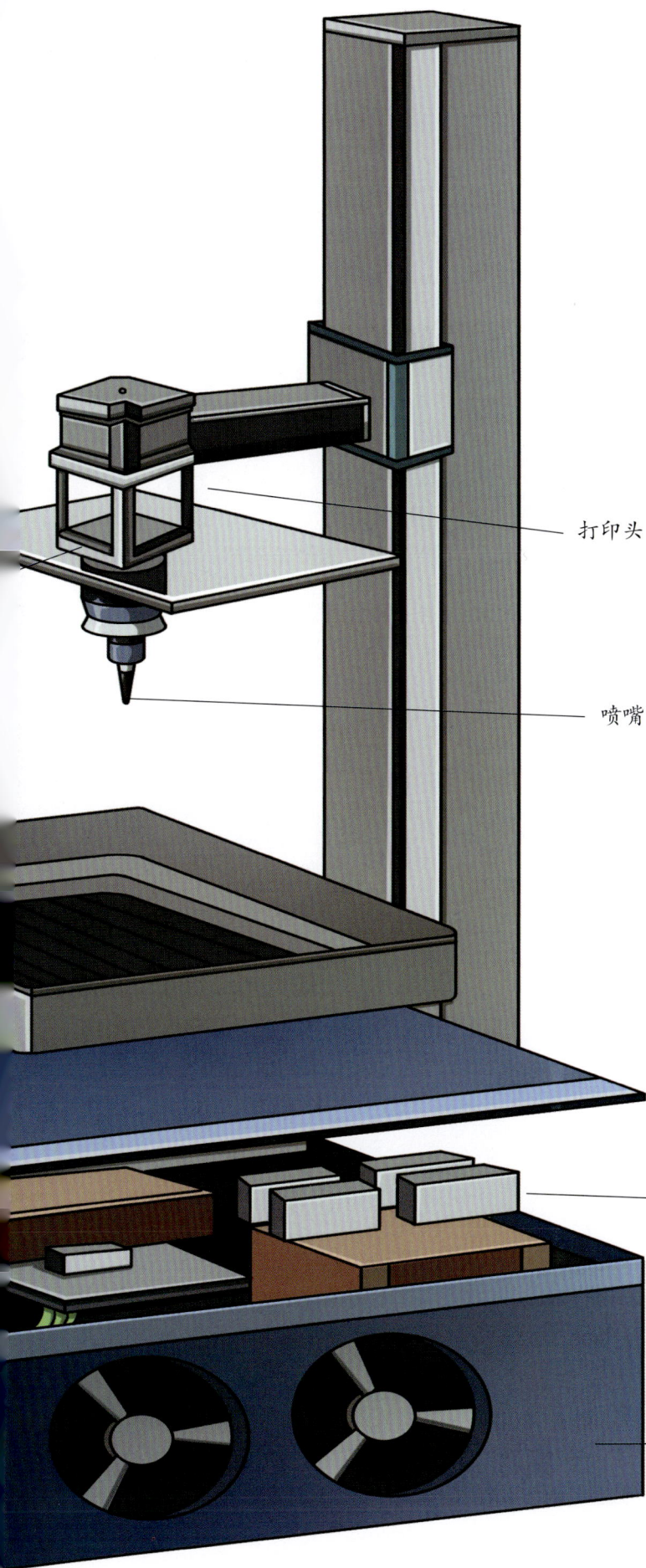

步进电机控制器

外壳

数控机床

数控机床是一种数字化设备，它通过计算机设置的专用程序来操控机床的动作，让它按照规定的尺寸或大小，来自动加工零件。与普通机床相比，数控机床既节省人力，还大大提高了工作效率。

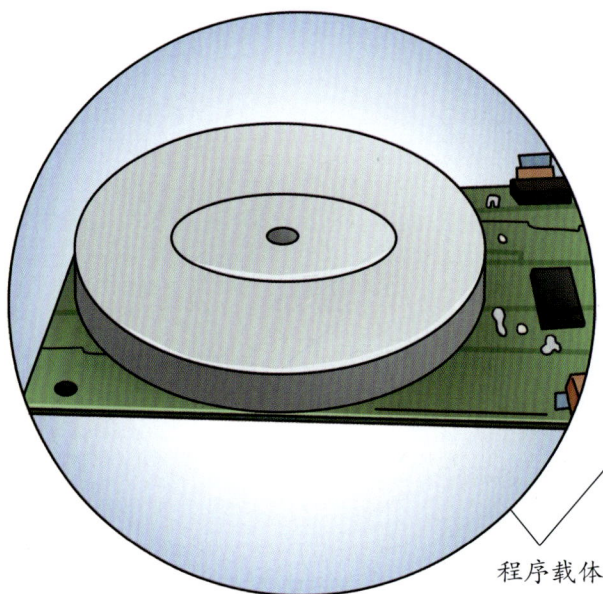

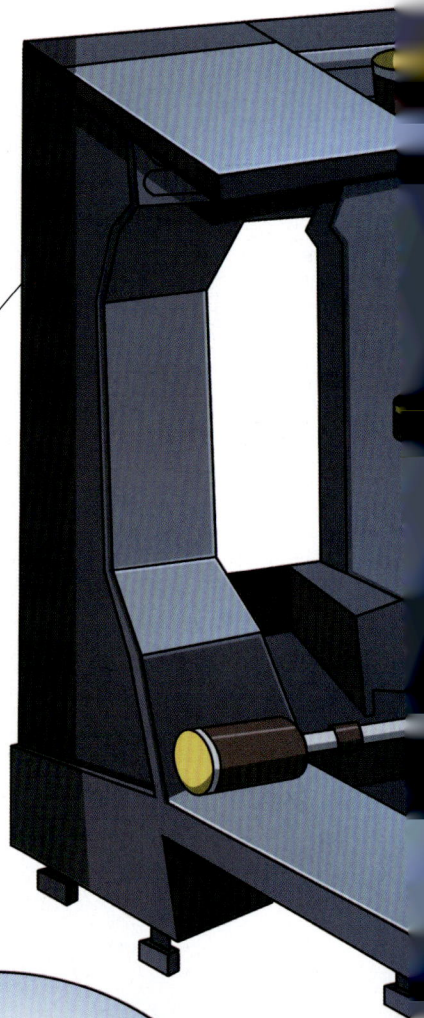

程序载体

加工程序载体

把编辑好的零件加工程序用代码等形式存储到磁盘或其他程序载体上，再输入数控装置中。

这样工作

先根据加工零件的设计图编写出程序，并将编辑好的程序输入数控装置中，在控制软件的支持下，数控装置进行相应的处理及运算，最后将运算结果以脉冲信号的方式传送到伺服系统中，伺服系统控制机床开始进行零件加工。

伺服系统

伺服系统主要是由驱动装置和执行机构两部分构成的，其中驱动装置指的是伺服电机，它为执行机构提供动能。

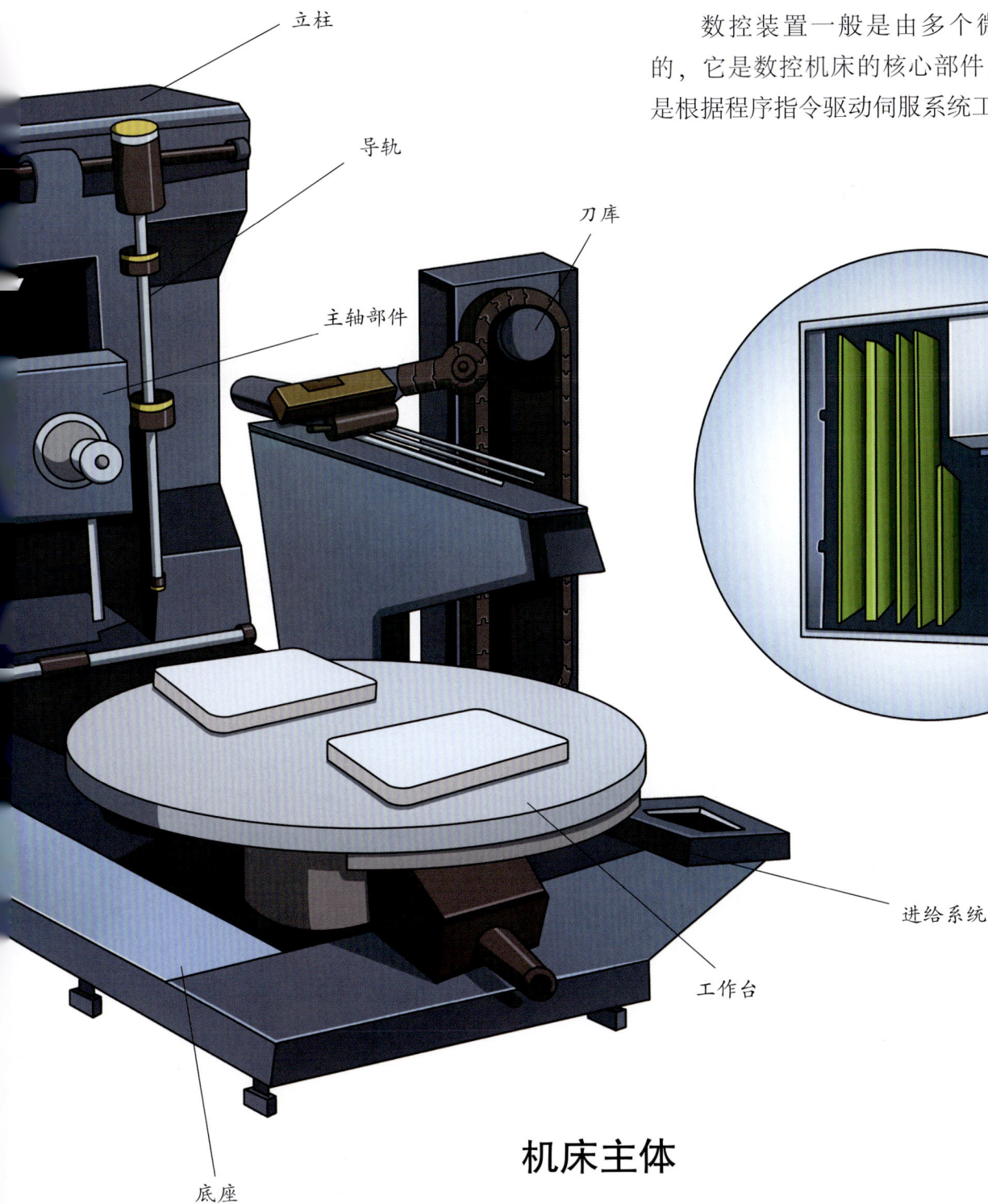

数控装置

数控装置一般是由多个微处理器构成的，它是数控机床的核心部件，主要的功能是根据程序指令驱动伺服系统工作。

立柱

导轨

刀库

主轴部件

进给系统

工作台

底座

机床主体

数控机床的主体跟普通机床并无太大差异。也是由床身、底座、立柱、工作台等部分构成的。

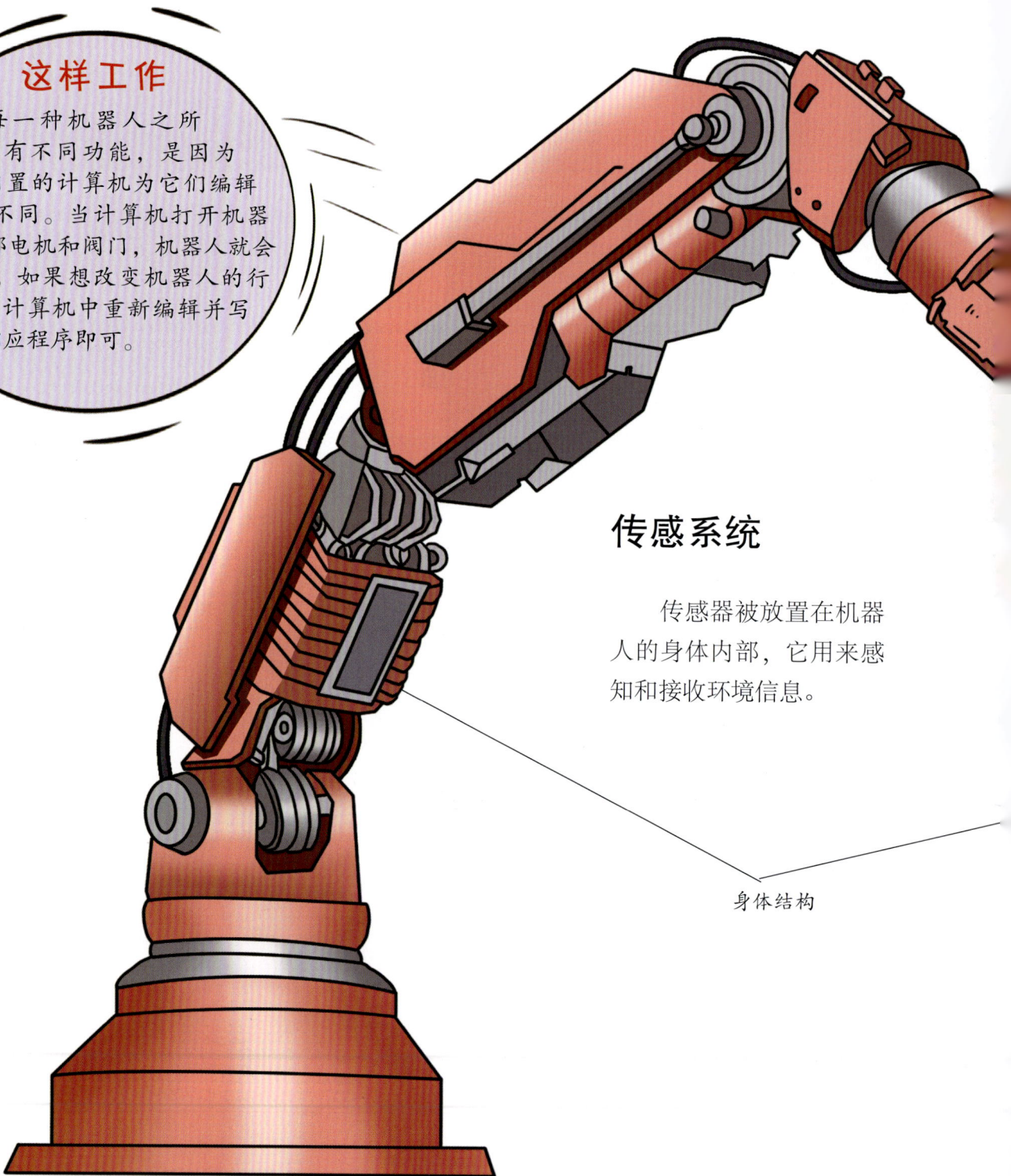

机器人

现代社会，机器人存在于生活的很多领域，它们有些模仿人的外形制作，有些则是一台纯粹的自动化机器。它们能为人类服务，陪小朋友玩耍，甚至还能陪人聊天，因为机器人的出现，给人类带来了很多便利和乐趣。

这样工作

每一种机器人之所以拥有不同功能，是因为它们内置的计算机为它们编辑的程序不同。当计算机打开机器人的内部电机和阀门，机器人就会动起来。如果想改变机器人的行为，在计算机中重新编辑并写入相应程序即可。

传感系统

传感器被放置在机器人的身体内部，它用来感知和接收环境信息。

身体结构

计算机系统

计算机系统相当于机器人的大脑，它指挥机器人的身体结构要做哪些动作，如何完成这些动作。

能量源

能量源可以给机器人身体结构提供能量，驱动机器人的身体进行移动。大多数机器人是通过电源插座或电池来给自身提供能量的。

能量源

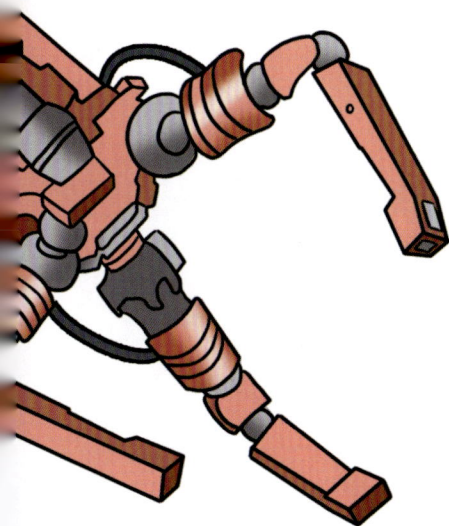

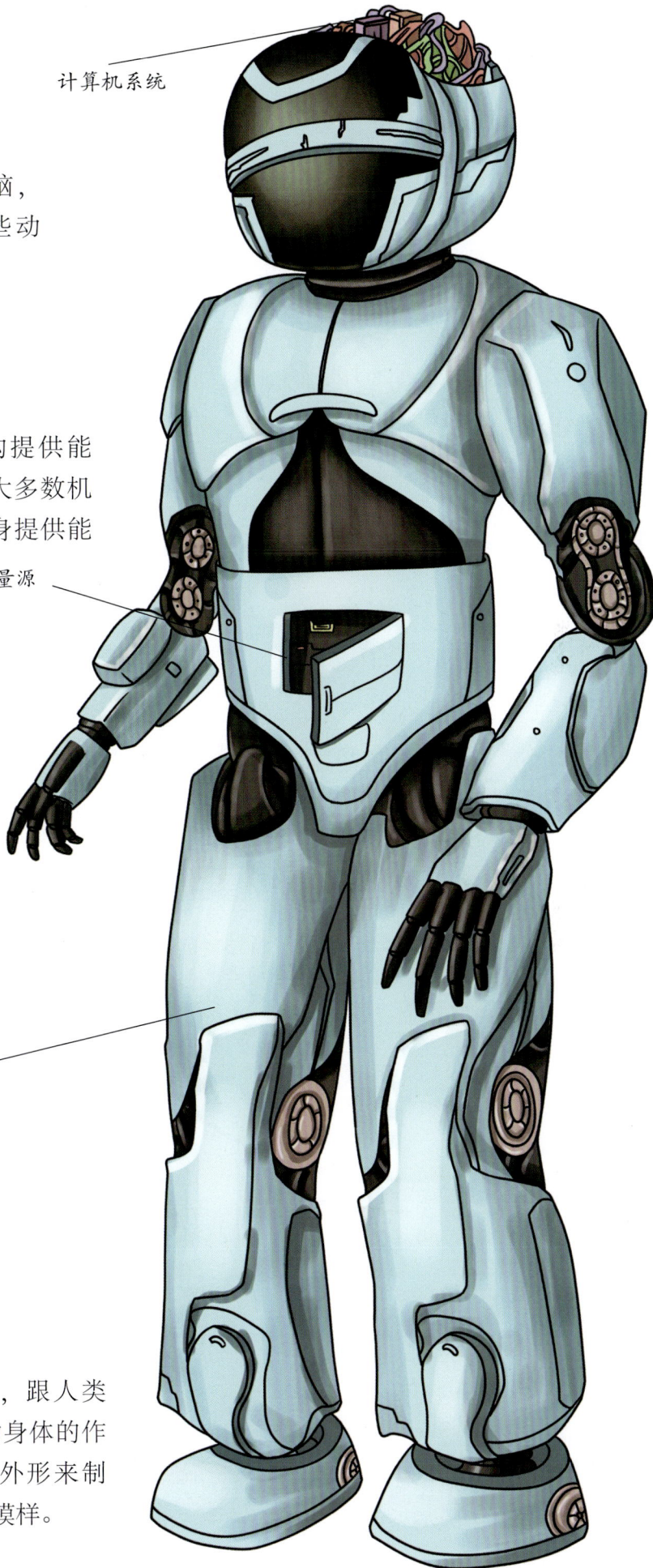

计算机系统

身体结构

身体结构是机器人的外部组成，跟人类的骨骼、肌肉作用相似，能起到移动身体的作用。有些机器人会仿照人类或动物外形来制作，有些机器人则直接是一台机器的模样。

无人机

无人机是指无人驾驶，而通过电脑来操控的不载人飞机。虽然无人机的外形跟飞机很相似，但它主要用于执行特定任务，如侦察、测绘、救灾、航拍或新闻报道等。很多人们无法到达的地方，如深谷或高山岩洞等，可以通过无人机去探察了解。

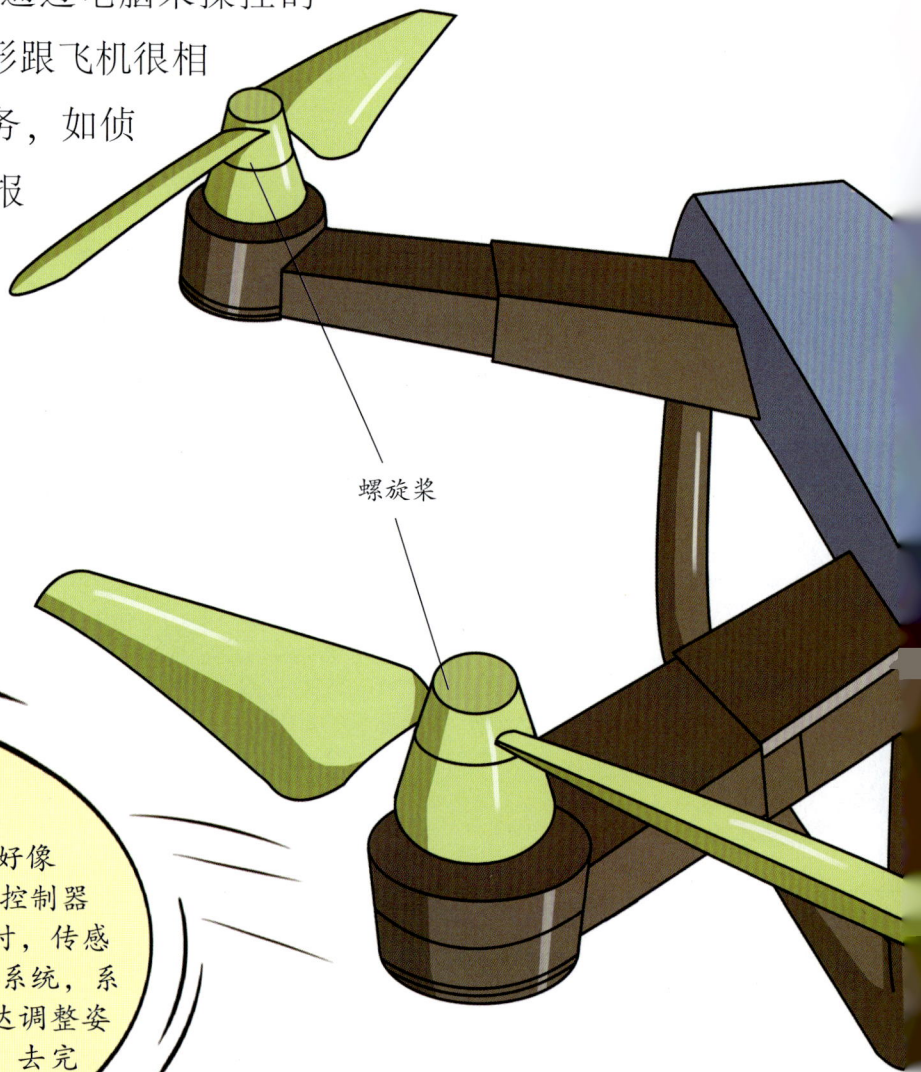

螺旋桨

这样工作

无人机的飞行需要飞行控制系统的帮助。飞行控制系统就好像无人机的大脑，它由多种传感器和控制器构成。当无人机需要改变飞行姿态时，传感器会将当前的飞行数据传回飞机控制系统，系统中的计算机通过运算和判断，下达调整姿态的指令，执行机构接到指令后，去完成飞行姿态和动作的调整。

飞行控制系统

无人机的飞行控制系统由很多个传感器构成，这些传感器主要作用是收集环境信息，为无人机的顺利飞行提供帮助。

图像传输系统

无人机将拍摄到的画面通过数字传输系统，传送到遥控器的屏幕上。当然，这个系统不止传送图像，无人机的飞行高度、速度等信息也通过图像传输系统传送到遥控器上。

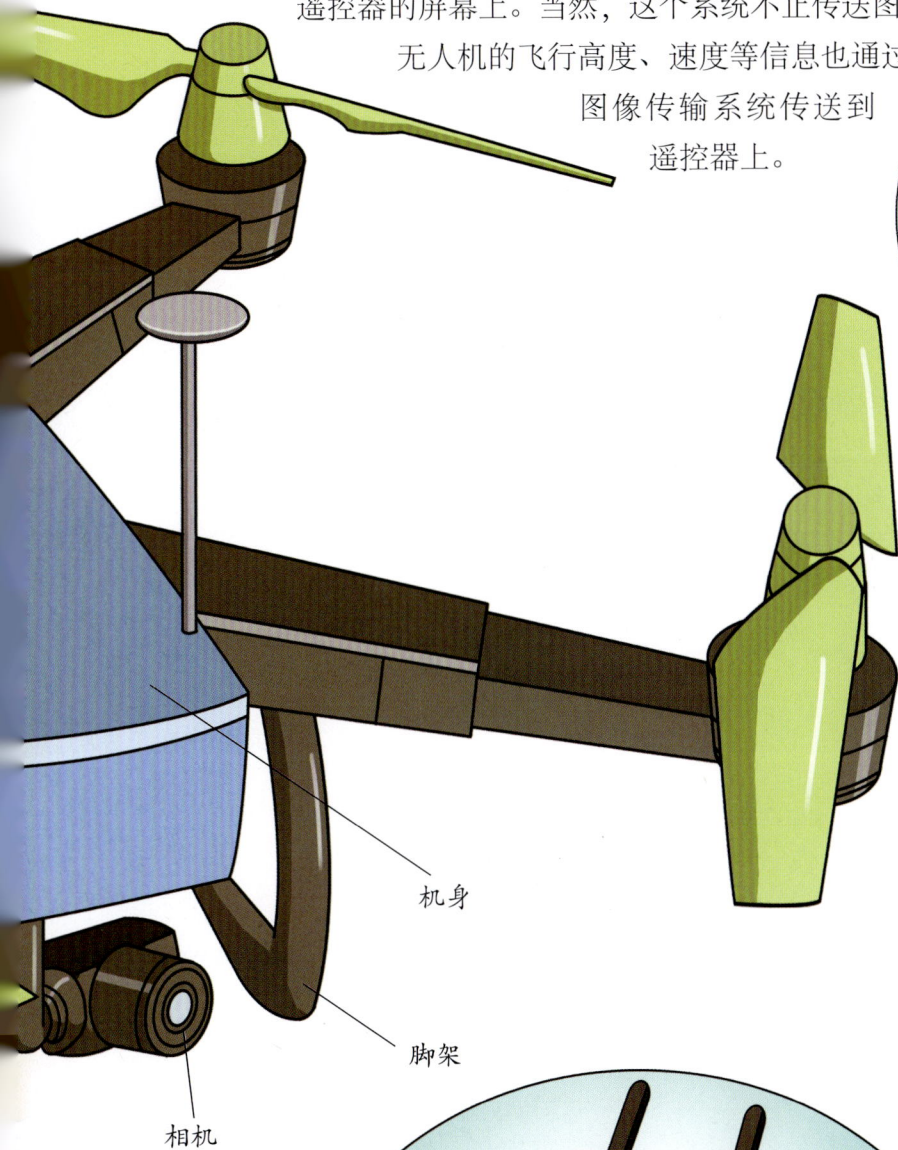

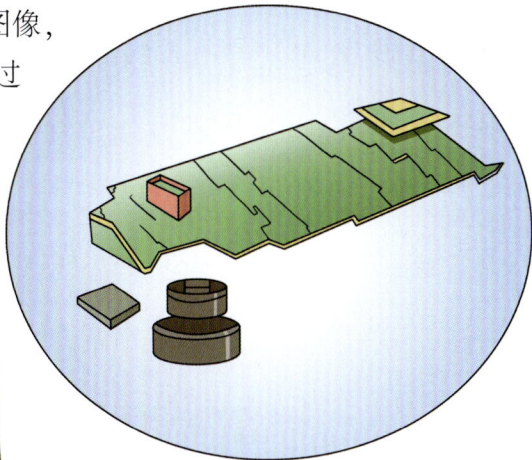

机身

脚架

相机

动力系统

电子调速器、电动机、电池和桨叶构成了无人机的动力系统，它们直接关系着无人机能否正常飞行。如果电池没电，或桨叶损坏，即便其他系统全都正常，无人机也是无法正常运转的。

遥控系统

无人机的遥控系统主要由两部分构成，一是人们掌中的遥控器，另一个则是无人机上的接收模块，这两部分通过无线电信号相连通。

电子监控

所谓的电子监控，就是利用摄像机等电子设备对某些空间进行实时监控。一般超市、医院、图书馆等公共场所以及街边、路口等处会安装电子监控设备。电子监控既可以起到保存证据的作用，也能时刻警醒人们，不要做违法的事情。

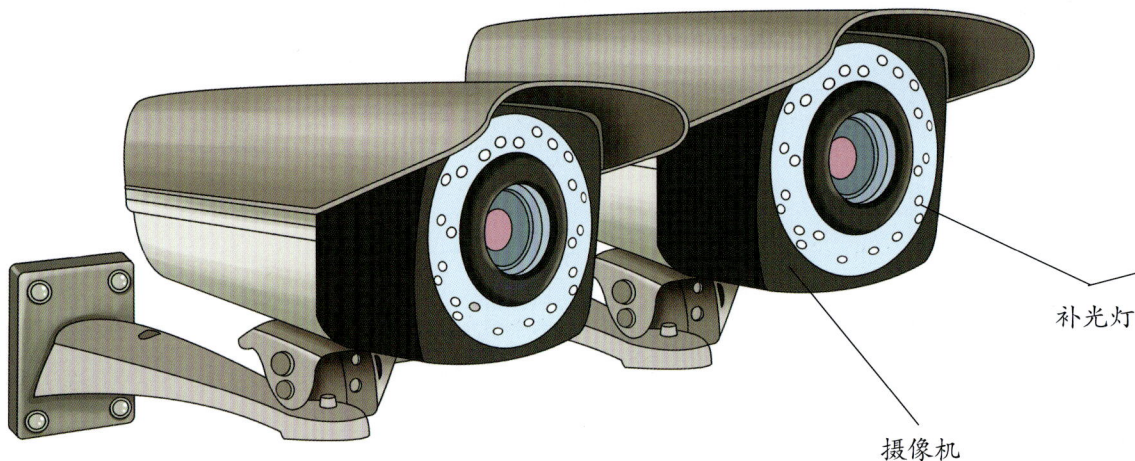

补光灯

摄像机

传输系统

传输系统是连接摄像机和控制系统的桥梁，根据传输距离的远近使用不同的传输方式，远距离可用光纤传输，近距离采用网线传输或无线传输等。

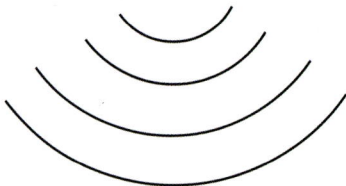

摄像机

摄像机是电子监控系统的前端设备之一，它非常重要，为整个监控系统提供最原始的信号源，摄像机的好坏直接影响着输出图像的质量。

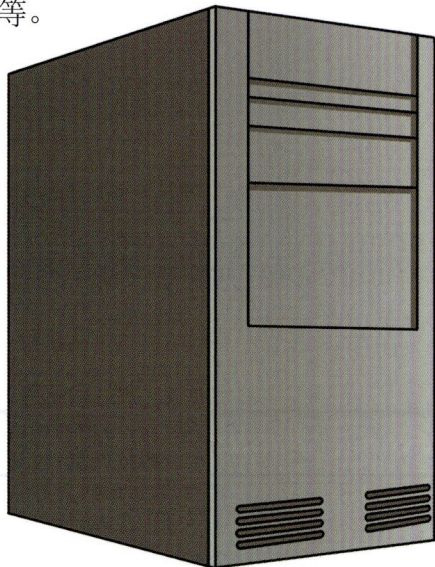

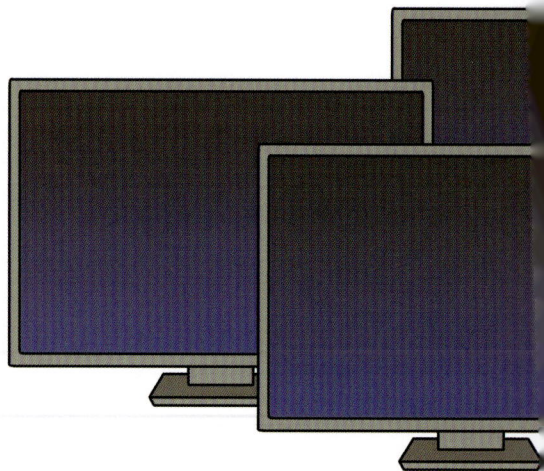

这样工作

当物体从电子监控的摄像机前经过时，摄像机会捕捉到一个光学图像，经过半导体图像传感器的转换变成电子信号，电子信号再由A/D转换器转化为数字信号，经过数字信号处理器处理后，通过USB连接线传送到电脑上显示出来。

镜头

控制系统

控制系统是整个电子监控系统的指挥中心，它能控制摄像机、云台和雨刷等进行位置微调，使其更好地进行工作。

电源

云台

支架

显示系统

电子监控的显示系统由一台或多台计算机构成，它能展示前端摄像机拍摄的画面，让工作人员更直观地看到环境情况。

显示系统

雷达测速仪

很多公路上都装有雷达测速仪，主要是为了监督行驶过程中的超速行为。雷达测速仪利用汽车反射回来的无线电波来计算汽车的速度。如果发现哪辆车存在超速行为，便把它拍照记录下来，并将违法记录上传到交管中心，对超速车辆实施处罚。

路由器

测速仪中的路由器与管辖区内的控制中心通过网络相互连接，一旦拍下超速车辆，便会将车辆实时图像发到控制中心网络。

这样工作

雷达测速仪能够连续向测速区域发射及接收无线电波，当汽车驶入或驶离测速区域时，无线电波的反射频率是不同的，根据频率变化，雷达上的计算机可以算出汽车的行驶速度。再通过光电成像、网络通信及计算机等技术的协同工作，把超速等违法行为记录下来。

雷达

雷达测速仪的核心部件是雷达系统，它能不间断地发射无线电波，还可以接收被反射回来的反射波。

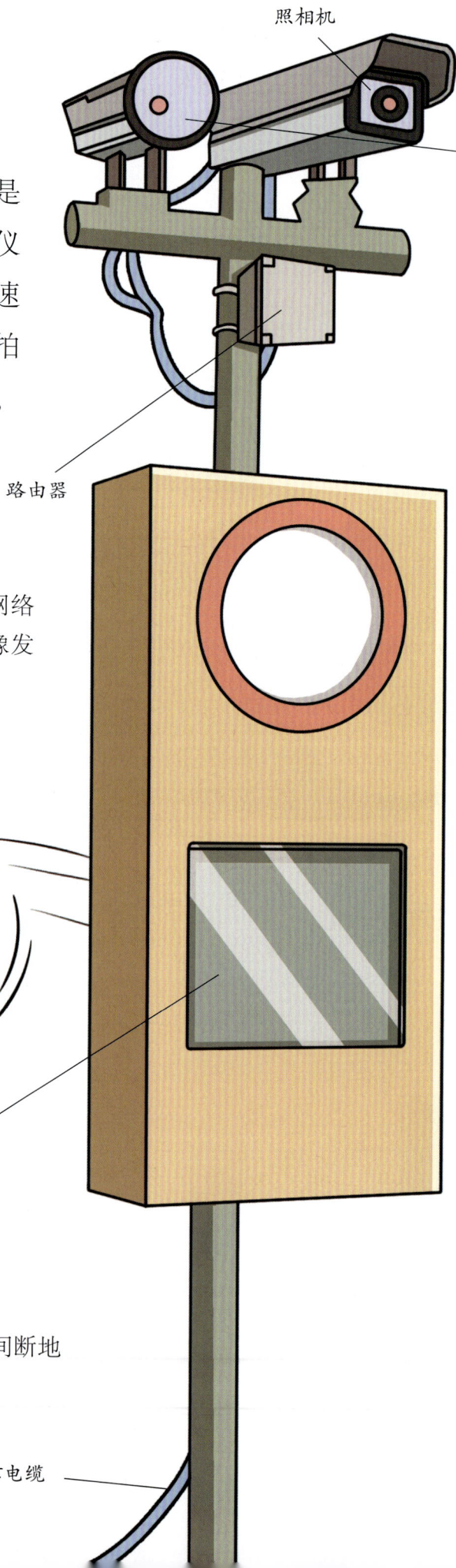

照相机

路由器

雷达

通信电缆

闪光灯

一旦雷达测速仪中的计算机计算出哪辆车处于超速状态，闪光灯便会在极短时间内自动开启，拍下车辆信息。

—— 闪光灯

种类

雷达测速仪分为手持式和固定式两种，手持式测速仪的测速距离较远，可达几百米甚至上千米。固定式测速仪有些被放在路边，有些则安装在高速公路测速架的顶端，固定测速仪为了保证抓拍的准确率，一般测速距离为几十米。

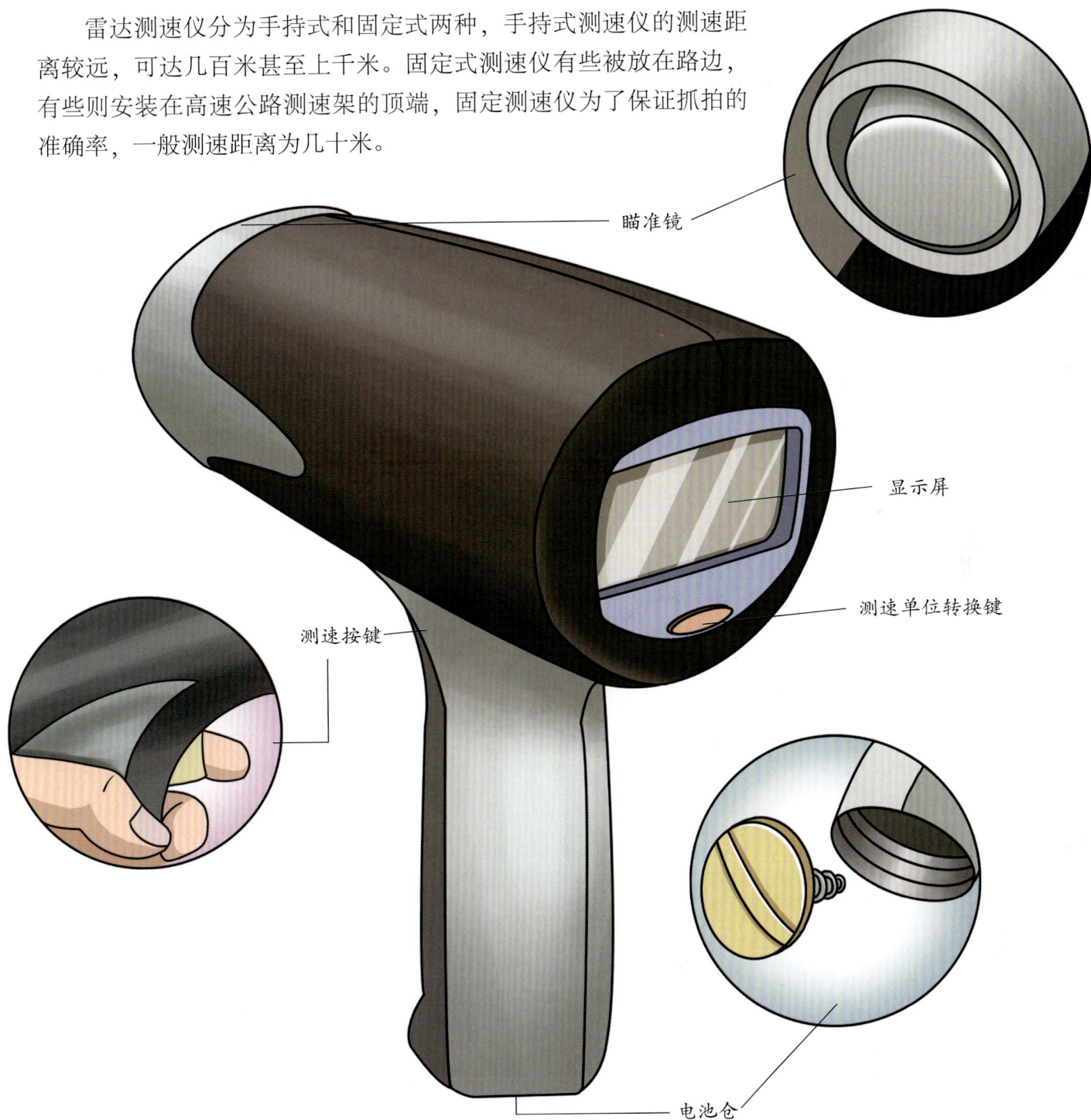

瞄准镜

显示屏

测速单位转换键

测速按键

电池仓

卫星导航

卫星导航系统也叫全球定位系统，英文简称GPS，它能通过太空中的遥感卫星，精确定位绝大多数人的位置。当你从一个地方到另外一个地方，如果路途不是很熟悉，卫星导航也能为你指路。

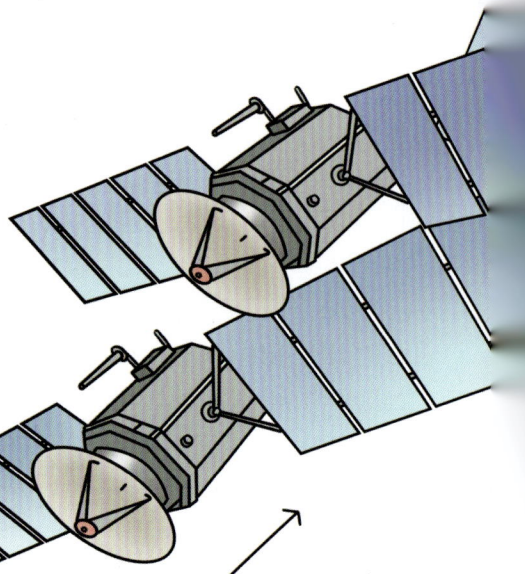

这样工作

太空中的每一颗卫星都会发出一个精确的时间和位置信号。接收器接收到信号时能够计算出卫星发出信号到接收器收到信号总共耗费了多长时间，通过这种方式，接收器就能算出它与卫星之间的距离。如果用这种方法计算出与3颗卫星之间的距离，接收器便可以基本确定自身的位置，误差在1米范围内，这就是GPS定位系统的工作原理。

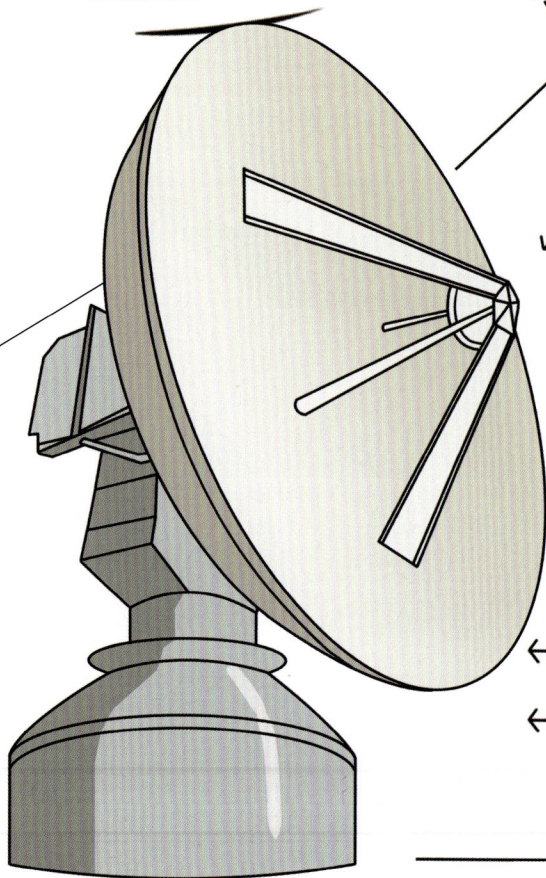

控制中心

地面监测系统

地面监测系统由主控站、地面天线站和监测站组成，它们利用计算机系统监测着卫星的运转状态，并对其进行适当调整。

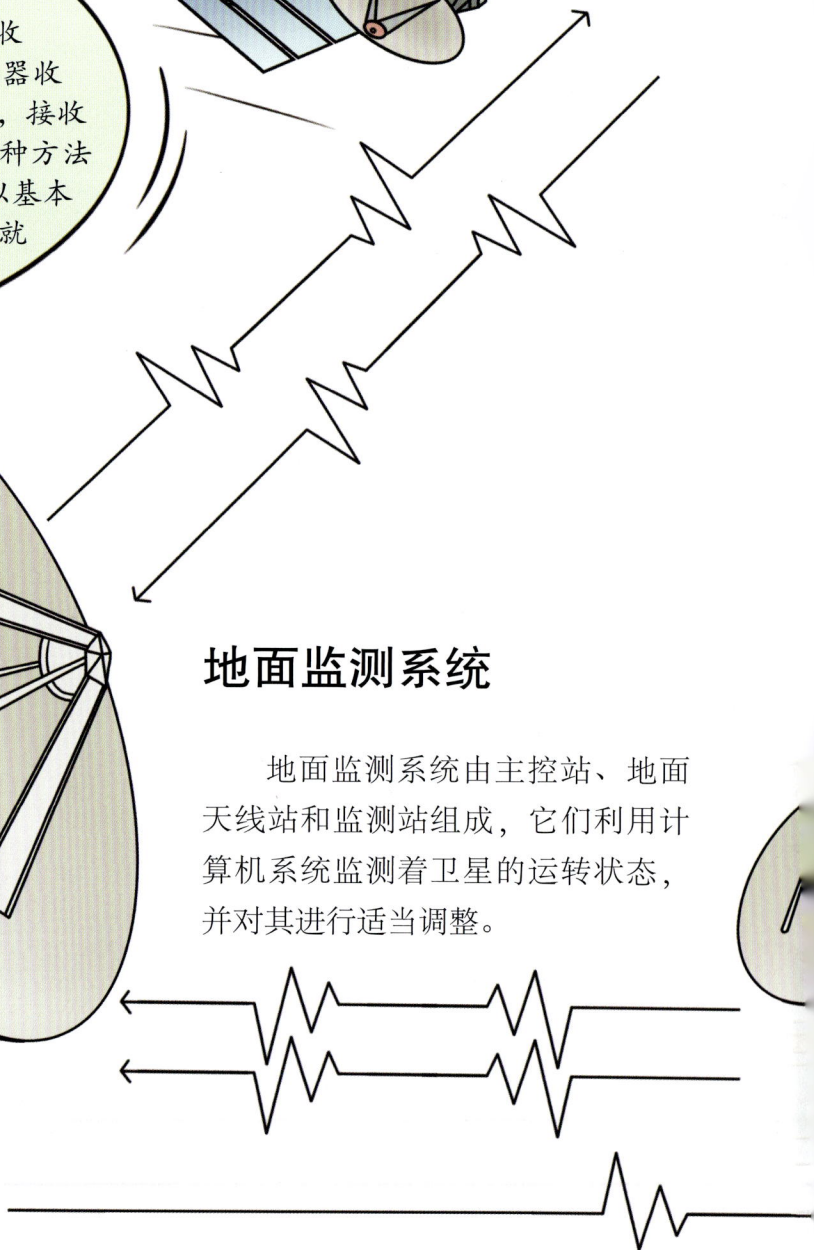

卫星导航系统

卫星

卫星导航系统由30多颗卫星组成，这些卫星均匀分布在6个轨道平面上，它们距离地球22200千米，每颗卫星每天沿着轨道围绕地球转两圈，它们在移动过程中将自己的实时位置等信息发往地球。

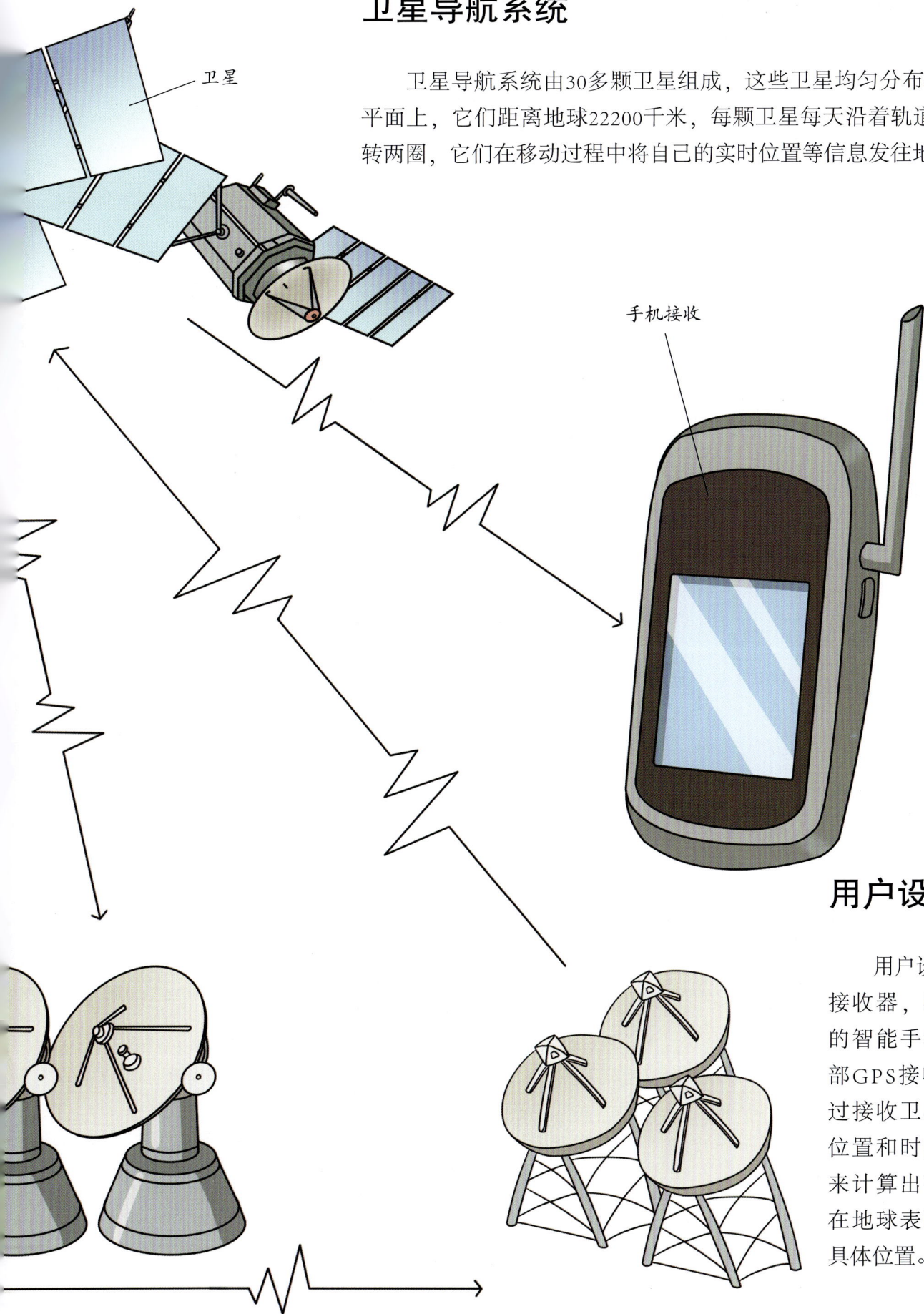

手机接收

用户设备

用户设备指GPS接收器，我们所用的智能手机就是一部GPS接收器。通过接收卫星发来的位置和时间信息，来计算出手机用户在地球表面所处的具体位置。

电子书阅读器

电子书阅读器是一种专门用来阅读书籍、杂志和报纸等印刷材料的电子设备，它小巧、便携，能够随时随地为人们提供阅读服务。而且它的内存很大，能存储几千到几万本图书，相当于一个可以移动的迷你图书馆。

电子书阅读器的显示屏与示屏不同，它通过电荷的变相应的文字和图像，其中黑色颗负电荷，白色颗粒带有正电荷，在田下，两种颜色的颗粒发生分离，

随时做笔记

因为电子书阅读器是专门的阅读设备，所以它支持做标注、做书签或手写记事等，人们可以像看纸质书一样，边看边标记重点，或随手写下笔记。

屏幕

前盖

这样工作

电子书阅读器的显示屏与电脑的液晶显示屏不同，它通过电荷的变化来显示相应的文字和图像，其中黑色颗粒带有负电荷，白色颗粒带有正电荷，在电极的作用下，两种颜色的颗粒发生分离，黑色的聚集在一起，白色的聚集在一起，从而形成了黑白图案，我们看到的图像和文字便是从这些黑白图案中重组而来。

支持多种格式

电子书阅读器支持多种文本格式，如TXT、JPG、PDF、HTML、DOC、PPT、ZIP等，网上下载这些格式的图书，都能在电子书阅读器上成功使用。

存储器

存储器的大小决定你的电子书阅读器能够存储多少本书，现在多数电子书阅读器能够扩充外置存储卡，存储8G、16G图书都不在话下，这也意味着，拥有一部电子书阅读器就相当于拥有一个迷你图书馆。

显示

电子书阅读器的显示屏与电脑的液晶显示屏不同，它通过电荷的变化来显示相应的文字和图像，其中黑色颗粒带有负电荷，白色颗粒带有正电荷，在电极的作用下，两种颜色的颗粒发生分离，黑色的聚集在一起，白色的聚集在一起，形成了黑白图案，我们看到的图像就是从这些黑白图案中重组而来。

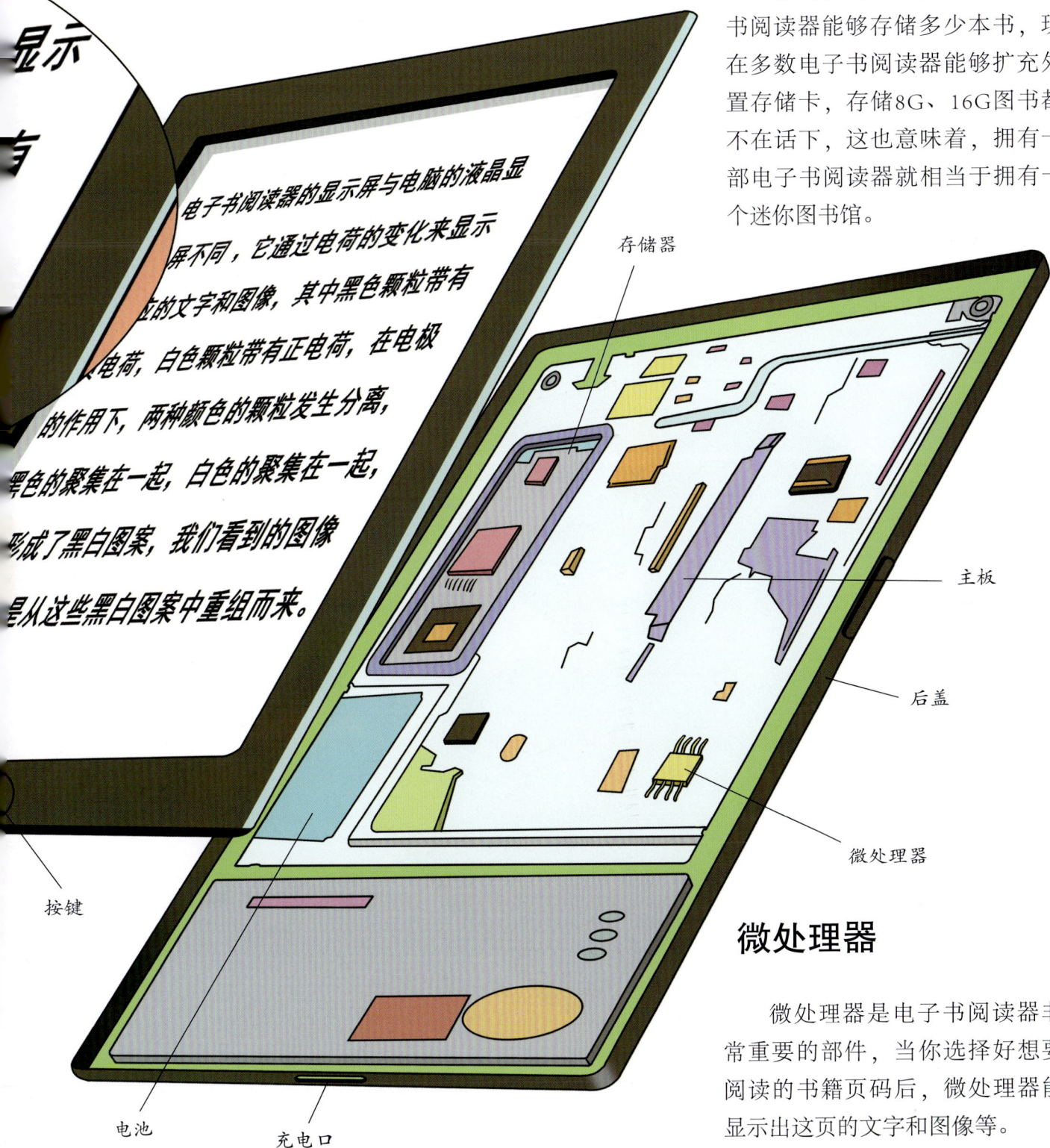

存储器

主板

后盖

微处理器

按键

电池

充电口

微处理器

微处理器是电子书阅读器非常重要的部件，当你选择好想要阅读的书籍页码后，微处理器能显示出这页的文字和图像等。

电子秤

电子秤是一种衡量物体重量的工具，几千克或几克，都能在电子秤上称量出来。我们在超市买了两个苹果，并不能立即拿去结账，要先在电子秤上称量，根据重量和单价算出总价，收银员才能为我们结账。

这样工作

当物体放在秤盘上时，电子秤的传感器感受到物体的压力发生形变，从而输出一个变化的模拟信号，这个信号经过放大电路的处理后被传送给模数转换器，模数转换器将其转换成数字信号并输出给CPU，CPU在键盘指令的要求下，将最终结果传送给显示器。

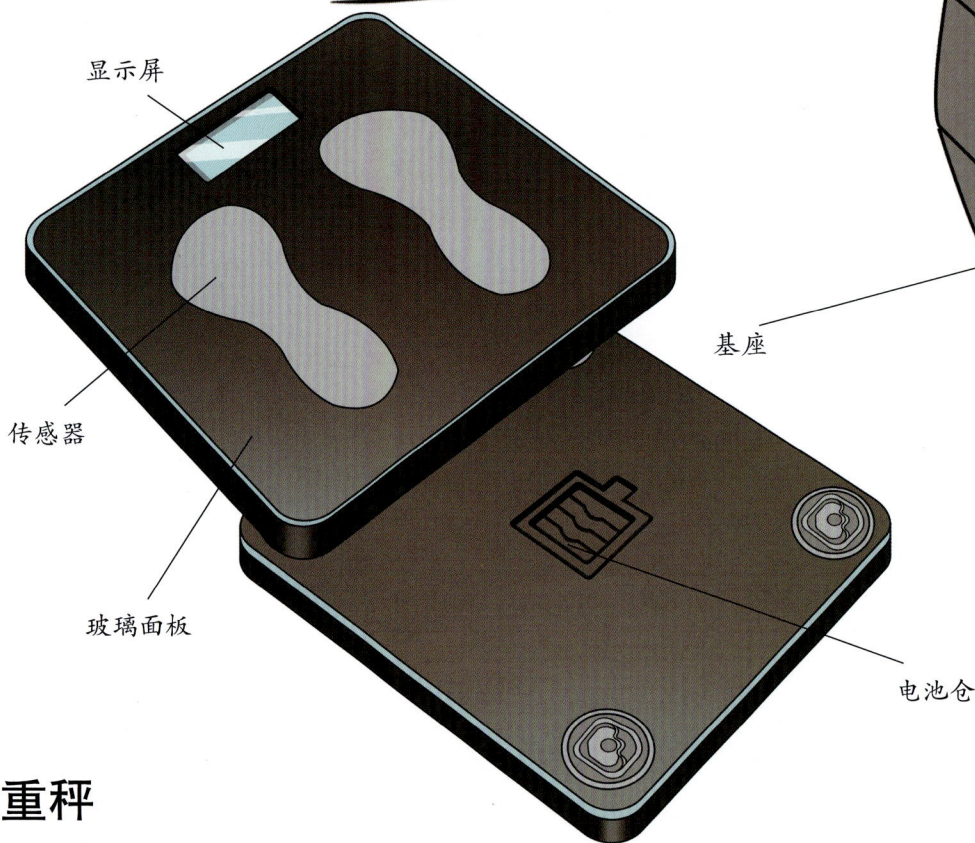

显示屏

传感器

玻璃面板

基座

电池仓

体重秤

体重秤是电子秤中的一种，但它仅用来称量人的体重，工作原理与一般电子秤基本相同。体重秤不仅可以帮助人们监测体重变化，有些体重秤还可以检测人体的脂肪含量、水分及骨密度等。

CPU

CPU相当于电子秤的大脑，它利用放大电路、转换电路、微处理器和驱动电路等共同工作，协同完成从模拟信号到数字信号的转换和输出。

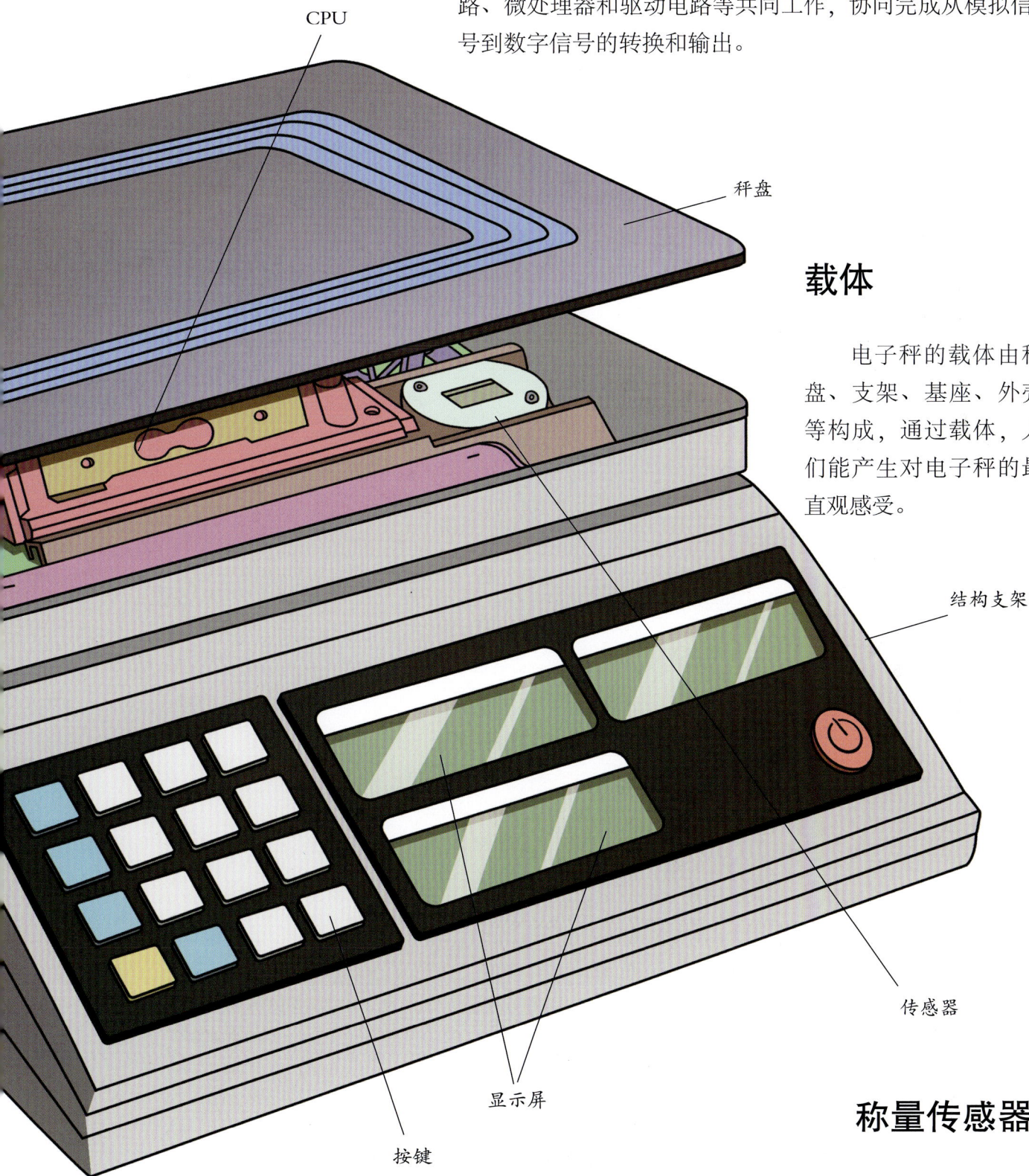

CPU

秤盘

载体

电子秤的载体由秤盘、支架、基座、外壳等构成，通过载体，人们能产生对电子秤的最直观感受。

结构支架

传感器

显示屏

称量传感器

按键

称量传感器是电子秤中最关键的部件，它的好坏直接影响着称量是否准确。

主要索引

万物运转的秘密